TRAITÉ

DE

ZOOLOGIE

PAR

J.-L. DE LANESSAN

PROFESSEUR AGRÉGÉ D'HISTOIRE NATURELLE A LA FACULTÉ DE MÉDECINE DE PARIS

PROTOZOAIRES

Avec 300 figures intercalées dans le texte

PARIS

OCTAVE DOIN, ÉDITEUR

8, PLACE DE L'ODÉON, 8

1882

TRAITÉ

DE

ZOOLOGIE

Le Traité de zoologie de M. de Lanessan paraîtra par volumes ou parties de 300 à 400 pages, ornés de très nombreuses figures, contenant chacun l'histoire complète d'un ou plusieurs groupes d'animaux et terminés par une table analytique.

1re partie : *Les Protozoaires*.

2e partie : *Les œufs et les Spermatozoïdes des Métazoaires. Les Cœlentrés*.

3e, 4e et 5e parties : *Les Vers et les Mollusques*.

6e et 7e parties : *Les Arthropodes*.

8e, 9e et 10e parties : *Les Proto-Vertébrés et les Vertébrés*.

La deuxième partie est sous presse.

ERRATA

Page 56, ligne 5, au lieu de *Protoxyma*, lisez : *Protomyxa*.

» 69, figures 54 et 55, au lieu de *Hermosina*, lisez : *Hormosina*.

» 73, ligne 25, au lieu de *lævisax*, lisez : *lævis*.

» 83, figure 81, au lieu de *Cristallaria*, lisez : *Cristellaria*.

» 93, ligne 42, au lieu de *Ezoon*, lisez : *Eozoon*.

» 163, ligne 17, au lieu de *n'indiquerons pas*, lisez : *n'insisterons pas*.

» 176, ligne 35, au lieu de *notive*, lisez : *nocive*.

» 189, figure 171, au lieu de *Anthopysa*, lisez *Anthophysa*.

» 251, ligne 22, au lieu de *putrinun*, lisez : *putrinum*.

» 268, figure 236, au lieu de *Spirostamum*, lisez : *Spirostomum*.

» 323, tableau, au lieu de *Lohmonériens*, lisez : *Lobomonériens*.

PARIS. — IMPRIMERIE ÉMILE MARTINET, RUE MIGNON, 2.

TRAITÉ

DE

ZOOLOGIE

PAR

J.-L. DE LANESSAN

PROFESSEUR AGRÉGÉ D'HISTOIRE NATURELLE A LA FACULTÉ DE MÉDECINE DE PARIS

PROTOZOAIRES

Avec 300 figures intercalées dans le texte

PARIS

OCTAVE DOIN, ÉDITEUR

8, PLACE DE L'ODÉON, 8

1882

PRÉFACE

En entreprenant le *Traité de Zoologie* dont j'offre aujourd'hui au public scientifique la première partie, je ne me suis fait aucune illusion sur les difficultés que je rencontrerais pour mener à bonne fin une œuvre aussi étendue ; mais j'ai considéré comme un devoir de céder aux sollicitations des amis et des élèves qui ont suivi mes cours de Zoologie médicale à la Faculté de médecine de Paris pendant les années 1879-80 et 1880-81.

Ma première intention avait été de me borner à reproduire mon cours. Je n'ai pas tardé à m'apercevoir des inconvénients qu'il y aurait à conserver la forme des leçons et je me suis décidé à donner à mon ouvrage les caractères d'un Traité de Zoologie. Cela me permettra d'entrer dans des détails qui ne sont pas compatibles avec l'enseignement oral et d'éviter certaines longueur d'exposition qui s'imposent au professeur, tandis qu'elles ne feraient qu'alourdir les pages d'un livre.

Néanmoins, j'ai conservé ici la méthode à laquelle j'attribue le succès qu'ont obtenu mes leçons et que j'ai déjà appliquée dans la partie zoologique de mon *Manuel d'histoire naturelle médicale*.

Les auteurs des traités de zoologie qui sont actuellement entre les mains des élèves se bornent à exposer les caractères principaux de chaque groupe du règne animal, en signalant, au courant de la description générale, les particularités d'organisation que présentent les divers types qui entrent dans la composition du groupe. Cette façon d'agir offre, à mon avis, le grave inconvénient de ne jamais fixer l'esprit du lecteur sur des objets précis, mais, au contraire, de le laisser flotter à l'aventure dans le vague de considérations qui ne s'appliquent qu'à des êtres pour ainsi dire idéalisés. Un Mollusque, par exemple, devient, avec cette méthode, une sorte d'entité revêtue de caractères rendus tellement vagues par la généralisation, que l'élève a la plus grande peine à les découvrir dans les individus qu'il lui est donné d'étudier le scalpel à la main. Tous ceux qui se sont livrés à l'étude pratique de la zoologie, tous ceux qui ont disséqué des animaux savent qu'il est à peu près impossible de se servir, pour ce travail, de la plupart des traités de zoologie ou d'anatomie comparée.

La méthode que j'emploie est tout à fait différente de celle dont je viens de parler. Je commence l'étude de chaque groupe animal par la description détaillée d'une espèce bien déterminée, choisie parmi celles qu'il est le plus facile de se procurer, qui ont été l'objet des recherches les plus nombreuses, les plus précises et les plus récentes, et, dans la mesure du possible, que j'ai pu moi-même observer. Après avoir exposé l'organisation, la manière de vivre et de se reproduire, et le développement de cette espèce, je passe en revue toutes les formes qui s'en rapprochent et qui peuvent servir à faire bien connaître toutes les divisions du groupe animal auquel elles appartiennent. J'ai à peine besoin de dire que dans cette partie de l'ouvrage j'ai donné une importance très considérable à l'embryologie que je considère comme la portion la plus utile à connaître de l'histoire des êtres vivants. C'est seulement quand cette étude de toutes les formes principales d'un groupe est achevée que j'expose les caractères généraux du groupe, en distinguant ceux qui appartiennent à toutes les formes ou au plus grand nombre d'entre elles, de ceux qui, étant moins généralisés, servent à établir les subdivisions. L'histoire de chaque groupe est complétée par une étude des liens de parenté qui le rattachent aux autres et qui relient entre elles ses principales familles et par un exposé de la classification qui me paraît la plus convenable.

Ne perdant pas de vue le point de départ de cet ouvrage qui

se trouve, comme je l'ai dit plus haut, dans mes leçons de la Faculté de médecine, j'ai donné une importance particulière à la description de tous les animaux qui, à des titres divers, intéressent les médecins.

Grâce à la générosité d'un éditeur intelligemment dévoué aux progrès de la science, j'ai pu éclairer les descriptions à l'aide d'un nombre de figures de beaucoup supérieur à celui qu'on trouve dans la plupart de nos ouvrages scientifiques.

Grâce à ces diverses conditions, à la méthode que j'ai suivie et au soin que j'ai apporté dans mon travail, j'espère que ce Traité pourra, malgré ses imperfections, être de quelque utilité aux élèves de nos Facultés et à tous ceux qu'intéresse l'histoire des animaux.

J'ai fait ce que j'ai pu, advienne que devra.

J.-L. DE LANESSAN.

Paris, le 27 avril 1882.

TRAITÉ
DE ZOOLOGIE

PROTOZOAIRES

CHAPITRE PREMIER

CLASSE I
MONÉRIENS

§ 1. — ÉTUDE DES PRINCIPALES FORMES.

Les animaux dont l'étude nous occupera d'abord constituent un petit groupe auquel M. Hæckel a proposé de donner le nom de *Monériens*. Il peuvent être considérés comme le tronc de l'arbre biologique dont les deux branches, le règne végétal et le règne animal, se ramifient pour ainsi dire à l'infini.

Fidèle à la méthode que j'ai indiquée dans la courte introduction de cet ouvrage, je prendrai pour étudier les Monériens une série d'espèces de ce petit groupe, en commençant par les formes les plus rudimentaires.

La première forme se rapporte à un organisme dont l'existence est peut-être encore douteuse et dont le mode d'existence est tout au moins fort peu connu, le *Bathybius Hœckelii*.

Bathybius Hœckelii Huxl.[1] — L'histoire de cet organisme offre assez d'intérêt pour que je croie utile d'en parler avec quelques détails.

Le *Bathybius Hœckelii* fut trouvé pour la première fois en 1857, pendant les explorations du fond de l'Atlantique faites en vue de la

1. Huxley, *Quart. Journ. of micr. sc.*, VIII, p. 1, tab. IV. — Hæckel, *Le règne des Protistes*, trad. fr., p. 83.

pose du câble transatlantique. Il était mélangé au limon gris qui
forme le sol de la vaste plaine sous-marine étendue entre l'Irlande et
Terre-Neuve, et se présentait sous l'aspect d'une masse gélatineuse,
informe, contenant des corpuscules calcaires de diverses sortes. Il ne
fut étudié avec quelque soin que beaucoup plus tard, en 1868, par
M. Huxley, à l'aide d'échantillons de limon conservé dans l'alcool.
Ce zoologiste le décrit comme constitué par des petites masses de
protoplasma « de toute grandeur, depuis des morceaux qu'on distingue à l'œil nu, jusqu'à des particules excessivement ténues »,
incolores et sans la moindre structure, contenant divers corps étrangers et notamment des coccolithes, sortes de concrétions calcaires de formes très variables que l'on considère aujourd'hui
comme introduites accidentellement dans le protoplasma de l'animal. M. Huxley donna à cet organisme, qu'il considéra comme le plus
rudimentaire de tous ceux que nous connaissons, le nom de *Bathybius Hœckelii*, le dédiant au savant
zoologiste qui a, le premier, fait une
étude d'ensemble des Monériens.

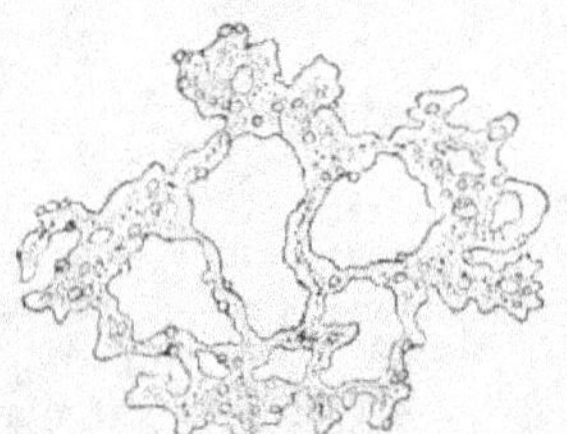

Fig. 1. — *Bathybius Hœckelii*
(d'après Hœckel.)

Vers la même époque, MM. Wyville Thomson et William Carpenter[1],
lors de l'expédition du *Porcupine*
dans le nord de l'Atlantique, obser-
vèrent le même organisme, à l'état
vivant, dans le limon ramené du
fond de l'Océan. Ils le décrivirent
comme offrant l'aspect d'un réseau
irrégulier, à contours nets, formé d'une substance douée de mouvements.

Sir Wyville Thomson, dans son remarquable ouvrage *Sur les profondeurs de la mer*[2], s'exprime de la façon suivante : « Dans ce limon
(limon contenant des Globigérines, rapporté de 2435 brasses, ou environ 14 000 pieds de profondeur, dans le golfe de Gascogne), ainsi
que dans la plupart des autres échantillons de limon tiré du lit de
l'océan Atlantique, on constatait une quantité considérable de matière molle, gélatineuse, organique, dans une proportion assez considérable pour donner au limon une certaine viscosité. Si l'on agite
ce limon avec de l'esprit de vin à un faible degré, des flocons très
fins se déposent, ayant l'aspect d'une substance muqueuse et coagu-

---

1. *Ann. and Mag. of nat. Hist.*, 1869, IV, p. 151.
2. *The Depths of the Sea*, 2ᵉ édit. 1874, p. 410.

gulée. Si un peu de ce limon, dont la nature visqueuse est des plus évidentes, est placé dans une goutte d'eau de mer, sous le microscope, on peut ordinairement apercevoir, au bout de quelque temps, un réseau irrégulier de matière albuminoïde, avec contours nettement dessinés et qui ne se mêle pas avec l'eau ; on peut voir comment cette masse visqueuse modifie peu à peu sa forme et comment les granules englobés et les corps étrangers y changent leur situation relative. La substance gélatineuse est donc susceptible d'un certain degré de mouvement, et il ne peut y avoir aucun doute qu'elle ne manifeste des phénomènes d'une forme de la vie très simple et très élémentaire.»

Plus tard, M. Hæckel[1] l'observa de nouveau, mais à l'état inerte, dans le même limon conservé dans l'alcool.

Lorsque M. Huxley fit connaître l'existence du *Bathybius* les partisans de la doctrine de l'évolution acceptèrent cette découverte avec enthousiasme ; on généralisa rapidement l'observation, on admit, avec un peu trop de promptitude, que le fond de la mer était partout tapissé par cet organisme rudimentaire, et l'on supposa que ce dernier se produisait constamment, par suite de simples combinaisons chimiques, sur le sol des océans. Cette hypothèse était d'autant plus admissible que dans le milieu habité par le *Bathybius* les conditions ambiantes sont d'une remarquable constance ; on pouvait donc les considérer comme particulièrement favorables à une production incessante de matière vivante rudimentaire.

Cependant des doutes ne tardèrent pas à surgir relativement à la nature animale et même à l'existence du *Bathybius*. Pendant la remarquable expédition du *Challenger* qui dura trois ans et que dirigeait M. Wyville Thomson, on ne put, malgré les recherches les plus actives, parvenir à retrouver cet organisme. Force était d'admettre qu'il manquait réellement dans les mers explorées par le *Challenger* ou du moins dans les points sur lesquels des sondages avaient été effectués. Mais on ne se borna pas à cela ; ne tenant aucun compte des observations antérieures, on nia absolument la nature animale du *Bathybius*. Les chimistes ayant montré que quand on verse de l'alcool absolu dans de l'eau de mer, il se forme un précipité visqueux, on émit l'idée que le prétendu organisme décrit par M. Huxley n'était autre chose qu'un précipité de cet ordre. Au congrès scientifique de Hamburg, en 1876, Mœbius reproduisit cette expérience.

---

1. *Bathybius und das freie Protoplasma der Meerestiefen*, in *Jenaische Zeitsch.*, 1870, V, p. 499, tab. XVII.

On crut, ou du moins on feignit de croire qu'elle était concluante, et le *Bathybius* fut rayé de la liste des êtres vivants.

Rien cependant n'était moins probant que l'expérience de Mœbius. Comme le fait, avec raison, remarquer M. Hæckel, de ce que l'alcool produit dans l'eau de mer un précipité gypseux floconneux, on n'est pas le moins du monde en droit de conclure que la substance visqueuse observée par Huxley, par Wyville Thomson et Carpenter et par lui-même, n'est pas de nature albuminoïde, alors qu'elle offre tous les caractères chimiques des substances albuminoïdes.

On n'aurait pas dû non plus oublier que M. Wyville Thomson avait, lors de sa première expédition, observé cette substance à l'état frais, et qu'elle s'était montrée à lui avec tous les caractères d'une matière vivante, y compris les mouvements.

Malgré cela, le *Bathybius* se trouva d'autant plus compromis que M. Huxley lui-même abandonna son propre enfant aux critiques de ses détracteurs[1].

Alors qu'on ne s'en occupait pour ainsi dire plus, le *Bathybius* fut de nouveau élevé à l'état vivant par un savant naturaliste allemand, M. Bessels : « Au cours de la dernière expédition américaine au pôle nord, écrit M. Bessels, je découvris à une profondeur de 92 brasses, dans le détroit de Smith, de grandes masses de protoplasma homogène et libre, non différencié, qui ne renfermait même aucune trace de coccolithes. La simplicité vraiment spartiate de cet organisme, que je pus observer vivant, fit que je lui donnai le nom de *Protobathybius*. Ces masses étaient purement et simplement constituées par du protoplasma, auquel se trouvaient être mêlés accidentellement quelques-uns de ces corpuscules calcaires dont est

---

1. In *Nature*, 15 août 1875; et in *Quart. Journ. of micr. sc.*, 1875, XV, p. 392. M. Huxley s'exprime de la façon suivante : « Le professeur Wyville Thomson m'apprend que tous les efforts des naturalistes du *Challenger* pour découvrir le *Bathybius* vivant ont échoué, et qu'il y a lieu de douter sérieusement que l'objet auquel j'ai donné ce nom ne soit rien de plus que du sulfate de chaux précipité à l'état floconneux, par suite du mélange de l'eau de mer avec l'alcool concentré dans lequel a été conservé le limon rapporté des profondeurs de l'Océan. Mais ce qu'il y a d'étrange, c'est que ce précipité inorganique peut à peine être distingué d'un précipité albumineux, et qu'il ressemble encore plus peut-être à la pellicule superficielle des infusions putrides, qu'il se colore irrégulièrement mais très fortement de carmin, forme de petites masses aux contours déterminés et se comporte en tout comme une chose organique. Le professeur Thomson s'exprime avec beaucoup de réserve et ne considère point encore le sort du *Bathybius* comme entièrement décidé. Mais comme c'est moi surtout qui suis responsable de l'erreur éventuelle d'avoir introduit cette remarquable substance dans la série des êtres vivants, je crois que je fais mieux en accordant plus d'importance qu'il ne l'a fait lui-même à son opinion. »

formé le lit de la mer. Ces masses, d'une nature extrêmement visqueuse, affectaient la forme de réseaux aux larges mailles, elles exécutaient des mouvements amœboïdes, absorbaient des particules de carmin ou d'autres corps étrangers, et étaient animées de courants qui chariaient des granules [1]. »

Cette observation confirme bien celles de MM. Wivylle Thomson et Carpenter, et l'existence du *Bathybius* ne nous paraît plus pouvoir être niée.

D'après tout ce qui en a été dit, cet organisme serait constitué uniquement par de la matière vivante absolument informe ou disposée en réseaux, sans doute déterminés par la présence des corps étrangers parmi lesquels vit le *Bathybius*. Celui-ci se nourrirait et respirerait directement par diffusion; quant aux procédés de sa multiplication, ils sont inconnus. En somme, cet organisme a besoin d'être l'objet de nouvelles études, mais tel que nous le connaissons, il se présente comme le plus rudimentaire de tous les êtres vivants. De là son importance au point de vue de la théorie du transformisme, de là aussi les discussions animées qu'il a provoquées.

Protamœba primitiva HÆCK[2]. — Cette deuxième forme de Monériens a été beaucoup mieux étudiée que la précédente. Le *Protamœba primitiva* est un être microscopique qui se rencontre dans les eaux de nos mers, rampant à la surface des animaux ou des végétaux.

Tandis que le *Bathybius Hœckelii* est constitué par une masse de protoplasma absolument informe, le *Protamœba primitiva*, déjà plus différencié et par conséquent plus élevé en organisation, offre une forme changeante il est vrai, mais cependant définie, et une taille limitée dans ses dimensions. Il se présente sous l'aspect d'une masse gélatineuse, irrégulière, émettant un nombre variable de lobes qui font saillie dans des directions différentes. Cette masse est formée d'une substance incolore, le protoplasma, dans laquelle se trouvent un certain nombre de granulations plus foncées, abondantes surtout vers le centre.

A la périphérie, on peut distinguer une zone mince, beaucoup plus homogène et plus dense que tout le reste du corps, formée également par du protoplasma, mais pas du protoplasma légèrement différencié de celui qui constitue la masse principale de l'animal.

1. BESSELS, in *Jenaische Zeitschr.*, 1875, IX, p. 277. Voyez aussi PACKARD, *Life histories of Animals*, New-York, 1876, p. 3.

2. HÆCKEL, *Monographie der Moneren*, in *Jenaische Zeitsch.*, 1868, IV, p. 104, tab. III, fig. 25-30. Ce mémoire a été traduit intégralement en anglais dans *Quart. Journ. of micr. sc.*, 1869, IX. Toutes les figures du mémoire original y sont également reproduites.

Le *Protamœba primitiva* peut, ainsi que cela résulte de la description précédente, être défini une cellule nue et sans noyau.

Pour comprendre le fonctionnement biologique de ce petit organisme, il importe de savoir quelles sont les substances qui le constituent, et, dans quelles proportions elles sont associées.

Le protoplasma est toujours formé par le mélange d'un nombre
variable de matières albuminoïdes auxquelles s'ajoutent de l'eau et
certains principes minéraux.

Les matières albuminoïdes qui constituent la plus grande
partie du protoplasma, sont formées par la combinaison de l'oxygène, de l'hydrogène, du carbone et de l'azote, combinaison effectuée
suivant des proportions et dans des circonstances encore inconnues.
Quant aux granulations que nous avons signalées au centre du
Protamœba, on ignore à peu près complètement quelle est leur
composition chimique. Un certain nombre d'auteurs supposent
qu'elles sont constituées par de l'oxygène, de l'hydrogène et du
carbone, que ce sont, en un mot, des substances ternaires.

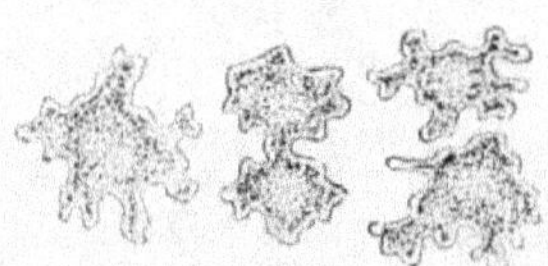

Fig. 2. — *Protamœba primitiva*
(d'après Haeckel).

D'autres, au contraire, tendent plutôt
à les considérer comme formées,
ainsi que le protoplasma, de matières azotées, mais plus ou moins
distinctes de celles qui constituent
le protoplasma lui-même. On donne
parfois, dans les descriptions des
cellules animales ou végétales, le
nom de *microsomes* à ces granulations, et l'on désigne la partie
du protoplasma qui les contient sous le nom de *deutoplasma*,
tandis que l'on nomme *hyaliplasma* le protoplasma qui en est dépourvu. L'opinion la plus probable est que les granulations sont
de nature très variable ; qu'elles sont formées tantôt de matières
quaternaires ou azotées, tantôt de matières ternaires ou non azotées ; et l'on peut supposer qu'elles représentent, les unes des produits de désassimilation, d'oxydation, des matières albuminoïdes du
protoplasma, les autres des particules destinées à servir à la nutrition ou augmentation de masse de la substance protoplasmique.

Quoi qu'il en soit de cette manière de voir, à mesure que nous
avancerons davantage dans l'étude des animaux, nous acquerrons
de plus en plus la conviction ou, pour mieux dire, la certitude que le
protoplasma est, par excellence, la matière vivante, et que le nom
de *base de la vie* sous lequel le désignent, avec M. Huxley, certains
physiologistes, est amplement justifié. Toutes les autres parties des

êtres organisés ne jouent, en effet, qu'un rôle accessoire dans les phénomènes qui ont reçu le nom d'actes vitaux.

Examinons maintenant les diverses fonctions du *Protamœba primitiva*.

En premier lieu, voyons comment il se nourrit. Fort petit au début, cet être s'accroît progressivement, augmente de taille, en empruntant les matériaux destinés à produire cet accroissement au milieu dans lequel il vit. Ces matériaux sont ce que nous nommons des *aliments*. Autant il est facile de comprendre comment des organismes plus parfaits, pourvus d'appendices nettement différenciés, peuvent attirer à eux les objets dont ils doivent se nourrir, autant il paraît difficile d'expliquer comment une masse à peu près homogène, dont les parties ne sont unies les unes aux autres que par la cohésion moculaire, peut s'emparer des substances qu'elle doit absorber. Voici ce que l'observation nous révèle. Le *Protamœba*, en rampant à la surface des animaux ou des végétaux, rencontre un corps quelconque plus petit que lui ; à peine l'a-t-il touché, qu'on voit sa substance protoplasmique former, autour du corps étranger, un bourrelet qui ne tarde pas à le circonvenir de toutes parts. Le corps étranger est ainsi entraîné dans la masse protoplasmique du *Protamœba*. Deux cas peuvent alors se présenter : ou bien ce corps étranger est apte, par sa nature physique et chimique, à servir à la nutrition du *Protamœba*, et alors il se fond peu à peu dans la substance de ce dernier ; ou bien il n'est pas apte à le nourrir et il est rejeté. Tel est le procédé relativement fort simple à l'aide duquel le *Protamœba* saisit ses aliments, se nourrit et augmente de taille.

Mais, de même que cela a lieu pour tous les êtres organisés, au bout d'un certain temps, l'accroissement du *Protamœba* s'arrête, et, malgré la nutrition la plus active, l'être qui nous occupe reste, au point de vue de la taille, sensiblement stationnaire.

La constatation de ce fait nous amène naturellement à étudier une autre fonction de notre Monérien. En même temps que l'animal se nourrit, il respire ; c'est-à-dire qu'il emprunte à l'eau dans laquelle il vit de l'oxygène gazeux qui se répand dans sa masse et y détermine des phénomènes d'oxydation et de dédoublement dont la conséquence est la destruction d'abord des matières albuminoïdes elles-mêmes, puis des substances résultant de la décomposition de ces dernières. Finalement, il se produit de l'acide carbonique, de l'eau et quelques corps azotés qui non seulement ne peuvent plus être utiles à l'animal, mais encore lui seraient nuisibles s'il ne les rejetait pas.

Il est extrêmement facile de constater que l'animal exhale sans cesse de l'acide carbonique. On peut s'assurer aussi que l'élimination de l'acide carbonique cesse quand l'animal a consommé tout l'oxygène contenu dans le milieu ambiant. L'absorption d'oxygène et l'élimination de certains produits, particulièrement de l'acide carbonique, sont donc deux phénomènes concomitants ou pour mieux dire corrélatifs, et si étroitement liés l'un à l'autre, si fatalement déterminés l'un par l'autre, que nous ne pouvons pas les séparer, et que nous les réunissons sous une dénomination commune, celle de *respiration*. Mais la respiration comprend trois actes successifs, qu'il faut bien distinguer les uns des autres : l'absorption de l'oxygène par l'organisme ; des oxydations, dédoublements, etc., déterminés dans les principes chimiques constituants de l'organisme par l'oxygène qui a été absorbé ; et, enfin, l'élimination des produits d'oxydation, de dédoublement, etc.

La conséquence de ces actes est nécessairement la suivante : tandis que le *Protamœba* tend à croître par la nutrition, il tend à décroître par la respiration. Ces deux fonctions sont antagonistes l'une de l'autre : l'une est réparatrice, l'autre est destructrice.

En même temps que le *Protamœba* se nourrit et respire, il effectue des mouvements ; il change de forme et de place.

Nous avons dit plus haut que la forme de son corps était rendue très irrégulière par la présence de sortes de prolongements courts, arrondis à l'extrémité, qui partent de sa masse principale. Nous devons ajouter que cette forme est essentiellement variable. Examinons avec soin cet organisme, nous le verrons tantôt allonger un de ses lobes, tantôt au contraire raccourcir ce même lobe, en même temps qu'il en allonge un autre, ou bien même les rentrer tous et prendre la forme d'une boule.

Il y a là un premier ordre de mouvements dont la conséquence est le changement incessant de la forme.

L'animal effectue encore des mouvements d'un autre ordre, dont le résultat est un changement de place du corps tout entier. Il allonge d'abord beaucoup un de ses lobes ; puis, ce lobe prenant un point d'appui par son extrémité libre, sur le corps étranger à la surface duquel rampe l'animal, il entraîne à sa suite, en se raccourcissant, la masse entière du corps qui semble glisser comme une goutte d'huile chassée par un souffle sur une lame de verre poli.

En analysant ces deux sortes de mouvements, il nous est facile de nous assurer qu'ils peuvent être ramenés à un seul phénomène fondamental : le raccourcissement, la concentration, ou au contraire l'allongement, la dilatation, de la substance protoplasmique. En admettant que cette substance soit douée d'une grande élasticité, l'allongement pourra être considéré comme le retour de la substance à sa forme primitive, et son raccourcissement comme le phénomène essentiel, phénomène auquel les biologistes ont donné le nom de *contraction*.

Les mouvements ainsi produits sont, comme le prouve une analyse attentive, bien loin d'être capricieux. De même que les rouages d'une machine ne peuvent se mettre en marche qu'à la condition de recevoir une impulsion suffisamment énergique, sous la forme habituelle de chaleur, de même le *Protamœba* resterait inerte s'il ne se passait en lui des phénomènes d'oxydation qui sont accompagnés d'une production de chaleur ; c'est cette chaleur qui, ici, comme dans la machine, peut être transformée en mouvement.

La respiration est donc nécessaire parce que sans elle il n'y aurait pas production de chaleur, et que sans chaleur, il ne pourrait y avoir de mouvements.

Le *Protamœba*, ainsi que tous les organismes et les êtres présentant sa constitution, est susceptible d'être le siège d'autres phénomènes qui offrent le plus grand intérêt. Qu'un rayon de soleil vienne à tomber sur le vase qui contient cet animal, nous verrons celui-ci se diriger vers la lumière. Nous en concluons qu'il est capable d'être influencé par cet agent extérieur, la vibration lumineuse, et les biologistes, créant un mot nouveau pour exprimer cette propriété, disent que l'animal est *sensible*, ou qu'il est doué de sensibilité. D'autres, employant un mot différent, mais qui n'exprime que la même idée, disent qu'il est *irritable*, qu'il est doué d'irritabilité.

Cette propriété, certains végétaux inférieurs la présentent à un degré au moins aussi intense, et j'espère vous démontrer tout à l'heure que si elle ne permet pas de différencier les animaux des végétaux, elle ne permet pas davantage de classer l'ensemble des corps en deux domaines distincts : le monde organique et le monde inorganique. Je pense vous bien montrer qu'en traçant entre les corps soumis à son observation des limites précises, l'homme s'est montré beaucoup plus préoccupé de classer les objets de ses études que de surmonter les difficultés qu'offre la recherche exclusive de la vérité.

Parvenu à une certaine dimension, que nous pourrions appeler sa *taille limite*, notre *Protamœba* va se multiplier. De même que tous les autres organismes vivants, il a, par la nutrition, assuré jusqu'alors son existence individuelle, il va, par la multiplication, assurer l'exis-

tence de son espèce. Le procédé employé pour cela par le *Protamœba primitiva* est le plus simple que présente la nature. Si nous
observons un de ces animaux au moment où il paraît avoir atteint
l'apogée de son développement, nous le verrons se rétrécir vers la
partie médiane de son corps ; puis, l'étranglement ainsi produit deviendra peu à peu plus considérable, et finalement, les deux parties qu'il sépare, se détachant tout à fait l'une de l'autre, s'en iront
vivre séparément ; deux *Protamœba* nouveaux sont ainsi produits et
se comporteront comme l'ont fait leurs ancêtres, c'est-à-dire se
diviseront, à leur tour, lorsqu'ils auront atteint leur taille limite.
On désigne ce mode de reproduction sous le nom de *bipartition* ou
scissiparité.

Telle est l'histoire aussi complète que possible de l'être que j'ai
choisi, à cause de la simplicité de son organisation, pour nous servir
d'introduction dans le domaine de la zoologie. Le *Bathybius* est si
peu connu, que nous pouvons en effet le négliger, pour le moment.

Nous avons maintenant à répondre à ces deux questions : avec
quels êtres le *Protamœba* est-il en rapport ? d'où vient-il ?

Ces questions, que nous nous poserons à propos de chacun des
êtres que nous étudierons plus tard, sont, la dernière surtout,
d'autant plus intéressantes à résoudre qu'elles se présentent ici
à propos des êtres vivants les plus rudimentaires que nous connaissions actuellement. Aussi puis-je dire, sans crainte d'exagérer ma
pensée, que dès le début de vos études zoologiques, vous vous trou-
vez en face du problème le plus grave et le plus redoutable que la
science puisse être appelée à résoudre : celui des origines de la vie.
Vous m'excuserez donc d'entrer à cet égard dans quelques détails, et
vous comprendrez qu'en faisant une excursion momentanée en
dehors du domaine étroit des Monériens, je n'aurai pas quitté le terrain sur lequel nous devons nous mouvoir.

Pour résoudre les deux questions posées tout à l'heure, il nous
importe d'abord de savoir si, à l'aide des données des sciences physiques ou chimiques, nous pouvons concevoir la formation du *Protamœba* dans un milieu purement inorganique. Si, en effet, cet
organisme est bien réellement, comme nous l'avons dit plus haut,
le plus inférieur de tous ceux que nous connaissons, à l'exception
du *Bathybius*, il ne faut pas songer à découvrir ses parents parmi les
autres êtres vivants, et nous sommes contraints de chercher son origine parmi les corps inorganiques qui seuls ont pu le précéder.

Rappelons-nous tout d'abord sa composition chimique : protoplasma ou mélange de substances albuminoïdes d'une part ; de

l'autre, granulations ou substances ternaires, eau et quelques sels
minéraux ; tels sont les seuls corps chimiques qui entrent dans la
composition de cet organisme.

Les quantités d'oxygène, d'hydrogène, de carbone et d'azote unies
pour former les matières albuminoïdes qui constituent la partie
fondamentale du protoplasma nous sont actuellement inconnues ;
mais rien ne s'oppose à ce qu'un jour nous connaissions la composition chimique de ces matières aussi complétement que celle de tous
les autres corps.

Les rapides et incessants progrès accomplis depuis le commencement de ce siècle par la chimie sont d'un bon augure à cet égard.
Si quelque esprit hardi avait, il y a seulement deux siècles, affirmé
que le jour viendrait où l'on pourrait à volonté fabriquer de l'eau,
il eût sans doute provoqué la manifestation d'une bien vive incré-
dulité. C'est qu'alors on ignorait non seulement la façon dont on
pourrait fabriquer l'eau, les conditions dans lesquelles on devrait
se placer, mais encore la nature des éléments qui entrent dans la
composition de ce corps. Le doute eût été beaucoup moins grand
après qu'on eut découvert que l'eau est formée par une simple combinaison d'oxygène et d'hydrogène, et surtout quand on eut trouvé
la proportion suivant laquelle ces deux éléments sont associés. Enfin,
lorsque les chimistes eurent acquis la connaissance exacte de la composition chimique de l'eau, rien ne les empêcha plus d'admettre que
ce corps s'était formé spontanément dans la nature, par simple
combinaison de ses éléments se rencontrant dans des conditions
favorables.

Ce que nous venons de dire de l'eau, nous pourrions le répéter
au sujet d'une foule d'autres corps plus ou moins complexes, dont
nous avons découvert successivement la composition élémentaire,
le mode de production, et que nous fabriquons aujourd'hui jour-
nellement.

Appliquons le même raisonnement aux matières albuminoïdes.
Nous savons déjà que ces matières ne sont composées que de carbone,
d'azote, d'hydrogène et d'oxygène ; il nous est bien permis de supposer qu'un jour viendra où non seulement nous connaîtrons exactement les proportions suivant lesquelles ces éléments sont associés,
mais encore les conditions dans lesquelles ils sont susceptibles de se
combiner. Ce jour-là, sans nul doute, le chimiste ne sera guère
éloigné de l'époque où il pourra faire la synthèse de ces matières.

En attendant, nous pouvons admettre, sans crainte de commettre
la moindre erreur, que ces quatre corps : carbone, azote, hydrogène,

oxygène, ont pu et peuvent peut-être encore se rencontrer dans la nature, dans des conditions telles, que leur combinaison s'effectue suivant les proportions exigées pour la constitution des matières albuminoïdes.

Ces dernières une fois produites, rien ne s'oppose à ce qu'elles s'unissent entre elles et avec de l'eau et des sels minéraux, pour former le protoplasma qui constitue tous les êtres vivants.

Enfin, si j'ajoute qu'un simple changement d'état moléculaire, produit, soit par l'élévation, soit par l'abaissement de la température au delà d'une certaine limite, suffit pour faire passer le protoplasma de l'état de vie à l'état de mort, vous comprendrez facilement que nous puissions admettre que le protoplasma, en se formant par l'association des matières albuminoïdes dans des conditions déterminées, ait pu se trouver dans l'état moléculaire spécial auquel correspondent les phénomènes qui caractérisent ce que nous nommons la vie.

Quant à ceux qui prétendraient réfuter cette hypothèse en nous mettant au défi de fabriquer de toutes pièces, soit un animal soit un végétal aussi inférieurs que possible, il nous est facile de leur répondre qu'ils tombent dans la même erreur que ceux qui, il y a deux cents ans, auraient nié la possibilité de la production spontanée de l'eau dans la nature, en se fondant sur ce que leurs contemporains étaient incapables de fabriquer ce corps.

Nous ignorons comment les matières albuminoïdes et le protoplasma vivant ont pu être formés, comme il y a deux siècles on ignorait la façon dont l'eau avait pu apparaître sur notre globe; mais nous avons trop de confiance dans la science pour désespérer de l'apprendre un jour.

Cette manière de voir est tellement répandue parmi les savants de notre époque, que deux hypothèses importantes et très séduisantes ont déjà été émises en vue d'expliquer la genèse des matières albuminoïdes et du protoplasma. Le lecteur trouvera bon, sans doute, que j'en résume ici les traits principaux; nous ne sortirons pas du cadre de nos études et nous aurons fait un pas de plus vers la solution des questions que nous avons posées tout à l'heure.

D'après l'une des deux hypothèses auxquelles je viens de faire allusion, il se serait d'abord produit, à la surface de notre globe, à l'aide des corps purement inorganiques, des corps organiques ternaires, c'est-à-dire contenant du carbone, de l'hydrogène et de l'oxygène, et parmi ces corps surtout des hydrates de carbone. L'azote, en s'ajoutant à ces corps ternaires, aurait déterminé la production de substances quaternaires et de matières albuminoïdes.

A l'appui de cette opinion on pourrait invoquer des faits d'une certaine valeur.

En premier lieu, M. Schutzenberger[1] a pu obtenir un véritable hydrate de carbone, en traitant à froid de la fonte blanche, grossièrement pulvérisée, par une solution aqueuse de sulfate de cuivre. Ces corps : fer, carbone, sulfate de cuivre et eau, se rencontrant à la surface de la terre, on pourrait supposer que des corps ternaires analogues à celui qu'a pu produire expérimentalement M. Schutzenberger se sont formés spontanément pendant les premiers âges de notre planète.

Mais on peut objecter à cette supposition que nulle part, à la surface de notre globe, nous ne pouvons constater l'existence de corps ternaires et particulièrement d'hydrates de carbone existant en dehors des organismes vivants, ou du moins n'ayant pas tiré leur origine d'organismes vivants.

L'hypothèse que nous venons de résumer est connue dans la science sous le nom de théorie du carbone. Elle est formellement adoptée par la majorité des zoologistes les plus distingués et notamment par M. Hæckel[2].

M. Pflüger[3] en a récemment émis une autre qui nous paraît plus plausible. Il suppose qu'il s'est d'abord formé une combinaison d'azote et de carbone que les chimistes désignent sous le nom de cyanogène ; ce corps, en se combinant aux éléments de l'eau, aurait ensuite produit directement les matières quaternaires. A l'appui de cette opinion, on peut invoquer le fait bien démontré que le cyanogène se forme spontanément dans les points du globe qui contiennent des matières minérales incandescentes au contact desquelles se trouve de l'acide carbonique.

---

1. Schutzenberger, *Les fermentations*, p. 87. « En traitant à froid, dit M. Schutzenberger, de la fonte blanche, grossièrement pulvérisée, par une solution de sulfate de cuivre, le fer de la fonte se dissout entièrement sans dégagement de gaz coloré ou autre ; on peut ensuite, après lavage, éliminer le cuivre déposé en le mettant en contact avec une solution de perchlorure de fer. Le cuivre se dissout rapidement ; il reste une masse pulvérulente noire qui, après dessiccation à 80° et dans le vide, ressemble à du charbon. Mais ce charbon contient de l'eau combinée qui se dégage brusquement lorsque l'on chauffe vers 250° ; il se dissout facilement en s'oxydant dans l'acide azotique, en donnant des corps jaunes, jaune orange, contenant de l'azote. Le charbon fournit à l'analyse une quantité d'eau qui est dans un rapport assez constant avec le carbone. Il représente donc un véritable hydrate de carbone défini. »

2. Hæckel, *Histoire de la création des êtres organisés d'après les lois naturelles*, p. 296 ; *Generelle Morphologie der Organismen*, II.

3. Pflüger, in *Archiv für Physiologie*, X, 1875.

Quelle que soit la part de probabilité que contiennent ces hypothèses, elles ne peuvent qu'expliquer la formation des matières quaternaires et albuminoïdes. Il nous reste encore à rechercher comment a pu apparaître la vie.

Il existe, sans nul doute, une différence considérable entre la matière vivante et la matière non vivante. Cependant, quelque grande que soit cette différence, n'en retrouvons-nous pas d'analogues chez les corps inorganiques? L'eau, par exemple, ne variet-elle pas constamment d'aspect et de propriétés? Tantôt elle se montre à nous répandue dans l'atmosphère à l'état de vapeur, tantôt elle est étalée en nappe liquide à la surface du sol, tantôt elle couvre ce dernier d'un manteau solide. Or, nous savons fort bien que ces différents états résultent de l'action qu'exercent sur l'eau les agents extérieurs, notamment la température. Suivant que celle-ci s'élève ou s'abaisse, l'eau se présente avec des propriétés physiques absolument différentes; cependant sa composition chimique reste toujours absolument invariable.

N'est-ce pas un phénomène analogue qui nous est présenté par la matière vivante? Existe-t-il la moindre différence de composition chimique entre un œuf vivant et un œuf tué par la chaleur ou le froid? Nullement, et cependant les propriétés du premier sont absolument différentes de celles du second. L'élévation ou l'abaissement de la température n'ont modifié que l'état physique, le mode d'agrégation moléculaire de ce corps, ils ont agi sur lui comme sur l'eau qu'ils transforment en vapeur ou en glace.

Nous pouvons conclure de ce fait, que les différences qui existent entre un œuf, une cellule, une Monère, un animal, un végétal quelconque vivants, et les mêmes organismes frappés de mort, résultent de la quantité de chaleur latente qu'ils renferment.

Pour atteindre la solution du problème biologique formulé plus haut, nous devons ajouter aux notions que je vous ai déjà exposées, celle de la température nécessaire pour que les mouvements vitaux se produisent dans les substances quaternaires et ternaires qui par leur association ont formé du Protoplasma.

Nous ignorons si les conditions nécessaires à la formation des matières quaternaires albuminoïdes et à l'apparition des propriétés dont l'ensemble constitue l'état spécial de la matière connu sous le nom de vie, ne se sont montrées qu'à une époque très reculée de notre globe, ou si elles se produisent encore de nos jours; nous ignorons aussi quelle est la part de vérité que renferment les hypothèses que je viens de résumer; mais nous pouvons affirmer sans crainte que ces hypothèses, ou quelque autre de même nature, n'invoquant comme causes productrices de la matière vivante que des phénomènes purement physiques ou chimiques, sont les seules qui puissent nous permettre d'expliquer, d'une façon scientifique, l'apparition des organismes vivants sur notre globe.

Si nous sortions de ce domaine, nous ne pourrions porter nos pas que sur le terrain de la métaphysique.

Le dilemne suivant se présente nettement à notre esprit : ou bien les êtres vivants ont été le résultat de phénomènes purement physiques et chimiques, ou bien il a fallu pour les produire l'intervention d'agents surnaturels que nous ne pouvons ni observer ni comprendre. La raison et la science s'accommodent de la première alternative, l'imagination et le sentiment peuvent seuls se contenter de la seconde.

Examinons maintenant en détail les diverses fonctions biologiques de la Monère dont nous avons étudié plus haut l'organisation, et cherchons si leur accomplissement nécessite la production de phénomènes qu'il soit possible de distinguer fondamentalement de ceux que nous offrent les corps inorganiques. Nous parviendrons ainsi à établir les analogies et les différences qui existent entre la matière vivante dont les Monères représentent les formes les plus rudimentaires et la matière non vivante.

Nous avons vu d'abord que la Monère se nourrit, c'est-à-dire qu'elle introduit dans sa masse des matières prises en dehors d'elle-même.

On a voulu trouver dans l'accomplissement de cette fonction une différence fondamentale entre les corps organisés et les corps inorganiques, entre les corps vivants et les corps non vivants. On a admis que les premiers s'accroissent par intussusception et les seconds par juxtaposition. En d'autres termes, on suppose que les uns s'accroissent par l'introduction, entre les atomes qui les constituent, des substances destinées à servir à l'accroissement de leur masse et l'on a dit qu'ils se nourrissent, tandis que les autres s'accroîtraient uniquement par le dépôt de molécules nouvelles à leur surface.

Si, à l'exemple des défenseurs de cette opinion, nous considérons deux corps aussi différents que possible, d'une part un cristal de chlorure de sodium, de l'autre une Monère, elle nous paraîtra fort plausible. Nous ne pouvons nier, en effet, que l'accroissement du cristal de chlorure de sodium s'effectue par juxtaposition, tandis que celui de la Monère a lieu par intussusception. Mais il n'existe pas dans le monde que des corps solides et cristallisés, et si, au lieu de prendre pour exemple des corps inorganiques un cristal de sel marin, nous prenons une goutte d'eau distillée, nous verrons s'amoindrir beaucoup la différence indiquée plus haut. Plaçons cette goutte d'eau dans un milieu où elle puisse absorber une substance semblable à elle-même, dans une cloche remplie de vapeur d'eau, par exemple, sa taille augmente rapidement, et cette augmentation de volume ne s'opère pas comme celle du cristal par juxtaposition, mais bien par intussusception véritable, c'est-à-dire par pénétration de molécules nouvelles entre celles qui préexistaient dans la goutte d'eau.

On pourra nous objecter que cet accroissement diffère de celui de la Monère en ce que la goutte d'eau distillée n'a absorbé que des molécules semblables à celles qui la constituent elle-même, tandis que la Monère introduit dans la profondeur de sa masse des substances qui en diffèrent par leur nature chimique. Mais, afin que la démonstration soit complète, il suffit que nous modifiions un peu les conditions de notre expérience. Plaçons notre goutte d'eau distillée en présence de vapeurs alcooliques, ou une goutte d'alcool en présence de vapeurs aqueuses, et l'accroissement se fera, à la fois par intussusception et à l'aide de matériaux dissemblables de ceux qui constituent le corps en voie d'accroissement ; nous ne verrons plus aucune différence entre l'accroissement de la Monère et celui du corps inorganique. Si, au lieu de corps très simples comme l'eau et l'alcool nous prenions des corps très complexes, nous arriverions invariablement à des phénomènes qui rappelleraient à tel point ceux de la nutrition des êtres vivants, qu'il ne serait bientôt plus possible d'établir de limite, au point de vue du mode d'accroissement, entre les corps vivants et les corps non vivants.

Maintenant qu'il nous est acquis que ce n'est pas au point de vue de la nutrition que des êtres vivants aussi simples que les Monères diffèrent absolument d'un corps non vivant, cherchons si l'étude des autres fonctions nous conduira à admettre d'autres différences assez considérables pour que nous nous rangions à l'opinion officiellement enseignée, d'après laquelle la vie ne pourrait être comprise qu'à la condition de l'attribuer à un agent immatériel, uni aux corps vivants.

La Monère, avons-nous dit, en même temps qu'elle se nourrit, se dénourrit ; elle introduit dans sa masse de l'oxygène ; celui-ci produit des décompositions dont le résultat ultime est le rejet par l'organisme d'un certain nombre de produits de désassimilation ou destruction moléculaire, produits parmi lesquels se trouvent constamment de l'acide carbonique, de l'eau et un corps azoté de nature variable. C'est cet acte complexe qui, nous le savons, porte le nom de *respiration*.

Appartient-il exclusivement aux êtres vivants ? Telle est la question à laquelle nous devons maintenant répondre. Étudions les faits de près et nous verrons que cette réponse est plus facile à faire qu'elle ne le semble au premier abord.

Réduite à sa plus simple expression, la respiration n'est qu'un ensemble de phénomènes d'oxydations ou de dédoublements des principes chimiques qui entrent dans la constitution des corps vivants. Or, les oxydations et les dédoublements se présentent à nous partout dans la nature. Abandonnons dans l'air, dans l'eau, ou dans tout autre milieu oxygéné, un morceau de fer, et ce corps ne tardera pas à s'oxyder, d'une façon lente, il est vrai, mais tellement continue, qu'au bout d'un temps plus ou moins long il sera impossible de retrouver la moindre parcelle de fer ; le métal sera remplacé par un corps nouveau, produit de son oxydation, de sa combinaison avec l'oxygène : un oxyde de fer. Ne pouvons-nous pas comparer cette oxydation avec celles qui se produisent dans un corps vivant ?

On nous objectera, sans nul doute, que l'oxydation du fer ne donne naissance qu'à un seul produit : l'oxyde de fer ; tandis que celle des corps vivants détermine la production d'un nombre très considérable de produits et surtout de produits très différents par leur nature de celui qui résulte de l'oxydation du fer ; on ajoutera que le fer ne s'oxyde qu'à sa surface et de dehors en dedans, tandis que les oxydations de la matière vivante s'effectuent dans la profondeur même de la masse matérielle. Mais nous devons tenir compte de ce double fait : que le fer étant un corps simple ne peut donner avec un autre corps simple qu'un seul ou un très petit nombre de corps composés produits par son oxydation, et que la densité du fer étan. très considérable, l'oxygène ne peut pénétrer dans sa profondeur qu'avec une grande lenteur. Un corps vivant au contraire, une Monère par exemple, est formé d'une substance très peu dense et soumise à des déplacements moléculaires incessants ; il est, par suite, très perméable aux atomes des gaz ; d'autre part, sa constitution chimique étant très complexe, ses produits d'oxydation sont très variés.

Qu'au lieu d'un corps simple et très dense comme le fer, nous prenions un corps peu dense, liquide ou gazeux, et d'une constitution chimique complexe, nous verrons l'oxydation se produire simultanément dans tous les points de sa masse, et donner naissance à des produits d'autant plus nombreux que dans sa composition chimique entrent un plus grand nombre d'éléments. La matière vivante, le protoplasma, étant de tous les corps, le plus complexe chimiquement, nous n'avons pas lieu d'être étonnés que son oxydation soit accompagnée de phénomènes plus divers ; mais, au fond, la nature de ces phénomènes est toujours identique, et la respiration de l'organisme vivant est aussi bien soumise aux lois de la chimie que l'oxydation d'un simple morceau de fer.

La respiration ne peut donc pas plus que la nutrition nous servir à séparer d'une façon absolue les êtres vivants des corps non vivants.

Est-ce par la faculté de reproduction que les deux groupes d'êtres qui constituent, en se complétant l'un par l'autre, l'univers, sont séparables ? Vous avez vu la Monère, parvenue à une certaine taille, se segmenter pour donner naissance à deux organismes nouveaux qui se séparent et vont vivre isolément. Il semble, au premier abord, qu'il soit bien difficile de trouver un phénomène semblable dans la matière non vivante. Examinons cependant avec soin ce qui se passe, d'une part, dans la Monère qui se divise, et, d'autre part, dans un corps inorganique dont les fragments placés dans des conditions favorables s'accroissent en un corps de même taille que celui qui les a produits, et nous arriverons, je crois, à nous convaincre que le fossé qui sépare, à cet égard, le monde vivant du monde non vivant, n'est pas tellement large que nous ne puissions, avec les données de la science actuelle, jeter un pont de l'un à l'autre de ses bords.

Quand une Monère se divise on a l'habitude de dire que cette division est *spontanée*, c'est-à-dire indépendante de tout agent extérieur et résultant d'une propriété exclusivement inhérente à la matière vivante, au protoplasma vivant de la Monère. Lorsqu'au contraire nous voyons un corps non vivant, un cristal de sel marin par exemple, plongé dans une solution du même corps, se rompre, nous disons que sa rupture a été *provoquée*, qu'elle a été déterminée par un agent extérieur au corps qui se divise, par exemple un courant d'eau frappant rapidement ce dernier, un choc, etc.

Les deux ordres de phénomènes ainsi interprétés paraissent en effet absolument différents l'un de l'autre : l'un serait spontané, l'autre est, manifestement, toujours provoqué. Mais si nous étudions de plus près le phénomène de la division de la Monère, nous pourrons facilement nous convaincre qu'il est soumis à certaines conditions extérieures, en dehors desquelles il ne se produit jamais, mais sous l'influence desquelles il se produit toujours. Cette étude, difficile à faire avec les Monères que nous ne pouvons que difficilement nous procurer, peut être accomplie très aisément avec d'autres organismes vivants, et notamment avec certaines Algues filamenteuses très ré-

pandues dans nos eaux douces. Tous les observateurs ont constaté que
les cellules de ces Algues ne se divisent normalement qu'à de certaines heures de la journée. Ce premier fait indique bien que la division est soumise à des conditions cosmiques qui, pour nous être
inconnues, n'en sont ni moins réelles ni moins actives.

Lorsque M. Strasburger, faisant ses beaux travaux sur la division du
Spirogyra orthospira, eut constaté qu'elle s'accomplissait, dans son
laboratoire, pendant le mois d'octobre 1874, entre dix heures et mi-
nuit, il ne lui vint certainement pas à l'esprit que cette heure était
capricieusement choisie par le *Spirogyra*; il y vit l'influence de certaines conditions de milieu, et finit par s'assurer qu'en changeant
ces conditions, qu'en plaçant, par exemple, les Algues dans une
chambre plus froide, il pouvait retarder la division cellulaire jusqu'au lendemain matin, ou même l'empêcher complètement de se
produire.

Il est facile de tirer les conclusions de ce fait qui n'est nullement
limité à l'Algue dont nous venons de parler, mais est offert sans exception par tous les organismes vivants : la division de ces organismes, loin d'être spontanée, c'est-à-dire indépendante de tout
agent extérieur, est, au contraire, directement placée sous la dépen-
dance de tous les agents extérieurs. La chaleur, la lumière, l'électricité, etc., sont, sans nul doute, les agents producteurs de cette division;
mais comme la chaleur, la lumière, l'électricité, etc., ne sont que des
mouvements moléculaires de la matière qui entoure le corps vivant,
nous pouvons dire que celui-ci ne se divise que sous l'influence
d'un mouvement matériel qui lui est transmis par le milieu ambiant.
Ainsi envisagée, la division de la Monère n'offre plus aucun caractère
de spontanéité, et ne diffère de la division des corps organiques que
par la nature des agents provocateurs de la division et l'intensité
d'action qui est nécessaire pour la produire.

Nous pouvons donc conclure de ce qui précède que, pas plus au
point de vue de la segmentation qu'à ceux de la nutrition et de la
respiration, on ne peut séparer, d'une façon absolue, la Monère vivante, des formes inorganiques de la matière. Mais, la Monère,
représentant une forme de la matière aussi complexe que possible, au point de vue de la composition chimique et de la constitution moléculaire, il est facile de comprendre qu'elle obéisse bien
plus facilement aux agents extérieurs à l'influence desquels elle
est soumise que toute autre forme de la matière.

Il est un exemple bien vulgaire et qui cependant nous prouve qu'eux
aussi, les corps dits inanimés, sont, dans certaines conditions déter-

minées, d'une grande sensibilité aux excitations extérieures. Vous êtes dans un appartement, sur votre table est une lampe allumée, quelqu'un ouvre une porte et subitement le verre de la lampe, dont les molécules sont déjà mises en mouvement par la chaleur de la flamme, se brise, se divise en un certain nombre de fragments, et cela en un point qui n'est pas le premier venu, qui au contraire, par sa constitution, présente quelque caractère particulier. Lorsque vous voyez votre verre se briser sans qu'il ait en apparence reçu le moindre choc, dites-vous qu'il s'est brisé spontanément? En aucune façon; vous essayez, pour me servir d'une expression chère à Claude Bernard, de « déterminer » les conditions dans lesquelles le phénomène s'est accompli et la nature de l'agent qui l'a produit. Telle est la conduite que nous devons tenir quand nous voyons la masse protoplasmique d'une Monère ou d'une cellule quelconque se diviser. Nous devons chercher à déterminer l'agent producteur de la division, et nous sommes bien certains à l'avance que cet agent ne peut être que de nature physique ou chimique ; nous n'imitons pas, en effet, Claude Bernard ; nous ne croyons pas qu'il nous soit possible de nous endormir dans la douce quiétude du « déterminisme ». Nous considérons ce mot comme l'appellation d'une méthode scientifique et non comme l'expression d'une doctrine philosophique.

Nous avons à examiner maintenant si c'est par la faculté qu'elle possède de se mouvoir, et par celle de sentir, que la Monère se distingue des corps non vivants.

Nous avons constaté dans la Monère deux ordres de mouvements : l'un dont la conséquence est un simple changement de forme, l'autre qui a pour résultat le changement de lieu, le déplacement de l'animal.

Examinons successivement chacune de ces deux sortes de mouvements. En premier lieu, devons-nous considérer la faculté de changer de forme comme appartenant exclusivement à la matière vivante? Il suffit presque de poser la question pour qu'elle soit résolue. N'oublions pas que le changement de forme de la Monère n'est que la conséquence de la dilatation de certaines parties de la masse ou de la contraction de certaines autres parties. Contraction ou dilatation moléculaire du corps de la Monère, tels sont les phénomènes intérieurs du mouvement d'ensemble qui se traduit par un changement de forme. Or, ces phénomènes sont loin de se produire exclusivement dans la matière vivante. Il n'est pas un seul corps inorganique qui ne les manifeste plus ou moins nettement. Prenez dans les mains un morceau de soufre, les craquements qu'il ne tarde pas à faire entendre vous sont un indice certain de la dilatation de sa masse, dilatation produite par l'écartement des molécules qui la constituent. Suivez attentivement ce qui se passe dans un tube étroit rempli de mercure, vous verrez la petite masse de métal s'allonger et se raccourcir alternativement, en d'autres termes se dilater ou se contracter suivant que ses molécules s'écartent ou se rapprochent les unes des autres.

Si, au lieu de prendre un corps à formes très régulières, comme la colonne cylindrique de mercure contenue dans un tube thermométrique, nous prenons un corps à contours très irréguliers et en même temps formé par la juxtaposition de substances différentes, inégalement contractiles ou dilatables, il est incontestable que la dilatation ou la contraction de ce corps seront accompagnées de changements dans la forme d'autant plus manifestes que l'énergie de la dilatation et de la contraction sera plus considérable. Entre ce corps et la Monère il n'existera qu'une différence de plus ou de moins ; la nature des mouvements sera la même.

On peut, il est vrai, objecter que la Monère change de forme spontanément, tandis que le corps inorganique n'en change que sous l'influence d'agents extérieurs, tels que la chaleur. Mais sachant déjà que l'épithète de « spontané » appliquée à un phénomène n'a été imaginée que pour cacher notre ignorance de la cause déterminante de ce phénomène, nous ne nous laisserons pas entraîner à considérer comme spontanés tous les mouvements dont nous ignorons la cause. Est-ce que le paysan qui voit une nappe de brouillard s'élever du sol et gravir lentement le flanc d'une montagne pour aller former un nuage à son sommet, n'est pas tenté de croire ou plutôt ne croit pas que le mouvement du brouillard est spontané ? Et cependant nous savons ce qu'il faut penser de cette prétendue spontanéité.

Lorsdonc que nous constatons dans le protoplasma de la Monère un changement, ou lorsque nous voyons ce petit organisme se déplacer, nous devons rechercher quel est l'agent qui détermine l'une ou l'autre de ces deux sortes de mouvements. Alors même qu'il nous serait impossible de découvrir cet agent, nous ne devrions pas imiter le paysan qui, dans son ignorance, admet des effets sans cause, ou, si vous préférez cette expression, des phénomènes sans antécédents.

Savez-vous pourquoi la légère boule de sureau d'un pendule électrique s'approche d'un bâton de verre électrisé par frottement, puis s'en éloigne après l'avoir touché ? Non, certes ; cependant vous souririez, sans nul doute, de commisération, si je vous disais que cette boule se comporte de cette façon parce que cela lui plaît ; qu'elle se rapproche du bâton de verre parce qu'il lui est sympathique, ou qu'elle s'en éloigne parce que, après avoir fait sa connaissance par le contact, elle le considère comme dangereux. En d'autres termes, vous ne sauriez admettre que les mouvements de la balle de sureau sont spontanés, c'est-à-dire indépendants de toute autre cause que la volonté de la balle. N'est-ce pas ainsi cependant que vous agissez quand, voyant une Monère aller au-devant d'un rayon de soleil qui tombe sur l'eau, vous affirmez qu'elle se meut spontanément ; ce qui revient à dire qu'il lui plaît d'aller au-devant du rayon lumineux, que le rayon lui est sympathique. Permettez-moi de vous citer un petit fait qui me paraît fort intéressant au point de vue des changements de formes et des mouvemens de déplacement.

Wolff[1] a constaté dans ces derniers temps que l'appareil olfactif de l'Abeille commune est formé par la réunion de petites cellules offrant à leur extrémité périphérique une cupule au centre de laquelle est inséré un long filament. Dans cette cupule se trouve un liquide visqueux qui se répand le long du filament. M. Wolff place une goutte de ce liquide sur une lamelle de verre qu'il transporte sous le microscope ; il approche alors du liquide olfactif une petite aiguille portant à son extrémité une gouttelette d'une essence odorante ; immédiatement la goutte de liquide olfactif change de forme et même se déplace. Les molécules gazeuses de l'essence, en venant frapper sa surface, suffisent pour déterminer ce double mouvement. La conséquence de cette expérience est facile à tirer : dans la nature, l'ébranlement du cil vibratile de la cellule olfactive est déterminé par les vibrations des molécules gazeuses dites odorantes qui viennent frapper le liquide olfactif dont le cil est recouvert ; l'ébranlement moléculaire du cil est transmis au corps de la cellule olfactive, puis au nerf olfactif qui le communique aux centres nerveux olfactifs ; là cette vibration moléculaire se transforme en ce que nous nommons la sensation d'odeur. Ce petit fait ne confirme-t-il pas bien ce que je vous disais tout à l'heure, que quand nous voyons un corps matériel quelconque entrer en mouvement, notre première préoccupation doit être de chercher la cause déterminante du mouvement, au lieu de nous endormir dans une douce paresse, après avoir déclaré que tel ou tel mouvement, dont nous ne saisissons pas la cause, est « spontané ».

1. WOLFF, *Le mécanisme de l'odorat*, in *Revue internationale des sciences*, 1878, p. 422.

Pour moi je ne pense pas qu'il y ait plus de mouvements spontanés chez les êtres vivants que dans les corps inorganiques; je crois que tout mouvement, qu'il consiste en un simple changement de forme ou en un déplacement du corps entier, est nécessairement provoqué par un agent extérieur, ou, pour mieux dire, par un mouvement antécédent.

Il me reste à parler de la sensibilité, ou, pour employer un terme qui est plus de mode parmi les biologistes modernes, de l'*irritabilité*.

Quand on voit une Monère se déplacer ou changer de forme sous

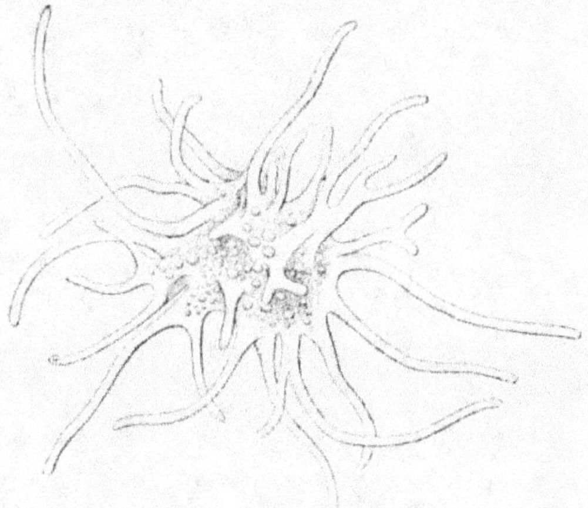

Fig. 3. — *Protamœba polypodia* (d'après Hæckel).

l'influence du contact d'un corps étranger, on dit qu'elle est sensible ou irritable, et l'on ajoute que la sensibilité ou l'irritabilité est une propriété appartenant en propre et exclusivement aux êtres vivants. C'est là encore une manière de voir à laquelle nous devons, je pense, renoncer. Si, en effet, nous disons que la Monère est sensible parce qu'elle change de forme quand on la touche, ne devra-t-on pas en dire autant du liquide olfactif, qui se comporte exactement de la même façon quand on approche de lui une goutte d'essence? La vérité est que ces mots : sensibilité et irritabilité ne veulent pas dire autre chose que ceci : « quand un agent extérieur agit sur un corps déterminé, ce dernier obéit à l'action qui s'exerce sur lui. » Or, ce fait n'est pas exclusivement propre à la matière vivante, il nous est offert par tous les corps que nous connaissons, avec cette différence que, suivant les corps, il est plus ou moins manifeste.

L'étude comparée que nous venons de faire des propriétés biologiques de la Monère nous permet, je crois, de conclure, sans crainte de nous tromper, que toutes ces propriétés se retrouvent dans la matière non vivante, mais que dans la Monère elles se manifestent avec une intensité tellement considérable, que l'on peut facilement se laisser entraîner à leur donner des dénominations particlières.

Nous sommes d'autant plus sollicités d'entrer dans cette voie, que nos sciences, encore dans l'enfance, nous laissent ignorer le pourquoi et le comment de la plupart des phénomènes naturels dont nous constatons la production. Cependant, elles sont aujourd'hui assez

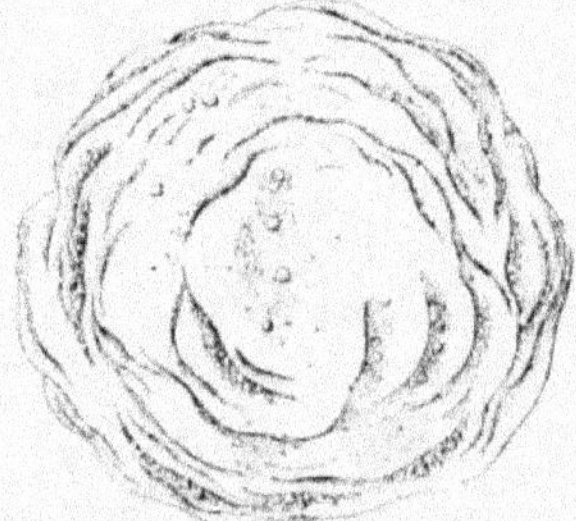

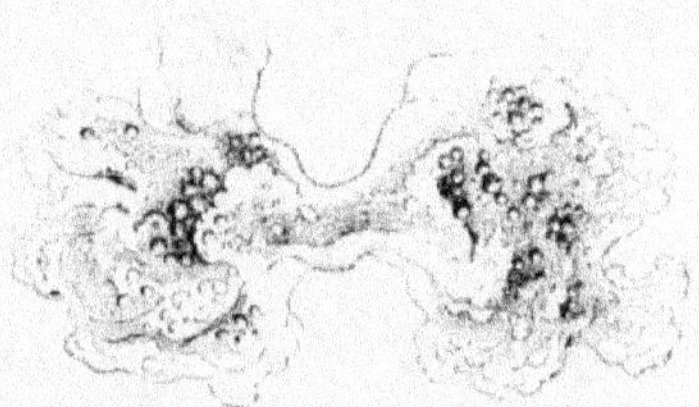

Fig. 4. — *Protamœba simplex* (d'après Hæckel).　　Fig. 5. — *Protamœba Schultzeana* en voie de division (d'après Hæckel).

avancées pour que nous puissions admettre, avec Claude Bernard, sans crainte de nous tromper, que tous les phénomènes biologiques ne sont, en réalité, que des phénomènes physiques ou chimiques. Nous ignorons bien des choses, mais nous en connaissons assez pour ne plus nous laisser entraîner à considérer comme des vérités les opinions engendrées par l'ignorance de nos pères ou par la nôtre [1].

Protogenes primordialis HÆCKEL [2]. — Cet animal a été trouvé par Hæckel, en 1864, dans la Méditerranée, près de Nice. Nous pouvons le prendre comme type d'une division particulière des Monériens, celle des Rhizomonériens.

1. Voyez, pour plus de détails sur cette question : DE LANESSAN, *Manuel d'histoire naturelle médicale, Introduction* ; et DE LANESSAN, *Le transformisme.*

2. HÆCKEL, *Ueber den Sarcodekörper der Rhizopoden,* in *Zeitsch. f. wiss. Zool.,* 1865, XV, p. 360, tab. XXVI, fig. 1. 2 ; — *Monographie der Moneren,* in *Jenaische Zeitsch.,* 1868, IV, p. 131.

Comme les êtres étudiés jusqu'ici, il est aquatique, formé de protoplasma granuleux, sans membrane d'enveloppe ni noyau. Il peut
affecter deux formes différentes : tantôt il se présente sous l'aspect
d'une sphère unie, ayant de 0,1 à 0,2 de millimètre de diamètre ;
tantôt il offre l'aspect d'une sphère de
laquelle se détachent, en rayonnant dans
toutes les directions, un grand nombre
de filaments protoplasmiques grêles,
qui ont reçu le nom de rhizopodes ; tantôt sa forme est très irrégulière quoique
pourvue encore de contours arrondis,
comme dans la figure ci-jointe, et les
rhizopodes ne partent que d'une portion plus ou moins considérable de la
surface de son corps. Les filaments
radiés qui partent de la substance protoplasmique du *Protogenes*, sont manifestement les homologues des pseudopodes obtus du *Protamœba ;* mais ces

Fig. 6. — *Protogenes primordialis*
(d'après Hæckel). Des rhizopodes partent de tous les points du
corps.

filaments, beaucoup plus grêles que ceux du *Protamœba primitiva*, s'anastomosent entre eux de diverses manières. Ce phénomène

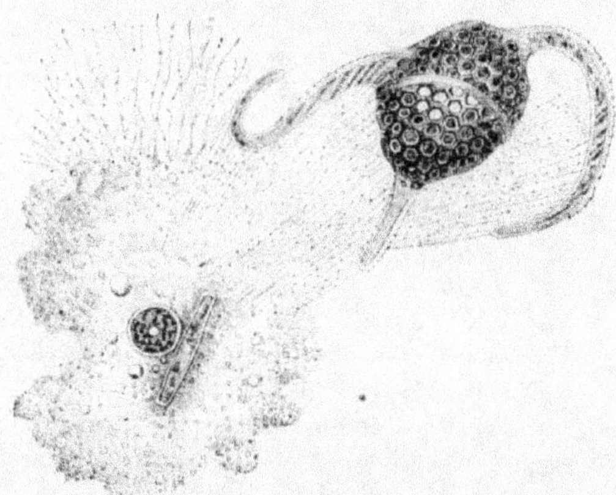

Fig. 7. — *Protogenes primordialis* n'émettant de rhizopodes que par un point de sa
surface. Il a saisi un *Peridinium* (d'après Hæckel).

pourra se compliquer de telle sorte, en certains points, que nous aurons finalement un être qui rappellera le *Protamœba primitiva* par
sa masse centrale homogène, et le *Bathybius Hæckelii* par les réseaux

résultant de l'anastomose de ses filaments. Les mouvements des filaments protoplasmiques s'opèrent-ils avec cette spontanéité dont on
a voulu faire un des attributs exclusifs de la matière vivante ? Non ;
l'action des agents extérieurs est nécessaire pour les provoquer ;
toutes ces expansions se développent surtout quand un corps étranger
se trouve en contact avec l'animal. On les voit alors apparaître en
grand nombre, s'unir les uns aux autres, et enlacer le corps étranger
de toutes parts, pour le rejeter après en avoir exprimé toutes les
matières assimilables qu'il pouvait contenir. La reproduction de
cet animal a été observée par Hæckel ; elle s'effectue comme celle
du *Protamœba primitiva* par simple segmentation de la masse protoplasmique en deux parties qui vont vivre séparément.

Myxodictyum sociale [1]. — Cet animal, trouvé par Hæckel

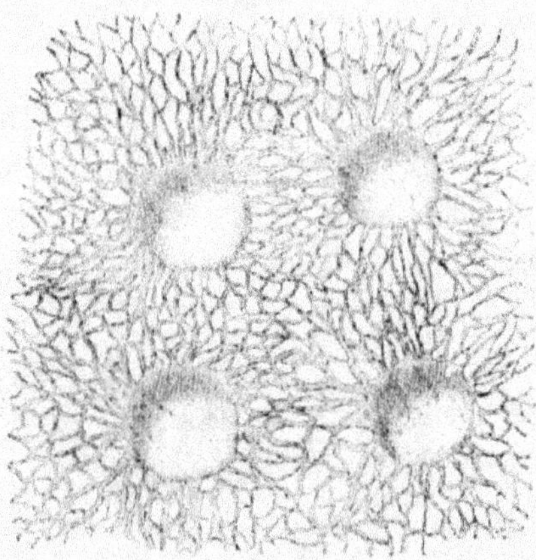

Fig. 8. — *Myxodictyum sociale* (d'après Hæckel).

dans la baie d'Algésiras, en 1867, présente un grand intérêt, car, à
l'encontre de ce que nous avons vu pour les animaux précédemment
étudiés, il nous prépare à l'étude des êtres, très répandus dans le
règne animal, qui vivent en colonies. Comme le *Protogenes*, il est
constitué par une masse globuleuse de protoplasma, de laquelle
partent des rhizopodes qui sont, ici, relativement peu nombreux. Un
grand nombre de ces petites masses protoplasmiques se montrent
unies par les extrémités de leurs rhizopodes en un réseau aplati.

1. HÆCKEL, *Monographie der Moneren*, in *Zenaische Zeitsch.*, IV, 1868, pp. 99, 131,
ab. III, fig. 31-33.

Il est permis de supposer que lorsqu'un individu, d'abord libre, en rencontre un autre, il se met en rapport avec lui par ses filaments protoplasmiques ; désormais les deux individus vivront unis par leurs rhizopodes ; un troisième, un quatrième individu se réuniront de la même façon aux deux premiers, et il se formera une colonie dont les individus constituants pourront devenir fort nombreux. La co-

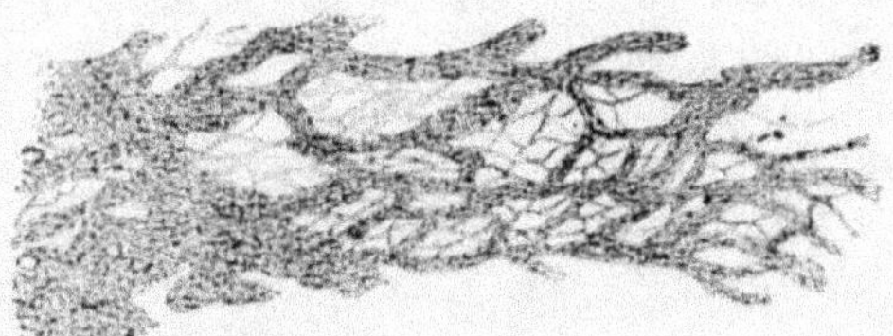

Fig. 9. — Rhizopodes anastomosés du *Myxodictyum sociale* (d'après Hæckel).

lonie observée par Hæckel dans la baie d'Algésiras comprenait soixante et dix individus. Il est plus probable encore que les colonies sont la conséquence de la multiplication par segmentation. Un individu se divise en deux autres qui restent unis par leurs pseudo-

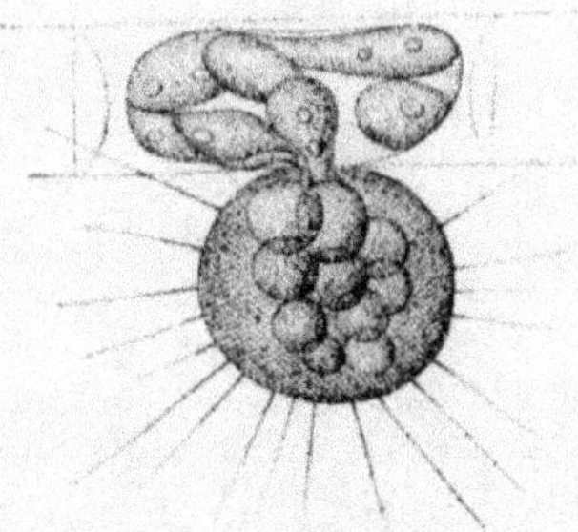

Fig. 10. — *Vampyrella Spirogyræ*, se nourrissant d'une cellule de *Spirogyra* dans laquelle une portion de son corps est enfoncée (d'après Cienkowski).

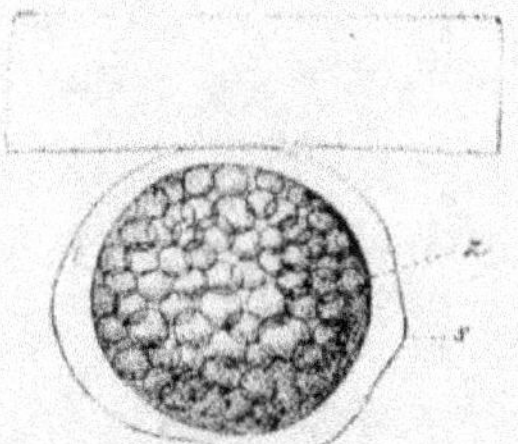

Fig. 11. — *Vampyrella Spyrogyræ* enkysté. — *z, protoplasma ; s,* membrane du kyste (d'après Cienkowski.)

podes ; les deux nouveaux êtres se divisent à leur tour et en produisent quatre qui restent anastomosés.

Le *Myxodictyum sociale*, animal observé une seule fois par Hæckel, ne paraît pas, du reste, différer à d'autres points de vue des Monériens déjà décrits. Il se multiplie très probablement par division de chaque masse protoplasmique en deux masses nouvelles qui, ou bien restent unies par leurs rhizopodes, ou bien se séparent et vont ailleurs former de nouvelles colonies.

Vampyrella Spirogyræ [1]. — Ce petit animal vit à la surface d'une Algue très commune dans nos eaux douces, le *Spirogyra*. Il a été observé par M. Cienkowski. Son étude nous conduira à celle des formes les plus élevées du groupe. Il offre l'aspect d'une masse à peu près sphérique de protoplasma, émettant par toute sa surface de nombreux rhizopodes grêles, disposés en rayonnant. Pour se nourrir, ce petit être perfore, par un procédé dont nous ignorons la nature, la membrane des cellules du *Spirogyra*, il enfonce ses rhizopodes dans la cavité de la cellule et attire dans sa propre substance tout le protoplasma de cette cellule ; puis il passe à une autre.

Quand le *Vampirella* a de la sorte atteint une certaine taille, ses

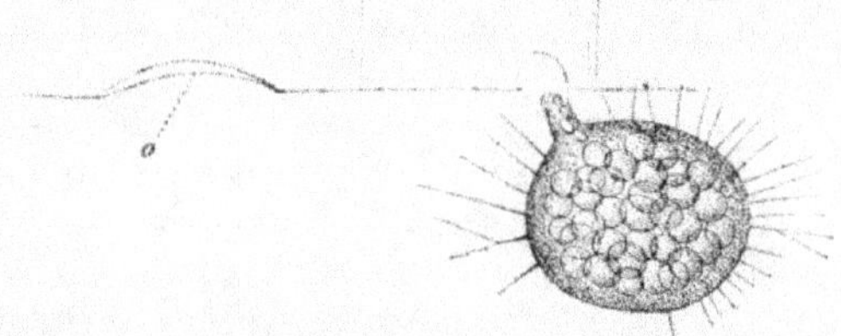

Fig. 12 — *Vampyrella Spyrogyræ* abandonnant la cellule de *Spyrogyra* après l'avoir vidée (d'après Cienkowski).

rhizopodes rentrent dans la masse de son corps ; il devient globuleux, et s'entoure d'une membrane d'enveloppe, d'une sorte de tunique, qui le met à l'abri des agents extérieurs de destruction et lui forme une véritable carapace. Après la formation de cette dernière, il se produit un phénomène que nous rencontrons pour la première fois : le protoplasma renfermé sous cette enveloppe se divise en quatre masses ; puis, cette division effectuée, la carapace se perce en un point quelconque, et, par cette solution de continuité, on voit sortir une des quatre masses protoplasmiques auxquelles on a donné le nom de *spores*. Cette spore émet bientôt des rhizopodes, qui prennent un point d'appui sur une autre partie du végétal. Après avoir parcouru les mêmes phases que celui qui l'a produit, cet être

1. CIENKOWSKI, *Beiträge zur Kenntniss der Monaden*, in *Arch. f. mik. Anat.*, I, p. 218, tab. XII, fig. 44-56. — HÆCKEL (*Jenaische Zeitsch.*, VI, 1871, p. 23, tab. II, fig. 1-4) en a décrit et figuré une espèce, le *V. Gomphonematis*, qui vit sur une Diatomée, le *Gomphonema*. Nous reproduisons sa figure ainsi que celles données par Cienkowski du *V. Spirogyræ*.

formera à son tour, par quadripartition après enkystement, une nouvelle génération de *Vampyrella*. Les trois autres spores que nous
avons vues se former à l'intérieur de la carapace de l'animal primitif

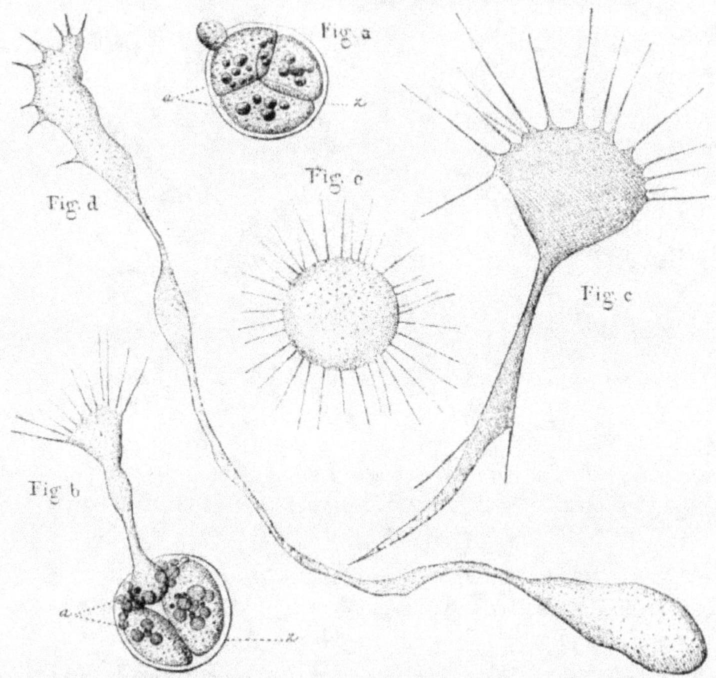

Fig. 13. — *Vampyrella Spirogyræ* (d'après Cienkowski). — a, Kyste dont une des spores,
a, commence à sortir. — b. La spore sortie en grande partie s'allonge et émet des rhizopodes par son extrémité libre renflée ; c, une spore transformée en masse amœboïde
libre ; d, forme différente du même état ; e, forme arrondie et émettant des pseudopodes radiés.

sortent les unes après les autres comme la première et se comportent de la même façon.

Cet être nous fournit l'exemple d'un mode de reproduction dont
le résultat est une multiplication prodigieuse des organismes qui le
présentent. C'est un procédé très répandu à la fois chez les animaux et
chez les végétaux inférieurs qu'il sert à rapprocher les uns des autres.

Protomyxa aurantiaca HÆCKEL[1]. — Cet animal a été décou-

____

1. HÆCKEL, *Monogr. der Moneren*, in *Jenaische Zeitsch.*, IV, 1868, pp. 71, 132, tab.
II. Nous reproduisons dans notre texte toutes les figures de cette planche.

vert sur les côtes de l'une des îles Canaries, l'île de Lanzerotte, par Hæckel. Il se trouve sur la coquille du *Spirula Peronii*, petit Céphalopode qui vit à la surface de la haute mer, mais est souvent rejeté

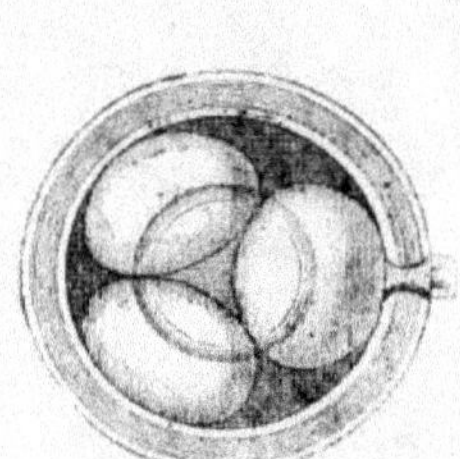

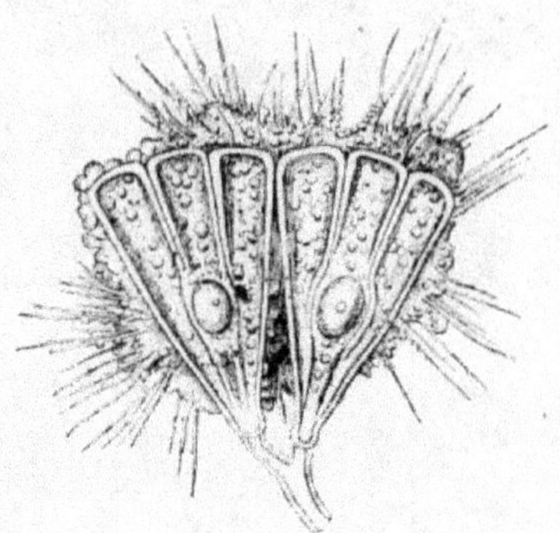

Fig. 14. — Kyste de *Vampyrella Gomphonematis* après la formation des spores (d'après Hæckel).

Fig. 15. — *Vampyrella Gomphonematis* rampant sur des Diatomées (d'après Hæckel).

sur les côtes. Il se présente sous l'aspect d'une petite masse colorée en rouge orangé, tantôt globuleuse et lisse, tantôt couverte de nombreux rhizopodes grêles et anastomosés. Il n'a ni noyau ni membrane.

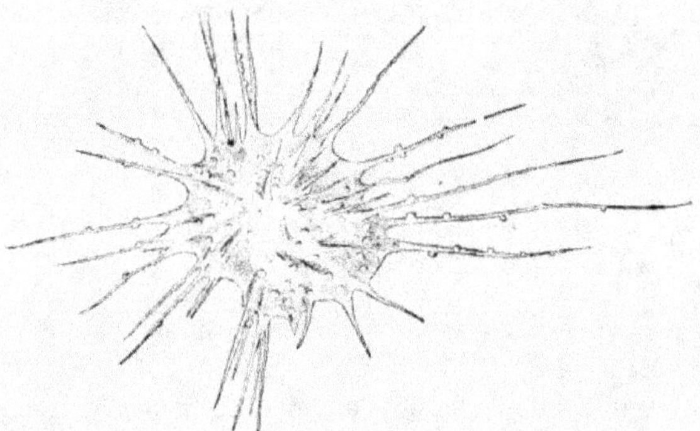

Fig. 16. — *Vampyrella Gomphonematis* à l'état libre (d'après Hæckel).

Si l'on observe un individu vivant du *Protomyxa aurantiaca*, on le voit, à un moment donné, émettre des rhizopodes, simples d'abord, mais qui s'anastomosent ensuite. C'est à l'aide de ces filaments ténus qu'il s'empare des corps qui doivent le nourrir. Ces derniers sont d'abord enveloppés par un certain nombre de rhizopodes, puis ceux-ci se raccourcissent et rentrent dans la masse protoplasmique centrale, en entraînant les corps qu'ils ont saisis.

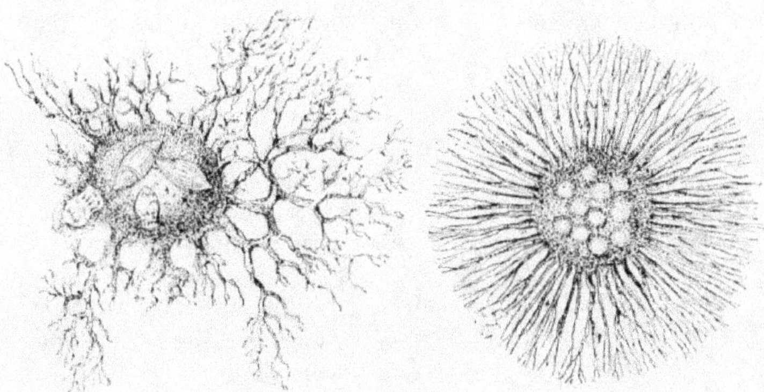

Fig. 17. — *Protomyxa aurantiaca* absorbant des aliments (d'après Hæckel).

Fig. 18. — *Protomyxa aurantiaca* (d'après Hæckel).

Quand l'animal est sur le point de se reproduire, il rentre ses rhizopodes, devient globuleux et lisse, puis s'entoure d'une carapace. Après l'apparition de cette dernière, le protoplasma se divise en un

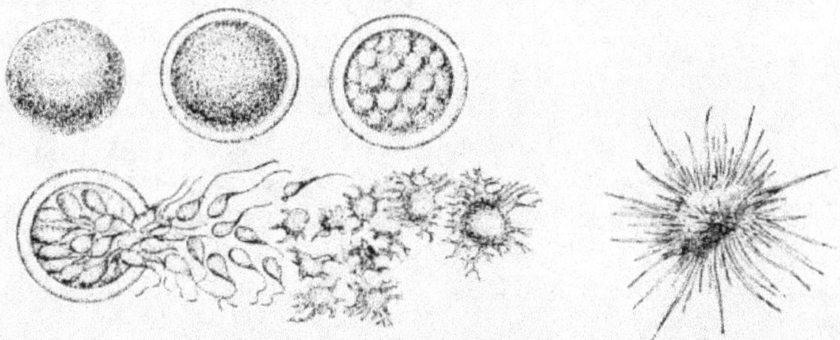

Fig. 19. — *Protomyxa aurantiaca* ; phases diverses de l'enkystement, de la production des spores et de la transformation des spores en Monères (d'après Hæckel).

Fig. 20. — *Protomonas Huxleyi* à l'état de Monère (d'après Hæckel).

très grand nombre de petites masses arrondies ou *spores* ; il y a donc là un degré de complexité de plus dans le phénomène de division qui prélude à la reproduction de l'animal ; puis, la membrane se rompt et les spores sortent; elles ont une forme ovoïde et se meuvent en tenant leur petite extrémité dirigée en avant; sur cette extrémité il se développe un seul rhizopode très long, que les zoologistes appellent un *flagellum* et qui sert d'organe de locomotion à la spore. On voit plus tard apparaître à la surface du protoplasma de la spore de nombreux filaments qui prennent peu à peu tous les caractères des rhizopodes de l'animal adulte.

Protomonas Amyli CIENK[1]. — Cette espèce a été trouvée par Cienkowski au milieu des débris d'une Characée, le *Nitella*, dans les eaux douces de la Russie et de l'Allemagne. Elle est constituée par une masse protoplasmique colorée en rouge brique, de forme très irrégulière et très variable, émettant de nombreux rhizopodes simples ou ramifiés. Au moment de la reproduction, l'animal devient sphérique et s'enveloppe d'une carapace munie de verrues cunéiformes, qui font saillie en dedans de sa cavité. Le protoplasma se divise alors en *spores* fusiformes, très contractiles, munies de deux flagellums à l'aide desquels elles se déplacent dans l'eau avec des mouvements d'anguillules. Après être restées indépendantes pendant quelque temps, les spores se fusionnent les unes avec les autres, pour former une masse protoplasmique couverte de rhizopodes et semblable à l'animal qui a donné naissance aux spores. Dans le *P. Huxleyi*

Fig. 21. — *Protomonas Huxleyi*, kystes dont émanent des corps flagellés (d'après Hæckel).

HÆCK[2], les spores n'ont qu'un seul flagillum et ne se fusionnent pas.

1. CIENKOWSKI, *Beiträge zur Kentniss der Monaden*, in *Arch. f. mik. Anat.*, I, p. 165, tab. XII, fig. 1-5. M. Cienkowski a décrit cette espèce de *Protomonas* sous le nom de *Monas Amyli* qui doit être changé en celui de *Protomonas Amyli*.

2. HÆCKEL, *Nachträge zur Monographie der Monezen*, in *Jenaisch. Zeitsch*, VI, p. 29, tab. II, fig. 5-8.

Myxastrum radians HÆCKEL [1]. — Cet animal est assez analogue au *Protomyxa aurantiaca*. Il a été trouvé par M. Hæckel, en 1867, sur les côtes de l'île de Lanzerote, à Puerto Anefica. Il est constitué par une masse protoplasmique arrondie, pourvue de rhizopodes

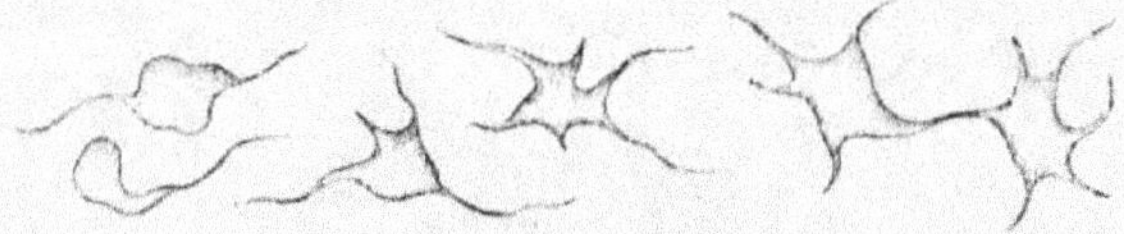

Fig. 22. — *Protomonas Huxleyi* passant graduellement à l'état de Monère (d'après Hæckel).

nombreux et rayonnants, anastomosés. A un certain moment, ces prolongements s'effacent, l'animal devient tout à fait globuleux et, de même que le *P. aurantiaca*, il s'enveloppe d'une carapace solide, dans l'intérieur de laquelle il se divise en spores elliptiques, dispo-

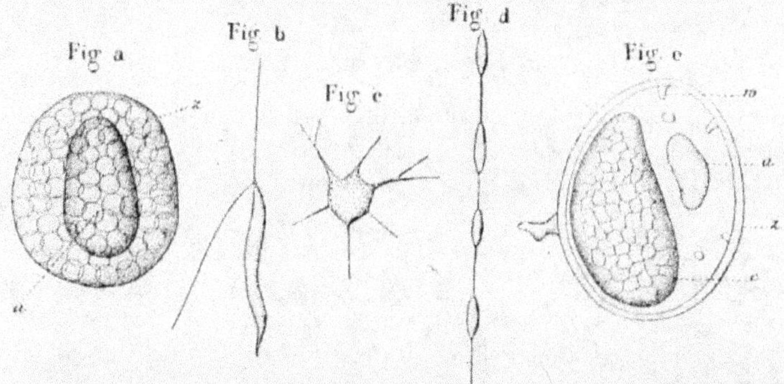

Fig. 23. — *Protomonas Amyli* (d'après Cienkowski). — Fig. a ; l'animal pendant la formation des spores ; fig. b, la cellule mobile à deux cils vibratiles ; fig. c, l'état à rhizopodes ; fig. d, forme spéciale prise par la Monère ; fig. e, état d'enkystement ; w, saillies coniques développées sur la face interne de l'enveloppe z. — Dans toutes les figures : a, granulations nutritives ; z, contour de la cellule.

sées en rayonnant autour du centre de la carapace. Chaque spore s'entoure ensuite d'une membrane qui s'incruste de silice. Lorsque les spores sont mises en liberté, elles peuvent, grâce à l'imperméabilité de leur tégument, vivre longtemps dans l'eau sans s'altérer et sans se modifier ; mais, quand les circonstances viennent à

1. HÆCKEL, *Monogr. der Moneren*, in *Jenaische Zeitsch.*, IV, 1868, pp. 91, 134, tab. III, fig. 13-14. Nous reproduisons dans notre texte les figures de cette planche.

changer, leur membrane se rompt et laisse sortir le protoplasma qu'elle contient; celui-ci, devenu libre, émet des rhizopodes et

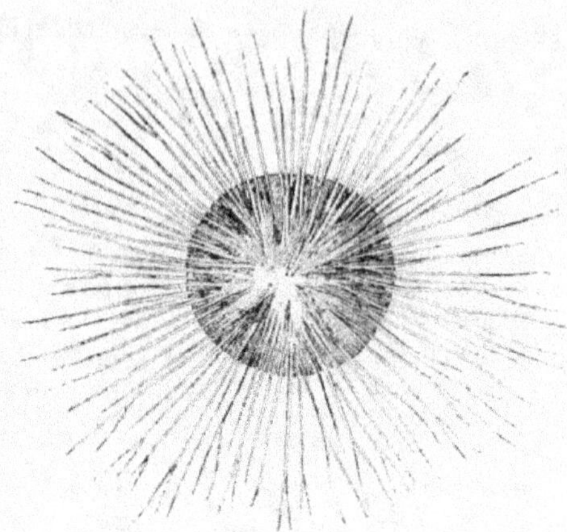

Fig. 24. — *Myxastrum radians* (d'après Hæckel).

parcourt les mêmes phases que l'individu qui lui a donné naissance.

Gymnophrys Cometa CIENK. [1]. — Cette espèce a été décrite récemment par Cienkowski. Elle est remarquable par la localisa-

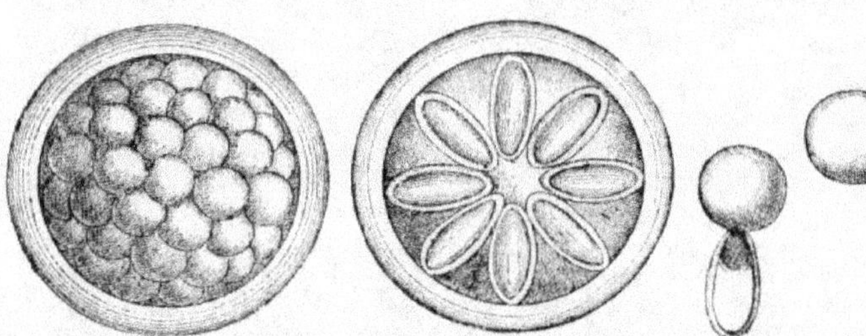

Fig. 25. — *Myxastrum radians* enkysté et divisé en spores (d'après Hæckel).

Fig. 26. — Kyste de *Myxastrum radians* contenant des spores radiées (d'après Hæckel).

Fig. 27. — Spore de *Myxastrum radians* émettant son contenu protoplasmique (d'après Hæckel).

tion de ses pseudopodes. Le *G. Cometa* est formé d'un corps à peu près arrondi, émettant, en deux points opposés l'un à l'autre, un

1. *Archiv für mik. Anat.*, 1876, XII, p. 31, tab. V, fig. 25; et *Quart. Journ. of micr. sc.*, 1877, XVII, p. 348, tab. XXI, fig. 22.

long pseudopode grêle, ramifié à l'extrémité et présentant des gra-

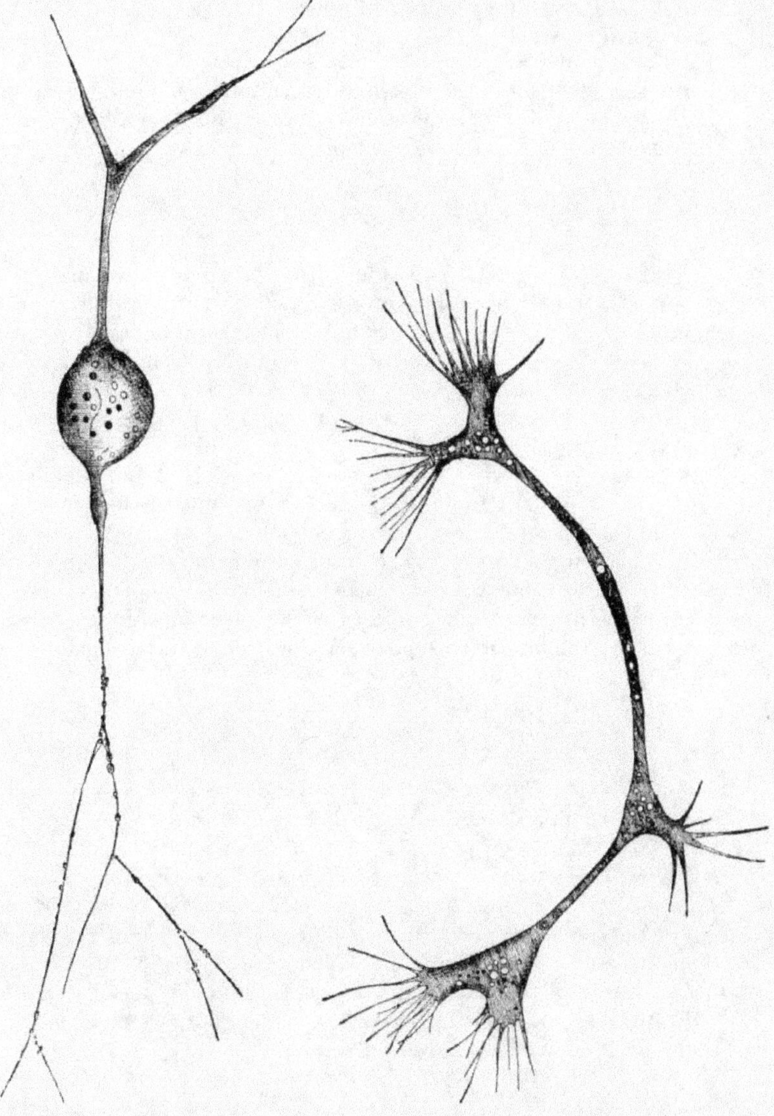

Fig. 28. — *Gymnophrys Cometa* (d'après Cienk.).   Fig. 29. — *Arachnula impatiens* (d'après Cienk.).

nulations qui se meuvent avec une certaine rapidité. Cet être n'est encore que trop imparfaitement connu pour qu'on puisse être certain qu'il représente une espèce véritable.

Arachnula impatiens Cienk [1]. — Cette espèce est formée d'un corps habituellement très allongé, muni à ses extrémités de dilatations digitées desquelles partent de nombreux rhizopodes. Elle est remarquable encore par la présence de vacuoles contractiles dont nous retrouvons l'existence chez les Amœbiens.

§ 2. — CARACTÈRES COMMUNS DES MONÉRIENS.

Nous avons étudié la plupart des types les plus importants du groupe des Monériens, et nous avons constaté chez eux un certain nombre de caractères communs qu'il est bon de résumer.

Tous ces êtres se sont présentés à nous à l'état de cellules dépourvues de membrane d'enveloppe et de noyau. Chez tous, la nutrition et la respiration s'opèrent directement par simple diffusion; la multiplication s'effectue toujours par division ou segmentation, soit seulement en deux, soit en un plus grand nombre d'individus nouveaux. Enfin, tous les Monériens sont pourvus d'appendices mobiles et rétractiles; mais ces appendices sont tantôt relativement courts, arrondis, non anastomosés, comme dans le *Protamœba primitiva*, et portent alors le nom de pseudopodes, tantôt très allongés, grêles, filiformes, anastomosés les uns avec les autres et désignés sous le nom de rhizopodes, à cause de leur ressemblance avec un chevelu de racines.

Nous avons constaté aussi que les individus peuvent rester nus pendant toute la durée de leur existence, comme le *Protamœba primitiva*, le *Protogenes primordialis*, le *Bathybius Hœckelii*, le *Myxodictyum sociale*, etc., ou bien, au contraire, se recouvrir, au moment de la reproduction, d'une carapace solide, dont le rôle semble être de protéger la division du protoplasma. Nous devons faire remarquer, à cet égard, que toutes les fois que les individus se divisent à l'état nu, ils ne se segmentent qu'en deux masses protoplasmiques, tandis que quand la division s'effectue dans l'intérieur d'une carapace, elle donne naissance à un nombre plus ou moins considérable de corps qu'on peut désigner sous le nom de *spores*. Enfin, rappelons que, d'habitude, les individus restent isolés pendant toute leur vie, mais

____

[1]. *Arch. für mik. Anat.*, XII, p. 27, tab. V, fig. 18-24; et *Quart. Journ. of micr. sc.*, 1877, XVII, p. 347, tab. XXI, fig. 21.

que, dans certains genres, ils s'unissent pour former des colonies, comme le *Myxodyctium sociale*, ou même se fusionnent au point de ne plus former qu'une seule individualité, comme le *Protomonas Amyli*.

§ 3. — CLASSIFICATION DES MONÉRIENS.

D'après la forme des expansions protoplasmiques du corps, nous divisons les Monériens en deux groupes principaux : *Lobomonériens*, à prolongements courts, arrondis, non anastomosés ; et *Rhizomonériens*, à prolongements très allongés, grêles, filiformes, habituellement anastomosés.

M. Hæckel a proposé d'établir la division principale de ces animaux d'après la présence ou l'absence de la carapace au moment de la multiplication. D'après ce caractère, il divise les Monériens en deux grands groupes : celui des *Gymnomonera*, caractérisé par l'absence d'une période de repos, pendant laquelle l'animal se couvre d'une enveloppe résistante ; et celui des *Lepomonera*, caractérisé par l'existence d'une période de repos, pendant laquelle l'animal se couvre d'une enveloppe résistante dans laquelle il se divise.

M. Hæckel place dans sa première division les trois genres : *Protamœba* Hæck. ; *Protogenes* Hæck. ; *Myxodictyum* Hæck.

Dans son groupe des *Lepomonera* il place 4 genres : *Protomonas* Hæck. ; *Protomyxa* Hæck. ; *Vampyrella* Cienk. ; *Myxastrum* Hæck.

Cette classification ne nous paraît pas devoir être conservée. Elle ne repose, en effet, que sur un caractère passager, présenté par l'animal pendant une période relativement courte de son existence. Elle a aussi l'inconvénient de ne pas pouvoir servir à marquer les liens qui rattachent les Monériens aux groupes d'animaux les plus voisins. C'est pour ces motifs que nous croyons préférable d'adopter la division proposée plus haut en Lobomonériens et Rhizomonériens. Indépendamment de ce que la nature des pseudopodes, qui sert de base à cette classification, est un caractère durable, présenté par l'animal pendant toute sa période d'activité, ce caractère nous sert encore à établir les rapports des Monériens, d'une part avec les Amœbiens, ces derniers ayant, comme les Lobomonériens des pseudopodes lobés, et, d'autre part, avec les Foraminifères et les Radiolaires qui ont, comme les Rhizomonériens, de véritables rhizopodes.

Nous résumerons donc de la façon suivante les caractères de la classification des Monériens :

MONÉRIENS

Corps protoplasmique, sans membrane, ni noyau, émettant des pseudopodes lobés ou des rhizopodes.

I. — LOBOMONÉRIENS.

Corps protoplasmique sans noyau. Pseudopodes relativement courts, épais, arrondis, non anastomosés.

Dans ce groupe entre un seul genre bien connu, le genre *Protamœba*, qui nous servira de passage vers les Amœbiens à pseudopodes lobés dont le seul caractère différentiel est la présence d'un noyau.

Les *Protamœba* sont des masses plotoplasmiques sans noyau ni vacuoles, à pseudopodes non anastomosés, courts et arrondis au sommet; ils se reproduisent par bipartition, sans interrompre leur activité et sans s'entourer d'une enveloppe. On en connaît quatre à six espèces qui vivent dans les eaux douces ou salées : *P. primitiva* HÆCK. décrite plus haut; *P. simplex* HÆCK.; *P. agilis* HÆCK.; *P. Schultzeana* HÆCK.; *P. polypodia* HÆCK. Cette dernière espèce est remarquable par la longueur et la multiplicité de ses pseudopodes[1]. Deux autres espèces ont été décrites par Maggi[2] et Merschkowsky[3].

Le genre *Bathybius* peut aussi être classé parmi les Lobomonériens quoiqu'il affecte surtout la forme d'un réseau.

II. — RHIZOMONÉRIENS.

Corps protoplasmique sans noyau. Pseudopodes relativement très allongés, grêles, filiformes, habituellement anastomosés.

A ce groupe appartiennent les genres : *Protogenes* HÆCK., une seule espèce décrite plus haut; *Myxodictum* HÆCK., une seule espèce décrite plus haut; *Protomonas* HÆCK., une seule espèce décrite plus haut.; *Protomyxa* HÆCK., une espèce décrite; *Vampyrella* CIENK.; *Myxastrum* HÆCK.

Les deux premiers genres ne fabriquent pas d'enveloppe au moment de la reproduction et appartiennent par conséquent aux *Gymnomonera* de Hæckel, tandis que les autres sont des *Lepomonera*.

Nous avons suffisamment insisté plus haut sur les caractères de ces différents genres pour que nous n'ayons plus besoin d'y revenir ici.

---

1. Voyez, pour la description de ces quatre espèces : HÆCKEL, *Jenaische Zeitsch.*, IV, p. 130, tab. III, fig. 25-30; *Ibid.*, VI, pp. 32-36, tab. II, fig. 9-12.

2. *Roy. Ist. Lomb. Rendic.*, X.

3. *Arch. f. mik. Anat.*, XVI.

CHAPITRE II

CLASSE II

AMŒBIENS

§ 1. — ÉTUDE DES PRINCIPALES FORMES.

Amœba princeps EHRB. — Nous prendrons pour premier exemple, dans l'étude de ce groupe, l'animal désigné sous le nom d'*Amœba princeps*, qu'il est facile d'observer, car il est très fréquent dans les infusions végétales.

L'*Amœba princeps*[1] se présente à nous sous la forme d'une masse de protoplasma granuleux, analogue à celui que nous avons vu constituer les Monériens. Comme ces derniers, il ne possède pas de membrane d'enveloppe, mais — et c'est le fait qui sépare nettement les Amœbiens des Monériens — on constate dans le protoplasma de l'Amœbe un corpuscule désigné sous le nom de *noyau*.

Le noyau est une masse

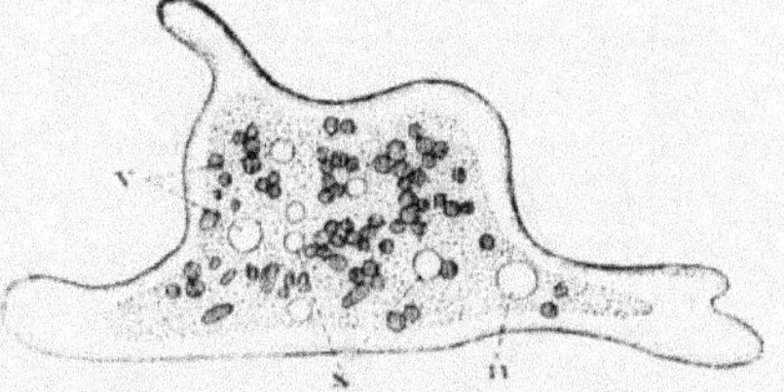

Fig. 30. — *Amœba princeps* (d'après Auerbach). *n*, noyau; *v*, vacuoles contractiles; *x*, corpuscules nutritifs.

arrondie, très réfringente, plus claire sur les bords, contenant très souvent à son intérieur un ou deux corpuscules brillants que l'on appelle des *nucléoles*. On peut mettre en évidence le noyau par plusieurs procédés : en faisant agir, par exemple, sur l'Amœbe de l'acide acétique dilué; le protoplasma devient très clair, tandis que le noyau se montre très brillant. On peut aussi employer le picrocarminate d'ammoniaque; on obtient ainsi une coloration pâle du protoplasma, tandis que le noyau se colore avec beaucoup plus d'intensité. Tous ces procédés, il est vrai, ne permettent d'observer les

1. Voyez AUERBACH, in *Zeitsch. f. wiss. Zool.*, VIII.

animaux qu'à l'état de mort, car à part quelques exceptions, le protoplasma des Protozoaires, de même que celui de toutes les cellules animales ou végétales, n'absorbe les matières colorantes qu'après la mort. Pendant la vie il ne se colore pas, d'habitude, quand on le met en contact avec des matières colorantes qui ne sont pas susceptibles de le tuer. On a cependant cité quelques exemples du contraire.

Si nous nous demandons maintenant comment le protoplasma de notre Amœbe est constitué, nous verrons qu'il est, en majeure partie, granuleux, mais que sa périphérie est plus dense, plus claire et dépourvue de granulations, sans toutefois constituer une membrane véritable. On peut donner à ce protoplasma périphérique le nom de *couche membraneuse*, qu'il porte dans les cellules végétales.

On peut encore constater, dans l'Amœbe qui fait l'objet de notre étude, l'existence d'une petite cavité qui, alternativement, augmente et diminue de capacité, d'où le nom de *vacuole contractile* qu'on lui a donné. La paroi de cette cavité est constituée par le protoplasma qui forme le corps de l'animal. Quand cette paroi se contracte, les dimensions de la vacuole diminuent, tandis qu'elles augmentent quand cesse la contraction. Il existe, dans l'intérieur de la vacuole, un liquide de composition complexe, mais non encore définie, moins dense que le protoplasma, et différant sensiblement de lui au point de vue chimique. Il est permis de penser que ce liquide provient en partie du protoplasma qui l'entoure et en partie de l'eau dans laquelle vit l'animal. Lorsque le protoplasma se contracte, il sort de sa masse une certaine quantité de liquide qui va s'accumuler dans la vacuole contractile, et la capacité de celle-ci augmente. Lorsque, au contraire, le protoplasma se dilate, il reprend une partie de ce liquide, et la vacuole diminue de capacité.

Nous pouvons considérer les vacuoles contractiles comme les analogues de l'appareil aquifère qui est très développé et très répandu dans certains groupes d'animaux plus élevés en organisation. Ces appareils mettent en rapport la substance constituante de l'animal avec les liquides dans lesquels il vit. L'eau chargée de l'oxygène nécessaire à la respiration et des matériaux nutritifs solubles pénètre par cet appareil dans l'intérieur du corps; d'autre part, les produits formés par désassimilation dans la substance de l'animal s'accumulent dans l'appareil aquifère et sont rejetés par lui au dehors. Mais jusqu'ici on n'a guère pu constater la communication des vacuoles contractiles des Amœbes avec l'extérieur. Si donc elles ont quelque analogie avec les appareils aquifères des animaux plus

complexes, elles n'en représentent qu'une forme extrêmement rudimentaire.

L'Amœbe se nourrit et respire exactement comme le *Protamœba*.
A part les contractions de la vacuole, les mouvements sont les
mêmes que chez les Monériens : c'est-à-dire, d'une part, possibilité
pour l'animal de changer de forme par l'émission et la rétraction
incessante des pseudopodes, et, d'autre part, déplacement dans l'eau
de la totalité du corps de l'animal.

La reproduction de l'*Amœba princeps* peut s'opérer de deux manières, dont l'une, en nous rappelant ce que nous avons observé
chez les Monériens les plus simples, en diffère cependant beaucoup.
Chez les Monériens, que nous avons définis des cellules sans noyau
et sans enveloppe, l'animal, parvenu à l'état adulte, rentre ses pseudopodes, s'arrondit, se contracte, et produit par division deux nouveaux individus. Mais l'*Amœba princeps* n'a pas une structure
aussi simple; nous avons vu qu'il est pourvu d'un noyau. On ne
sait pas encore si, dans l'*Amœba* aussi bien que dans toute cellule
animale ou végétale en voie de division, ce phénomène débute par
le noyau ou par le protoplasma, et les histologistes les plus habiles
sont divisés à ce sujet. La plupart admettent que la division du
noyau précède toujours celle du protoplasma, tandis que d'autres
pensent que les deux phénomènes sont simultanés. J'ai, pour ma
part, observé sur les poils d'une plante Monocotylédone, le *Trades-
cantia virginica*, des cellules dans lesquelles la division du noyau
s'effectue sans être suivie de celle du protoplasma. Dans d'autres cas,
en revanche, le protoplasma se divise avant le noyau. Enfin nous
avons vu le *Protamœba* et tous les Monériens se diviser, bien
qu'ils soient absolument dépourvus de noyau. Quoi qu'il en soit de
ces différences, le phénomène de la division n'a pas été suffisamment
étudié chez l'*Amœba princeps*, pour que l'on puisse affirmer que
la division du noyau y précède celle du protoplasma ou s'effectue
simultanément. La seule observation précise que l'on possède relativement à la segmentation des Amœbes est due à F. E. Schulze et
a été faite sur l'*Amœba polypodia* dont nous parlerons plus bas. Il
vit la division du noyau et celle du nucléole qui est très volumineux
s'effectuer avant que le protoplasma offrît le moindre indice de
segmentation. Je ne fais que vous signaler ici cette question, me
réservant d'étudier plus en détail les phénomènes de la segmentation cellulaire, lorsque nous suivrons le développement de l'œuf
des animaux Métazoaires dans lesquels la segmentation a été
observée avec beaucoup de soin.

Carter et Wallich ont signalé dans l'*A. princeps* l'existence de nombreux petits noyaux qu'ils considèrent comme formés par la segmentation du noyau primitif, et comme destinés à se transformer en autant d'Amœbes après avoir été expulsés du corps de la mère.

Greeff[1] a également observé dans l'*Amœba terricola* que le noyau peut se segmenter en 2, 4, etc., petits corpuscules qui, une fois formés, cheminent à travers la substance de l'animal, et après en être sortis, émettent des pseudopodes et se comportent absolument comme l'Amœbe de laquelle ils proviennent.

Amœba Coli Lösch. — Cette espèce, très voisine de la précédente, nous intéresse au point de vue médical.

Elle fut trouvée par Loesch[2] en quantité prodigieuse, dans les

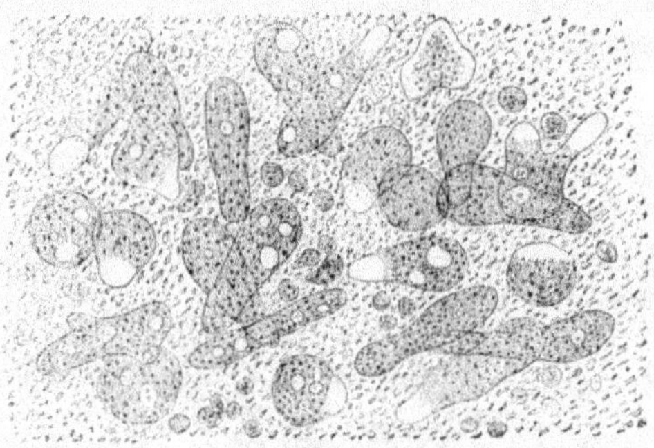

Fig. 31. — *Amœba Coli* (d'après Lösch).

selles d'un paysan des environs de Saint-Pétersbourg atteint d'une inflammation ulcéreuse du gros intestin.

Les selles de cet homme avaient tous les caractères des selles diarrhéiques, mais elles contenaient, en outre, un nombre extrêmement considérable d'*Amœba Coli*. La plupart des individus se présentaient avec un corps elliptique, allongé, atteignant de cinq à huit fois le diamètre d'un globule rouge du sang. D'autres étaient plus arrondis ou même presque sphériques ; ils émettaient un ou plusieurs pseu-

1. *Archiv für mikr. Anat.*, 1876, XII.

2. Lösch, *Massenhafte Entwicklung von Amœben im Dickdarm*, in *Arch. f. path. Anat.*, 1875, LXV, p. 196, tab. X. — Voyez aussi Leuckart, *Die Parasiten des Menschen*, 2e édit., I, p. 234. Leuckart donne une histoire très complète de cet animal, de son rôle et de ses affinités naturelles.

dopodes courts et ne se déplaçaient sous le champ du microscope qu'avec une grande lenteur.

Le plus souvent il ne se forme, dans l'*Amœba Coli*, qu'un seul pseudopode, remarquable par la transparence et l'homogénéité de son protoplasma dépourvu de granulations. L'animal qui, auparavant, était presque arrondi, a maintenant la forme d'une ellipse très allongée, claire à une extrémité qui répond au pseudopode, granuleuse à l'autre. Le corps de l'animal, prenant une sorte de point d'appui sur le pseudopode, se déplace à la suite de ce dernier; ces déplacements sont lents; le corps ne parcourt guère en une minute qu'une distance égale à sa longueur. Indépendamment du noyau, l'*Amœba Coli* offre une ou plusieurs vacuoles arrondies qui augmentent de diamètre quand on ajoute de l'eau à la préparation. Leur dimension est fréquemment égale à celle du noyau et parfois même supérieure; il en existe souvent six ou huit. On trouve fréquemment dans le protoplasma du corps de cette Amœbe des globules rouges ou blancs du sang, des noyaux de cellules épithéliales, des grains d'amidon ou d'autres corpuscules pris dans les aliments du malade.

Lösch pensa d'abord que l'*Amœba Coli* pouvait être identique à l'*Amœba princeps*, et que cette espèce, habituellement libre, pouvait s'introduire avec l'eau dans le tube digestif des malades. Mais l'*Amœba Coli* ressemble encore davantage à une autre espèce trouvée vers la même époque par A. Mereschowsky dans l'eau des étangs de la localité habitée par le malade de Lösch, espèce à laquelle ce naturaliste a donné le nom d'*Amœba jelaginia*, du nom de la localité, Jelaginisch [1]. Ce qui permettrait de croire que l'*Amœba Coli* du malade de Lösch n'est autre que l'*A. jelaginia* de Mereschowsky, c'est que cet homme vivait d'une façon misérable, travaillant d'habitude dans les étangs de Jelaginisch, et ne buvant qu'une eau sale et boueuse, dans laquelle abonde l'*Amœba jelaginia*. Si cette opinion était vérifiée, on se trouverait en présence du fait intéressant d'une même espèce animale pouvant passer une partie de son existence dans l'eau et une autre partie dans le corps d'un animal.

Il existe cependant entre les deux espèces des différences assez grandes dans la taille et dans la nature des pseudopodes et des vacuoles. L'*Amœba jelaginia* est plus volumineux; ses vacuoles sont plus nettement et plus énergiquement contractiles; ses pseudopodes sont plus nombreux et ses mouvements plus vifs. Doit-on attribuer ces différences à la diversité du milieu? C'est ce que

1. *Arch. f. mik. Anat.*, 1878, XVI, p. 204; tab. XI, fig. 29, 30.

pourront décider seulement des études ultérieures qui ne manqueraient pas d'intérêt, car l'*Amœba Coli* n'a encore été observé qu'une seule fois [1].

Quant à la relation qui existait, dans le cas de Lösch, entre les Amœbes parasites et la maladie, elle paraît établie par ce fait qu'un chien chez lequel on injecta, par l'anus et par la bouche, des Amœbes provenant des selles du malade, offrit ces animaux en grande quantité dans ses selles et présenta une inflammation ulcéreuse du gros intestin. Lösch et Leuckart pensent que l'inflammation est produite par l'irritation que déterminent les mouvements incessants des Amœbes. Les lavements de quinine tuent rapidement ces parasites. On sait d'ailleurs, d'après les observations de Binz, que la quinine est un poison énergique pour tous les organismes formés de protoplasma nu.

Podophrys elegans HERTW. et LESS [2]. — Cette espèce rappelle par sa forme, par la nature et la disposition de ses pseudopodes, un Monérien étudié plus haut sous le nom d'*Arachnula impatiens*. Son protoplasma est translucide, rempli de petites vacuoles de taille inégale, non contractiles. Il contient un à trois noyaux. Le corps émet de grands lobes, élargis à l'extrémité. C'est de ces lobes seuls que partent les pseudopodes qui sont grêles et radiés. La locomotion est effectuée à la fois par les lobes et par les pseudopodes.

Pelomyxa palustris GREEFF [3]. — Cette espèce vit dans les eaux douces des marais; elle est remarquable par sa taille qui peut atteindre jusqu'à 2 millimètres et par sa partie centrale brunâtre, contenant plusieurs gros noyaux brillants et un grand nombre d'autres corps plus petits, très réfringents. Cette partie centrale, désignée souvent sous le nom d'endosarque, est enveloppée d'une couche relativement épaisse de protoplasma hyalin, plus dense, formant une sorte d'ectosarque.

La coloration foncée de l'endosarque est due à la présence de

---

1. Leuckart (*loc. cit.*, p. 236) rapporte que M. Sonsino lui a dit avoir observé au Caire, dans les mucosités intestinales d'un enfant atteint de dysenterie, des Amœbes dont la taille dépassait huit à dix fois celle des globules rouges du sang; elles étaient donc plus volumineuses que l'*A. Coli*. Steinberg a également décrit une *Amœba buccalis* observée par lui dans le tartre des dents.

2. *Arch. f. mikr. Anat.*, X; Suppl., p. 57, tab. II, fig. IV. — *Quart. Journ. of micr. sc.*, 1877, XVII, p. 345, tab. XXI, fig. 19, 2).

3. *Archiv für mik. Anat.*, 1873, X, p. 51, tab. III, fig. 4, 5, tab. IV, V. — *Quart. Journ. of mic. sc.*, 1877, XVII, p. 337, tab. XXI, fig. 10-15. — BÜTSCHLI, *Bronn's Klassen und Ordnungen des Thier-Reichs*, I. *Protozoa*, 1880, tab. II, fig. 6 *a-g*.

substances foncées et opaques, immergées dans un protoplasma incolore ; ces substances sont des débris de tests de Diatomées, d'Entomostracés, d'*Arcella*, de *Diffugia* et surtout des grains de sable. Indépendamment de ces corps étrangers, on trouve toujours, dans le protoplosma central, des corps bacilliformes et des « corps brillants »

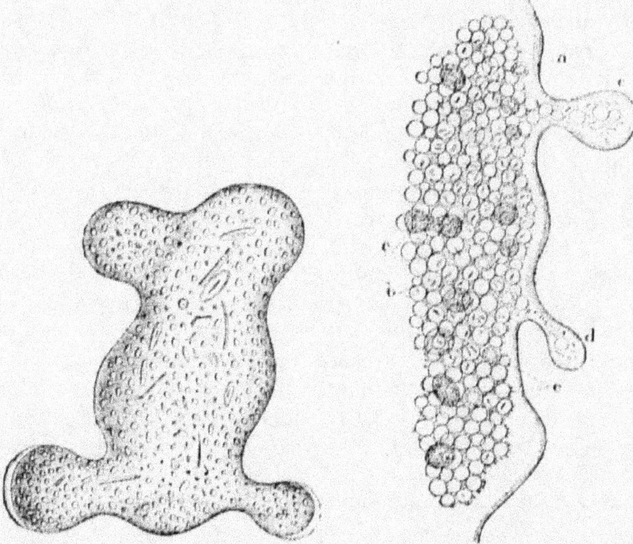

Fig. 32. — *Pelomyxa palustris* (d'après Greeff.)

Fig. 33. — *Pelomyxa palustris* (d'après Greeff). Fragment d'une partie superficielle du corps. — *a*, ectosarque hyalin; *b*, vacuoles, *c*, *d*, pseudopodes ; *e*, noyau; *f*, corps brillants de l'endosarque entremêlés de bâtonnets.

(*Glandzkörper*) arrondis ou ovales, sur lesquels nous reviendrons tout à l'heure.

L'endosarque se distingue encore très nettement de l'ectosarque par sa structure qui rappelle, dans une certaine mesure, celle que nous constaterons plus tard dans les Radiolaires. Il est formé d'une substance protoplasmique homogène, creusée de nombreuses vacuoles arrondies, n'ayant d'autres parois que le protoplasma qui limite leur cavité. Ces vacuoles sont peu nombreuses chez les jeunes individus ; elles augmentent de nombre à mesure que la taille de l'animal s'accroit, et se montrent en quantité d'autant plus considérable que les corps étrangers signalés plus haut sont moins abondants. Elles sont remplies d'un liquide incolore, aqueux, dans lequel sont suspendues de fines granulations agitées d'un mouvement incessant.

La présence d'un grand nombre de noyaux chez un même individu est un caractère constant des *Pelomyxa*; ces noyaux ne contiennent que rarement des nucléoles bien visibles; ils sont situés dans l'endosarque, entre les vacuoles, et sont surtout nombreux dans la partie centrale du corps.

Greeff a constaté que les noyaux du *Pelomyxa palustris* subissent habituellement des modifications fort intéressantes. Ils augmentent de volume et contiennent bientôt un certain nombre d'autres corpuscules sphériques qu'il nomme « noyaux de noyaux » (*Kern-Kern*) et qui permettent de comparer l'ensemble, soit à un gros noyau muni de plusieurs nucléoles volumineux, soit à une cellule à plusieurs noyaux. A un moment donné, le gros noyau se déchire et les corpuscules qu'il contenait ou « noyaux de noyaux » se dispersent dans le protoplasma de l'animal. Ils augmentent ensuite de volume et deviennent probablement les « corps brillants » (*Glandzkörper*) dont nous avons parlé plus haut et que Greeff suppose être des zoospores.

Les « corps brillants » sont plus nombreux que les noyaux véritables du *Pelomyxa* et sont toujours logés dans l'endosarque ; ils sont ordinairement globuleux, parfois ovales ou piriformes, rarement irréguliers; ils sont formés d'une capsule solide, brillante, et d'un contenu homogène, hyalin. L'iode les colore fortement en brun; l'acide sulfurique les dissout ; l'acide acétique dilué ne les modifie que peu ; le même acide concentré leur fait perdre leur aspect brillant et leur apparence solide, en même temps que leur contenu devient granuleux. Greeff pense que ces corps peuvent être produits, soit par les noyaux, à l'aide du procédé indiqué plus haut, soit directement par le protoplasma, car on les voit souvent épars dans le protoplasma, au milieu de noyaux qui n'ont subi aucune modification. Quand ils ont atteint tout leur développement, ils se multiplient par segmentation, soit en deux parties égales, soit en deux parties inégales, dont l'une a l'air d'être un bourgeon de l'autre. Il est probable que ces corps sont expulsés à un moment donné par l'animal, mais leur rôle est absolument inconnu. Cependant Greeff pense qu'ils servent à la reproduction du *Pelomyxa*; il s'appuie pour cela sur l'observation suivante qui ne manque pas d'intérêt. Dans un cas, il vit un individu mort entouré d'un grand nombre de masses amœboïdes, munies chacune d'un noyau et d'une vésicule contractile ; au bout d'une demi-heure, les mouvements amœboïdes cessèrent et chaque cellule émit un long flagellum mobile, en même temps qu'elle devenait piriforme. L'auteur ne put pas pousser plus loin son observation, mais comme le *Pelomyxa* autour duquel étaient ces corps amœboïdes, trop nombreux pour pouvoir être considérés comme des parasites, ne présentait plus de « corps brillants », il suppose que ce sont ces derniers qui, après avoir été expulsés, se présentent sous la forme d'amœbes d'abord, puis de corps flagellés, pour se transformer, sans doute, plus tard en autant de *Pelomyxa*.

Nous avons dit qu'on trouvait dans le corps du *Pelomyxa palustris*

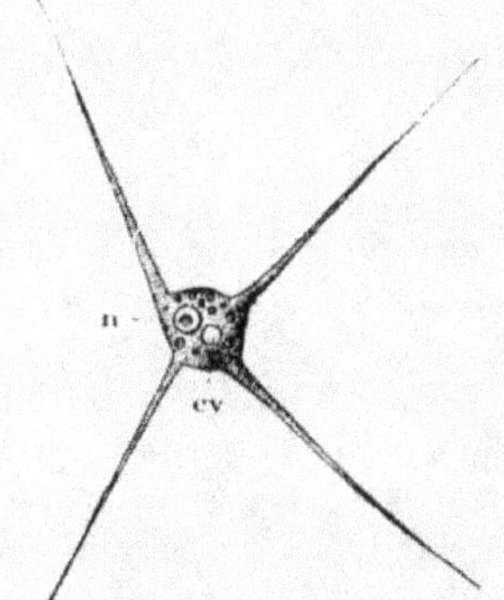

Fig. 34. — *Dactylosphærium radiosum* Duj. (d'après Bütschli). — *n*, noyau; *c v*, vacuole contractile.

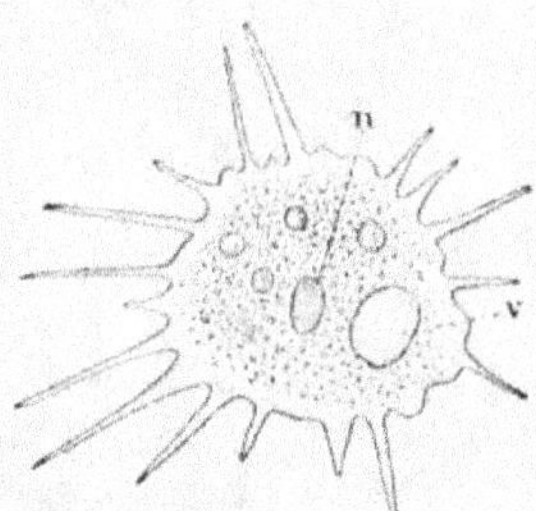

Fig. 35. — *Dactylosphærium polypodium* (d'après E. Schultze). — *n*, noyau; *v*, vacuole contractile.

des corps bacilliformes. Ce sont de petits bâtonnets brillants, très courts, offrant la réaction des matières organiques; leur surface est lisse; ils paraissent être creusés d'un petit canal longitudinal. Leur rôle est absolument inconnu, mais certains zoologistes tendent à les considérer comme des trichocystes analogues à ceux que nous aurons à signaler chez certains Infusoires.

Les pseudopodes du *Pelomyxa palustris* sont habituellement peu nombreux, épais, renflés à l'extrémité; ils sont formés en majeure partie par la substance protoplasmique hyaline périphérique, mais la substance de l'endosarque se prolonge dans leur portion centrale. Greeff considère chaque *Pelomyxa palustris* comme formé par la réunion de plusieurs individus uninucléés.

Le *Dactylosphæria radiosa* Duj. [1]. Se distingue de toutes les

1. DUJARDIN, *Infusoires*, p. 236 (*Amœba radiosa*), tab. IV, fig 2, 3. — Voyez BÜTSCHLI, *Bronn's Klassen und Ordnungen*, 2e édit., *Protozoa*, tab. I, fig. 10.

espèces précédentes par la nature de ses pseudopodes qui, au lieu d'être courts et arrondis, sont très longs, grêles, flexibles et disposés en rayonnant autour de l'animal. Dans l'exemplaire figuré par Bütschli, il n'existe que quatre de ces pseudopodes.

Dans le *Dactylosphærium polypodium* Schultze [1], les pseudopodes sont également disposés en rayonnant autour du corps de l'animal, mais ils sont très nombreux et beaucoup plus courts que dans l'espèce précédente.

Dans le *Dactylosphærium vitreum* Hertw. et Lesser [2], les pseudopodes sont cylindriques et couverts de petites pointes coniques, de nature protoplasmique, analogues à des villosités ; on les retrouve sur toute la surface du corps de l'animal. Le corps est irrégulièrement arrondi ; sa substance interne est riche en granulations qui sont colorées tantôt en jaune clair, tantôt en vert.

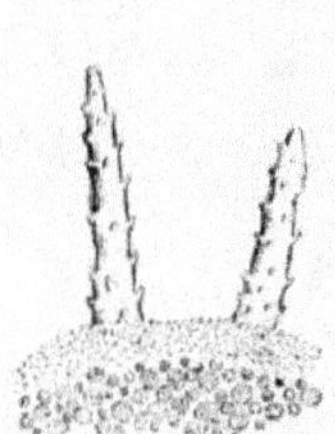

Fig. 36. — *Dactylosphærium vitreum* (d'après Hertw. et Less.). Fragment de la surface.

Le *Hyalodiscus rubicundus* Hertw. et Less. [3] est remarquable par la nature de ses mouvements. Son corps est ovale, coloré en rouge brique, en brun roussâtre ou en brun verdâtre, entouré d'une couche incolore, homogène. Tandis que dans tous les autres Amœbiens le déplacement du corps est produit par les pseudopodes, il s'effectue chez celui-ci par un procédé très différent. Le déplacement de l'animal est déterminé par une sorte de rotation de tout le corps, analogue à celle d'une roue et par suite de laquelle l'animal progresse de son extrémité antérieure vers son extrémité postérieure. La rotation n'est pas limitée à la surface du corps, elle porte sur toute la masse ; la contractilité est donc la même dans tous les points de cet organisme, tandis que d'ordinaire, chez les Amœbiens, elle est plus prononcée à la périphérie du corps, dans la couche homogène et incolore qui constitue l'ectosarque, que dans le protoplasma central.

Le *Petalopus diffluens* Clap. et Lach. [4] est remarquable par ce fait qu'il ne produit des pseudopodes que par un seul point de son corps. Ce dernier est à peu près cylindrique, arrondi en arrière, tronqué en avant, de forme très permanente, quoiqu'il ne présente

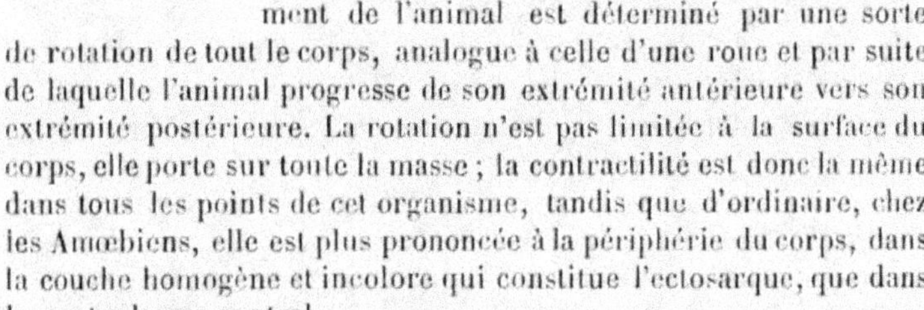

1. *Archiv für mikr. Anat.*, XI.
2. *Archiv für mikr. Anat.*, X, Suppl., p. 54, tab. II, fig. 1.
3. Hertwig et Lesser, in *Arch. für mikr. Anat.*, X, Suppl., p. 49, tab. II, fig. 5.
4. Claparède et Lachmann, *Études sur les Infusoires et les Rhizopodes*, I, p. 442, tab. XXI, fig. 3.

pas de membrane d'enveloppe. De l'extrémité tronquée part souvent
un seul rhizopode ramifié, à branches aplaties, terminées par des
sortes de palettes. Dans d'autres cas, le corps émet plusieurs pseudopodes grêles à la base, mais élargis et aplatis à leur extrémité. Dans
les deux cas, du reste, les pseudopodes sont susceptibles de rentrer
dans le corps pour ressortir ensuite avec une forme différente.

Le *Plakopus ruber* E. Schulze[1] possède des pseudopodes absolument différents de ceux qu'on trouve dans tous les autres Amœbiens. Son corps est irrégulièrement ar-
rondi, formé d'une substance centrale
riche en granulations, colorée en vert ou
en brun verdâtre ou jaunâtre, et d'une
substance périphérique incolore. De
celle-ci partent des lames très minces,
hyalines, qui ne s'appliquent pas sur les
corps étrangers, mais s'élèvent dans l'eau,
et souvent s'accolent l'une à l'autre, de
façon à limiter de larges cavités en forme
de godets, entre lesquelles se prolonge
la substance centrale. Ces lames protoplasmiques hyalines remplacent les pseudopodes ordinaires; elles jouent le rôle
de rames ou d'hélices qui servent à la
locomotion de l'animal.

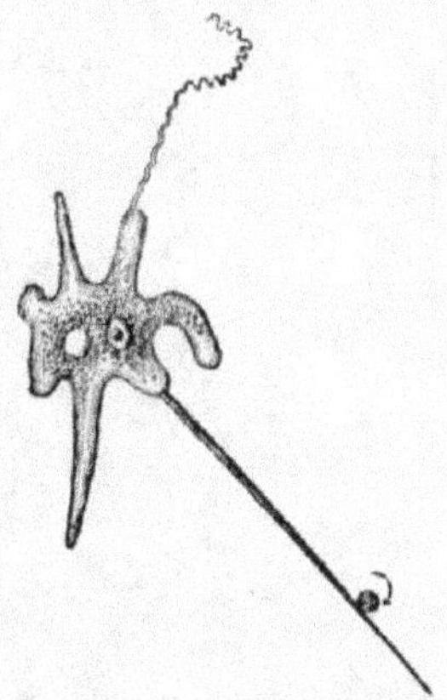

Fig. 37. — *Podostoma filigerum*
(d'après Clap. et Lach.).

Le *Podostoma filigerum* Clap. et
Lach.[2] est remarquable par la présence
de deux espèces de pseudopodes, les uns analogues à ceux des
Amœbes ordinaires et destinés à la locomotion, les autres organisés
de façon à servir à la préhension des aliments. Ces derniers sont
courts, cylindriques, épais, tronqués au niveau de leur extrémité
libre qui se termine par un long filament protoplasmique mobile,
s'agitant en tous sens avec vivacité. « Parfois, l'animal le retire
subitement à lui, et, dans ce cas, on voit l'organe se contracter en
spirale. On voit les corpuscules étrangers qui arrivent au contact du
fouet, tourner autour de lui, sans qu'il ait été possible de constater
si ce mouvement provient de l'agitation même du fouet ou d'une
autre cause. Le fouet se raccourcit alors en entraînant un corpuscule, et finit par disparaître complètement dans l'expansion qui le

---

1. In *Arch. f. mikr. Anat.*, XI, p. 348, tab. XIX, f. 9-16.
2. Claparède et Lachmann, *Études sur les Infusoires*, I, p. 441, tab. XXI, fig. 4-6.

porte. Le corpuscule se trouve, en ce moment, en contact avec l'extrémité arrondie de l'expansion, dans laquelle on voit se former une
excavation en forme de cuiller. Le corpuscule pénètre dans l'excavation, et, de là, dans un canal qui se prolonge à l'intérieur de l'expan-

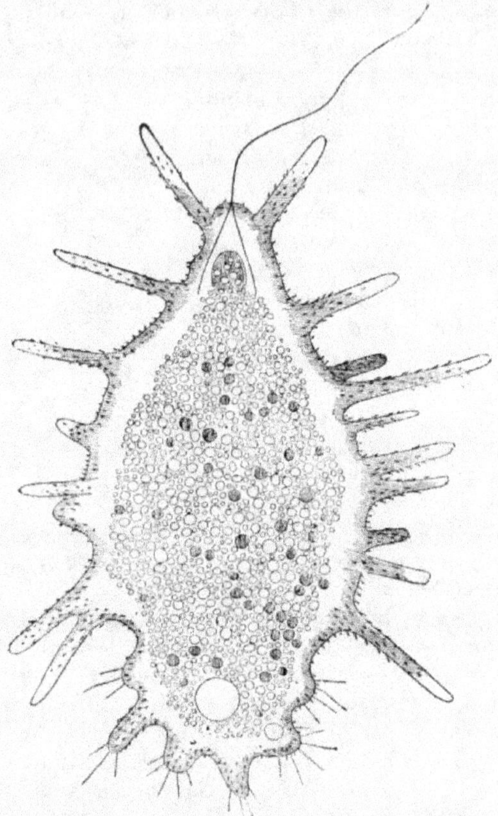

Fig. 38. — *Mastigamœba aspera* (d'après E. Schulze).

sion; puis, celle-ci se retire, se contracte, et le corpuscule est amené
dans l'intérieur du corps. »

    Mastigamœba aspera EILH. SCHULZE[1]. — Cette forme d'Amœ-

1. EILHARD SCHULZE, *Rhizopodstudien*, in *Arch. f. mikr. Anat.*, XI, p. 581, tab. XXXV,
fig. 1-3. — ARCHER, in *Quart. Journ. of micr. sc.*, 1877, XVII, p. 350, tab. XXI, fig. 24.

biens est remarquable par la coexistence de pseudopodes et d'un
flagellum semblable à celui qui caractérise les Infusoires Flagellés dont nous aurons à nous occuper plus tard. Elle est à peu
près fusiforme, avec une extrémité plus renflée que l'autre; la plus
mince est celle qui porte le flagellum. La portion centrale du corps
est formée d'un protoplasma très riche en corpuscules colorés et
contenant un noyau et une ou plusieurs vacuoles contractiles. La
portion périphérique est incolore, homogène, ou très peu granuleuse; c'est elle qui émet les pseudopodes. Ceux-ci ressemblent à
ceux du *Dactylosphœria vitrea;* ils sont cylindriques et couverts
de petites villosités protoplasmiques qui leur donnent un aspect
hérissé. En arrière, il existe un certain nombre de pseudopodes plus
courts, plus épais, et terminés par un bouquet de villosités protoplasmiques. Le flagellum est long et mobile.

§ 2. — THÉCO-AMŒBIENS

Dans tous les Amœbiens décrits plus haut, le corps est formé de
protoplasma nu; il représente une cellule sans membrane d'enveloppe et sans aucun autre organe de protection. Il existe un autre
groupe d'Amœbiens qui sont remarquables par la présence d'une sorte de carapace, de consistance chitineuse, sécrétée par l'animal et protégeant une partie
plus ou moins considérable de la surface de son corps,
tandis que les autres parties restent nues. Ces dernières
seules sont susceptibles d'émettre des pseudopodes. Il
faut, du reste, ne pas confondre cette carapace avec
les membranes cellulaires véritables.

Pseudochlamys Patella CLAP. et LACH. [1]. — Dans
cette espèce, la carapace a la forme d'une plaque ovoïde,
repliée sur les bords et protégeant le corps de l'Amœbe,
duquel partent un ou plusieurs pseudopodes cylindriques. Cette carapace est brunâtre, probablement co-
lorée par la diatomine; elle est tellement molle qu'elle se plisse fréquemment en même temps que le protoplasma qu'elle recouvre.
Chez l'animal vivant, la face inférieure du test est fermée par une
lame chitineuse, extrêmement mince et pourvue d'un orifice. Hert-

Fig. 39.—*Pseu-
dochlamys
Patella* (d'a-
près Greeff).
— *n, noyau.*

<hr>

1. CLAPARÈDE et LACHMANN, *Études sur les Infusoires et les Rhizopodes*, I, p. 443,
tab. XXII, fig. 5. — ARCHER (*Quart. Journ. of micr. sc.*, 1877, XVII, p. 107, tab. VIII,
fig. 1-3) considère cette espèce comme identique à l'*Amphizonella flava* de GREEFF (*Arch.
f. mikr. Anat.*, II, p. 329, tab. XVIII, fig. 19).

wig et Lesser ont constaté que le corps protoplasmique se contracte parfois dans le fond du test; mais ils n'ont pu saisir la signification de ce fait. Archer a signalé un enkystement du corps protoplasmique; ce dernier s'applique contre le fond du test, puis une membrane en forme de verre de montre se forme au-dessous de lui.

Dans le *Cochliopodium pellucidum* HERTW. et LESSER [1], la carapace a la forme d'une cloche à ouverture très large, laissant passer de très nombreux pseudopodes simples ou ramifiés.

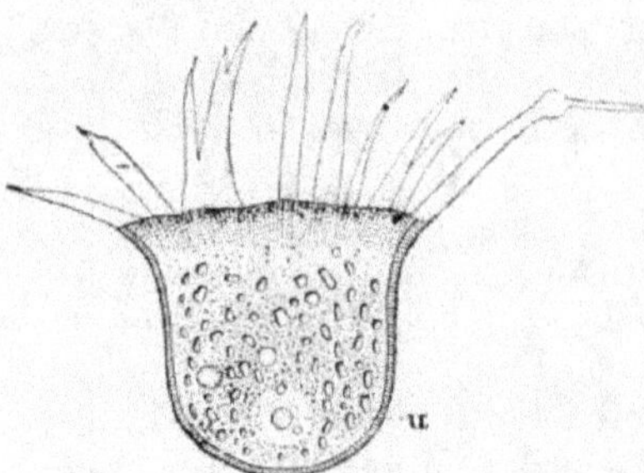

Fig. 40. — *Cochliopodium pellucidum* (d'après E. Schulze). — *n*, noyau.

Dans le *Difflugia oblonga*, le corps est ovoïde; il est enveloppé d'une carapace chitineuse, incrustée de corpuscules étrangers, et recouvrant toute sa surface;

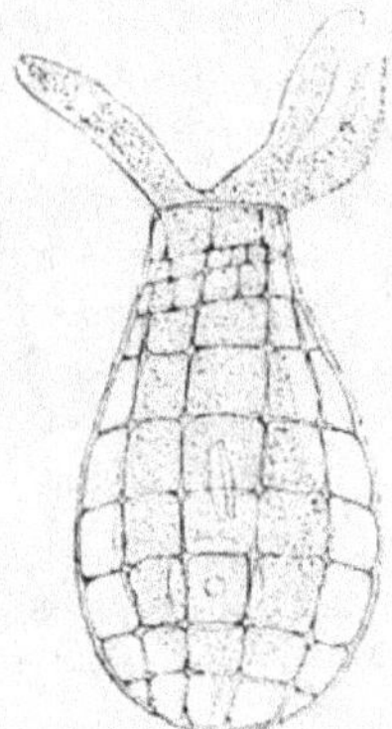

Fig. 41. — *Difflugia oblonga*.   Fig. 42. — *Quadrula symetrica*.

au niveau de sa petite extrémité, la carapace est percée d'un orifice arrondi par lequel sortent un petit nombre de gros pseudopodes.

Dans le *Quadrula symetrica* WALLICH, la forme et la disposition de la carapace sont les mêmes; mais sa surface est marquée de

1. *Arch. f. mikr. Anat.*, X, Suppl., p. 66, tab. II, fig. 7, 8.

stries longitudinales et transversales qui la divisent en plaques carrées, très régulières.

Il serait peut-être convenable de parler ici de *l'Euglypha alveolata* qui se rapproche beaucoup des *Difflugia* par la forme, mais s'en distingue par la nature des pseudopodes qui rappelle beaucoup plus le *Gromia* (voy. p. 67).

Dans l'*Arcella vulgaris* EHRB., la carapace prend la forme d'un petit bouclier, percé à sa face inférieure d'un orifice donnant passage à une sorte de tronc protoplasmique duquel partent les pseudopodes.

La carapace est formée de deux plaques superposées : l'une externe, l'autre interne, appliquée contre le corps protoplasmique du petit animal. Entre ces deux plaques se trouve une substance molle, visqueuse, creusée de cavités hexagonales, remplies de liquide. Hertwig et Lesser[1] ont admis une multiplication par bourgeonnement de l'*Arcella vulgaris*; ils s'appuient sur ce que l'on trouve souvent accolés deux individus différents : l'un coloré en brun rougeâtre foncé, représentant la forme adulte, et l'autre jaunâtre ou incolore, probablement plus jeune que le premier et produit par lui. Le jeune individu est formé par un bourgeon qui se recouvre d'un test propre, puis se sépare de l'adulte qui lui a donné naissance et qui continue à habiter dans l'ancien test[2]. Un autre mode de bourgeonnement a été constaté dans l'*Arcella vulgaris*.

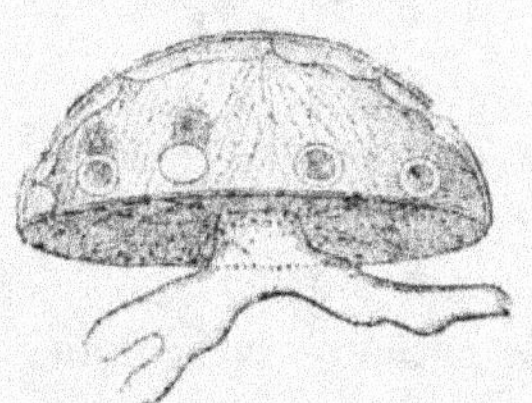

Fig. 43. — *Arcella vulgaris.*

A la périphérie du corps, ou sur la face aborale, on voit se former, simultanément et par bourgeonnement, un certain nombre de masses protoplasmiques discoïdes, dans chacune desquelles se développent bientôt un noyau et une vacuole contractile. Puis chacune de ces masses se détache du corps de la mère, se déplace par des mouvements amœboïdes, sort du test, et, après s'être éloignée, s'enveloppe d'un test propre. On ignore quel est le rôle que jouent, dans ce phénomène de bourgeonnement, le ou les noyaux de l'individu primitif. Bütschli[3] a encore décrit dans l'*Arcella vulgaris*, un phénomène fort intéressant. Deux ou parfois même trois individus se rapprochent et se fusionnent par la portion de leur protoplasma qui fait saillie en

1. HERTWIG et LESSER, in *Arch. f. mikr. Anat.*, X, Suppl., p. 96.

2. Voy. BUCK, in *Zeitsch. f. wiss. Zool.*, XXX. — CATTANEO, *Atti. soc. ital. d. sc. natur.*, 1878, XXI.

3. *Zur Kenntniss der Fortpflanzung bei* Arcella vulgaris, in *Arch. f. mikr. Anat.*, XII, p. 159, tab. XXV.

dehors du test. On a donné à ce phénomène le nom de conjugaison, et on l'a comparé à un acte sexuel ; mais il n'est pas encore suffisamment connu pour qu'on sache quelle est sa véritable signification. Quand les individus conjugués sont seulement au nombre de deux, ce qui est le cas ordinaire, ils s'appliquent l'un contre l'autre, de façon à mettre en contact leurs orifices, en même temps qu'ils fusionnent leur protoplasma. Peut-être cet acte précède-t-il le bourgeonnement dont nous avons parlé plus haut. Enfin, Hertwig et Lesser ont signalé dans les *Arcella* un enkystement du protoplasma dans l'intérieur même du test. L'animal rentre ses pseudopodes, se contracte en une boule qui s'amasse près de l'orifice du test, puis se recouvre d'une enveloppe résistante. On ignore encore la signification de ce phénomène que nous avons déjà constaté dans un grand nombre de Monériens.

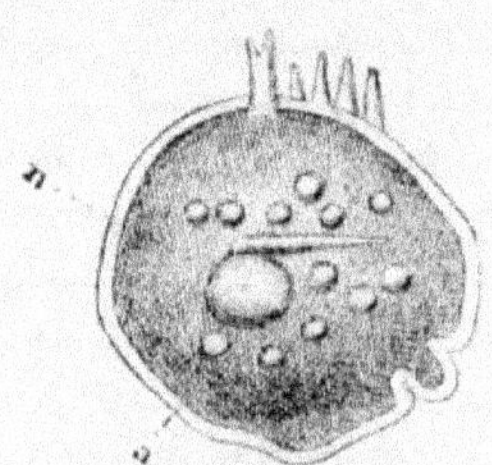

Fig. 44. — *Amphizonella violacea* (d'après Greeff). — *n*, noyau ; *a*, ectosarque.

Dans l'*Amphizonella violacea* GREEFF, la carapace est à peu près sphérique ; elle est percée de nombreux pores ronds, par lesquels sortent des pseudopodes cylindriques, arrondis à leur extrémité.

Nous retrouverons chez certains Foraminifères, une organisation rappelant celle que nous présente cette dernière forme d'Amœbiens.

§ 2. — CARACTÈRES COMMUNS, CLASSIFICATION ET PARENTÉ DES AMŒBIENS

Les caractères communs des Amœbiens sont les suivants : corps formé par du protoplasma sans membrane cellulaire véritable, mais pouvant être protégé, sur une partie plus ou moins grande de sa surface, par une carapace chitineuse. Il existe toujours dans le protoplasma qui forme le corps de l'animal un noyau et une ou plusieurs vacuoles contractiles.

Le protoplasma est toujours plus dense et plus homogène à la périphérie que dans sa portion centrale ; la partie périphérique est également, d'habitude, plus contractile que l'autre ; chez beaucoup d'Amœbiens, c'est elle seule qui fournit la substance des pseudopodes. Ces derniers sont très habituellement courts et épais ; parfois, cependant, ils affectent la forme de filaments grêles, mais ils ne s'anastomosent pas de façon à former des réseaux comme nous le verrons dans les Foraminifères et les Radiolaires, et comme nous l'avons vu chez les Rhizomonériens.

La nutrition et la respiration s'effectuent de la même façon que chez les Monériens. La locomotion a lieu à l'aide des pseudopodes. La reproduction se fait principalement par scissiparité. Cependant, ainsi que nous l'avons vu, il paraît, dans certains cas, se produire une division du noyau en plusieurs corpuscules protoplasmiques nus. On ignore si ce phénomène est précédé ou non de la conjugaison de deux individus.

Les Amœbiens peuvent être définis des Monériens qui ont acquis un noyau et des vacuoles contractiles. Plus particulièrement parents des Lobomonériens dont ils présentent, d'habitude, les pseudopodes lobés, ils se rattachent aussi aux Rhizomonériens, par les formes à pseudopodes rayonnés, et notamment par les *Dactylosphœria* ; mais nous devons faire remarquer que dans ces derniers les pseudopodes ne s'anastomosent pas, tandis que dans les Rhizomonériens les rhizopodes s'anastomosent toujours plus ou moins.

Les Amœbiens servent de passage : 1° vers les Grégariniens, qui s'en distinguent par la présence d'une véritable membrane cellulaire, par l'absence de pseudopodes et de vacuoles contractiles ; 2° vers les Foraminifères, par les types pourvus d'une carapace percée d'un seul ou de plusieurs orifices par lesquels passent les pseudopodes ; 3° vers les Radiolaires, par les formes à pseudopodes rayonnés ; 4° enfin, vers les Infusoires, qui sont, comme eux, unicellulaires et dont certains nous offriront des pseudopodes analogues à ceux des Amœbiens. Mais tous les Infusoires se distinguent des Amœbiens par la présence d'une membrane cellulaire véritable, plus ou moins cuticularisée. Le *Mastigamœba aspera* rapproche les Amœbiens des Infusoires Flagellés, dont quelques-uns présentent, comme nous le verrons, des pseudopodes plus ou moins développés.

Les limites du groupe des Amœbiens sont extrêmement difficiles à établir, du moins les limites supérieures.

Les limites inférieures sont plus nettes, si l'on prend, avec Hæckel, pour caractère distinctif des Monériens et des Amœbiens l'absence ou la présence d'un noyau ; mais ce caractère n'ayant pas toujours été suffisamment indiqué par les auteurs qui ont créé les genres et les espèces des deux groupes, il est fort difficile d'exercer sur ces genres un contrôle efficace. Il faudrait pouvoir les observer soi-même dans de bonnes conditions, ce qui est, pour la plupart, tout à fait impossible, parce qu'il s'agit d'animaux à formes essentiellement variables et dont beaucoup, après avoir été décrits par le zoologiste qui les a découverts, n'ont plus été retrouvés.

Bütschli ne distingue pas les Monériens des Amœbiens ; il

réunit ces deux groupes, dans un premier sous-ordre des *Rhizopoda*, sous le nom de *Amœba*, et divise ses *Amœba* en deux familles qu'il désigne sous les noms de *Lobosa* et *Reticulosa*, suivant que les pseudopodes sont anastomosés ou non. Tous les Amœbiens qu'il place parmi les *Reticulosa* sont en réalité des Monériens : *Protoxyma*, *Myxodyctium* et *Protogenes* [1].

Quant aux Amœbiens pourvus d'une carapace, Bütschli les réunit aux Foraminifères, dans un deuxième sous-ordre des *Rhizopoda*, qu'il désigne sous le nom de *Testacea* et les place dans sa tribu des *Imperforata*.

Il est certain que si l'on veut donner à la présence ou à l'absence de la carapace une importance prépondérante, les Théco-amœbiens sont tellement voisins de certains Foraminifères qu'on ne peut guère les en séparer. Mais il est un autre caractère auquel nous attachons beaucoup plus d'importance qu'à la carapace, qui n'est qu'une formation accidentelle, c'est la nature des pseudopodes et particulièrement l'absence ou la présence d'anastomoses entre eux. Or, à ce point de vue, les *Testacea* de Bütschli se laissent facilement diviser en deux groupes, dont l'un embrasse tous les *Testacea* à pseudopodes lobés, non anastomosés, c'est celui qui forme notre sous-ordre des Théco-amœbiens et dont l'autre comprend tous les *Testacea* à pseudopodes grêles et anastomosés, c'est celui-là que nous étudierons sous le nom de Foraminifères.

Nous ne nous faisons d'ailleurs aucune illusion sur la valeur de la classification que nous admettons. Nous aurons bien des fois encore l'occasion de mettre en relief l'impossibilité dans laquelle se trouvent les naturalistes d'établir des divisions précises entre les différents groupes des êtres vivants, et nous verrons que ces divisions deviennent d'autant plus difficiles à tracer que l'on s'adresse à des animaux ou à des végétaux ayant une organisation plus complexe.

Si nous avons adopté pour les Amœbiens les limites indiquées plus haut, c'est qu'elles nous paraissent avoir l'avantage de bien mettre en relief la parenté de tous les animaux à pseudopodes ou rhizopodes. Les Amœbiens proviennent des Lobomonériens, tandis que les Foraminifères et les Radiolaires, avec leurs pseudopodes grêles rayonnants, ramifiés et souvent anastomosés, montrent bien nettement qu'ils descendent des Rhizomonériens. La présence ou l'absence d'une carapace n'indique, au contraire, en aucune façon, ces parentés.

---

1. BÜTSCHLI, *Bronn's Klassen und Ordnungen der Thier-Reichs, Protozoa*, p. 176.

D'après l'absence ou la présence d'une carapace on peut facilement diviser les Amœbiens en deux groupes : *Gymno-Amœbiens* et *Théco-Amœbiens*; un troisième groupe est caractérisé par la présence d'un flagellum. Nous résumons de la façon suivante les caractères de ces groupes et ceux des genres qu'ils comprennent.

A. GYMNO-AMŒBIENS.

Corps nu.

Genres. 1. *Amœba* : corps à forme sans cesse changeante; pseudopodes courts et larges.

2. *Hyalodiscus* : corps ovoïde, aplati, à forme à peu près constante, n'émettant qu'un petit nombre de pseudopodes courts.

3. *Pelomyxa* : corps à forme irrégulièrement ovoïde; pseudopodes courts et très larges.

4. *Dactylosphæria* : pseudopodes disposés en rayonnant.

5. *Petalopus* : corps ovoïde, émettant une tige pseudopodique aplatie et ramifiée en branches plates et larges.

6. *Plakopus* : pseudopodes remplacés par des lames minces, disposées en godets.

7. *Podostoma* : pseudopodes de deux sortes : les uns disposés pour la locomotion, les autres grêles, cylindriques, allongés, servant à la préhension.

B. THÉCO-AMŒBIENS.

Corps enveloppé d'une carapace.

8. *Pseudochlamys* : carapace en forme de plaque repliée sur les bords.

9. *Cochliopodium* : carapace en forme de cloche, à ouverture très large.

10. *Arcella* : carapace en forme de bouclier, percée sur la face inférieure d'un orifice par lequel sort la tige principale des pseudopodes.

11. *Amphizonella* : carapace à peu près sphérique, mince, percée d'un grand nombre d'orifices par lesquels passent les pseudopodes.

12. *Hyalosphenia* : carapace épaisse, chitineuse, amorphe, ovale ou piriforme, ouverte à sa petite extrémité pour le passage des pseudopodes.

13. *Quadrula* : carapace ovoïde, chitineuse, formée de plaques carrées, juxtaposées, ouverte à la petite extrémité pour le passage des pseudopodes.

14. *Difflugia* : carapace ovoïde, chitineuse, incrustée de corpuscules étrangers, ouverte à la petite extrémité pour le passage des pseudopodes.

C. AMŒBIENS-FLAGELLÉS.

Corps nu, munie d'un flagellum.

15. *Mastigamœba* : corps rampant, libre, nu; pseudopodes cylindriques; extrémité antérieure munie d'un flagellum.

16. *Reptomonas* : se distingue du précédent en ce que la face ventrale porte seule des pseudopodes.

17. *Rhizomonas* : corps sédentaire, muni de prolongements digitiformes radiés ou d'un flagellum.

CHAPITRE III

CLASSE III

FORAMINIFÈRES

§ 1. — FORAMINIFÈRES A TEST CHITINEUX

Lieberkühnia Wagneri Clap. et Lach.[1]. — Cette espèce peut être étudiée comme la forme la plus rudimentaire du groupe des Foraminifères et celle qui peut le mieux servir d'intermédiaire entre cette classe et la précédente. Elle fut trouvée pour la première fois par Lachmann, à Berlin, dans une bouteille pleine d'eau d'origine inconnue ; elle fut retrouvée par Lieberkühn et figurée par Wagner, puis étudiée par Cienkowski sous le nom de *Gromia Lieberkühni*. Le corps est ovoïde, long d'environ 16 centièmes de millimètre. Il est formé d'un protoplasma dans lequel les auteurs n'ont reconnu ni noyau ni vésicule contractile, quoiqu'il soit permis de supposer que ces deux parties existent réellement. La surface du protoplasma est recouverte d'une sorte de carapace résistante, incolore, homogène. Au niveau de l'une des extrémités du corps, le protoplasma se trouve à nu sur une petite étendue et émet, par ce point, un gros cordon protoplasmique autour de la base duquel se prolonge la membrane. Ce pseudopode se divise bientôt en un très grand nombre de branches d'autant plus grêles qu'elles sont plus éloignées. Ces branches sont anastomosées entre elles et contiennent un grand nombre de granulations et même de petits corpuscules étrangers, par exemple des grains de chlorophylle qui circulent dans leur épaisseur avec une grande rapidité. La manière de vivre de cet animal n'est que fort peu connue.

Les pseudopodes servent probablement à la fois d'organes de

---

1. Claparède et Lachmann, *Études sur les Infusoires et les Rhizopodes*, I, p. 465, tab. XXIII. — Cienkowski, *Ueber einige Rhizopoden und verwandte Organismen*, in *Arch. f. mikr. Anat.*, 1876, XII.

locomotion et d'organes de préhension des aliments. « Nous avons vu, disent Claparède et Lachmann, un gros Infusoire (*Stentor polymorphus*) être capturé par les pseudopodes dont il s'était imprudemment approché. Les pseudopodes s'étalèrent autour de lui en se fondant les uns avec les autres, de manière à l'emprisonner dans

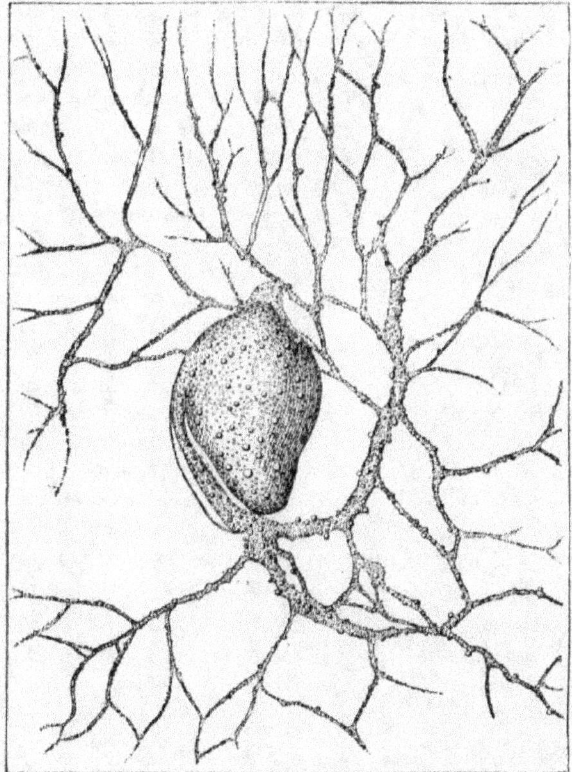

Fig. 45. — *Lieberkühnia Wagneri* (d'après Claparède et Lachmann).

une enveloppe glaireuse. Toutefois, le Rhizopode ne réussit pas à l'amener jusqu'à lui ; il retira ses pseudopodes en abandonnant sa proie et la partie de sa propre substance qui avait servi à la capturer. »

On ignore encore comment se reproduit le *Lieberkühnia Wagneri* qui, du reste, n'est que peu connu. Il est probable que la

multiplication se fait par segmentation transversale, comme on l'a
bien constaté dans certaines espèces de *Gromia* dont nous parlerons
tout à l'heure.

Gromia oviformis Duj. [1]. — Cet animalcule habite les eaux douces.
Il est constitué par une masse protoplasmique ovoïde, pourvue
d'un noyau. De plus, il possède une carapace qui enveloppe tout le
corps, sauf en un point de la petite extrémité, où se trouve un large
orifice par lequel le protoplasma s'épanche au dehors et se répand
sur toute la surface externe de la carapace. De cette couche protoplasmique
extérieure partent de très nombreux
rhizopodes rayonnants, indépendants,
ou anastomosés les uns avec les autres.
La carapace ne peut pas être considérée
comme une véritable membrane cellulaire semblable à celle que nous trouvons
dans les cellules végétales ou animales.
Dans la plupart des animaux, la membrane des cellules est mince, azotée, et
recouvre en entier le protoplasma. Dans
les cellules végétales, la membrane est
très habituellement formée d'une substance hydro-carbonée, la cellulose,
$C^6H^{10}O^5$. Dans le *Gromia oviformis* l'enveloppe n'est pas complète ; elle est formée d'une substance que nous retrouverons dans un grand nombre
de téguments accessoires des animaux inférieurs, la *chitine*. On ne
peut donc pas considérer la carapace du *Gromia oviformis* comme
une membrane cellulaire véritable ; on ne peut que la comparer à la
carapace dont certains Monériens se recouvrent au moment de la
multiplication, et à l'enveloppe des *Difflugia* et autres Théco-Amœbiens.

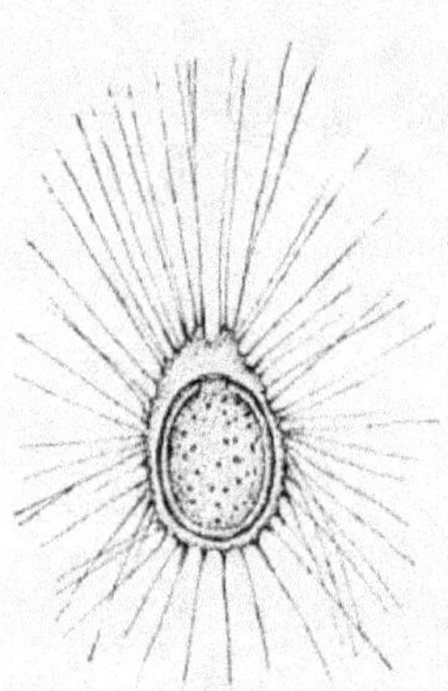

Fig. 46. — *Gromia oviformis.*

Le corps protoplasmique du *Gromia oviformis* contient un noyau
et de nombreuses granulations. Les filaments protoplasmiques qui en
partent se distinguent des prolongements analogues des Amœbiens,
en ce qu'ils sont très grêles, très allongés, extrêmement nombreux
et fréquemment anastomosés les uns avec les autres. Ils ressemblent

1. Dujardin, in *Ann. sc. nat., Zool*, 1835, IV, tab. IX ; *Infusoires*, p. 253. — Schulze,
Org. d. Polyth. — Bütschli, *Bronn's Klass. und Ordn.*, 2e édit ; *Protozoa*, tab. V,
fig. 6.

ainsi beaucoup aux rhizopodes des Rhizomonériens et nous pouvons leur donner le même nom. Le long de ces rhizopodes on constate toujours la présence de nombreuses granulations qui se déplacent d'une façon manifeste, se dirigeant tantôt vers l'extrémité libre du filament qui les supporte, tantôt au contraire vers sa base. Le même filament peut même offrir certaines granulations qui vont dans une direction et d'autres qui vont dans la direction opposée. L'existence et les mouvements de ces granulations sont constants dans les rhizopodes des Foraminifères et des Radiolaires ; ils méritent d'arrêter un instant notre attention.

On trouve ces mouvements de granulations dans beaucoup de cellules animales et végétales. Les cellules végétales surtout se prêtent particulièrement bien à l'observation de ce phénomène [1]. Une cellule végétale adulte se montre constituée par une membrane et du protoplasma qui contient un noyau pourvu de nucléoles. Immédiatement au-dessous de la membrane, se trouve une couche de protoplasma émettant des prolongements qui traversent toute la cavité de la cellule. Cette cavité est elle-même remplie d'un liquide composé par de l'eau tenant en dissolution des substances dont le protoplasma doit se nourrir, ou, au contraire, desrésidus de sa nutrition. Nous trouvons aussi, plongées au sein du protoplasma de cette cellule, des granulations qui cheminent tantôt dans une direction tantôt dans une autre, et qui rendent manifeste le phénomène que l'on a désigné sous le nom de circulation intra-cellulaire ou protoplasmique. On a beaucoup discuté sur les causes de ces mouvements ; la plupart des biologistes leur attribuent cette spontanéité que l'on dit à tort caractériser les changements de forme et les déplacements des êtres organisés ; d'autres les mettent sur le compte de ce qu'ils appellent l'irritabilité. Les biologistes, davantage préoccupés de fournir des explications véritablement scientifiques, ont demandé aux phénomènes physiques la raison du fait qui nous préoccupe et nous paraissent l'avoir trouvée.

Rappelons-nous que le protoplasma est une substance facilement perméable aux liquides venant de l'extérieur, de même qu'elle peut abandonner facilement par exosmose ceux qu'elle contient. Dans la cellule végétale prise plus haut pour exemple, il existe, comme chez le *Protamœba primitiva* étudié au début de ces leçons, une couche périphérique plus dense et moins granuleuse, formant la surface de la couche protoplasmique sous-jacente à

1. Voy. DE LANESSAN, *Dictionnaire de Botanique de H. Baillon*. Art. CELLULE ; *Manuel d'Histoire naturelle médicale* I, p. 4 ; *La Botanique*.

la membrane cellulaire; une zone analogue se trouve à la partie interne de cette couche protoplasmique, tandis que la zone intermédiaire, moins dense, renferme de nombreuses granulations solides. Supposons qu'un liquide, de l'eau par exemple, ou le suc cellulaire, pénètre dans la partie centrale de la couche de protoplasma, il se produira nécessairement, à l'intérieur de cette couche, un courant qui suivra une direction subordonnée à celle de l'eau ou du liquide cellulaire; sous cette influence, les granulations seront entraînées. Cette explication toute physique des mouvements du protoplasma à l'intérieur des cellules n'a rien que de très probable, et a l'avantage de satisfaire beaucoup mieux notre raison que ne peuvent le faire les termes de « mouvements spontanés » ou « mouvements dus à la contractilité du protoplasma » par lesquels, dans un grand nombre d'ouvrages, on essaie d'expliquer ce phénomène.

Pouvons-nous comparer les mouvements que nous montrent les granulations du *Gromia oviformis* à ceux que nous venons de décrire et d'expliquer dans les cellules végétales? Cela est hors de doute, car si nous examinons ces granulations à un assez fort grossissement, nous verrons qu'elles aussi sont entourées de toutes parts par le protoplasma des rhizopodes.

Je ne parlerai pas de la reproduction du *Gromia oviformis*, elle n'est pas encore suffisamment connue.

Dans le *Gromia paludosa*, espèce voisine, on a constaté la segmentation transversale. Il se développe d'abord, au niveau de l'extrémité postérieure de l'animal, une tige de pseudopodes semblable à celle qui existe déjà à l'extrémité antérieure; cette tige nouvelle perce le test au niveau du point où elle se forme, elle traverse le test par l'orifice qu'elle a produit et, parvenue au dehors, émet un réseau de pseudopodes. Lorsque ces faits se sont accomplis, la partie médiane du corps de l'animal s'étrangle et s'allonge en un cordon qui se brise et dont les deux moitiés rentrent chacune dans le corps d'un des animaux produits par la segmentation.

Le *Gromia* (ou *Mikrogromia*) *socialis* ARCH.[1] présente des caractères morphologiques tout à fait analogues à ceux du *Gromia oviformis*. Comme lui, il est enveloppé, sur la plus grande partie de son étendue, par une membrane chitineuse; mais plusieurs individus sont réunis pour former une colonie dans laquelle les rhizopodes émis par les

---

1. ARCHER, *On some freshwater Rhizopoda new or little known*, in *Quart. Journ. of mic. sc.*, 1869, IX, p. 390, tab. XX, fig. 7-11; 1877, XVII, p. 115, tab. VIII, fig. 8. — HERTWIG et LESSER, in *Arch. f. mikr. Anat.*, X, Suppl., p. 8, tab. I, fig. 1-9.

différents individus se fondent les uns avec les autres et forment un
réseau à mailles irrégulières.

Les phénomènes de la reproduction du *Gromia socialis* ont été
bien étudiés par Archer d'abord et ensuite par Hertwig et Lesser. Le
protoplasma qui constitue le corps d'un individu se divise transversalement en deux masses, l'une et l'autre pourvues d'un noyau et par
conséquent ayant la valeur de deux cellules. La cellule supérieure

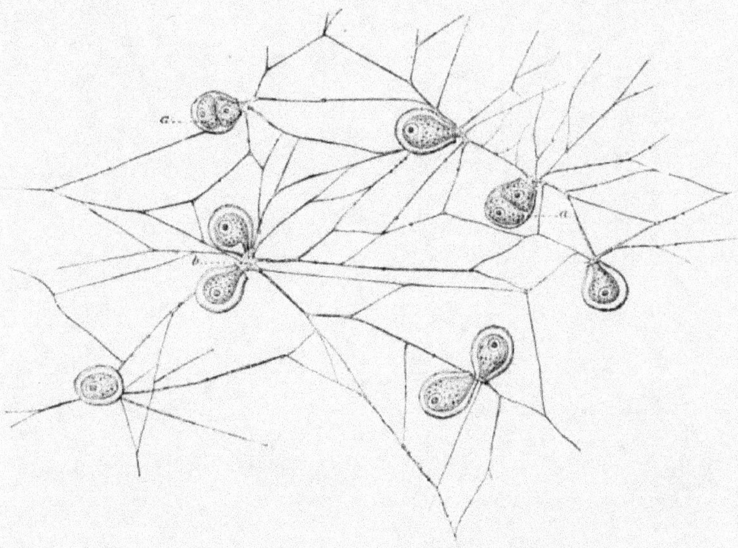

Fig. 47. — Colonie de *Gromia socialis* (d'après Hertwig et Lesser). — *a, a,* individus
divisés transversalement; *b,* deux individus unis par leur protoplasma.

est seule en rapport par ses pseudopodes avec le reste de la colonie.
Quant à la cellule inférieure, elle reste pendant un certain temps
immobile dans le fond du test, puis elle se glisse, en s'étirant, le long
de sa congénère et sort du test, guidée par un pseudopode; elle montre
sa vésicule en avant et son noyau en arrière. Elle conserve pendant
quelque temps le caractère amœboïde, tantôt s'allongeant, tantôt se
ramassant en boule, en émettant çà et là des pseudopodes; enfin elle
prend une forme ovoïde et l'une de ses extrémités émet deux flagellums; elle offre alors tous les caractères d'une zoospore; elle s'é-
loigne de la colonie et se meut librement dans l'eau. L'auteur n'a pu
suivre ce que devient ensuite cette zoospore; il ignore si elle entre

en repos après avoir rentré ses flagellums, ou si elle donne naissance directement à un nouvel animal semblable à la mère. Il a pu voir la zoospore peu de temps après sa formation, émettre, rentrer, puis émettre de nouveau ses cils. Dans quelques cas, la cellule produite par division d'un *Gromia socialis*, au lieu de se transformer en zoo-

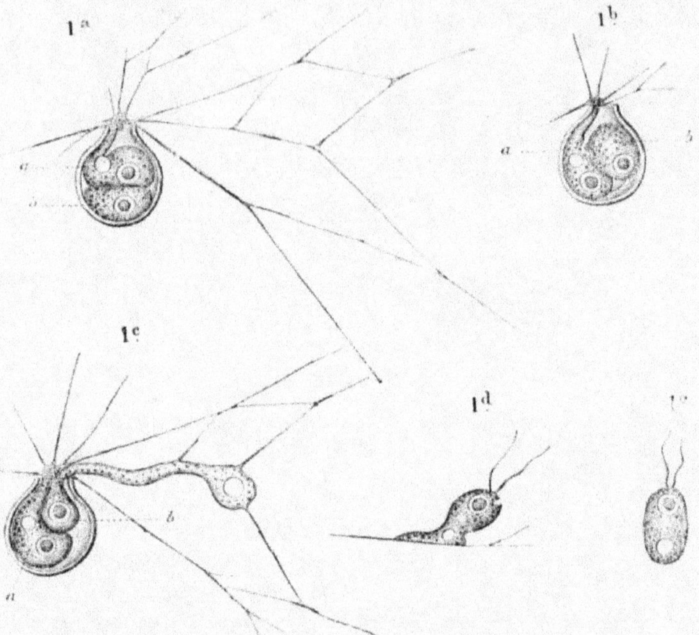

Fig. 48. *Gromia socialis*. — 1a, individu divisé transversalement en deux individus nouveaux *a* et *b*, dont le premier *a* émet seul des rhizopodes ; 1b, individu également divisé, *b* s'avance vers l'extérieur ; 1c, individu divisé, *b* est à moitié sorti du test ; 1d, l'un des individus transformé en zoospore ; 1e, la zoospore libre (d'après Hertwig et Lesser.)

spore, émet, par son extrémité antérieure, un certain nombre de pseudopodes qui peuvent s'anastomoser entre eux et ressemblent à ceux de la colonie ; cet état a reçu le nom de *germe actinophryen*. Hertwig a pu voir le germe devenir ovale et développer à son extrémité postérieure un prolongement protoplasmique pointu que ce zoologiste tend à considérer comme une tige pseudopodiale, mais il n'a pas pu voir se développer le test autour du corps devenu ovale de l'animal. Hertwig a signalé encore une troisième modification de ce procédé de multiplication. Il vit, dans certaines colonies, plusieurs individus dont le test contenait trois segments, un grand et deux petits, munis chacun d'un noyau, d'une vacuole contractile et de pseudopodes unis entre eux. Dans plusieurs cas, il put observer la sortie des

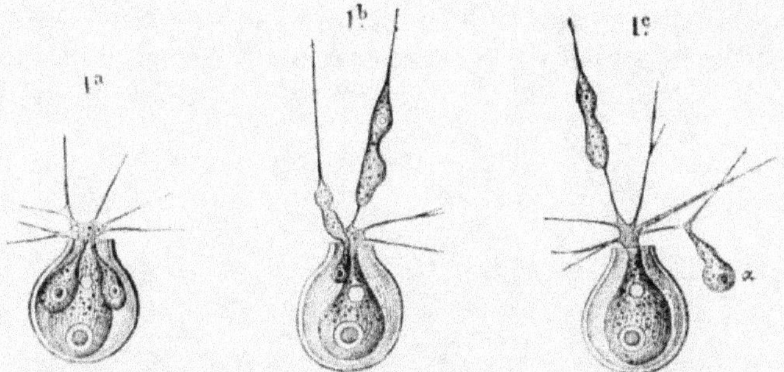

Fig. 49. — *Gromia socialis.* — Phénomène de segmentation en trois individus nouveaux, dont deux sortent du test mais restent en rapport avec l'autre (d'après Hertwig et Lesser.)

deux plus petits segments, et les vit conserver leurs relations par les pseudopodes sans manifester aucune tendance à abandonner la colonie ni à se transformer en zoospores.

Pour la formation d'une colonie, il est probable que les individus se segmentent transversalement. L'un des deux animaux ainsi produits sort de la carapace commune, mais reste uni à son congénère par ses rhizopodes ramifiés en réseau. Le même phénomène se produisant de nouveau dans les deux individus qui forment la jeune colonie, celle-ci peut devenir considérable. Il est probable aussi qu'elle peut naître par l'union d'individus restés libres pendant un certain temps; mais ce fait n'a pas été observé.

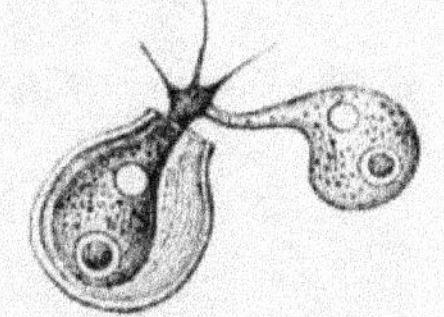

Fig. 50. — *Gromia socialis.* — Division longitudinale en deux individus nouveaux dont un sort du test (d'après Hertwig et Lesser).

Le *Gromia socialis* nous rappelle le Monérien que nous avons étudié sous le nom de *Myxodyctium sociale.* Les seules différences qui existent entre ces deux êtres sont l'absence d'un noyau et d'une carapace dans le dernier et leur présence dans le premier.

Dans le *Platoum (Chlamydophrys) stercoreum* CIENK.[1], plu-

1. CIENKOWSKY, in *Arch. f. mikr. Anat.*, XII. — BÜTSCHLI, *Bronn's Klass. und Ordnung.; Protozoa*, tab. III, fig. 17.

sieurs individus revêtus chacun d'une carapace ouverte en un point, sont unis par une large plaque de matière protoplasmique qui donne naissance, par bourgeonnement, à des individus nouveaux, lesquels s'enveloppent bientôt d'une carapace semblable à celle de leurs parents.

Plagiophrys cylindrica CLAP. LACH[1]. — Dans cette espèce le corps est cylindrique, à peu près trois fois aussi long que large, recouvert d'un test chitineux, très mince, très largement ouvert à

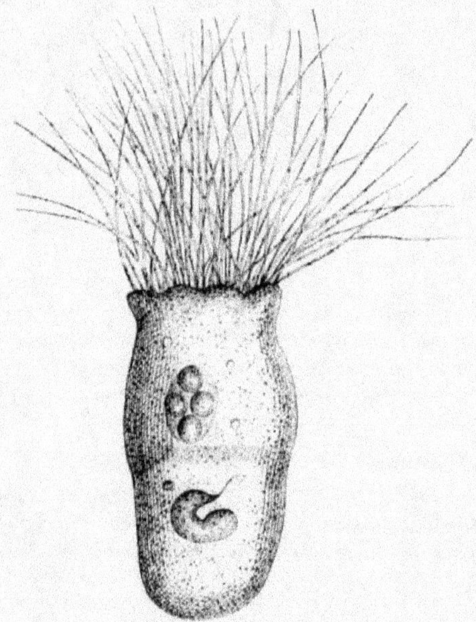

Fig. 51. — *Plagiophrys cylindrica* (d'après Claparède et Lachmann).

l'une de ses extrémités, arrondi dans le fond. Par l'ouverture sortent un très grand nombre de rhizopodes disposés en bouquet, rarement ramifiés ou anastomosés. Claparède et Lachmann exposent de la façon suivante les phénomènes qui se produisent en vue de la nutrition : « Une Astérie (*Trachelius trichophorus*) s'étant approchée imprudemment des pseudopodes y resta agglutinée; les pseudopodes se raccourcirent tout en s'étalant de manière à former

1. CLAPARÈDE et LACHMANN, *Études sur les Infusoires et les Rhizopodes*, I, p. 153, tab. XXII, fig. 1.

une enveloppe autour de leur proie, tandis qu'une partie de la substance du corps venait au-devant d'elle l'envelopper d'une manière plus intime encore, et l'Astérie finit par être attirée dans l'intérieur même du corps. »

Euglypha alveolata Duj. [1]. — Cette espèce est ovoïde; son test est formé de plaques polygonales, disposées très régulièrement en séries obliques et marquées de dépressions. Le bord de l'orifice, qui est situé au niveau de la petite extrémité, est pourvu de dents aiguës. L'extrémité postérieure est parfois munie de trois à cinq épines saillantes. Par l'orifice, sortent des pseudopodes grêles et ramifiés. Gruber [2] a décrit tout récemment la multiplication de cet être par segmentation. L'animal commence par rentrer ses rhizopodes, puis il se forme dans le test des plaques chitineuses dont le nombre augmente rapidement, tandis que le protoplasma forme une saillie arrondie en dehors de l'ouverture du test; les plaques nouvellement sécrétées s'étalent bientôt à la surface du bourgeon protoplasmique en s'y imbriquant. A mesure que le bourgeon grandit, elles s'écartent et finissent par se juxtaposer, de façon à le recouvrir entièrement et à former un test semblable à celui de l'individu primitif. Les deux individus ont alors à peu près la même taille. Le noyau du premier se divise, et l'une de ses moitiés se rend dans le bourgeon; puis des rhizopodes se développent au niveau des ouvertures qui sont accolées l'une à l'autre, et enfin les individus se séparent. Dans un cas, l'auteur vit le bourgeon se diviser en deux moitiés à peu près égales, destinées à produire chacune un individu.

Lecythium hyalinum Hertw. et Less. [3]. — Dans cette espèce, le test est sphérique, hyalin, rempli complètement par le protoplasma qui offre ce caractère intéressant d'être assez nettement divisé en deux parties : l'une située dans le fond du test, homogène et compacte, l'autre très riche en vacuoles, située près de l'ouverture par laquelle souvent elle fait saillie au dehors. Ce caractère rapproche, dans une certaine mesure, cette espèce des Radiolariens Héliozoaires. Les rhizopodes sont filiformes, homogènes, très ramifiés et souvent anastomosés.

1. Dejardin, *Infus*, p. 252, tab. II, fig. 9-10.
2. Gruber, *Theilungsvorgang bei* Euglypha alveolata, in *Zeitsch f. wiss., Zool.*, 1881, XXXV, p. 431, tab. XXIII.
3. Hertwig et Lesser, in *Arch. für mikr. Anat.*, X, Suppl. p. 117, tab. III, fig. 8.

§ 2. — FORAMINIFÈRES A TEST ARÉNACÉ

Psammosphæra fusca F. E. Schulze[1] . — Dans cette espèce le test
est toujours formé de substances étrangères au corps de l'animal, de
grains de sable, de débris de coquilles, etc., unis par une substance
visqueuse que sécrète le corps de l'animal. D'après beaucoup d'auteurs, ce test n'est pas perforé, mais, comme on le trouve souvent
fixé aux corps environnants, il est probable que le point par lequel a
lieu cette fixation correspond à un ancien orifice, bouché depuis et

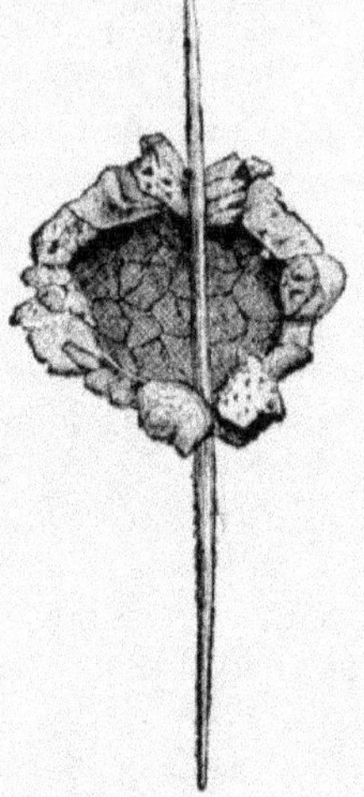

Fig. 52.— *Psammosphæra fusca.* — Échantillon ouvert
et traversé par un spicule
d'Éponge (d'après Brady).

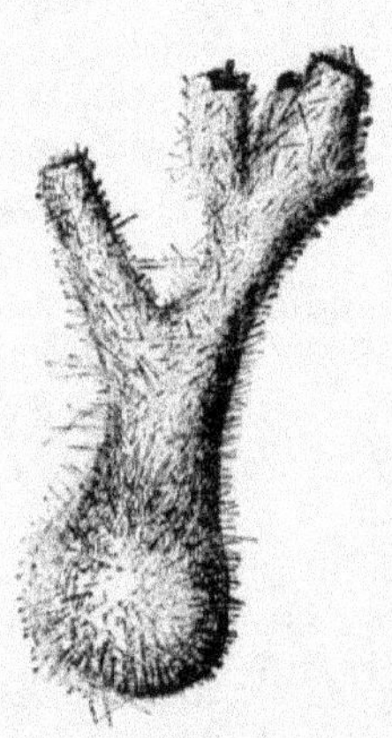

Fig. 53. — *Hyperammina
ramosa* (d'après Brady).

qui, de même que celui de la *Gromia*, livrait passage au protoplasma
intérieur.

L'*Hyperammina ramosa* Brady[2] présente comme le précédent
un test simple, mais la partie de ce dernier qui porte l'ouverture

1. F. E. Schulze, in *Jahresb. d. Komm. Untersuch. d. Deutsch. Meere in Kiel*, 1874, II,
p. 113, tab. II, fig. 8, *a–f.* — Brady, *Notes on some of the Reticularian Rhizopoda of
« Challenger » expedit.*, in *Quart. Journ. of micr. sc.*, 1879, XIX, p. 27, tab. IV, fig. 1, 2.
2. Brady, *loc. cit.*, p. 33, tab. III, fig. 14, 15.

s'allonge en un col qui lui-même se divise en plusieurs branches terminées chacune par une ouverture.

Dans l'*Astrorhiza limicola* (*Hœckelina gigantea* BESSELS) le test est discoïde et émet, au niveau de son pourtour, un grand nombre de prolongements tubuleux, radiés, par lesquels sortent les pseudopodes.

Dans d'autres espèces du même genre, par exemple dans l'*Astrorhiza catenata*[1] des prolongements tubuleux analogues partent de toute la surface du test.

Les *Sagenella*[2] construisent des tubes, fixés sur des corps étrangers par une de leurs faces, très ramifiés et émettant les pseudopodes par les orifices situés à l'extrémité des branches extrêmes.

Hormosina globulifera BRADY[3]. — Dans cette espèce, l'animal est

Fig. 54. — *Hermosina globulifera*. — Individu arrêté dans sa croissance après la formation d'une seule grande chambre (d'après Brady.)

Fig. 55. — *Hermosina globulifera*. — Individu à deux chambres (d'après Brady).

enveloppé d'un test formé de grains de sable agglutinés, globuleux et surmonté d'un col étroit, cylindrique, muni à son extrémité d'une ouverture par laquelle sortent les pseudopodes. Les individus ainsi constitués représentent la forme la plus simple de l'espèce; mais Brady en a observé d'autres dans lesquels, au-dessous de la première chambre sphérique, s'en trouvait une seconde plus petite, de même forme, communiquant avec la première. Le nombre des chambres peut probablement devenir plus considérable.

Le *Reophax difflugiformis* est, comme le précédent, muni d'un test arénacé dont la forme est celle d'une petite bouteille elliptique, à col large et court.

<hr>

1. BESSELS, in *Jenaische Zeitsch.*, IX. — BRADY, *loc. cit.*, p. 42, tab. IV, fig. 12, 13.
2. BRADY, *loc. cit.*, p. 41, tab. V, fig. 1.
3. BRADY, *loc. cit.*, p. 60, tab. IV, fig. 4-5.

Le *R. nodulosa* pourra nous donner une première idée de la façon dont la forme des Foraminifères se complique. Un *R. nodulosa* jeune ressemble en tous points à un *R. difflugiformis;* comme ce dernier, il a la forme d'une bouteille; mais à mesure que l'animal grandit, il se forme autour de l'ouverture du test un sac semblable au premier et communiquant avec lui par un orifice; au-dessous de cette deuxième chambre, il pourra s'en former une troisième communiquant avec la seconde. Ce phénomène pourra se reproduire un certain nombre de fois. Si l'on considère chaque chambre comme contenant un individu distinct, l'ensemble forme une colonie assez

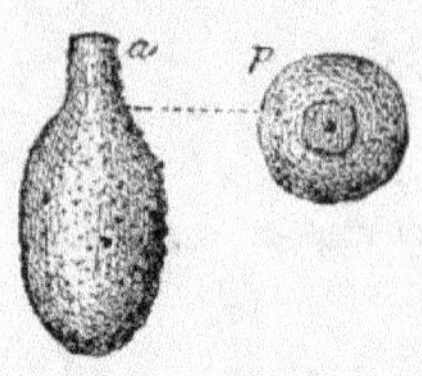

Fig. 56. — *Reophax dif-flugiformis* (d'après Brady).

analogue à celle du *Gromia socialis*, mais s'en distinguant en ce que les individus du *R. nodulosa* sont accolés les uns aux autres par leur test et non par leurs rhizopodes. Nous trouverons parmi les Foraminifères à test calcaire des formes tellement semblables à celle du *Reophax nodulosa* que sur les figures il serait impossible de les distinguer; tel est le *Lagena nodosa.*

Trochammina coronata BRADY[1]. — Cette espèce est intéressante parce qu'elle représente, parmi les Foraminifères à test arénacé, une autre forme que nous retrouverons dans le groupe de ces animaux qui possèdent un test calcaire. Sa carapace a la forme d'un Planorbe aplati. Elle est formée de plusieurs chambres disposées les unes à côté des autres, mais placées de telle sorte que leur ensemble forme une spirale très aplatie. Pour comprendre comment cette forme a pu se produire, nous n'avons qu'à nous représenter un test de *Reophax* couché sur le côté, puis derrière ce test, un autre, puis un troisième semblable faisant avec lui un certain angle, dans le plan horizontal, le second faisant de même un angle plus ou moins ouvert, et ainsi de suite; nous finirons par avoir une série d'individus, dont l'ensemble

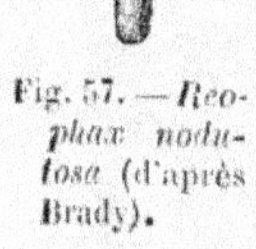

Fig. 57. — *Reo-phax nodu-losa* (d'après Brady).

décrira une spirale. Il nous reste, pour compléter la description de ces animaux, à ajouter que tous les individus qui par leur réunion les constituent, communiquent les uns avec les autres.

---

1. H. BRADY, *loc. cit.*, p. 58, tab. V, fig. 15.

Le *Trochammina lituiformis* Brady[1] peut servir d'intermédiaire

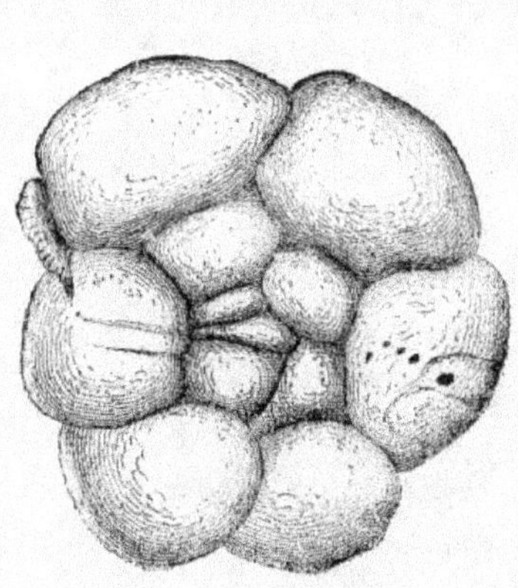

Fig. 58. — *Trochammina coronata* (d'après Brady).

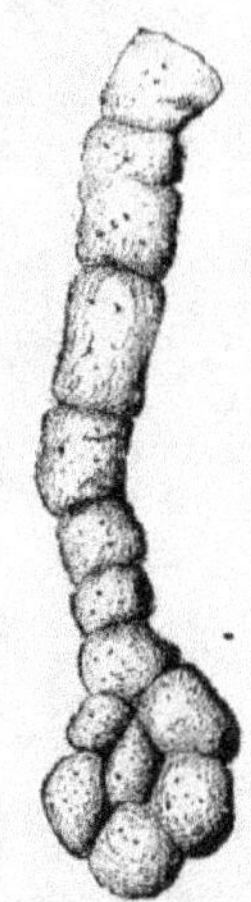

Fig. 59. — *Trocham-mina lituiformis* (d'après Brady).

entre le *Reophax nodulosa* et le *Trochammina coronata*, et donner une excellente idée de la façon dont l'une de ses formes a pu se transformer en l'autre. Ses chambres sont disposées en spirale au niveau de l'extrémité répondant au premier individu formé et juxtaposées en une colonne cylindrique dans le reste de l'étendue de la coquille.

Le test des *Trochammina* offre une organisation spéciale; il est mince et formé de grains de sable très fins, agglutinés par un ciment calcaire ou par une substance chitineuse, qui remplit si bien les intervalles des corpuscules siliceux que le test est lisse extérieurement; sur sa face interne, il est tantôt lisse, tantôt plus ou moins rugueux

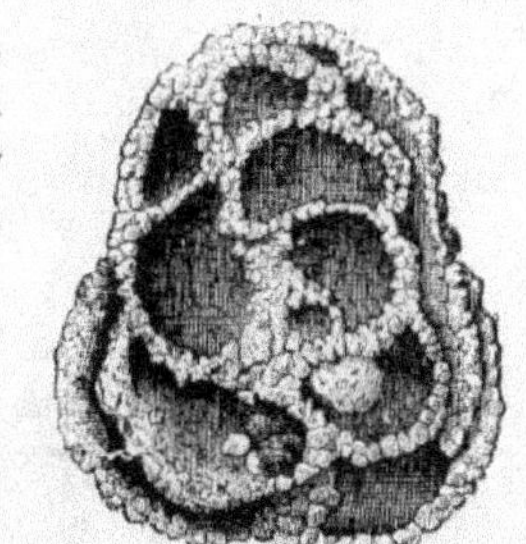

Fig. 60. — *Sorosphæra confusa*. — Échantillon ouvert pour montrer l'intérieur de quelques-unes des chambres (d'après Brady).

Sorosphæra confusa Arch.[2] — Dans cette espèce les chambres contenant les différents individus sont globuleuses et juxtaposées sans

1. H. Brady, *loc. cit.*, p. 59, tab. V, fig. 16.
2. H. Brady, *loc. cit.*, p. 28, tab. IV, fig. 18, 19.

ordre les unes aux autres, de façon à former une masse irrégulièrement sphérique.

Nous n'insisterons pas davantage sur ces formes de tests arénacés qui peuvent varier pour ainsi dire à l'infini. Les exemples que nous

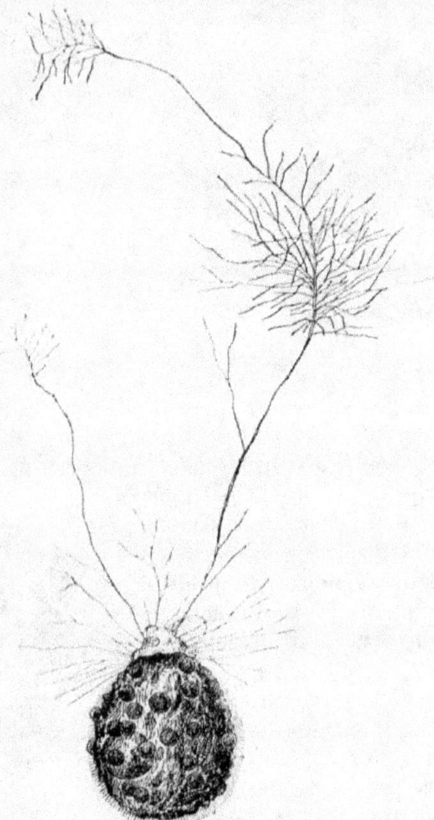

Fig. 61. — *Diaphoropodon mobile* (d'après Archer).

avons cités sont plus que suffisants pour faire comprendre de quelle façon elles prennent naissance.

Diaphoropodon mobile ARCH.[1]. — Cet animal, récemment dé-

1. ARCHER, *On Some freshwater Rhizopoda new or little known*, in *Quart. Journ. micr. sci.*, 1869, IX, p. 394, tab. XX, fig. 6.

couvert par Archer dans les eaux douces, présente un caractère qui ne nous a pas encore été offert. Sa forme est à peu près ovoïde; son test est formé de sable agglutiné; dans le protoplasma se montrent un noyau énorme et des vacuoles contractiles; à son extrémité supérieure se trouve un orifice par où sortent des rhizopodes de dimensions très grandes; indépendamment de ces longs rhizopodes, le *D. mobile* montre une foule de petits prolongements protoplasmiques qui sortent de la coquille en des points nombreux; ces petits prolongements sont très courts; ils ne sont pas ramifiés comme les grands rhizopodes et ont tout à fait l'aspect des cils vibratiles que nous trouverons chez les Infusoires. Nous pouvons considérer cet animal comme une forme de passage des Foraminifères étudiés jusqu'ici vers les groupes plus élevés des Foraminifères perforés.

§ 3. — FORAMINIFÈRES A TEST CALCAIRE

Les Foraminifères que nous avons étudiés jusqu'à ce moment se sont présentés à nous entourés, les uns d'une membrane chitineuse, les autres d'un test arénacé; un autre groupe extrêmement important de Foraminifères se distingue par un test calcaire.

Il existe dans ce groupe toute une interminable série de formes analogues à celles que nous avons décrites parmi les Foraminifères à test arénacé, mais beaucoup plus compliquées encore. Pour donner une idée de ces formes nous choisirons les plus importantes, celles qui peuvent être considérées comme les chefs de file de toutes les autres.

Le *Squammulina lævisax.* SCHULTZE[1] peut être considéré comme la plus simple de toutes ces formes. Son test calcaire est lenticulaire ou sphérique, à une seule loge, et il est muni d'une seule ouverture arrondie, non prolongée en col, donnant passage aux pseudopodes de l'animal.

Le *Cornuspira foliacea* WILL[2]. possède un test calcaire très régulièrement contourné en spirale, affectant assez bien la forme d'une coquille de Planorbe et limitant une seule chambre qui cependant présente de distance en distance des rétrécissements indiquant, soit des phases pendant lesquelles l'accroissement s'est fait avec moins de rapidité, soit les points au niveau desquels s'est effectuée une division imparfaite du corps protoplasmique de l'animal.

1. MAX SCHULTZE, *Organ. der Polyth.* — BÜTSCHLI, *Broun's Klass. und Ordn. des Thier-reiches*, tab. IV, fig. 7.
2. WILLIAMSON, *Recent Foram.* — BÜTSCHLI, *loc. cit.*, tab. IV, fig. 8 *a*, 8 *b*.

Le *Nubecularia lucifuga* Defr.[1] est remarquable à divers points de vue. Ses chambres ne sont également que peu distinctes ; elles sont indiquées seulement par des étranglements ; le test est toujours fixé sur un corps étranger, et, dans beaucoup de cas, c'est la surface de ce dernier qui complète la paroi du test sur toute la

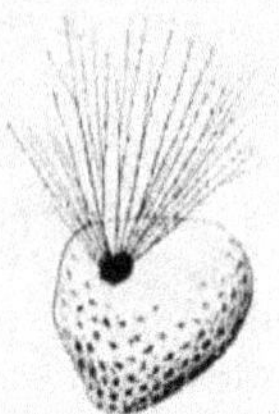

Fig. 62. — *Squammulina lævis* (d'après Bütschli.)

face adhérente. Quant au développement du test, il est fort inégal. Il commence, d'habitude, par un certain nombre de tours de spirale, puis il se comporte comme celui du *Trochammina lituiformis* décrit et figuré plus haut, c'est-à-dire qu'il devient rectiligne, ou bien il dessine des zigzags irréguliers, se portant tantôt d'un côté, tantôt de l'autre.

Le test calcaire des *Nubecularia* est très souvent renforcé par des grains de sable ou d'autres corpuscules étrangers qui rendent sa surface rugueuse. C'est là un caractère qui est offert par un grand nombre de Foraminifères à test calcaire. Il arrive même, dans certains cas, que des espèces à test normalement calcaire n'offrent, accidentellement, qu'un test chitineux ou arénacé. Ce fait se pré-

Fig. 63. — *Cornuspira foliacea*
(d'après Bütschli.)

Fig. 64. — *Vertebralina striata*
(d'après Bütschli.)

sente surtout quand l'animal vit dans des conditions anormales et mauvaises, par exemple dans l'eau saumâtre.

Dans le *Vertebralina striata* d'Orb.[2] le test fait d'abord un certain nombre de tours de spirale très réguliers, puis il devient rectiligne. Parfois même, comme dans le sous-genre *Articulina* d'Orb. les tours de spirale ne se forment pas, et le test reste droit, formé

1. Voy. Bütschli, *Bronn's Klass. und Ordn.* ; *Protozoa*, tab. IV, fig. 9 *a*, 9 *c*.
2. Voy. Bütschli, *loc. cit.*, tab. IV, fig. 17.

de loges étranglées seulement au niveau des ouvertures par lesquelles elles communiquent les unes avec les autres.

Le *Spiroloculina planulata* Lamk [1] présente une coquille à plusieurs loges et le développement très régulier qui permet d'interpréter la formation d'un grand nombre d'autres formes de Foraminifères à plusieurs chambres ou Polythalames. La première chambre est elliptique, de forme régulière, avec un orifice étroit à l'une de ses extrémités; autour de cet orifice se forme une seconde chambre qui s'applique contre l'une des faces de la première et dont l'orifice est situé au niveau de l'extrémité fermée de celle-ci; puis une troisième chambre se forme dans le prolongement de la seconde, en

  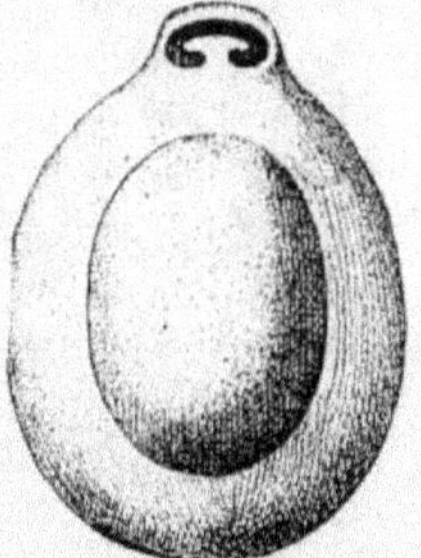

Fig. 65. — *Spiroloculina planulata* (d'après Bütschli). Fig. 66. — *Uniloculina indica* (d'après Bütschli). Fig. 67. — *Biloculina* (d'après Bütschli).

s'appliquant contre la face de la première chambre opposée à celle contre laquelle est accolée la deuxième; une quatrième chambre se forme ensuite dans le prolongement de la troisième, en s'adossant à la deuxième; puis une cinquième se forme contre le dos de la troisième, etc. La spirale tourne ainsi autour de la première chambre, et chaque demi-tour qu'elle forme représente une loge. Entre les différentes loges il n'existe pas de véritable cloison, mais simplement un rétrécissement très marqué répondant à l'orifice par lequel chacune, à un moment donné, communiquait avec l'extérieur.

De cette forme nous pouvons passer à toute une autre série qui a servi à former les genres *Uniloculina*, *Biloculina*, *Triloculina*, *Quinqueloculina*, etc., de d'Orbigny.

1. Voy. Bütschli, *loc. cit.*, tab. IV, fig. 10, 16.

Dans les *Spiroloculina*, chaque tour de spirale ne faisant que s'adosser au tour précédent, on peut distinguer extérieurement, avec la plus grande netteté, le nombre de tours de la spire et l'on peut même, habituellement, comme dans le *Spiroloculina planulata* compter de l'extérieur le nombre des chambres. Dans les autres genres que nous venons de nommer, chaque tour de spire enveloppe, au contraire, plus ou moins bien, tous les tours précédents, de façon à les dissimuler plus ou moins et à en rendre une partie plus ou moins considérable tout à fait invisible extérieurement.

Dans l'*Uniloculina indica* de d'Orbigny[1], espèce fossile, la première chambre est entièrement recouverte par la seconde, qui seule est visible à l'extérieur; celle-ci est ensuite recouverte par une troisième chambre, qui est alors seule apparente, etc. L'orifice de chaque chambre est remarquable par la présence d'une sorte de dent calcaire, bifurquée au sommet, insérée sur l'un des bords de l'orifice et faisant saillie à travers ce dernier.

Dans le *Biloculina ringens* LAMK[2], chaque chambre ne répond, comme dans les *Spiroloculina*, qu'à un demi-tour de spire; mais chacune recouvre toutes les chambres déjà formées qui sont situées du même côté qu'elle. Il n'y a donc jamais que les deux dernières chambres formées qui soient visibles à l'extérieur. L'orifice est muni, comme dans l'*Uniloculina*, d'une dent bifurquée.

Dans le *Triloculina trigonula* D'ORB.[3] les tours de la spirale s'enroulent de telle sorte qu'on voit extérieurement trois chambres régulièrement disposées autour d'un axe longitudinal passant par l'ouverture de la dernière chambre formée. Vu par le sommet, le test présente une forme triangulaire. Pour expliquer ce fait on a émis deux hypothèses. On suppose, ou bien que la spire se déplace, après chaque demi-tour, de 120 degrés autour de l'axe longitudinal, ou bien que chaque demi-tour recouvre alternativement toute la face droite des tours précédents, puis toute la face gauche, de nouveau la face droite, puis la gauche, et ainsi de suite. La première hypothèse nous paraît la plus probable, parce qu'elle permet d'expliquer d'autres formes de tests dans lesquelles le nombre des loges visibles extérieurement est plus considérable.

1. D'ORBIGNY, *For. foss. Vienne*, 261.

2. D'ORBIGNY, *For. foss. Vien*, p. 261. Voy. aussi : WILLIAMSON, *Brit. Foram.* p. 78, — CARPENTER, *Introd. Foram*, p. 75, 78. — BÜTSCHLI, *loc. cit.*, tab. IV, fig. 12, 14, 15.

3. Voyez WILLIAMSON, *Rec. Brit. For.*, p. 84. — CARPENTER, *loc. cit.*, p. 78. — BÜTSCHLI, *loc. cit.*, tab. IV.

Dans le *Quinqueloculina seminulum*[1] par exemple, qui est commun dans les mers d'Europe, on voit sur l'une des faces trois loges, et sur l'autre, quatre. Il n'est possible d'expliquer ce fait que par une déviation de la spire au niveau de chaque tour. D'après Bütschli cette forme serait due à ce que chaque demi-tour de la spire recouvre soit une partie seulement d'un tour déjà formé, soit deux tours. Mais il faut supposer qu'en même temps la spire dévie d'un certain nombre de degrés. Prenons, par exemple, un test déjà suffisamment avancé en développement pour qu'il montre, comme nous l'avons dit plus haut, trois loges sur l'une de ses faces et quatre sur l'autre ; un nouveau demi-tour de spire se forme en déviant un peu, de façon à recouvrir une moitié de l'un des tours de la face qui en offre trois ;

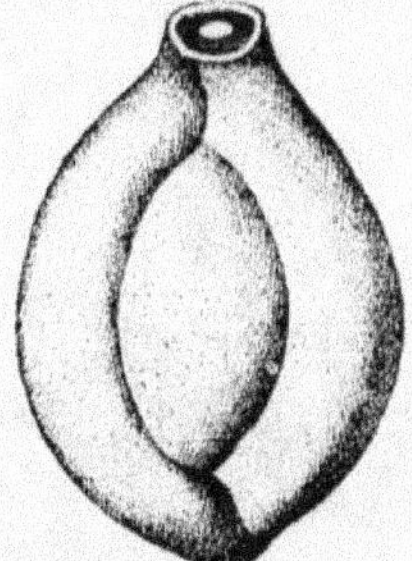

Fig. 68. — *Triloculina trigonula.*

Fig. 69. — *Quinqueloculina semiulum.*

celle-ci offrira dès lors extérieurement cinq saillies loculaires ; le tour suivant, déviant ensuite de façon à passer sur la face qui offre déjà quatre loges, couvrira deux de ces dernières et la première face paraîtra ne plus posséder que trois loges. Par suite de cette déviation et d'un recouvrement inégal alternatif des loges, nous aurons ainsi toujours quatre saillies loculaires d'un côté et trois de l'autre.

Dans la plupart des *Quinqueloculina*, l'ouverture du test est fermée, comme dans les *Uniloculina*, *Biloculina* et *Triloculina*, par une dent bifurquée. Dans d'autres, notamment dans le *Quinqueloculina saxorum*, cette dent émet de fins appendices calcaires, ramifiés et anostomosés, adhérents aux bords de l'ouverture et fermant cette dernière comme d'un grillage à mailles irrégulières. Chaque chambre se

1. Voy. WILLIAMSON, *loc. cit.*, p. 85 (*Milliolina*). — CARPENTER, *loc. cit.*, p. 78. — GRIFFITH and HENFREY, *Micrographic Diction.*, 3º édit., p. 658, tab. XVIII, fig. 5.

trouve ainsi séparée de celle qui la précède et de celle qui la suit par une cloison grillagée.

Dans toutes les formes que nous venons de décrire, le test est formé de chambres qui correspondent toutes à un demi-tour de spire, qui par conséquent sont plus ou moins allongées, et en même temps toujours étroites.

Avec les *Hauerina* d'Orb. [1], nous passons à des formes dont les chambres ont toujours une longueur moindre qu'un demi-tour de spirale. Dans l'espèce figurée ci-contre chaque chambre ne répond qu'à un quart de tour de spirale; il y a, par conséquent, quatre chambres pour chaque tour. Ce genre offre encore un autre caractère intéressant : l'ouverture de chaque loge est formée par un nombre plus ou moins considérable de pores à travers lesquels passent les pseudopodes. Il y a là en quelque sorte l'exagération du caractère offert par l'ouverture du *Quinqueloculina saxorum*.

Dans une longue série de formes, auxquelles les *Peneroplis* [2] peu-

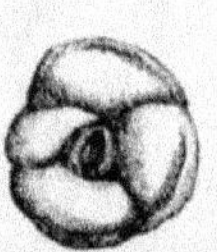

Fig. 70. — *Hauerina*
(d'après Bütschli).

Fig. 71. — *Peneroplis*
(d'après Bütschli).

vent servir de types, le nombre des loges compris dans chaque tour de spirale est beaucoup plus considérable que dans les *Hauerina*. Les loges deviennent extrèmement courtes, mais, en même temps, elles acquièrent une largeur considérable et qui augmente rapidement à mesure que l'on s'écarte de la loge primitive. L'ensemble du test peut être comparé à un Planorbe dont les tours de spirale augmenteraient considérablement de largeur du centre à la périphérie. La figure schématique ci-jointe peut donner une bonne idée de cette forme. Nous devons ajouter que les cloisons sont percées de pores disposés sur une seule rangée transversale et d'autant plus nombreux que l'on s'éloigne davantage de la loge primitive. L'ouverture de cette dernière n'offre qu'un seul ou un très petit nombre de pores; tandis que l'ouverture de la chambre la plus récente en

1. D'Orbigny, *For. foss. de Vienne*. — Bütschli, *loc. cit.*, tab. IV, fig. 20.
2. Voy. Carpenter, *Introd. to the Foram*. — Bütschli, *loc. cit.*, tab. V, fig. 1.

offre un grand nombre, légitimé par le diamètre considérable qu'elle présente de dedans en dehors. Le test des *Peneroplis* offre un troisième caractère important, bien visible dans la figure 71. Les cloisons qui séparent les chambres les unes des autres sont de plus en plus courbes à mesure qu'elles sont plus extérieures et finissent par affecter la forme d'un fer à cheval à convexité tournée en avant et à concavité pouvant embrasser jusqu'aux trois quarts de la circonférence totale des tours antérieurement formés.

Les *Orbiculina* présentent ce dernier caractère à un degré beaucoup plus prononcé encore, et servent de point de départ à toute une série de formes dont les tests sont habituellement désignés par l'épithète de *cycliques*, opposée à celle de *spiraliques* employée pour caractériser toutes les formes précédentes. Prenons pour exemple l'*Orbiculina adunca* [1] : le test offre d'abord un enroulement spiralique très régulier, avec des chambres dont le diamètre radial augmente rapidement et dont les cloisons de séparation, percées de pores comme celles des *Peneroplis*, sont très fortement courbées en fer à cheval. Puis cette courbure devient tellement considérable, que les chambres et leurs cloisons finissent par devenir tout à fait

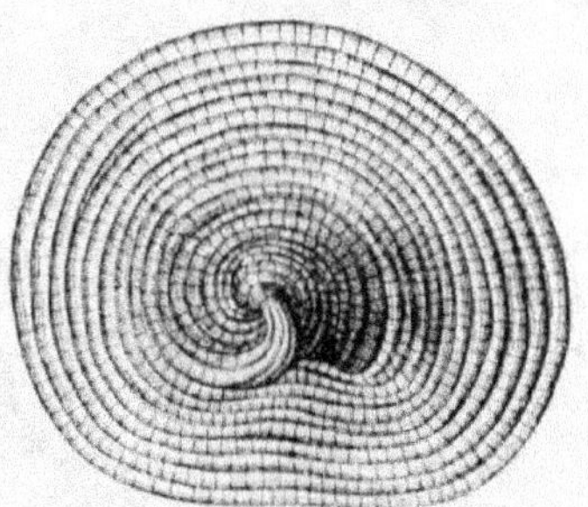

Fig. 72. — *Orbiculina adunca*
(d'après Bütschli).

circulaires. Le test offre alors la forme d'un disque beaucoup plus épais au centre, où le test est cyclique. Dans le centre, les cloisons sont percées de plusieurs rangées superposées de pores, tandis qu'au niveau des bords, où elles sont moins hautes, elles n'en offrent qu'une seule rangée.

Les *Orbiculina* offrent un autre caractère important et qui se retrouve dans toutes les formes dont il sera désormais question : chaque loge du test est subdivisée par des cloisons calcaires, minces, perforées, perpendiculaires aux cloisons principales, en un grand nombre de loges secondaires qui communiquent toutes les unes avec les autres par les pores de leurs cloisons.

Dans les *Orbitolites* [2], qui sont très voisines des *Orbiculina*, l'en-

1. Voy. CARPENTER, in *Phil. Trans.*, 1856. — BÜTSCHLI, *loc. cit.*, tab. VI, fig. 2.
2. Voy. CARPENTER, in *Phil. Trans.*, 1856. — BÜTSCHLI, *loc. cit.*, tab. VI, fig. 1.

roulement du test se fait également en spirale au début, mais l'enroulement cyclique lui succède si rapidement que souvent le second tour
forme déjà un cercle entraînant complètement le premier tour. Il en
résulte que le test affecte une forme discoïde beaucoup plus parfaite,
et que son épaisseur est plus uniforme. Habituellement même, les
bords sont plus épais que le centre et le test affecte la forme d'un
disque biconcave. Les chambres régulièrement circulaires et concentriques qui forment le test sont subdivisées, comme dans les
Orbiculina, par des cloisons secondaires perpendiculaires aux cloisons primaires, c'est-à-dire disposées radialement. Ces cloisons
sont percées de pores qui font communiquer les unes avec les autres les loges secondaires.

D'autres pores radiaires mettent en communication les logettes

Fig. 73. — *Orbitolites* (d'après Bütschli).

secondaires de chaque chambre primaire avec les logettes des
chambres primaires concentriques. Ces pores radiaires se voient
extérieurement sur la cloison périphérique de la loge primaire la
plus externe; ce sont eux qui donnent passage aux pseudopodes.
Chez certains *Orbitolites* l'organisation du test est encore plus com-
pliquée. Chaque logette secondaire se subdivise, à l'aide de cloisons
transversales calcaires, en trois loges plus petites : une moyenne et
deux superficielles.

L'*Alveolina Quoyii* d'Orb.[1] offre un mode d'organisation du test
différant à plusieurs égards de ceux que nous venons de décrire. Le
test des *Alveolina* présente un enroulement spiralé symétrique, très

<hr>

1. CARPENTER, *Introd.* — BÜTSCHLI, *loc. cit.*, tab. V. fig. 2.

régulier; les tours de spire ne s'élargissent pas radialement comme dans les *Peneroplis*, les *Orbiculina* ou les *Orbitolites*, mais leur hauteur augmente tellement que la longueur de l'axe de la spirale devient à peu près égale au diamètre du test et que celui-ci acquiert une forme à peu près sphérique. Dans certains cas même, la longueur de l'axe de la spirale étant plus considérable que le diamètre du test, celui-ci devient oviforme ou cylindrique. Extérieurement, les *Alveolina* offrent des chambres primaires subdivisées en loges secondaires, mais les cloisons qui séparent celles-ci, au lieu d'être perpendiculaires aux cloisons des chambres primaires, leur sont parallèles. Les loges secondaires sont elles-mêmes souvent subdivisées, par des cloisons transversales, en logettes qui communiquent entre elles par des pores.

Telles sont les formes principales que nous offre le grand groupe des Foraminifères imperforés. Dans toutes ces formes, les parois du test ne présentent d'orifices qu'au niveau des cloisons de séparation des chambres et les pseudopodes ne peuvent sortir que par les

Fig. 74. — *Alveolina Quoyii.*

ouvertures plus ou moins nombreuses de la chambre primaire la plus extérieure. Dans les formes que nous allons maintenant étudier, toutes les parois du test, quelles que soient la simplicité ou la complexité de structure de ce dernier, sont percées d'innombrables pores microscopiques, distincts des ouvertures des chambres, et par lesquels sortent les pseudopodes.

b. PERFORÉS.

Les détails dans lesquels nous sommes entrés en décrivant les formes de Foraminifères précédemment étudiées, nous permettront d'aller beaucoup plus rapidement dans l'examen de celles qu'il nous reste à passer en revue. Les *Lagena*[1] sont les formes de Foraminifères perforés les plus simples qui soient connues. Le *Lagena vulgaris* a la forme d'une petite bouteille arrondie à l'une de ses extrémités, atténuée à l'autre en un col cylindrique qui se termine par une ouverture bordée d'une marge saillante. Les pseudopodes sortent

1. REUSS, *Monogr. der Gatt.* Lagena.

non seulement par cet orifice, mais encore par les innombrables pores qui criblent toute la surface des parois du test. D'autres espèces de *Lagena* figurées ci-contre ne se distinguent que par les dessins en relief ou en creux qui ornent leur surface.

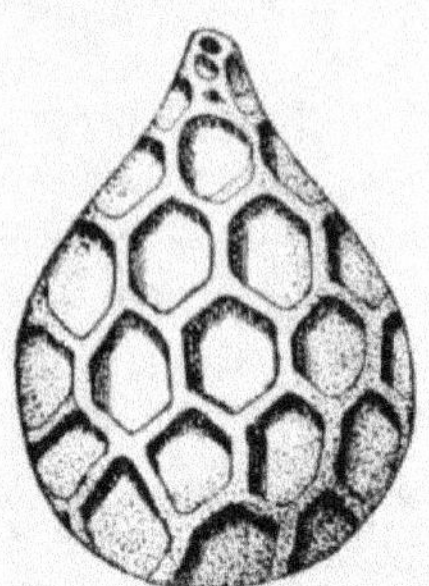

Fig. 75. — *Lagena squammosa.*   Fig. 76. — *Lagena scalari-formis.*

Des *Lagena* nous pouvons passer facilement aux *Nodosaria*. Le *Nodosaria hispida*[1] par exemple, peut être considéré comme formé d'une série de *Lagena* disposés bout à bout. Une première loge se

Fig. 77. — *Lagena lævis.*   Fig. 78. — *Lagena vulgaris.*

forme; puis, au-dessus d'elle et autour de son ouverture, s'en développe une seconde; une troisième se produit au-dessus de la seconde, et ainsi de suite.

Dans le *Nodosaria hispida*, toutes ces chambres sont séparées les

1. WILLIAMSON, *Recent Foram.*, 14. — PARKER et JONES, *Ann. nat. hist.*; sér. 3, III, 478; — CARPENTER, *Introd. Foram.*, 161.

unes des autres par des rétrécissements qui répondent à leurs cols.
Dans d'autres espèces, les cols disparaissent et chaque loge nouvelle
emboîte exactement l'extrémité supérieure de la loge sous-jacente. Tel
est le cas du *Lingulina costata* D'ORB. espèce fossile du tertiaire[1].

Dans le *Flabellina cordata* REUSS[2], espèce également fossile, les
chambres sont d'autant plus larges qu'elles sont plus
récentes, toutes sont aplaties, et chacune emboîte
complètement sur les côtés la chambre sous-jacente,
de façon à donner à l'ensemble du test l'aspect d'un
éventail étalé, dont le manche répond aux premières
loges formées. De ces formes droites, il est facile de
passer à d'autres dont les chambres s'enroulent en spirale et affectent des dispositions analogues à celles
que nous avons déjà décrites à propos des Foraminifères arénacés. Je me bornerai à citer les *Cristallaria*[3] dans lesquels la forme en spirale aplatie est
très régulière.

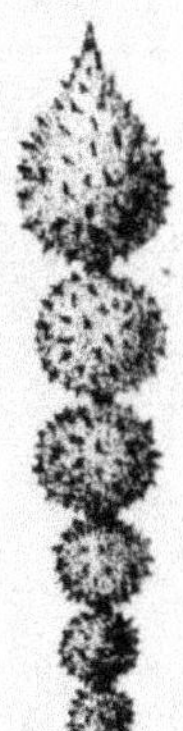

Fig. 79. — *Nodo-
saria hispida*.

On trouve également parmi les Perforés des formes
analogues à celles des *Biloculina*, *Triloculina*, etc.
dans lesquelles les chambres s'enroulent en spirale, en
se recouvrant les unes les autres plus ou moins, de
façon à ce qu'un certain nombre des plus récentes
soient seules visibles. Tel est le cas du *Polymorphina communis* D'ORB[4].
espèce fossile du Miocène. Mais dans les *Polymorphina* l'enroulement,

Fig. 80. — *Flabellina cordata* (d'après Bütschli).

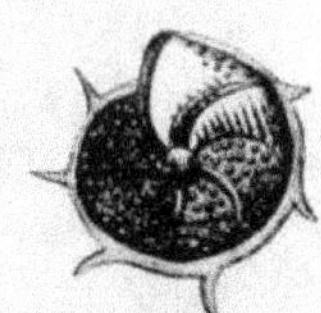

Fig. 81 — *Cristallaria echi-
nata* (d'après Bütschli).

au lieu de se faire suivant un seul plan, comme dans les *Biloculina*,
se fait suivant une spirale plus ou moins allongée en hélice. Ce

1. D'ORBIGNY, *Foraminifères fossiles de Vienne.* — CARPENTER, *Introd. Foram.*, 163.
2. Pour l'ét. de des *Flabellina*, voy. : D'ORBIGNY, *Foram. foss, Vienne*, 92 ; — MOR-
RIS, *Brit. Foss* 35 ; — CARPENTER, *Introd. Foram.*, 160, 164. — BÜTSCHLI, *loc. cit.*, tab. VII.
3. D'ORBIGNY *loc. cit.*, 82 ; — WILLIAMSON, *Recent Foram.*, 24 ; — PARKER et JONES,
Ann. nat. Hist., sér. 2, XIX, 209 ; sér. 3, 477, V, 114 ; — CARPENTER, *loc. cit.*, 162.
4. BÜTSCHLI, *loc. cit.*, tab. VIII, fig. 4.

mode de développement du test est bien visible dans l'*Uvigerina angulosa* WILL..[1] dont les chambres, ne se recouvrant que fort peu, sont toutes visibles à l'extérieur et paraissent être superposées sur trois rangs parce que chaque tour de la spirale hélicoïde ne comprend que trois loges.

Dans le *Textularia Mariæ* D'ORBIGNY[2], fossile du miocène, les

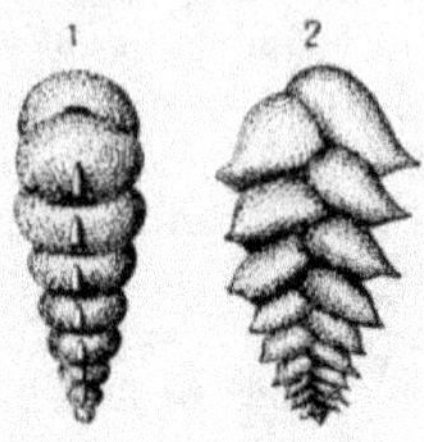

Fig. 82. – *Uvigerina angulosa* (d'après Bütschli).

Fig. 83. — *Textularia Mariæ* (d'après Bütschli).

chambres sont disposées sur deux rangées seulement et sont d'autant plus grandes qu'elles sont plus récentes, de sorte que l'ensemble du test a la forme d'un cône renversé, dont la base est formée par les chambres les plus jeunes[3].

Dans le *Globigerina bulloïdes* D'ORB.[4] espèce qu'on trouve dans le miocène et qui existe encore à notre époque, les chambres se développent, comme dans les espèces précédentes, suivant une spirale hélicoïde, mais l'hélice est très aplatie et les chambres sont très distinctes extérieurement ; elles sont d'autant plus volumineuses qu'elles sont plus récentes. Malgré l'aplatissement de la spirale, la forme générale

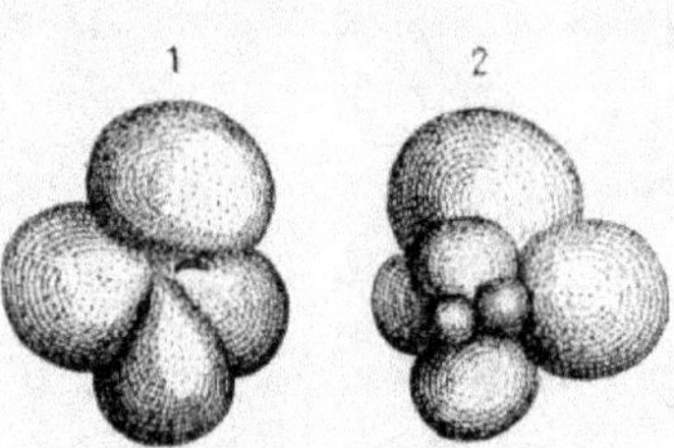

Fig. 84. — *Globigerina bulloïdes* (d'après Bütschli).

du test est encore celle d'un cône très surbaissé, dont le sommet

1. WILLIAMSON, *Recent. Foram.* — BÜTSCHLI, *loc. cit.*, Tab. VII, fig. 31.
2. D'ORBIGNY, *Foram foss. de Vienne.* — BÜTSCHLI, *Protozoa*, tab. VIII, fig. 5, a. b. c.
3. Les espèces du genre *Textularia* sont remarquables par la tendance qu'elles ont à ajouter des grains de sable à leur test calcaire. Parmi les Arénacés véritables, il existe d'ailleurs des formes tout à fait analogues aux *Textularia*, par exemple, les *Plocamium*.
4. D'ORBIGNY, *loc. cit.* — BÜTSCHLI, *loc. cit.*, tab. VIII, fig. 9. a, b. c.

ou plutôt la face apicale présente les chambres anciennes très petites et dont la base est concave, d'où le nom de face ombilicale qui lui est souvent donné. Chaque chambre s'ouvre dans l'ombilic par une petite fente en forme de croissant.

Des Globigérines il est facile de passer aux Rotalines. Dans ces derniers, le test est encore enroulé en spirale et affecte la forme d'un cône plus ou moins surbaissé et pouvant même s'aplatir tellement qu'il devient à peu près discoïde. Dans le *Rotalia Schrœteriana* PARK. et JON[1]. la forme conique est encore très manifeste, tandis que dans le *Planorbulina mediterranensis* D'ORB.[2] le test est aplati sur les deux faces. Les premiers tours de la spirale, ceux qui forment le sommet du cône sont très courts, tandis que les autres s'élargissent de plus en plus à mesure qu'ils s'éloignent du sommet, chacun débordant un peu extérieurement celui qui le précède. Il en résulte que quand on

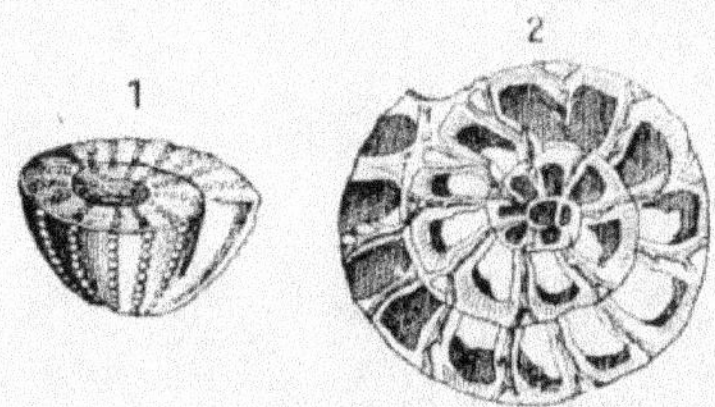

Fig. 85. — *Rotalia Schrœteriana* (d'après Bütschli).

regarde le test par sa face apicale on voit distinctement tous les tours de la spirale, tandis que quand on le regarde par la face basilaire, on ne voit que le tour le plus récemment développé. Chaque tour de spirale est formé d'un assez grand nombre de chambres séparées par des cloisons. Ces dernières sont tantôt simples, tantôt formées de deux lamelles juxtaposées, appartenant chacune à l'une des deux chambres voisines. Entre ces lamelles existent des canaux très diversement anastomosés qui débouchent au dehors au niveau des dépressions ou des sutures qui indiquent extérieurement la séparation des chambres du test. Les formes diverses de la vaste famille des Rotalines sont beaucoup trop nombreuses pour que nous insistions davantage sur leur histoire; celle-ci ne nous présenterait que des détails sans intérêt et qui ne seraient pas ici à leur place.

1. Voy. CARPENTER, *Introd. Foram.* —¡BÜTSCHLI, *loc. cit.*, tab. IX, fig. 3 a, b; Voy. encore pour l'histoire des Rotalines : PARKER et JONES, *Philos. Transact.*, CLV, 378.

2. VILLIAMSON, *Recent Foram.*

Le test des Foraminifères perforés atteint son plus haut degré de

Fig. 86. — *Operculina*; coupe transversale tangentielle du test, destinée à montrer le système des canaux. *a a*, cordon dorsal formé de nombreux canaux longitudinaux anastomosés en réseau; *h, h*, canaux spiralés dans lesquels débouchent les canaux; *g, g*, qui s'enfoncent dans les cloisons; *i, i*, épaississements formés de substance non-perforée, répondant aux points de rencontre des cloisons des chambres et des parois à pores très fins.

Fig. 87. — *Nummulites lœvigatus*.

complexité d'organisation dans la famille des Nummulides [1]. Les chambres sont encore enroulées en spirale comme dans les Rota-

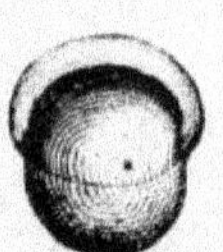

Fig. 88. — *Pullenia bulloides* (d'après Bütschli).

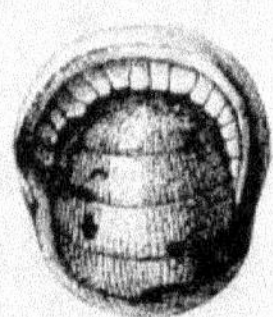

Fig. 89. — *Endothyra crassa* (d'après Bütschli).

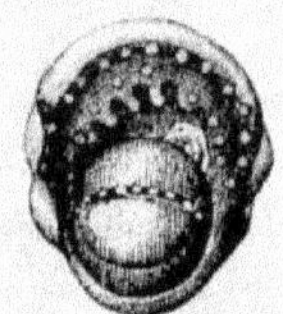

Fig. 90. — *Bradyina Rotula* (d'après Bütschli).

lines, mais la spirale est tout à fait aplatie, comme dans les *Planor-*

1. Voy. pour l'histoire des Nummulites: d'ARCHIAC et HAIME, *An. foss. Numm. Inde*, 1853; — CARTER, *Ann. nat. hist.*, sér. 2, XI, p. 161; sér. 3, VIII, p. 320, 366. — PARKER et JONES, *Ann. nat. hist.*, sér. 3, V, p. 106; VIII, p. 229. — CARPENTER, *loc. cit.*, p. 262. — H. B. BRADY, *Ann. nat. hist.*, sér. 4, XIII, p. 222.

bulina et, en outre, chaque tour recouvre plus ou moins complètement, sur les deux faces, tous les tours précédents. Les cloisons qui
séparent les chambres sont formées par deux lamelles entre lesquelles sont disposés des canaux très nombreux, anastomosés, qui
font communiquer les chambres les unes avec les autres et les
mettent en rapport avec le dehors. Les parois latérales des chambres sont, en outre, percées de pores très fins et extrêmement
nombreux. Les cloisons extérieures des chambres les plus récentes
sont minces, mais celles des chambres anciennes sont épaissies par
des tubes calcaires, fins, juxtaposés en couches d'autant plus nombreuses que les chambres sont plus anciennes, et situés entre les

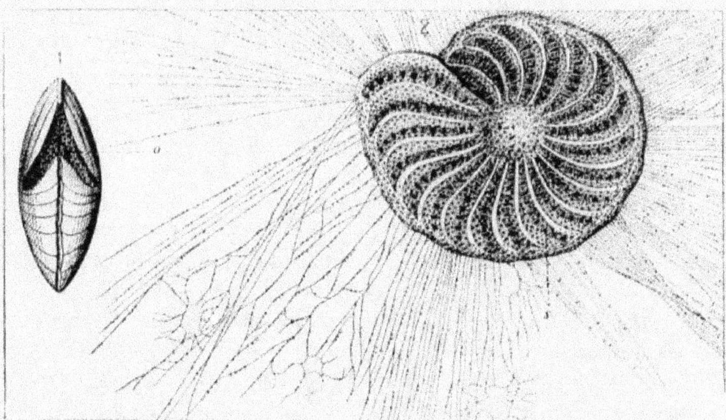

Fig. 91. — *Polystomella strigilata* (d'après Schultze). 1. vu par la tranche; 2, vu par
l'une des faces latérales; *o*, orifices principaux de la dernière chambre formée; *x*, orifices latéraux.

deux lamelles qui forment les cloisons. Ces canaux sont remplis de
protoplasma. Celui-ci sécrète souvent, par exemple, dans les *Polystomella*, en dehors de la coquille primaire, du carbonate de chaux qui
se dépose principalement au niveau des ombilics formés par les
tours de spirales et les remplit. On donne à ces dépôts le nom de
squelette secondaire; ils sont creusés par des tubes qui prolongent
ceux des cloisons et se forment, sans nul doute, de la même façon,
c'est-à-dire par dépôt de carbonate de chaux à la surface des rhizopodes protoplasmiques que l'animal émet de toutes parts. Nous ne
voulons pas insister sur la multiplicité des détails d'organisation
que pourrait nous présenter le groupe des Nummulides; les quel-

ques figures ci-jointes nous paraissent suffisantes, après ce que nous venons de dire, pour donner au lecteur une idée convenable des diverses formes et de l'organisation de ces être [1].

En 1865, Logan découvrit dans les gneiss du Canada des formations qui offraient une certaine analogie avec les Nummilites et que Dawson désigna sous le nom d'*Eozoon canadense*. Depuis cette époque, on a beaucoup discuté sur leur nature. Carpenter et d'autres zoologistes les considèrent comme des Foraminifères gigantesques atteignant le volume du poing ou de la tête, tandis que d'autres, notamment Mœbius et Bütschli, les regardent comme des concrétions de serpentine et de chaux [2].

§ 2 — CARACTÈRES GÉNÉRAUX, CLASSIFICATION ET AFFINITÉS DES FORAMINIFÈRES

D'après tout ce qui a été dit plus haut des formes diverses et de l'organisation des Foraminifères, on voit qu'on peut définir ces êtres : des Protozoaires à protoplasma dépourvu de membrane cellulaire et émettant des rhizopodes anastomosés ; pourvus d'un noyau, de vésicules contractiles, et d'un test toujours incomplet, chitineux, arénacé ou calcaire.

Quelles que soient les matières minérales qui entrent dans la composition du test, celui-ci contient toujours une substance organique qui semble en constituer la base et dans l'épaisseur de laquelle se déposent soit des grains de sable ou des débris de coquille (Foraminifères arénacés), soit des molécules de carbonate de chaux (F. calcaires) ; ou bien cette substance se transforme en chitine (F. chitineux).

Le test est tantôt dépourvu et tantôt pourvu de pores microscopiques ; il peut être muni, en outre, de canalicules remplis par des traînées de protoplasma.

Par l'orifice principal du test et par les pores microscopiques des parois, quand ces pores existent, sortent des rhizopodes protoplasmiques extrêmement nombreux, grêles, disposés en rayonnant autour du test qui, d'habitude, est couvert extérieurement d'une couche de protoplasma plus ou moins épaisse. Les rhizopodes s'anastomosent habituellement entre eux.

1. Nous recommandons aux lecteurs désireux d'acquérir une connaissance très précise du mode de formation du test des divers genres des Foraminifères de lire l'excellente description qui en a été donnée par Bütschli dans les *Protozoa*, de *Bronn's Klassen und Ordungen des Thier-Reichs*, 2ᵉ édit., 1871.

2. Voy. pour la discussion de cette question : BÜTSCHLI, *loc. cit.*, p. 217.

L'organisation des Foraminifères indique nettement que chez ces êtres la nutrition et la respiration s'effectuent directement comme dans les Amœbiens et les Monériens. Quant aux phénomènes de la reproduction ils sont à peine connus.

Il est fort probable que dans les Foraminifères à plusieurs chambres, chaque chambre doit être considérée comme habitée par un animal distinct, et que l'ensemble de l'organisme vivant contenu dans un test à plusieurs chambres représente une véritable colonie formée par la segmentation successive d'individus provenant tous d'un ancêtre commun.

Il est également permis de supposer que dans tous les Foraminifères il se passe des phénomènes analogues à celui que nous avons signalé dans le *Gromia oviformis*, c'est-à-dire qu'une ou plusieurs masses protoplasmiques, produites par la segmentation des individus les plus voisins de l'extérieur, peuvent s'isoler de la colonie, puis devenues libres, s'entourer d'un test et produire une colonie nouvelle. Semper a constaté, en effet, sur un *Nummulites* que le contenu protoplasmique des chambres marginales se transforme en un animal à une seule chambre autour de laquelle s'en développent ensuite d'autres.

D'après Wright[1], il se forme dans les chambres du *Spirillina vivipara* de jeunes individus qui en sortent après s'être entourés d'une coquille à une seule chambre. D'après Max Schultze, dans les Miliolites et les Rotalines il sortirait des chambres de l'animal adulte des jeunes déjà pourvus de trois chambres, c'est-à-dire ayant sans doute subi déjà une partie de leur évolution dans la chambre où ils sont nés.

La parenté des Foraminifères est assez facile à établir. Il est impossible de ne pas être frappé de leur analogie, d'une part, avec les Monériens à rhizopodes anastomosés (Rhizomonériens) dont ils diffèrent par la présence d'un noyau et d'un test incomplet, et d'autre part, avec les Amœbiens à rhizopodes radiés et à test chitineux dont ils ne se distinguent guère que par les anastomoses de leurs rhizopodes. Enfin, les Foraminifères sont très voisins des Radiolaires que nous étudierons après eux, mais ces derniers s'en distinguent par la nature de leur test qui est toujours siliceux quand il existe, et surtout par la division de leur protoplasma en deux parties de nature différente : l'une centrale, dense, souvent entourée d'une capsule membraneuse ; l'autre, périphérique, très riche en grandes vacuoles, ce

<hr>

1. *On the reproductive elements of the Rhizopoda*, in *Ann. of nat. Hist.*, 1861.

qui lui donne un aspect spumeux. Les Héliozoaires et les Radiolaires se distinguent encore des Foraminifères par la nature de
leurs pseudopodes, qui sont toujours plus ou moins rigides et ne
s'anastomosent que rarement entre eux, tandis que ceux des Foraminifères ont, au contraire une très grande tendance à se réunir et à se
fusionner. Les rhizopodes des Héliozaires sont même pourvus, dans
beaucoup d'espèces, de baguettes filiformes, denses, rigides, différentes, chimiquement, du protoplasma Ce caractère fait toujours
défaut chez les Foraminifères, dont les rhizopodes sont très souples
et habituellement anastomosés. Les Radiolaires proprement dits ou
Radiolaires marins se distinguent encore plus nettement des Foraminifères par les grandes cellules (*vacuoles*) et les cellules jaunes qu'ils
possèdent et surtout par la présence constante d'une membrane
capsulaire autour de l'endosarque.

Les limites et la classification des Foraminifères sont extrêmement
difficiles à établir à cause de l'inconstance de la plupart des caractères sur lesquels on pourrait s'appuyer. Il en est cependant quelques-uns assez permanents pour permettre, d'une part, d'établir les
limites extrêmes de ce groupe et, d'autre part, d'y tracer quelques
grandes subdivisions principales.

Max Schultze, ne tenant compte que du nombre des chambres du
test, divise les Foraminifères en deux grands groupes : *Monothala-
mes*, à une seule chambre ; *Polythalames*, à deux ou plusieurs
chambres. Tout ce que nous avons dit plus haut des formes affectées par ces êtres indique suffisamment le peu de valeur de cette
classification. Nous avons vu, en effet, que des organismes extrêmement voisins par tous les autres caractères peuvent présenter les
uns une seule, d'autres plusieurs chambres, et qu'une même espèce
peut offrir des individus à une seule chambre et d'autres à deux ou
peut-être à un plus grand nombre de chambres.

Une division beaucoup plus conforme à la nature de l'ensemble
des rapports a été admise par Reuss d'une part, par Carpenter,
Carter et Jones d'autre part. Ces auteurs emploient comme caractère
distinctif la nature du test.

Carpenter, Carter et Jones[1] établissent, d'après l'absence ou la
présence des pores du test, deux grandes divisions : IMPERFORATA,
PERFORATA. Ils subdivisent les *Imperforata* en deux familles : LITUO-
LIDEA et UVELLIDEA ; et les *Perforata* en quatre familles : SQUAMULI-
NIDEA, MILIOLIDEA, PENEROPLIDEA, ORBITULITIDEA.

----

1. *Introduction to the study of Foraminifera*, London, 1862

Von Reuss n'avait, dans son premier travail[1], établi que deux groupes répondant à ceux de Carpenter. Il subdivisait le premier en deux tribus comprenant : la première, les Imperforés à test arénacé ; la seconde, les Imperforés à test calcaire, compact, porcelainé. Son second groupe, comprenant tous les Perforés, était subdivisé en trois tribus : la première comprenant les Perforés à test calcaire, vitreux, finement poreux ; la seconde les Perforés à test calcaire perforé de pores larges (1 fam. *Rotalia*). La troisième était établie pour les Perforés à test calcaire traversé par un système de canaux ramifiés (2 fam : *Polystomellidea, Nummulitidea*).

Dans un travail un peu plus récent[2], Von Reuss fait subir à sa classification une modification de peu d'importance, en divisant les Foraminifères en trois grands groupes : A. *Kalkschalige Foraminiferen*, ou Foraminifères à test calcaire ; B. *Porenlose Foraminiferen*, ou Foraminifères à test dépourvu de pores ; C. *Kieselschalige Foraminiferen* ou Foraminifères à test arénacé. Le premier groupe comprend tous les Foraminifères à test perforé.

Depuis cette époque, tous les zoologistes qui se sont spécialement occupés des Foraminifères ont basé leurs divisions sur la présence ou l'absence des pores et sur la nature arénacée ou calcaire du test.

En nous appuyant sur ces différents caractères, que nous avons bien mis en relief en décrivant les principales formes des Foraminifères, nous diviserons ce groupe de la façon suivante :

FORAMINIFÈRES. Corps protoplasmique homogène, sans enveloppe cellulaire, pourvu d'un noyau, souvent entouré d'un test chitineux, calcaire, ou arénacé, de formes très diverses ; rhizopodes très nombreux, rayonnants fréquemment anastomosés, sortant par l'orifice principal du test ou par des pores des parois.	CHITINEUX......		Test mince, formé de chitine
	ARÉNACÉS.........		Test formé d'une substance animale incrustée de grains de sable et de débris de coquilles, ou de grains très fins de silice unis par une substance calcaire.
	CALCAIRES, test formé de carbonate de chaux.	*Imperforés*.. Test sans pores.	
		Perforés.... Test poreux.	
		Canaliculés.	Test poreux, à parois et à cloisons parcourues par de fins canaux anastomosés.

1. *Entwurf einer systematischen Zusammenstellung der Foraminiferen*, in *Sitzungsb. k. Akad. Wiss.*, XLIV, p. 355.
2. *Das Elbthalgebirge in Sachsen*, 2 Theil, 1874.

Quant à la division des Foraminifères en familles, nous considérons comme très utile celle qui a été donné récemment par Brady[1] et que nous reproduisons.

A. Test imperforé, chitineux.

Fam. I. GROMIDÆ. Test à une seule chambre, chitineux, très mince, pourvu d'un seul orifice par lequel sort le protoplasma qui s'épanche plus ou moins au dehors et émet des rhizopodes nombreux. Genres. : *Gromia* DUJ.; *Lagynis* SCHULT.; *Lieberkühnia* CLAP.; *Shepheardella* SIDD.

B. Test imperforé; normalement calcaire, porcelainé, parfois incrusté de sable; devenant chitineux ou chitino-arénacé quand l'animal vit dans de mauvaises conditions, par exemple dans des eaux saumâtres; dans les grandes profondeurs il est parfois formé d'une enveloppe siliceuse mince, homogène, imperforée.

Fam. II. MILIOLIDÆ : Test à plusieurs chambres, ayant les caractères de la tribu B. Se subdivise en deux sous-familles.

S.-Fam. α. **Miliolininæ**. Genres : *Bathysiphon*. G. O. SARS.; *Squamulina* SCH.; *Nubecularia* DEFR.; *Uniloculina* D'ORB.; *Biloculina* D'ORB.; *Spiroloculina* D'ORB.; *Miliolina* WILL.; *Cornuspira* SCH. (*Ophthalmidium* KÜBL.); *Hauerina* D'ORB.; *Vertebralina* D'ORB. (*Articulina* D'ORB.); *Fabularia* DEFR.

S.-Fam. β. **Orbitolitinæ**. Genres : *Peneroplis* DE MONF.; *Orbiculina* LAMK; *Orbitolites* LAMK; *Alveolina* D'ORB.

S.-Fam. γ. (?) **Dactiloporinæ**. Genres : *Ovulites* LAMK; *Dactylopora* LAMK.

C. Test invariablement arénacé.

Fam. III. ASTROBHIZIDÆ : test arénacé, grossier, ordinairement de grande taille et à une seule chambre; souvent ramifié ou rayonné, jamais véritablement cloisonné, mais pouvant offrir des rétrécissements. Les formes polythalames ne sont jamais symétriques.

Genres. *Psammosphæra* SCH.; *Sorosphæra* BRAD; *Saccammina* SARS; *Pilulina* CARP.; *Stortosphæra* SCH.; *Technitella* NORM.; *Pelosina* BRAD.; *Aschemonella*; *Astrorhiza* BRAD.; *Dendrophrya* STR. WIGHT.; *Rhabdammina* SARS; *Jaculella* BRAD.; *Hyperammina* BRAD.; *Psammatodendron* NORM.; *Sagenella* BRAD.; *Botellina* CARP.; *Marsipella* NORM.; *Haliphysema* BOWERB.; *Polyphragma* REUSS.

FAM. IV. LITUOLIDÆ. Cette famille comprend des formes à tests invariablement arénacés, polythalames, isomorphes des types calcaires *Lagena*, *Nodosaria*, *Globigerina*, *Rotalia*, etc., à chambres parfois subdivisées ou labyrinthiques.

Genres : *Lituola* LAMK.; (*Reophax* de MONTF.; *Haplophragmium* REUSS; *Haplostiche* REUSS; *Placopsilina* d'ORB.; *Bdelloidina* CART.); *Trochammina* PARK. et JONES (*Hormosina* BRADY; *Ammodiscus* REUSS; *Webbina* d'ORB.); *Nodosinella* BRAD.; *Involutina* TERQ.; *Endothyra* PHILL.; *Stacheia* BRAD.; *Hippocrepina* PARCK.; *Cyclammina* BRAD.

FAM. V. PARKERIDÆ. Foraminifères fossiles, à tests toujours arénacés, larges, sphériques, lenticulaires ou fusiformes; à chambres disposées sur un plan spiral ou en couches concentriques, et occupées en grande partie par des épaississements labyrinthiques ou irréguliers. La place de ces organismes est

1. H. B. BRADY, *Notes on some of the Reticularian Rhizopoda of the « Challenger » Expedition; in Quart. journ. of micr. sc.*, 1881, XXI, p. 40 et suiv.

encore fort incertaine, et ce n'est qu'avec doute que Brady les place parmi les Foraminifères; qu'ils ne manquent pas d'affinités avec les Spongiaires.

Genres : *Parkeria* Carp. ; *Loftusia* Brad.

D. Test des grandes espèces arénacé, avec ou sans une base calcaire perforée; test des petites formes hyalin et manifestement perforé.

Fam. VII. *Textularidæ.*

α. **Textularinæ**. Genres : *Textularia* Defr. ; (*Bigenerina* d'Orb. ; *Pavonina* d'Orb. ; *Spiroplecta* Ehrenb. ; *Cuneolina* d'Orb.); *Verneuilina* d'Orb. (*Gaudryna* d'Orb. ; *Chrysalidina* d'Orb. ; *Tritaxia* Reuss) ; *Valvulina* d'Orb. (*Clavulina* d'Orb. ;)

β. **Bulimininæ**. Genres: *Bulimina* d'Orb. (*Virgulina* D'Orb. ; *Bolivina* D'Orb. ; *Pleurostomella* Reuss).

γ. **Cassidulininæ**. Genres : *Cassidulina* d'Orb. ; *Ehrenbergina* Reuss.

E. Test calcaire, finement perforé,

Fam. VII. Chilostomelliodæ :

Genres : *Chilostomella* Reuss ; *Allomorphina* Reuss ; *Ellipsoidina* Seguen. ;

Fam. VII. Lagenidæ :

α. Lageninæ : *Lagena* Walk. et jac. ; *Ramulina* jones ; *Nodosaria* Lamk. (*Lingulina* d'Orb.); *Frondicularia* Defr. (*Flabellina* d'Orb.) *Vaginulina* d'Orb. (*Rimulina* d'Orb. ; *Rhabdogonium* Reuss.) *Marginulina* d'Orb. ; *Cristellaria* Lamk.;

β. **Polymorpgininæ** : *Polymorphina* d'Orb. (*Dimorphina* d'Orb. ;) *Uvigerina* d'Orb. ; (*Sagrina* d'Orb.)

F. Test ordinairement muni de grosses perforations, sans trace de système de canaux.

Fam. IX. Globigerinidæ :

Genres : *Globigerina* d'Orb. (*Orbulina* d'Orb.) *Hastigerina* Wy. Thom. ; *Pullenia* Park et Jones ; *Sphæroidina* d'Orb. ; *Candeina* d'Orb. ;

G. Test grossièrement perforé, pourvu dans les formes supérieures de cloisons doubles et de canaux inter-septaires.

Fam. X. Rotalidæ.

Genres : *Spirillina* Ehrenb. ; *Patellina* Will. ; *Discorbina* Park. et Jones ; *Planorbulina* d'Orb. (*Truncatulina* d'Orb. ; *Anomalina* d'Orb.) *Rupertia* Wall. ; *Carpenteria* Gray; *Polytrema* Risso; *Tinoporus* de Monte. (*Gypsina* Carter;) *Cymbalopora* v. Hagen. ; *Pulvinulina* Park. et Jones ; *Rotalia* Lamk. ; *Calcarina* d'Orb.;

H. Test creusé de tubes très fins; tous les types supérieurs possèdent un système de canaux septaires plus ou moins complexe.

Fam. XI. Nummulinidæ :

α. **Polystomellidæ** : *Nonionina* d'Orb.; *Polystomella* Lamk.;

β. **Nummulitinæ** : *Archædiscus* Brad. ; *Amphistegina* d'Orb. ; *Fusulina* Fisch. ; *Ezoon* (?) Daws.; *Orbitoides* d'Orb. ; *Cycloclypeus* Carp.; *Heterostegina* d'Orb.; *Operculina* d'Orb. ; *Nummulites* Lamk.

§ 3. — HABITAT ET RÔLE DES FORAMINIFÈRES DANS LA FORMATION
DES ROCHES

Des trois groupes que l'on peut établir parmi les Foraminifères, il en est un, celui des Foraminifères calcaires, dont l'importance est telle que nous devons nous y arrêter encore. En effet, les animaux qu'il renferme ont joué pendant les époques préhistoriques et jouent aujourd'hui même, sous nos yeux, un rôle considérable dans la formation du globe terrestre. On trouve encore vivantes des espèces de Foraminifères qui existaient déjà pendant la période de dépôt de terrains relativement anciens (les terrains tertiaires par exemple). L'identité de caractères persistant pendant un temps aussi long chez ces êtres, a servi d'argument aux adversaires de la théorie évolutioniste, à ceux qui en sont encore à admettre que les différentes espèces ont été produites isolément ; mais on peut répondre que si beaucoup d'êtres inférieurs n'ont pas changé depuis une époque très reculée, cela tient à ce que les conditions du milieu dans lequel ils vivent n'ont elles-mêmes pas varié. Est-il en effet un milieu moins susceptible de changer que le fond de la mer? Nous sommes ainsi amenés à reconnaître l'importance de cette influence des milieux que le génie de l'illustre Lamarck avait signalée et que les savants transformistes de notre époque ont peut-être trop négligée.

Wywille Thompson et Huxley ont constaté que dans certaines régions du globe, par exemple entre le 60° lat. N. et le 60° lat. S., le fond des mers contient une grande quantité de débris de tests de Foraminifères. Les animaux, après avoir formé leur test, meurent. Les coquilles ne peuvent plus rester à cause de leur pesanteur dans les régions superficielles de la mer et tombent au fond. Il suffit de se rappeler combien ces êtres peuvent se multiplier facilement, pour concevoir l'énorme couche de coquilles de Foraminifères qui tapisse, dans la zone indiquée, les profondeurs de la mer; ces coquilles, en se soudant les unes aux autres, à l'aide du carbonate de chaux qui se précipite entre elles, finissent par former une roche compacte, mais dans laquelle on peut encore reconnaître leurs formes caractéristiques.

Il peut aussi arriver, et c'est le cas le plus fréquent en ces régions, qu'une fois formées, ces masses compactes de calcaire subissent des transformations telles qu'on ne puisse plus finalement y reconnaître le moindre vestige d'êtres organisés. Les récentes découvertes de la chimie appliquée à l'étude de la formation de l'écorce terrestre, nous prouvent en effet que les minéraux en apparence les plus immuables subissent des transformations incessantes qui, accumulées pendant de longues périodes, modifient profondément leurs propriétés physiques et chimiques.

Si, dans le cas qui nous occupe, nous supposons que des courants d'eau chargée d'acide carbonique dissolvent le carbonate de chaux

des coquilles des Foraminifères, puis, que sous l'influence de conditions physiques et chimiques diverses (variations dans la pression,
dans la température, etc.), ces solutions très concentrées se préci-
pitent, elles formeront des roches compactes où l'œil armé du meil-
leur microscope ne découvrira plus aucune trace des Foraminifères
qui cependant on servi à les produire.

D'un autre côté, Wywille Thompson et Huxley ont constaté
que les tests des Foraminifères qui vivent en grand nombre dans le
golfe du Mexique, une fois abandonnés par la substance protoplasmique, se remplissent par leurs différents orifices d'un
dépôt de silicate d'alumine et de fer, coloré en vert foncé ou noirâtre. Supposons, et ce fait peut être vérifié expérimentalement, que
le carbonate de chaux des coquilles ainsi remplies d'un dépôt siliceux vienne à être dissous, il ne restera plus que la substance siliceux, qui pourra elle-même, sous l'influence des mouvements constants de l'eau dans ces régions, (mouvements produits par les
courants sous-marins, par la température interne du globe, etc.), être
désagrégée et former une épaisse couche de sable constitué par des
silicates d'alumine et de fer ; ce sable pourra, à son tour, subir des
transformations physiques ou chimiques, et produire des roches
compactes, dans lesquelles on ne trouvera même plus la substance
calcaire des test des Foraminifères ; et cependant ces tests auront
servi de point de départ à la formation de la roche.

Les faits qui précédent justi ent bien, ainsi que le fait remarquer
Huxley [1], le mot célèbre de Linné : « Petrefacta non a calce, sed
calx a petrefactis. Sic lapides ab animalibus, nec vice versa. Sic
rupes saxei non primævi, sed temporis filiæ. »

Nous voyons en effet la matière vivante surgir d'éléments chimiques inorganiques, puis accumuler des éléments minéraux dont elle
s'enveloppe, à l'aide desquels elle consolide et protège ses formes,
qu'elle abandonne de nouveau au milieu inorganique et qui, transformés par ce milieu, servent à produire des roches compactes, destinées plus tard, à se dissoudre, à se désagréger, pour servir à la
constitution d'autres organismes. Nous voyons ainsi se manifester à
nos yeux, avec une évidence éclatante, le mouvement incessant de
transformation de la matière non vivante et de la matière vivante
l'une dans l'autre, mouvement semblable à un tourbillon sans limites
dans l'espace comme dans le temps.

---

1. *Anat. of the Invert. animals.*

CHAPITRE IV

CLASSE IV

RADIOLARIENS

I. Héliozoaires.

§ 1. — ÉTUDE DES PRINCIPALES FORMES

A. HÉLIOZOAIRES SANS SQUELETTE.

Actinophrys Sol Ehrb. La première forme que nous étudierons dans le groupe des Héliozoaires est l'animal désigné sous le nom d'*Actinophrys Sol* Ehrb[1]. Bien étudié depuis longtemps déjà par Ehrenberg, par Dujardin, puis par Claparéde, Grenacher, et plus récemment par Hertwig et Lesser, cet animal vit dans les eaux douces. On le trouve fréquemment dans l'eau contenant des plantes aquatiques, alors même que celles-ci sont déjà décomposées.

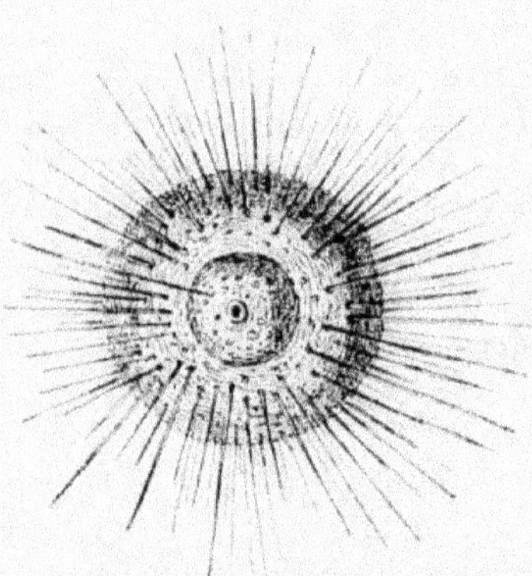

Fig. 92. — *Actinophrys Sol*

Il affecte la forme d'une masse protoplasmique arrondie, présentant une région centrale, vésiculeuse, dans laquelle on constate un noyau très volumineux, muni d'une membrane et d'un nucléole. Grenacher considérait ce gros noyau comme une « *capsule centrale* » analogue à celle des Radiolaires vrais que nous étudierons plus tard. Cette opinion est combattue par Archer. Dans la partie

1. Voy. : Ehrenberg, *Inf.*, 1838, p. 303, tab. XXXI, fig. 4. — Dujardin, *Hist. nat. des Infus.*, p. 262, tab. III, fig. 3. — Grenacher, *Ueber Actinophrys Sol*, in *Verhandl. der phys. med. Gesellsch. Würzburg*, 1, 1868, p. 170, tab. III. — Claparéde a étudié cette espèce sous le nom d'*Actinophrys Eichornii*, in *Muller's Archiv*, 1854. — Hertwig et Lesser, *Ueber Rhizopoden und denselben nahestehende Organismen*, in *Arch. f. mikr. Anat.*,

périphérique, le protoplasma est beaucoup moins dense que dans
la portion centrale et creusé de nombreuses cavités non contractiles, pleines d'un liquide beaucoup moins dense que le protoplasma.
La région superficielle du corps contient en outre une vacuole
contractile très rapprochée de la surface au-dessus de laquelle elle
fait saillie. De la région périphérique partent, en divergeant dans
tous les sens, semblables aux rayons figurés du soleil, un grand
nombre de filaments rhizopodiques. Ces filaments diffèrent de ceux
des Foraminifères par leur rigidité plus grande, et aussi parce qu'ils
ne s'anastomosent ordinairement pas entre eux.

Ils présentent, comme les rhizopodes des Foraminifères, des granulations dont les mouvements sont relativement très lents et ne
peuvent être constatés qu'à l'aide d'une observation prolongée et
très attentive. Les rhizopodes sont rendus rigides par une baguette
très grêle, plus solide que le protoplasma qui les constitue. Pour la
bien voir, il faut faire agir les acides ou les alcalis dilués. Par ce
moyen, Archer affirme qu'on peut la suivre non seulement dans le
pseudopode, mais encore dans le protoplasma du corps jusqu'à la
surface du noyau. Ces fines baguettes sont probablement formées
par du protoplasma modifié et très dense.

La respiration s'accomplit chez les *Actinophrys* comme chez les
Foraminifères par échange direct des gaz entre l'animal et l'eau.

La nutrition offre des caractères particuliers sur lesquels il est
nécessaire d'insister. Lorsqu'un corps étranger se trouve en contact avec un des rhizopodes, ce filament se retire, entraînant avec
lui le corps qui adhère à sa surface. Au moment où ce dernier
arrive au contact du corps protoplasmique nu de l'*Actinophrys*, il
se produit dans le point qu'il touche, une sorte de cupule dont
les bords se soulèvent tout autour de lui. Pendant ce temps, les
rhizopodes voisins se sont inclinés, de manière à pousser le corps
étranger dans la cupule dont les bords se relèvent de plus en plus, et
qui finit par devenir complètement close. Si le corps ainsi introduit
dans le protoplasma de l'*Actinophrys* est apte à servir à la nutrition
de ce dernier, il ne tarde pas à être dissous et digéré, puis assimilé.
Si, au contraire, il n'est pas apte à la nutrition, il est bientôt rejeté
au dehors par la contraction du protoplasma.

1873-74, X, Suppl., p. 164, tab. V, fig. 2. — W. ARCHER, *Resume of recent contrib. to
our Knowl. of* « *Freshwater Rhizopoda* », Part I, *Heliozoa.* in *Quart. Journ. of mr
sc.*, 1876, XVI, p. 297. — HERTWIG et LESSER considèrent l'*Actinophrys oculata* STEIN,
qui est marin, comme identique à l'*A. Sol* EHRB. (Voy. STEIN, *Die Infusions-Thiere auf
ihre Entwickel. Unters.*, p. 160. — CARTER, *Ann. and Mag. Nat. Hist.* V., p. 277.)

Il est facile de saisir l'importance de la différence révélée par les faits précédents, entre la nutrition de l'*Actinophrys* et celle des Protozoaires étudiés jusqu'ici; la cavité qui se forme chez ce petit animal est une sorte de poche spéciale, d'estomac dans lequel les corps aptes à servir à la nutrition subissent une véritable digestion, avant de pénétrer dans la masse du corps qui s'en nourrit; mais cet estomac n'a qu'une existence passagère, et sa production, tout à fait accidentelle, peut avoir lieu dans n'importe quel point du corps de l'animal.

L'*Actinophrys Sol*, de même que tous les Héliozoaires, ne jouit que de mouvements de locomotion très lents. L'animal se balance dans l'eau en prenant un point d'appui sur une portion de ses rhizopodes, ou bien il roule lentement sur lui-même.

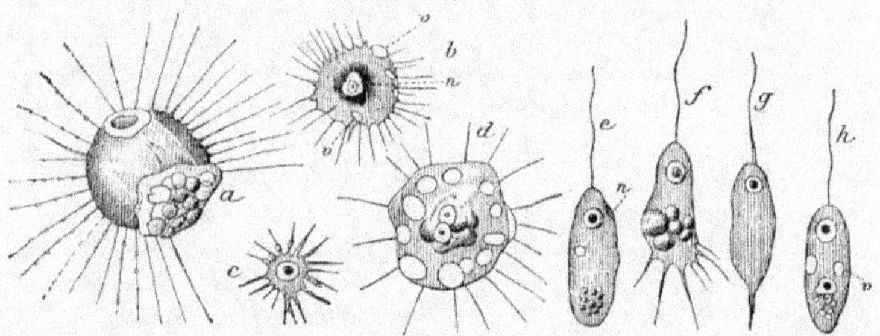

Fig. 93. *Ciliophrys infusionum.* — *a*, *b*, *c*, *d*, à l'état d'immobilité; *n*, noyau avec son nucléole; *v*, vacuoles contractiles; *e*, *f*, *g*, *h*, zoospores; en *f*, il existe encore quelques pseudopodes (d'après Archer).

On voit fréquemment deux individus se rapprocher l'un de l'autre et confondre leurs pseudopodes, puis s'attirant mutuellement fondre en partie ou en totalité leurs corps, et souvent se séparer de nouveau au bout d'un certain temps. Cet acte paraît n'avoir aucun rapport avec la multiplication et ne constituer qu'un accident dont la production est facile à comprendre entre des organismes complètement nus. Certains observateurs supposent qu'il peut avoir pour but de faciliter la nutrition, en permettant aux deux individus ainsi associés de s'emparer de proies plus volumineuses que celles dont chacun d'eux pourrait se rendre maître s'il était isolé.

Ciliophrys infusionum CIENK. [1]. — Cet Héliozoaire ne se distingue

1. CIENKOWSKI, *Archiv. f. mikr. Anat.*, t. I, p. 227. — ARCHER, *loc. cit.*, p. 298.

guère de l'*Actinophrys* qui vit dans les infusions végétales que par sa taille beaucoup plus réduite, mais il offre, au point de vue de la reproduction, des phénomènes caractéristiques. Au moment de la multiplication, le protoplasma, qui est naturellement granuleux, devient homogène, le noyau qui est unique, apparaît alors très distinctement, les pseudopodes se rétractent ; puis le corps devient ovoïde, le noyau se porte vers l'une de ses extrémités au niveau de laquelle se développent un ou deux cils qui impriment au corps un mouvement d'oscillation puis de rotation sur l'axe longitudinal et enfin de locomotion. Cienkowski ne put pas suivre le sort ultérieur de la spore mobile ainsi produite. Il constata en outre la bipartition de certains individus et la fusion de plusieurs individus en un seul.

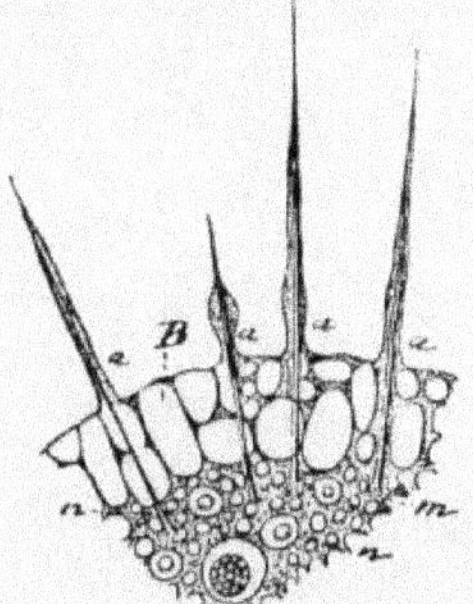

Fig. 94. — *Actinosphærium Eichornii.*

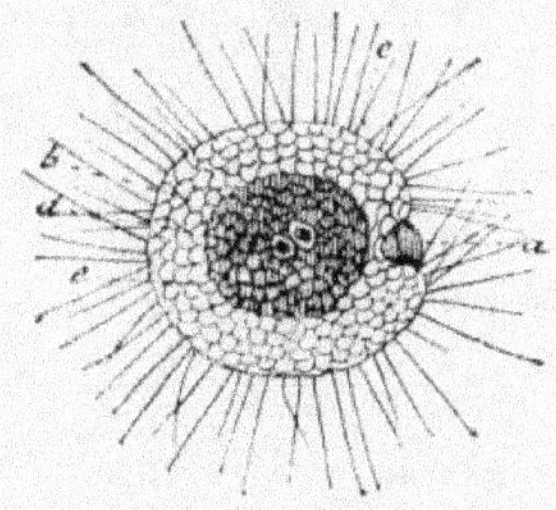

Fig. 95. — *Actinosphærium Eichornii,* absorbant un corps alimentaire *a*. — *b*, masse centrale ; *d*, noyau ; *ee*, portion périphérique riche en vacuoles.

Lorsque la société fournie par l'union de plusieurs individus passe à l'état de spores, chaque lobe de la masse qui répond à un des individus devient une spore ciliée. Les spores elles-mêmes peuvent s'unir entre elles. C'est là tout ce qu'on sait de cette espèce.

Actinosphærium Eichornii Ehrb. [1]. — Ce Radiolaire nous présente une accentuation des caractères que nous avons étudiés dans l'espèce précédente. C'est un corps sphérique, formé de protoplasma divisé très nettement en deux régions : un protoplasma central, nommé *endosarque*, creusé de très petites vacuoles polygonales et contenant vers sa périphérie un grand nombre de noyanx nucléolés. D'après certains auteurs, l'endosarque serait entouré par

1. Cienkowski, in *Arch. für mikr. Anat.*, XII, p. 29, tab. V, fig. 26-43.

une membrane extrêmement mince. En dehors de l'endosarque existe une couche de protoplasma nommée *ectosarque*, creusée de très nombreuses et très larges cavités non contractiles, remplies de liquide. La présence de ces cavités donne à l'ectosarque un aspect spumeux, réticulé, très caractéristique. Chez les jeunes individus, les vacuoles forment dans l'ectosarque une seule rangée circulaire; dans les vieux individus, elles sont disposées en plusieurs rangées concentriques. Indépendamment de ces cavités, l'ectosarque présente une ou deux vacuoles contractiles, situées très près de la surface. L'endosarque est également creusé de vacuoles, mais celles-ci sont plus petites et disposées irrégulièrement. Greeff[1] admet que le protoplasma est entouré d'une couche protoplasmique homogène et dense, formant une véritable membrane, mais cette opinion n'est pas admise par d'autres zoologistes. De l'endosarque partent de très nombreux filaments protoplasmiques ou rhizopodes qui divergent dans tous les sens. Ces rhizopodes sont rendus rigides par la présence dans chacun d'eux d'une baguette chitineuse très grêle.

Au point de vue de la reproduction, l'*A. Eichornii* nous présente aussi des faits très intéressants, mais qui ne sont encore que fort imparfaitement connus. Cienkowski a vu plusieurs individus se réunir et se fusionner, rétracter tous leurs pseudopodes, en même temps que la structure alvéolaire de leurs corps disparaissait. La masse protoplasmique unique ainsi formée, était foncée, finement granuleuse, parsemée de vacuoles nombreuses, et entourée par une enveloppe claire, formée d'une substance fluide, épaisse. Au bout de sept heures environ, la masse se divisa en plusieurs sphères foncées, entourées chacune d'une enveloppe muqueuse, incolore. Cette dernière montra bientôt un contour très net et s'entoura d'une membrane; le reste de la substance muqueuse dans laquelle les sphères foncées étaient plongées disparut graduellement. Les sphères formées contiennent probablement autant de spores destinées à devenir chacune un *Actinosphærium* nouveau.

Scheiner[2] vérifia les observations de Cienkowski et constata des faits fort curieux. Il vit certaines des sphères indiquées plus haut enveloppées, au nombre de deux, dans un kyste commun, s'entourer chacune d'un kyste propre, tandis que le kyste commun se déchirait. Chaque sphère contenait plusieurs noyaux et la paroi

1. *Zur Kenntniss der Radiolarien*, in *Zeitsch f. wiss. Zool.*, XXI, p. 507.

2. Voy. FR. EILHARD SCHULZE, *Ueber Bau und die Enwicklung von* Actinosphærium Fichornii, in *Arch. für mikr. Anat.*, X, p. 328, tab. XXII.

épaisse de leurs kystes était formée de nombreuses particules de silice ; ces petites spores restèrent sans se modifier depuis le mois de juillet jusqu'au mois de décembre. Les nombreux noyaux avaient alors disparu et chaque spore n'en contenait plus qu'un seul. Cet état persista jusqu'au mois de mai. Vers cette époque les parois des kystes se déchirèrent et de chacun sortit un petit *Actinosphærium* pourvu de nombreux noyaux. Scheiner pense que les noyaux nombreux qui existaient au début se fondent en un seul par un acte qu'il assimile à une sorte de fécondation, puis le noyau unique ainsi formé se subdivise à son tour à la façon d'un œuf de métazoaire pour produire les noyaux multiples que l'on constate chez l'animal adulte.

F. E. Schulze [1] a constaté des phénomènes un peu différents. D'après cet observateur, lorsque l'animal va se reproduire, ses expansions protoplasmiques s'effacent, les petites baguettes de chitine elles-mêmes semblent se détruire, puis le corps, devenu globuleux, s'enveloppe d'une sorte de carapace résistante. Ensuite il se segmente en deux cellules qui se divisent, à leur tour, chacune en deux qui se segmentent de la même façon que les premières, etc. Quand la division est achevée, les cellules, ordinairement au nombre de 10 à 36, qui en résultent, s'enveloppent à leur tour chacune d'une capsule et vivent au repos pendant un certain temps ; elles possèdent alors chacune un seul noyau ; puis leur membrane se déchire, le protoplasma en sort et ne tarde pas à prendre tous les caractères de l'individu qui lui a donné naissance.

Actinophrys paradoxa CARTER [1]. — Cet animal, originaire de Bombay et décrit par Carter, possède des caractères très analogues à ceux des Héliozoaires précédemment décrits, mais il en diffère par une particularité intéressante à plusieurs égards.

Indépendamment des filaments protoplasmiques radiés que nous avons observés chez les autres *Actinophrys*, et qui sont dans l'*A. Eichornii* pourvus d'un axe chitineux, l'*A. paradoxa* présente un certain nombre d'expansions exclusivement protoplasmiques, de forme à peu près cylindrique, terminées chacune par une petite dilatation en forme de bouton. On a donné à ces rayons spéciaux l'épithète d'*Acinétiformes*, voulant ainsi exprimer leur ressemblance avec les prolongements analogues, qui, ainsi que nous le verrons plus tard, sont très fréquents dans un groupe d'Infusoires, les Acinétiens, ou Tentaculifères. Ces appendices servent, sans nul doute, à la préhension des aliments et peut-être aussi jouent le rôle d'organes de fixation.

1. CARTER, in *Ann. Nat. Hist.*, 1864.

Heterophrys marina Hertw. et Less[1]. — Ce petit Héliozoaire est marin, comme son épithète l'indique, mais Archer le croit analogue à des formes qui vivent dans les eaux douces. Il est tout au moins très voisin d'un certain nombre d'espèces d'eau douce qu'il est impossible de placer ailleurs que dans le genre *Heterophrys*. Son corps est arrondi; il est formé d'un endosarque clair, contenant un seul noyau nucléolé, et d'un ectosarque plus foncé, très granuleux, contenant un grand nombre de corpuscules incolores et de cristaux. De l'ectosarque partent un petit nombre de rhizopodes grêles, rigides,

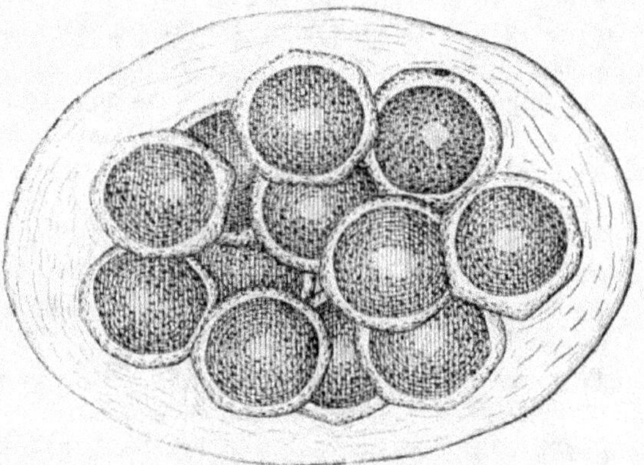

Fig. 96. — *Actinosphærium Eichornii* contracté et déjà divisé en spores qui reproduisent autant d'individus nouveaux (d'après E. F. Schulze).

ayant une longueur égale deux fois environ au diamètre du corps. En dehors de l'ectosarque se voit une zone claire très étroite qui sépare l'ectosarque d'une enveloppe épaisse, granuleuse, striée, couverte extérieurement de très nombreux prolongements filiformes, beaucoup plus courts que les rhizopodes. Les différents observateurs ne sont nullement d'accord sur la structure de cette enveloppe. D'après Archer[2] elle serait formée d'une substance peu différente du protoplasma de l'ectosarque et les prolongements qui la hérissent seraient de même nature.

1. Hertwig et Lesser, Ueber Rhizopoden und denselben nahestehende Organismen, in *Arch. f. mikr. Anat.*, X, Suppl., p. 213, tab. IV, fig. 4. — Archer, in *Quart. Journ. of micr. sc.*, 1876, p. 354, tab. XII, fig. 13.
2. *Quart. Jour. of micr. sc.*, 1876, XVI, p. 352.

Hertwig et Lesser émettent une opinion tout à fait différente; ils pensent que l'enveloppe contient une quantité considérable de très petits filaments chitineux enchevêtrés, et que les prolongements sont des épines chitineuses. En conséquence, ils placent les *Heterophrys* dans un groupe d'Héliozoaires très différent de celui qui comprend les formes étudiées plus haut, groupe qu'ils désignent par le nom d'*Heliozoa skeletophora*. Archer au contraire distingue les *Heterophrys* et quelques autres formes que nous allons passer en revue des Squelettophorés véritables, mais, tenant compte de la présence d'une enveloppe extérieure à l'ectosarque, il réunit tout les Héliozoaires

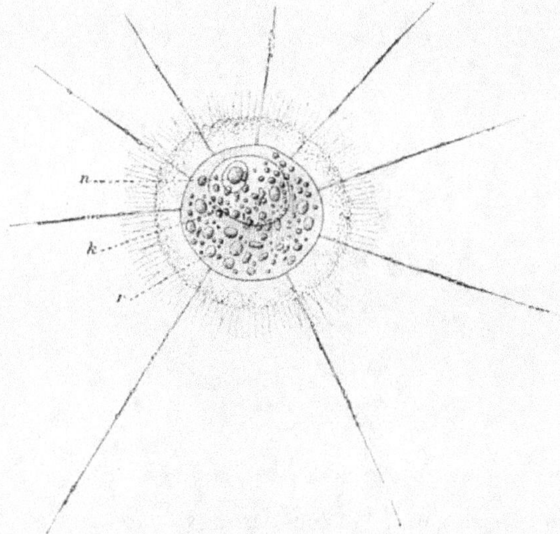

Fig. 97. — *Heterophrys marina*. — *n*, noyaux ; *k*, endosarque ; *r*, ectosarque (d'après Hertwig et Lesser).

qui offrent cette enveloppe sous le nom de *Heliozoa chlamydophora*. Nous croyons que cette manière de voir doit être adoptée, au moins provisoirement.

Les formes des Héliozoaires tout à fait nues, dont les *Actinophrys* et les *Actinosphærium* représentent les meilleurs types, sont reliées aux formes nettement chlamydées comme les *Heterophys* par des formes intermédiaires. Les *Astrodisculus* de Greeff[1] sont dans ce cas. Ils

1. Greeff, *Ueber Radiolarienartige Rhizopoden des süssen Wassers*, in *Archiv f. mikr. Anat.*, V, p. 496.

sont sphériques, formés d'un endosarque contenant un seul noyau
(il est coloré en rouge dans l'*Astrodisculusruber* GREEFF), d'un ectosarque granuleux et d'une couche enveloppante homogène, transparente, traversée par des rhizopodes rayonnants et droits qui
partent de l'ectosarque. Greeff a admis que cette enveloppe était couverte d'une mince couche de silice, mais Archer[1] montre que cette
opinion ne s'appuie sur aucun fait.

Chondropus viridis[2]. — Cette espèce présente des caractères qui
la distinguent nettement des précédentes, et qui pourraient servir
de base à la constitution d'un groupe spécial d'Héliozoaires si l'ani-

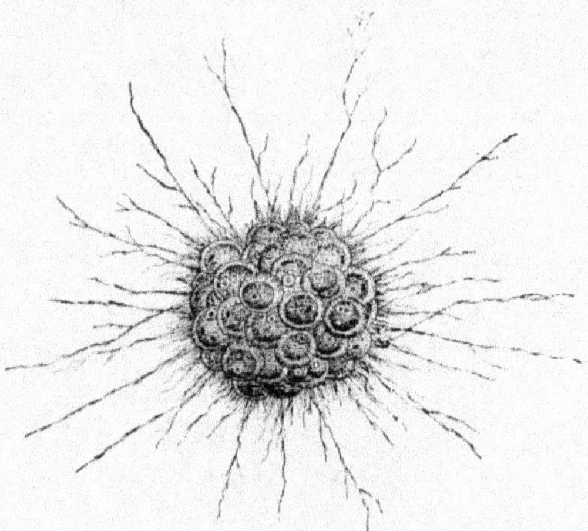

Fig. 98. — *Cystophrys Hæckeliana* (d'après Archer).

mal était mieux connu. Il vit dans les eaux douces; sa forme est
sphérique; il est constitué par une substance fondamentale, probablement protoplasmique, jaunâtre, dans laquelle se pressent un
grand nombre de capsules arrondies, colorées en vert. La substance
fondamentale contient des granulations et de petits corpuscules
falciformes; elle forme autour de la masse des capsules une sorte
d'enveloppe homogène, analogue à celle que nous venons de décrire
dans les *Astrodisculus*, et dans laquelle circulent rapidement des
courants de granulations. A travers l'enveloppe passent des rhizo-

1. ARCHER, in *Quart. Journ. of micr. sc.*, 1876, XVI, p. 348, tab. XXI, fig. 13.
2. GREEFF, *Ueber Radiolarien und Radiolarienartige Rhizopoden des süssen Wassers*, in *Arch. f. mikr. Anat.*, XI, p. 27, tab. II, fig. 18.

podes rigides, rayonnants, riches en granulations mobiles. Le point
important dans l'organisation de cet être est la nature des capsules
vertes. Peut-être ces capsules peuvent-elles être comparées à celles
que nous aurons à signaler dans les Radiolaires marins. Les observations trop imparfaites dont cette forme a été l'objet ne permettent
pas de résoudre cette question qui serait d'une grande valeur pour
établir des relations entre les Héliozoaires et les Euradiolaires.

Cystophrys Hœckeliana ARCHER [1]. — Cette espèce est fort intéressante, parce qu'elle indique la parenté des Héliozoaires avec
les Radiolaires. Son corps est irrégulièrement sphérique. Il est formé
d'un grand nombre de cellules sphériques, noyées dans une substance protoplasmique homogène, amorphe, qui forme autour de

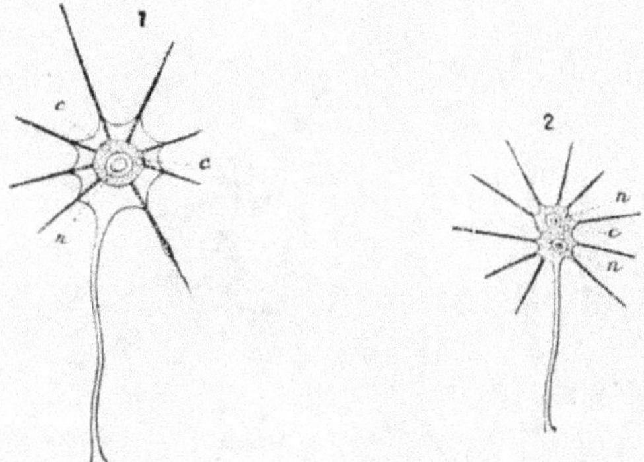

Fig. 99. — *Hedriocystis pellucida* (d'après Hertwig et Lesser). — *n*, noyau ; *c*, vacuoles
contractiles. — 1, animal entier adulte ; 2, animal en voie de division.

l'ensemble une sorte de tunique, de laquelle portent des rhizopodes
radiés, très nombreux. Chacune des cellules qui compose l'ensemble
est formée de protoplasma et d'un noyau nucléolé. Cette espèce
peut donc être considérée comme une colonie d'individus. Les
rhizopodes sont très souvent ramifiés, ce qui constitue un caractère
rare chez les Héliozoaires.

Hedriocystis pellucida HERTW. et LESS. [2]. — Cette espèce pourrait être définie un *Actinophrys* pourvu d'une enveloppe mucilagineuse et même d'un pédicule servant à le fixer sur les corps

1. *On some Freshwater Rhizopoda new or little Known*, 1869, IX, p. 259, tab. XVII,
fig. 1, 2.

2. HERTWIG et LESSER, *loc. cit.*, p. 225, tab. V, fig. 5. — ARCHER, *Quart. Journ. of
micr. sc.*, 1877, p. 67 ; 1876, tab. XXII, fig. 21, 22.

étrangers. Le corps est ovalaire ; il est constitué par un endosarque clair, pourvu d'un gros noyau, un ectosarque plus foncé émettant des rhizopodes radiés et droits, et une enveloppe mucilagineuse reliant entre eux les rhizopodes, autour de la base desquels elle s'élève un peu, de façon à donner au contour général de l'organisme un aspect étoilé. Le pédoncule est formé par la continuation de la tunique ; il est comme elle incolore et homogène. On a constaté que chez cet animal, la division du corps en vue de la multiplication s'effectue avant la production de la tunique, mais alors que le pédoncule existe déjà. L'un des individus produits par la segmen-

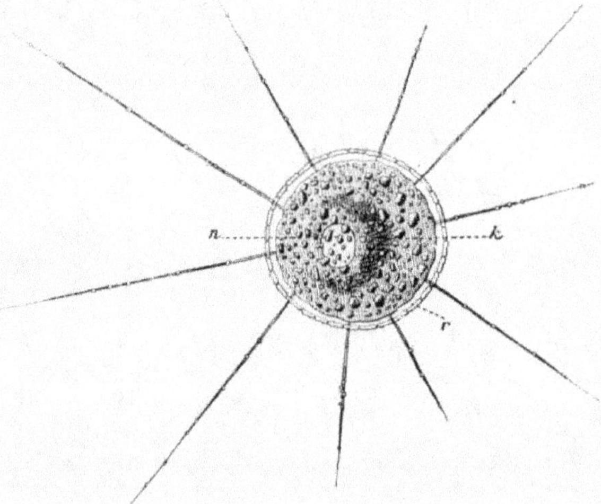

Fig. 100. — *Pinacocystis rubicunda* (d'après Hertwig et Lesser). — *n*, noyau ; *k*, endosarque ; *r*, ectosarque.

tation transversale du corps reste fixé au pédoncule, tandis que l'autre se détache pour aller se fixer ailleurs. Le fait que le pédoncule existe avant la tunique prouve bien nettement que le pédoncule est d'abord constitué par un prolongement du protoplasma du corps, probablement un rhizopode, autour duquel se produit plus tard, comme autour du corps, une tunique incolore, sécrétée nécessairement par le protoplasma.

B. Héliozoaires pourvus d'un squelette

Pinacocystis rubicunda HERTW. et LESS. [1]. — Avec cette espèce, nous entrons dans les formes d'Héliozoaires pourvues d'un squelette véritable. Le *P. rubicunda* a été trouvé dans l'eau de mer. Son corps est sphérique, avec un endosarque un peu plus foncé que

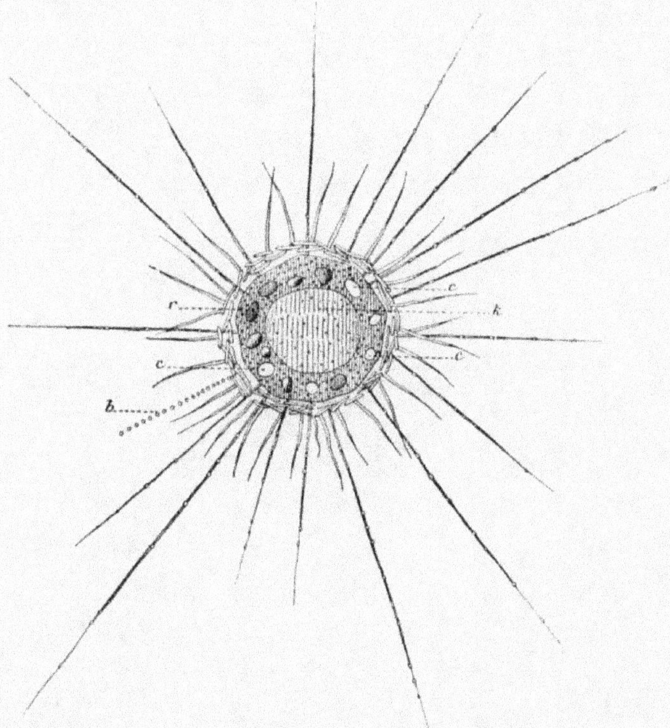

Fig. 101. — *Acanthocystis aculeata* (d'après Hertwig et Lesser). — *k*, endosarque ; *r*, ectosarque ; *c, c*, vacuoles contractiles ; *b*, pseudopode contracté.

l'ectosarque, celui-ci émet des rhizopodes peu nombreux, et est coloré en brun par de nombreuses granulations. En dehors de l'ectosarque, à une petite distance de sa surface, se voit une enveloppe sphérique,

1. HERTWIG et LESSER, *loc. cit.*, p. 209, tab. IV, fig. 5. — ARCHER, *loc. cit.*, 1876, p. 367, tab. XXI, fig. 10.

constituant un véritable squelette externe. Cette carapace est formée de plaques dures, siliceuses, appliquées les unes contre les autres, mais susceptibles de s'écarter, soit pour laisser entrer les corps étrangers destinés à servir à la nutrition, soit pour laisser sortir les détritus de la nutrition rejetés par le protoplasma de l'ectosarque.

Le *Pinaciophora fluviatilis* GREEFF [1], forme très voisine de la précédente, ayant une carapace constituée de la même façon, habite

Fig. 102. — *Raphidiophrys viridis* (d'après Archer).

les eaux salées, fait intéressant à signaler, parce qu'il montre que les Héliozoaires n'appartiennent pas exclusivement, comme on l'a cru pendant longtemps aux eaux douces, et parce qu'il permet d'établir la relation de parenté des Héliozoaires et des Radiolaires.

1. ARCHER, *loc. cit.*, p. 365, tab. XXI, fig. 6.

Acanthocystis aculeata HETW. et LESS. [1]. — Cette espèce habite les eaux douces ; elle est arrondie avec un endosarque clair, et un ectosarque foncé, très riche en granulations et creusé d'un grand nombre de vacuoles contenant des particules alimentaires de grosse taille. La carapace est sphérique ; elle est formée de plaques irrégulièrement juxtaposées et d'épines aiguës, légèrement courbées, faisant saillie extérieurement. Ces épines sont portées par les plaques de la carapace. Nous rencontrerons chez les Radiolaires des faits analogues.

Raphidiophrys viridis ARCHER [2]. — Cette forme rappelle beaucoup celle que nous avons étudiée plus haut sous le nom de *Cystophrys Hœckeliana*, mais elle en diffère par la présence d'un squelette.

Le *Raphidiophrys viridis* habite les eaux douces ; sa forme générale est sphérique. Il est constitué par la réunion d'une douzaine ou plus de corps sphériques, dont chacun peut être comparé à un *Actinophrys*, de telle sorte que l'ensemble de l'animal forme une véritable colonie d'individus. Ces derniers sont enveloppés d'une substance finement granuleuse, probablement de nature protoplasmique, les reliant les unes aux autres et formant autour de l'ensemble une sorte d'enveloppe de laquelle partent un grand nombre de rhizopodes radiés et dans laquelle sont épars d'innombrables spicules siliceux, enchevêtrés sans ordre et constituant un véritable squelette externe. Chacun des individus sphériques qui entre dans la composition du *Raphidiophrys viridis* est pourvu d'un ou plusieurs noyaux nucléolés et contient dans sa partie périphérique ou ectosarque de nombreux corpuscules colorés en vert par du pigment chlorophyllien.

Le *Raphidiophrys elegans* HERTW. et LESSER [3] est très voisin du précédent. Il est également formé par l'association de nombreux individus sphériques, pourvus chacun d'un noyau ; mais ces individus sont dépourvus de corpuscules chlorophylliens et ils sont reliés les uns aux autres par des cordons très manifestes de la substance presque incolore qui enveloppe l'ensemble et de laquelle partent les rhizopodes. Dans la portion périphérique de cette sub-

---

1. ARCHER, *On some Freshwater Rhizopoda new or little Known*, in *Quart. Journ. of micr. sc*, 1869, IX, p. 255, tab. XVI, fig. 2. — Voy. pour d'autres espèces de *Raphidiophrys* : HERTWIG et LESSER, *loc. cit.*, p. 193.

2. ARCHER, *Quart. Journ. of micr. sc.*, 1876, XVI, p. 368, tab. XXII.

3. HERTWIG et LESSER, *loc. cit.*, p. 218, tab. IV, fig. 1. — ARCHER, *Quart. Jour. of* 1876, XII, p. 374, tab. XXII, fig. 19.

stance, sont dispersés un très grand nombre de spicules courbées
en arc.

Chlathrulina elegans Cienk. [1]. — Dans toutes les espèces pourvues
d'un squelette qui ont été précédemment étudiées, le squelette était
formé de plaques ou de spicules indépendantes. Dans le *Chlathrulina
elegans*, que nous pouvons prendre pour type d'un groupe diffé-

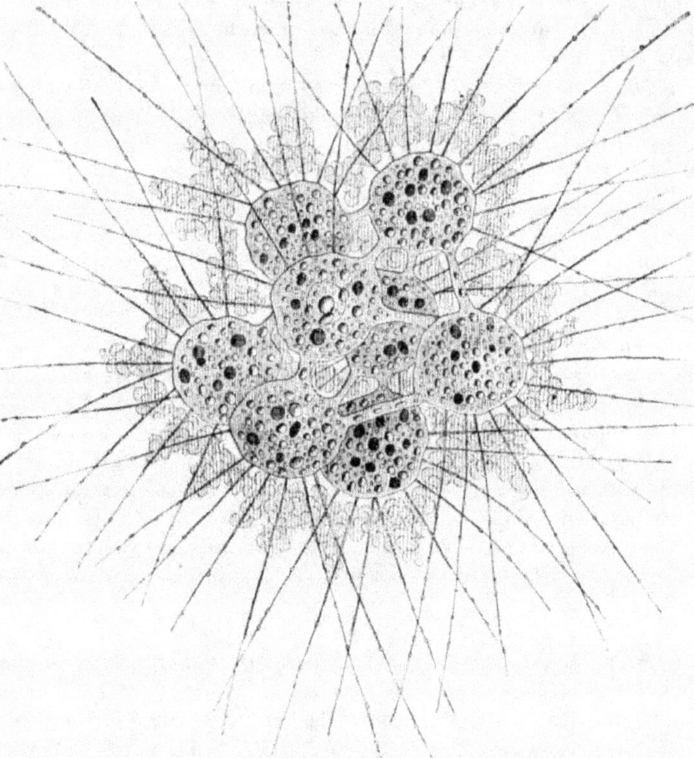

Fig. 103. — *Raphidiophrys elegans* (d'après Hertwig et Lesser).

rent d'Héliozoaires, le squelette, malgré l'opinion de]Cienkowski,
est formé, d'après Archer, Hertwig et Lesser,] d'une carapace
unique, sphérique, enveloppant le corps de l'animal et percée de
pores polygonaux par lesquels passent des rhizopodes radiés très

1. Cienkowski, in *Arch. f. mikr. Anat.*, III, p. 311, tab. XVIII.

nombreux. Un long pédicule cylindrique, tubuleux, fixe l'animal
aux corps étrangers. Le corps est formé de protoplasma creusé de
vacuoles nombreuses, les unes remplies de liquide, les autres
contenant des particules solides nutritives. Le noyau est unique,
arrondi et nucléolé; il est très difficile de le voir. Les rhizopodes
sont radiés, grêles, ils s'anastomosent facilement. Ils saisissent
les particules alimentaires et les entraînent jusque dans l'intérieur du corps, à travers les pores de la carapace. Lorsque le
volume des corpuscules est trop considérable, plusieurs pseudopodes s'unissent autour d'eux et la digestion se fait en dehors de la
carapace.

Les procédés de reproduction de cette espèce ont été étudiés par
Cienkowski, par Hertwig et Lesser. Le corps de l'animal peut se

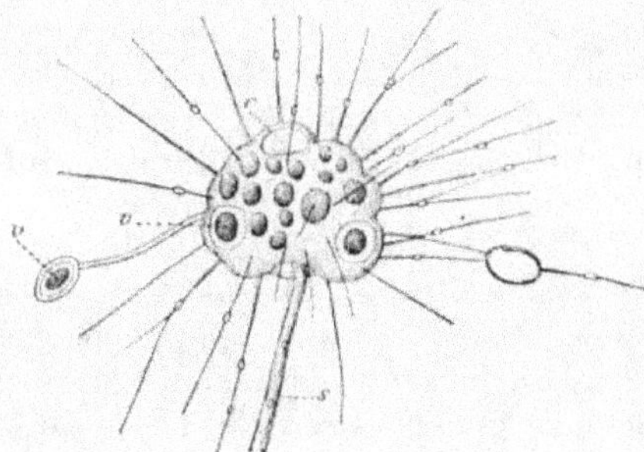

Fig. 104. — *Clathrulina elegans* (d'après Hertwig et Lesser). — *s*, pédicule; *c*,
vacuoles contractiles; *v*, vacuoles contenant des corps étrangers, dont une située au
sommet d'un pseudopode.

diviser en deux masses semblables qui sortent du test par une de
ses ouvertures, puis se fixent par un pédoncule grêle et fabriquent
une carapace. Un deuxième procédé de multiplication a été observé.
L'animal s'enkyste, puis il se divise en un certain nombre de
masses protoplasmiques qui s'entourent chacune d'une membrane
épineuse; au bout d'un certain temps, le corps protoplasmique
devient piriforme, acquiert un noyau, puis deux cils vibratiles
et enfin se transforme en un animal semblable au parent. Un troisième procédé a été constaté par Hertwig et Lesser. Le corps de
l'animal se divise en trois masses inégales, dont une aussi volumineuse que les deux autres ensemble. Les deux plus petites sortent
de la carapace par l'un de ses orifices et se transforment aussitôt en
zoospores nucléées, pourvues de deux cils vibratiles. Au bout d'une

demi-heure environ, chaque zoospore se fixe par l'une de ses extrémités sur un corps étranger, émet des rhizopodes et produit un pédoncule ; puis elle s'enveloppe d'une carapace dont les auteurs n'ont pas pu suivre le développement. Quant à la troisième masse, celle qui est restée dans la carapace maternelle, elle paraît acquérir sur place et directement les caractères de l'adulte.

§ 2. — CARACTÈRES COMMUNS, PARENTÉ ET DIVISION DES HÉLIOZOAIRES

Les Héliozoaires sont des animaux unicellulaires nus, pourvus d'un ou plusieurs noyaux, et émettant des rhizopodes grêles, filiformes, habituellement rigides, rarement anastomosés entre eux. Le protoplasma qui constitue l'animal est presque toujours divisé en deux parties de densité différente : l'une centrale (endosarque), ordinairement plus dense, contenant le noyau, dépourvue de vacuoles ou ne possédant que des vacuoles de petite taille et non contractiles; l'autre, périphérique (ectosarque), creusée de vacuoles beaucoup plus grandes, pleines de liquide ou contenant des corpuscules solides, alimentaires, et de vacuoles contractiles ordinairement peu nombreuses, souvent saillantes à la surface. L'ectosarque est fréquemment brunâtre, jaunâtre ou rougeâtre ; cette coloration est due à des granulations solides. Dans certaines espèces, il contient des corpuscules arrondis, colorés en vert par du pigment chlorophyllien. Les rhizopodes partent habituellement de l'endosarque. Ils sont formés d'un filament de protoplasma rendu rigide par la présence, dans son axe, d'une baguette filiforme, que certains zoologistes considèrent comme de nature chitineuse, mais qui paraît être formée, en réalité, soit par du protoplasma plus dense que celui du corps et des rhizopodes, soit par une substance peu différente du protoplasma.

Nous avons vu que dans certaines formes le corps est enveloppé par une sorte de tunique plus ou moins épaisse, visqueuse, et que dans d'autres, des plaques ou des spicules siliceuses peuvent se disposer dans l'épaisseur ou à la surface de cette tunique et constituer un véritable squelette. N'oublions pas de rappeler que dans quelques genres, l'animal est fixé par un pédicule, sans doute d'abord protoplasmique comme les rhizopodes, puis entouré d'une tunique analogue à celle qui enveloppe le corps et qui existe toujours chez les Héliozoaires pédonculés.

Nous ne reviendrons pas sur les détails que nous avons déjà donnés à propos de la nutrition et de la respiration des Héliozoaires. Je me bornerai à rappeler que la respiration est directe et qu'elle est facilitée par les grandes vacuoles dont ces animaux sont munis et dans lesquelles s'accumule, d'une part l'eau riche en oxygène venue du dehors, d'autre part les produits de désassimilation qui sont probablement éliminés, par le déplacement et la rupture des vacuoles.

Pour ce qui concerne la nutrition, rappelons que les rhizopodes servent d'organes de préhension et que la digestion des aliments solides s'effectue surtout dans les vacuoles de l'ectosarque, où les particules alimentaires existent toujours en grande quantité. Les mouvements des rhizopodes sont lents, mais ces filaments sont sans cesse parcourus par des courants de petites granulations. Quant aux mouvements de déplacement des animaux ils sont peu intenses ; les Héliozoaires se balancent ou tournent lentement sur eux-mêmes dans l'eau.

La reproduction s'effectue surtout par division transversale. Les corps produits ainsi peuvent, soit prendre direc'ement la forme adulte, soit s'enkyster ou produire des cils et vivre pendant un certain temps à l'état de zoospores avant de revêtir les caractères de l'adulte.

Les Héliozoaires peuvent être divisés, d'après la présence et l'absence d'une tunique ou d'un squelette en trois grands groupes : Nus, Chlamydés, Squelettifères.

HÉLIOZOAIRES

Cellule nue, formée de protoplasma et d'un noyau nucléolé. Protoplasma divisé en endosarque et ectosarque ; rhizopodes radiés, rarement anastomosés, rendus rigides par une baguette solide.

Nudo-Héliozoaires. Corps nu ; pas de tunique ; ni de squelette.

Chlamydo-Héliozoaires. Corps enveloppé d'une tunique mucilagineuse.

Skeleto-Héliozoaires.
Corps enveloppé d'une tunique mucilagineuse et d'une carapace siliceuse, formée de plaques ou de spicules, ou d'une seule pièce sphérique percée de pores.

Chalarothoraca. Squelette formé de pièces distinctes.

Desmothoraca. Squelette formé d'une seule pièce sphérique, percée de trous.

Les Héliozoaires sont voisins des Amœbiens, auxquels ils ressemblent par leur corps nu, et par la présence constante d'un noyau avec son nucléole, et de vacuoles contractiles, mais dont ils dif-

8

fèrent par la nature de leurs rhizopodes et par la différenciation à peu près constante du protoplasma en deux parties dissemblables : l'endosarque et l'ectosarque. Par la nature de leurs rhizopodes les Héliozoaires se rapprochent beaucoup des Rhizomonériens, mais leurs rhizopodes ont moins de tendance à s'anastomoser que ceux des Rhizomonériens et s'en distinguent encore par la présence habituelle, sinon constante, d'une baguette plus dense que le protoplasma qui les rend rigides.

II. Radiolaires.

§ I. — ÉTUDE DES PRINCIPALES FORMES

I. RADIOLAIRES A UNE SEULE CAPSULE OU MONOCYTTARIENS.

Thalassicola pelagica HÆCKEL[1]. — Ce Radiolaire a été décrit pour la première fois par Hæckel qui le trouva en abondance dans les eaux du détroit de Messine et put l'étudier à l'état vivant.

Pour obtenir ces animaux en bon état, Hæckel recommande de

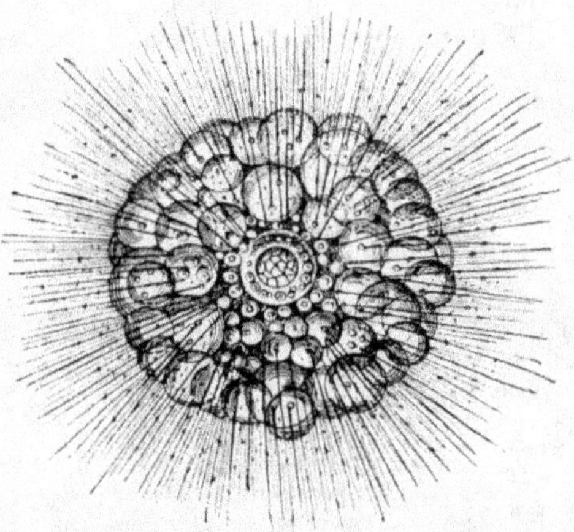

Fig. 105. — *Thalassicola pelagica* (d'après Hæckel).

les pêcher avec des vases en verre ; quand on les prend au filet, ils meurent et s'altèrent très rapidement.

L'animal entier atteint jusqu'à 2 millimètres de diamètre. Il est sphérique et très transparent, entouré de pseudopodes radiés. Son

1. HÆCKEL, *Die Radiolarien*. Iena, 1862, p. 247, tab. I, fig. 1-5.

corps est formé de deux parties bien distinctes : un endosarque
limité par une membrane résistante et un ectosarque très riche en
grandes alvéoles.

La capsule qui limite l'endosarque et qui est décrite sous le
nom de *capsule centrale*, atteint un demi-millimètre de diamètre
ou même davantage. Elle est constituée par une membrane sphérique, résistante, incolore, très élastique, épaisse. Sur une coupe
transversale, elle montre de très nombreuses stries radiées qui
répondent à autant de canalicules faisant communiquer la cavité
de la capsule avec l'extérieur. Les mêmes coupes montrent encore,
sur l'épaisseur de la membrane capsulaire, un petit nombre
de stries circulaires, concentriques, qui répondent probablement à

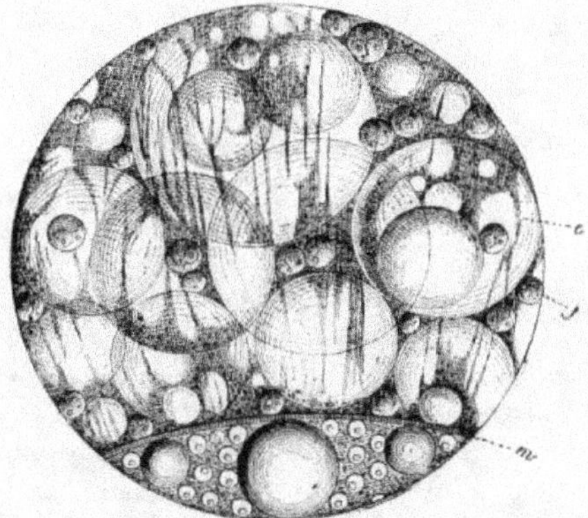

Fig. 106. — Portion de *Thalassicola pelagica* vue en coupe optique (d'après Hæckel). —
m, capsule centrale ; v, vacuole ; j, cellule jaune.

des couches superposées. La surface de la capsule offre un pointillé
noirâtre, indiquant les pores qui la traversent.

Au centre de la capsule centrale se trouve une grosse vésicule
que Hæckel nomme vésicule interne (*Innerblase*), et qui répond sans
nul doute au noyau de la cellule, si l'on admet que l'animal soit unicellulaire. Cette vésicule est remplie d'une substance protoplasmique
visqueuse, claire, incolore, très finement granuleuse. Sa membrane limite est mince et transparente ; vue de face, elle présente
un aspect réticulé très remarquable, dû à ce qu'elle est soulevée en
un très grand nombre de petites boursouflures ou évaginations
remplies par la substance protoplasmique hyaline qui forme son
contenu.

En dehors du noyau ou vésicule interne, la capsule centrale offre un grand nombre de vacuoles sphériques, creusées dans un protoplasma granuleux d'autant plus dense qu'il est plus rapproché du noyau. Ce protoplasma avec ses vacuoles constitue l'endosarque. Les vacuoles sont sphériques, claires et disposées très régulièrement en rayon entre le noyau et la capsule de l'endosarque. Les espaces qui les séparent sont remplis par du protoplasma. Les vacuoles ou vésicules sphériques de l'endosarque sont limitées par du protoplasma épaissi en une membrane solide ; elles sont remplies d'un liquide incolore et contiennent presque toujours une ou plusieurs grosses vésicules graisseuses, très réfringentes. Certains zoologistes considèrent les vacuoles comme des cellules véritables, mais l'absence constante de noyau et la nature vésiculeuse qui les caractérise rend cette manière de voir tout à fait inadmissible.

Contre la face interne de la capsule limitante de l'endosarque se voient de trente à quarante ou même jusqu'à cent grandes gouttes sphériques de substance huileuse.

L'ectosarque, situé en dehors de la capsule centrale, est formé de substance protoplasmique creusée d'énormes vacuoles sphériques. Hæckel lui donne pour ce motif le nom d'enveloppe alvéolée (*Alveolenhülle*). Son épaisseur est considérable ; son diamètre est de quatre à six fois celui de la capsule centrale. Les alvéoles que contient l'ectosarque sont d'autant plus grandes qu'elles sont plus voisines de la périphérie. La substance protoplasmique interposée aux alvéoles est plus dense au voisinage de l'endosarque où elle communique, par les pores de la capsule, avec le protoplasma de l'endosarque. De cette couche protoplasmique profonde partent de nombreux pseudopodes grêles qui se prolongent entre les alvéoles et font saillie en dehors de l'ectosarque.

Les pseudopodes manifestent une grande tendance à s'anastomoser entre les alvéoles pour former des masses protoplasmiques à aspect et à mouvements amœboïdes très remarquables. Les alvéoles de l'ectosarque sont tout à fait sphériques à la périphérie, et plus ou moins polygonales dans le voisinage de la capsule centrale. Le protoplasma de l'ectosarque n'est pas pigmenté comme dans un grand nombre d'autres Radiolaires ; mais, dans le protoplasma voisin de la capsule où s'accumule d'habitude le pigment, on constate la présence d'un très grand nombre de globules graisseux réfringents.

Dans cette région et aussi dans le protoplasma interposé aux alvéoles de l'ectosarque se voient un grand nombre de vésicules colorées en jaune, sphériques, limitées par une membrane propre très mince. On ignore le rôle de ces vésicules ou « cellules jaunes » qui se trouvent dans la plupart des Radiolaires.

La partie des pseudopodes qui fait saillie en dehors de l'ectosarque présente de nombreuses granulations qui se meuvent avec une assez grande rapidité sur les individus bien vivants.

Le *Thalassicola nucleata* HUXLEY[1], qui est voisin du précédent, possède quelques caractères de détail qu'il est bon de signaler. La capsule centrale présente, indépendamment des pores signalés plus haut, des épaississements en forme de lignes saillantes disposées en réseau à sa surface qui en acquiert un aspect très remarquable. Le noyau ou vésicule interne situé au centre de l'endosarque est lisse à sa surface. La couche protoplasmique de l'ectosarque située contre

Fig. 107. — Portion de l'ectosarque du *Thalassicola nucleata* (d'après Hæckel). — *v*, alvéoles; *j*, cellules jaunes ; *r*, pseudopodes.

la capsule centrale est colorée par un pigment foncé. Les pseudopodes qui en partent sont gros, cylindriques, n'ont aucune tendance à s'anastomoser les uns avec les autres et se prolongent en dehors de l'ectosarque en cordons cylindriques qui se nouent au niveau de leurs extrémités libres et donnent à cette espèce un aspect très caractéristique.

Physematium Mülleri SCHNEIDER[2]. — Cette espèce se distingue des précédentes par deux caractères importants, dont un acquerra, dans les formes que nous aurons ultérieurement à examiner, une importance de plus en plus considérable.

1. HÆCKEL, *Monatsb.*, 1860, p. 799; *Die Radiolarien*, p. 263, tab. III, fig. 1-5.
2. *Die Radiolarien*, p. 260, tab. III, fig. 6-9.

La capsule centrale est très épaisse ; elle limite un endosarque offrant la même structure que dans les espèces précédentes, mais remarquable par la forme des vacuoles qui est pyramidale, à base appliquée contre la capsule et à faces latérales limitées par du protoplasma qui forme entre elles des rayons réguliers. En dehors de la capsule se voit la couche interne du protoplasma de l'endosarque qui est pigmentée comme dans le *Thalassicola nucleata*.

On voit que par l'endosarque les *Physematium* ne se distinguent pas beaucoup des formes précédemment étudiées. Il n'en est pas de même pour l'ectosarque. Ce dernier est formé d'une couche relati-

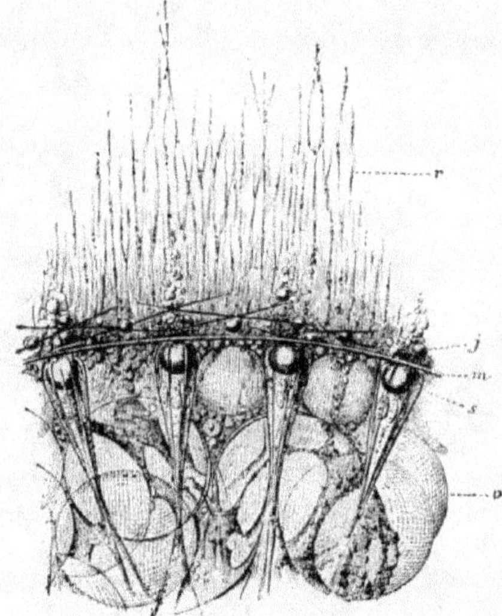

Fig. 108. — *Physematium Mülleri* (d'après Hæckel).

vement peu épaisse de protoplasma pigmenté, appliqué contre la capsule centrale et contenant un petit nombre d'alvéoles sphériques, très peu volumineuses, et quelques vésicules jaunes. De cette couche protoplasmique partent des pseudopodes qui s'anastomosent entre eux, particulièrement vers la base et s'éloignent en rayonnant. Il n'existe donc pas ici de véritable couche alvéolaire et l'endosarque se trouve réduit à la portion qui dans les *Thalassicola* avoisine immédiatement la capsule.

Indépendamment de ce premier caractère, qui persistera dans tous les Radiolaires dont nous aurons désormais à parler, en s'exagérant plus ou moins, les *Physematium* en présentent un autre également très important. En dehors de la capsule centrale, se voient un grand nombre de spicules fusiformes, épars, disposés tangentiellement par rapport à la surface de la capsule. Ces spicules sont constitués par de courtes baguettes pointues aux deux extrémités, tantôt simples, tantôt munies de petites dents latérales. Leur présence à la surface de la capsule caractérise le premier pas fait par les Radiolaires vers l'acquisition d'un squelette siliceux.

Dans l'*Aulacantha Scolymantha* HÆCKEL[1], qui est très voisin des

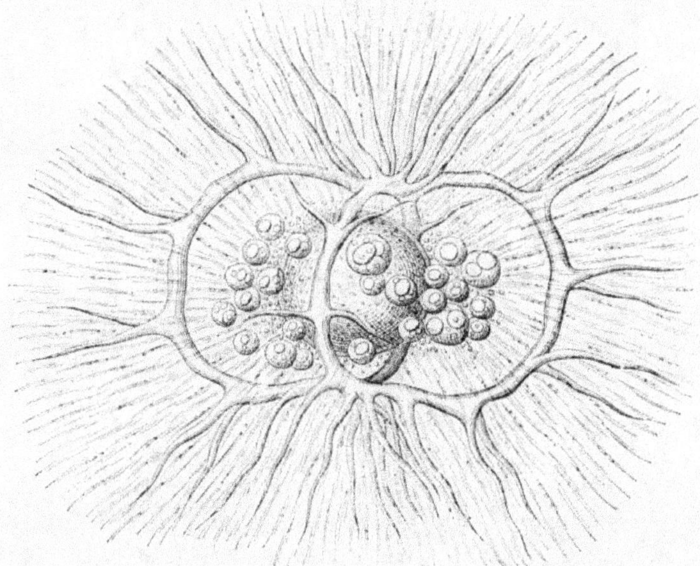

Fig. 109. — *Zygostephanus Mülleri* (d'après Hæckel).

Physematium, il existe, indépendamment des spicules couchés tangentiellement à la surface de la capsule centrale que nous avons signalés dans les *Physematium*, d'autres spicules disposés en rayons à la surface de la capsule et indépendants des premiers.

Dans le *Thalassosphæra bifurca* HÆCKEL[2], l'ectosarque offre les

1. HUXLEY, in *Ann. and Magaz. of Nat. hist.*, sér. 2, 1851, VIII, p. 435, tab. XVI, fig. 4. — HÆCKEL, *Die Radiolarien*, p. 249, tab. IV, fig. 1-5.

2. SCHNEIDER, in *Müller's Archiv f. Anat. und Physiol.*, 1858, p. 38, tab. III, B., fig. 1-5. — HÆCKEL, *Die Radiolarien*, p. 256, tab. XII, fig. 6-9.

mêmes caractères, mais le squelette devient plus net; il est formé de
baguettes siliceuses plusieurs fois ramifiées dichotomiquement, disposées en dehors de la capsule centrale dont le contenu est coloré par
un pigment rouge.

Le *Zygostephanus Mülleri* Hæck.[1] offre un squelette un peu plus
complet. Il est formé en effet de deux anneaux siliceux, elliptiques,
disposés en croix et soudés au niveau de leurs points de rencontre.
De la face externe de ces anneaux partent de longues épines siliceuses
disposées en rayonnant. La capsule centrale est logée au centre des

Fig. 110. — *Acanthodesmia prismaticus* (d'après Hæckel).

anneaux; elle est entourée de protoplasma peu alvéolé, riche en
grandes vésicules jaunes.

Dans l'*Acanthodesmia prismaticus* il est formé de baguettes
siliceuses disposées de façon à constituer un cadre prismatique,
au centre duquel se trouve la capsule centrale et l'ectosarque, et
dont les larges mailles laissent passer des pseudopodes innombrables.

Eucecryphalus Shultzei Hæck.[2]. — Cette espèce nous fait faire
un pas de plus vers la formation du squelette des Radiolaires, en

1. Hæckel, *loc. cit.*, p. 260, tab. XII, fig. 2.
2. Hæckel, *loc. cit.*, p. 309, tab. V, fig. 12-19.

même temps que la capsule centrale présente des caractères particu-

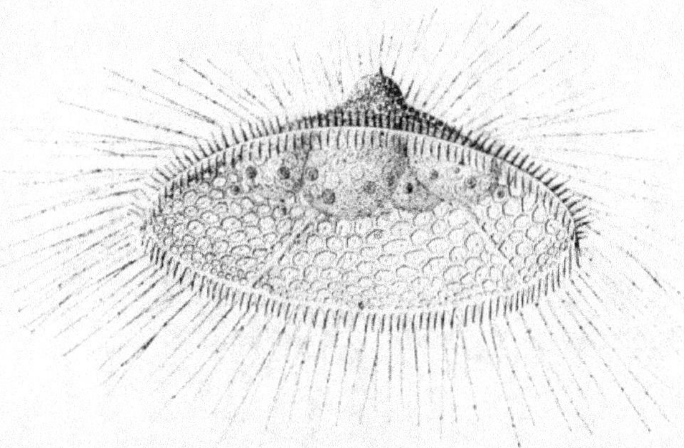

Fig. 111. — *Eucecryphalus Shultzei* (d'après Hæckel).

liers. Le squelette est représenté par un treillage siliceux, à mailles polygonales, très régulières. Ce treillage affecte la forme d'un cha-

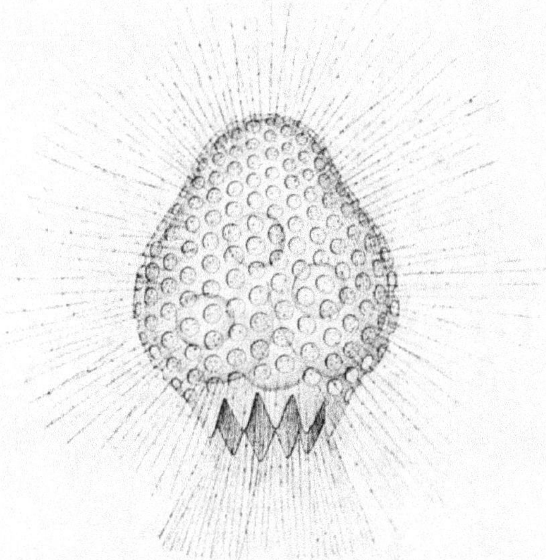

Fig. 112. — *Carpocanium Diadema* (d'après Hæckel).

peau pointu, à bords très évasés et garnis de deux rangées divergentes de pointes saillantes. Le sommet du chapeau porte une petite

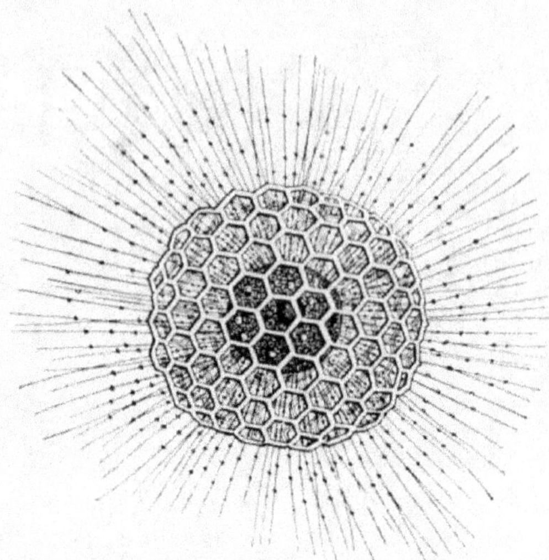

Fig. 113. — *Heliosphæra inermis* (d'après Hæckel).

Fig. 114. — *Heliosphæra Actinota* (d'après Hæckel).

pointe saillante. Quelques baguettes droites et plus fortes que le reste du treillage descendent depuis la pointe du chapeau jusqu'à son bord.

La capsule centrale est logée dans le fond de ce chapeau, près de la pointe ; elle est colorée par un pigment verdâtre et divisée dans le bas en quatre gros lobes arrondis, unis par leur sommet qui est logé dans la pointe du chapeau. Autour de la capsule il existe du protoplasma émettant des pseudopodes nombreux et contenant de petites capsules jaunes. Les pseudopodes, très anastomosés entre eux, sortent par la très large ouverture du chapeau et par les intervalles des mailles du squelette.

Dans le *Carpocanium Diadema* HÆCKEL[1], qui appartient au même

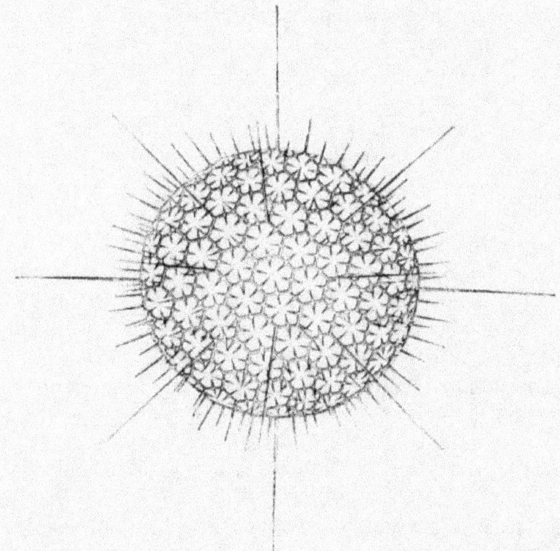

Fig. 115. — *Heliosphæra elegans* (d'après Hæckel).

groupe que l'espèce précédente et offre comme lui une capsule plurilobée, le squelette est également formé par un grillage siliceux incomplet, mais qui tend à se fermer. Il affecte la forme d'une sorte de casque conique, ovoïde, arrondi au sommet, ouvert dans le bas par un orifice beaucoup plus étroit que la région médiane et bordé de dents coniques. Les pseudopodes rayonnent à travers les mailles du squelette et sortent en un gros faisceau par l'orifice inférieur.

1. HÆCKEL, *loc. cit.*, p. 290, tab. V, fig. 1.

Dans d'autres formes du même groupe le squelette reste toujours incomplet, mais il se divise en compartiments collatéraux ou superposés qui répondent probablement aux lobes de la capsule centrale. Le mode de formation du squelette est dans ces cas trop peu connu pour que nous puissions nous arrêter sur les animaux qui présentent ces caractères. Nous reviendrons plus tard sur les caractères et la division de cet énorme groupe qui représente dans les Radiolaires la forme polythalame que nous avons déjà trouvée dans les Foraminifères.

Heliosphæra inermis HÆCKEL [1]. — Cette espèce, trouvée vivante par Hæckel dans les environs de Messine, peut servir de point de départ pour toute une grande série de formes de Radiolaires dans lesquelles il existe un squelette complet, c'est-à-dire enveloppant complètement la capsule centrale qui est toujours unique et organisée à peu près comme dans les *Thalassicola*, tandis que l'ectosarque resemble plus ou moins à celui des *Physematium*.

Le squelette de l'*Heliosphæra inermis* est constitué par un grillage siliceux, sphérique, à mailles polygonales, larges, très régulières. Au centre du squelette se voient la capsule centrale et l'ectosarque dont les pseudopodes anastomosés, grêles, traversent les mailles du squelette.

Heliosphæra Actinota HÆCK. [2]. — Cette espèce nous montre un degré de plus dans la complexité du squelette siliceux des Radiolaires. On y trouve, comme dans l'espèce précédente, une sphère siliceuse, grillagée, à larges mailles ; mais des nœuds de rencontre des baguettes qui limitent ces mailles, partent, en des points nettement déterminés et constants pour une même espèce, ainsi que l'a bien montré Müller, des épines qui s'élèvent en rayonnant autour de la sphère. Dans l'*H. Actinota*, il existe quatre épines beaucoup plus grandes que les autres et disposées de façon à former une grande croix à quatre branches égales. Entre elles s'en trouvent d'autres plus petites, entre lesquelles s'interposent de plus petites encore. Dans l'*Heliosphæra elegans* HÆCKEL [3] la sphère siliceuse émet, au niveau des nœuds de ses mailles, des épines siliceuses de diverses grandeurs, dispersées avec une très grande régularité.

Le *Diplosphæra gracilis* HÆCK. [4] offre, comme l'espèce précédente, une sphère grillagée de laquelle s'élèvent des épines radiales, mais de

1 HÆCKEL. *loc. cit.*, p. 351, tab. IX, fig. 1.
2. *Loc. cit* , p. 352, tab. IX, fig. 3.
3. *Loc. cit.*, tab. IX, fig. 5.
4. *Loc. cit.*, p. 354, tab. X, fig. 1.

celles-ci partent des filaments siliceux très grêles qui s'anastomosent les uns avec les autres très irrégulièrement, de façon à former un deuxième filet siliceux, à mailles larges, irrégulières, incomplètes, situé en dehors du premier.

Dans l'*Arachnosphœra myriacantha* HÆCK. [1], on compte ainsi quatre ou cinq filets siliceux grêles, à mailles irrégulières, disposés en

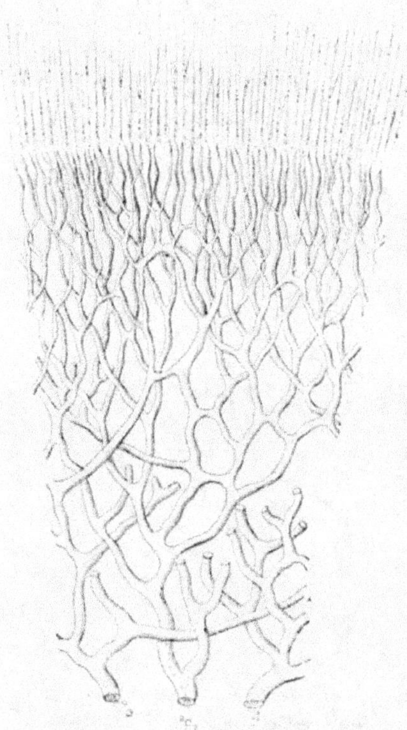

Fig. 116. — *Cœlodendrum ramosissimum* (d'après Hæckel).

dehors d'une sphère centrale siliceuse dont les mailles sont très régulières.

A côté des formes précédentes, nous pouvons en placer un certain nombre d'autres ayant pour type les *Aulosphœra*, dans lesquelles le squelette est également formé par une sphère grillagée siliceuse

1. *Loc. cit.*, p. 357, tab. XI, fig. 3 ; tab. XI, fig. 3-4.

à mailles régulières, disposées en dehors de la capsule centrale comme dans les *Heliosphæra*, mais de cette sphère partent des rayons épineux tubuleux dont la cavité loge des filaments protoplasmiques qui sortent par l'extrémité des rayons et vont se confondre avec les autres pseudopodes. Les formes de ces squelettes peuvent d'ailleurs se multiplier énormément, mais en conservant toujours des rayons tubuleux, simples, ou plus ou moins ramifiés. Dans le *Cælodendrum ramosissimum* HÆCKEL [1] ces rayons sont très ramifiés et enchevêtrés les uns dans les autres.

Dans toutes les formes de Radiolaires dont nous venons de parler,

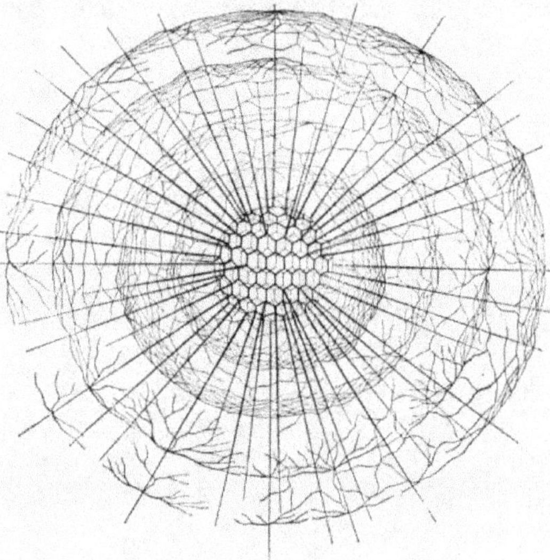

Fig. 117. — *Arachnosphæra myriacantha* (d'après Hæckel).

le squelette est situé en dehors de la capsule centrale, et, quelle que soit la complication qu'il atteigne, cette capsule est toujours intacte.

Dans toute une autre grande série de formes, au contraire, la capsule centrale est toujours perforée par le squelette, même alors que ce dernier est relativement peu développé. Nous nous bornerons à indiquer quelques-unes de ces formes dont les complications sont aussi variées que l'imagination peut le rêver, mais qui ont été très bien groupées par Hæckel dans un tableau de la classification des Radiolaires que nous reproduisons plus bas.

1. *Loc. cit.*, tab. XIII, fig. 1-4.

Dans les formes les plus simples de ce groupe, par exemple dans les *Acanthometra*[1], le squelette est formé de simples baguettes siliceuses disposées en rayonnant et perforant la capsule centrale, pour se réunir au centre de sa cavité où elles se bornent à s'accoler sans se fusionner.

Dans les *Astrolithium* le squelette est formé de baguettes radiales disposées de la même façon, mais se fusionnant dans la cavité de la capsule centrale en une pièce unique, de forme étoilée.

Fig. 118. — *Acanthometra Mülleri* (d'après Hæckel).

Dans les *Cladococcus*[2], le squelette est formé d'une sphère grillagée, située en dedans de la capsule centrale et émettant, par sa face externe, des piquants qui traversent la capsule et rayonnent en dehors d'elle.

Dans l'*Actinomma asteracanthion*[3], le squelette est formé de trois

1. Hæckel, *Die Radiolarien*, p. 376, tab. XV, fig. 1-9.
2. Hæckel, *loc. cit.*, p. 400, tab. XIII, fig. 7-10.
3. Hæckel, *loc. cit.*, p. 367, tab. XXIII, fig. 5-6.

sphères siliceuses grillagées, concentriques, reliées les unes aux autres par des piquants radiés ; l'une des sphères est située en dedans
de la capsule centrale, tandis que les autres sont extérieures ; la capsule centrale est donc perforée par les piquants qui relient la sphère
intérieure aux sphères extérieures.

Dans l'*Amphilonche Messanensis* HÆCKEL [1] le squelette est formé
d'une longue baguette qui traverse de part en part la capsule et à
laquelle se rattachent d'autres baguettes plus petites, radiées.

Dans les *Rhizosphæra* et les *Heliodiscus* les baguettes radiales
sont reliées les unes aux autres par des sphères siliceuses à mailles
plus ou moins larges.

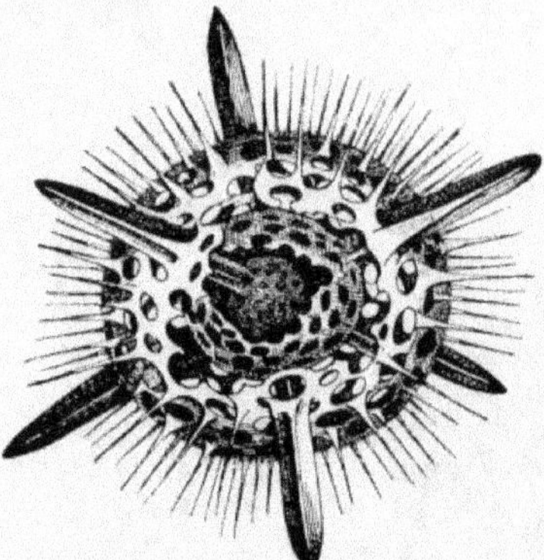

Fig. 119. — *Actinomma astheracanthion*.

Diploconus fasces HÆCKEL [2].
— Cette espèce possède un
squelette d'organisation très
remarquable et qui peut servir
de point de départ à des variations nouvelles. Il est formé
d'une sorte de cage tubuleuse
élargie aux deux extrémités qui
sont ouvertes, rétrécie au centre, non grillagée. La capsule
centrale est logée dans ce
tube et se montre comme lui
étranglée dans sa partie médiane. Elle est traversée de
part en part par une grosse
épine siliceuse, pointue aux deux extrémités et disposée suivant
l'axe longitudinal du tube siliceux. D'autres rayons partent du milieu
de cette base siliceuse et s'en vont en rayonnant après avoir traversé la capsule centrale et le tube siliceux.

Les *Spongososphæra* EHRENBERG [3] rappellent les *Actinomma* par ce
fait qu'ils possèdent une sphère à mailles siliceuses logée en dedans
de la capsule centrale ; mais, en dehors de la capsule, leur squelette se
complète par un tissu spongieux très épais que traversent des épines
siliceuses radiales.

Dans d'autres formes voisines, le squelette est formé, aussi bien
en dedans qu'en dehors de la capsule, d'un tissu siliceux, spongieux,

1. *Monatsb. der Berlin. Acad.*, 1847, p. 54. — HÆCKEL, *Radiolarien*, 454, tab. XVI, fig. 4.
2. *Loc. cit.*, tab. XXVI, fig. 1-5 et tab. XII, fig. 11-13.
3. *Loc. cit.*, tab. XXVI, fig. 1-3.

c'est-à-dire constitué par une masse de trabécules entre-croisées sans
ordre dans tous les sens.

Fig. 120. — *Amphilonche Messanensis* (d'après Hæckel).

Trematodiscus sorites HÆCKEL [1]. — Il peut servir de point de
départ pour une série nombreuse de formes ayant cela de commun

1. *Die Radiolarien*, p. 486, tab. XIX, fig. 2.

avec les dernières dont nous venons de parler que le squelette siliceux
s'étend jusqu'au centre de la capsule centrale qui se trouve trans-
percée de tous les côtés, mais se distinguant par l'organisation même
du squelette. Celui-ci est formé de deux plaques siliceuses, convexes
sur une de leurs faces et concaves sur l'autre, creusées de trous arrondis ou un peu elliptiques. Ces deux plaques sont unies l'une à l'autre
par tout leur pourtour et se regardent par leur face concave de façon
à figurer une lentille biconvexe creuse. Entre les deux plaques sont
disposées des travées siliceuses en forme d'anneaux régulièrement

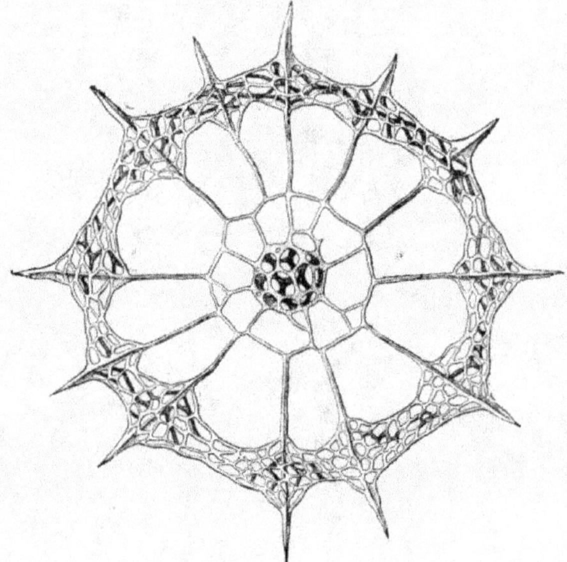

Fig. 121. — *Rhizosphœra leptonina* (d'après Hæckel).

concentriques reliés les uns avec les autres de dedans en dehors par
des travées radiales très nombreuses, limitant des espaces vides. La
capsule occupe le centre de la cavité de la lentille; elle est traversée
par les travées siliceuses qui relient les plaques. Du protoplasma qui
entoure la capsule partent des pseudopodes qui sortent de tous
les côtés à travers les trous dont sont percées les plaques discoïdes.

Dans d'autres formes du même groupe ce sont des spirales siliceuses qui sont disposées entre les plaques discoïdes. La disposition
des plaques et celle des baguettes placées entre elles est assez variable

pour donner naissance à un nombre très considérable de formes.

Dans toutes les formes de Radiolaires étudiées jusqu'ici il n'existe qu'une seule capsule centrale ; de là le nom de *Monocyttariens* ou *Monozoaires* donné à ces formes.

Dans les formes que nous avons encore à passer en revue, il existe au contraire plusieurs capsules centrales, de sorte que nous pouvons

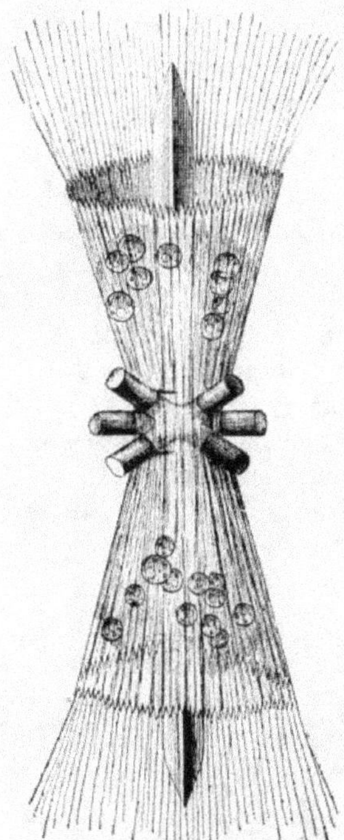

Fig. 122. — *Diploconus fasces*
(d'après Hæckel).

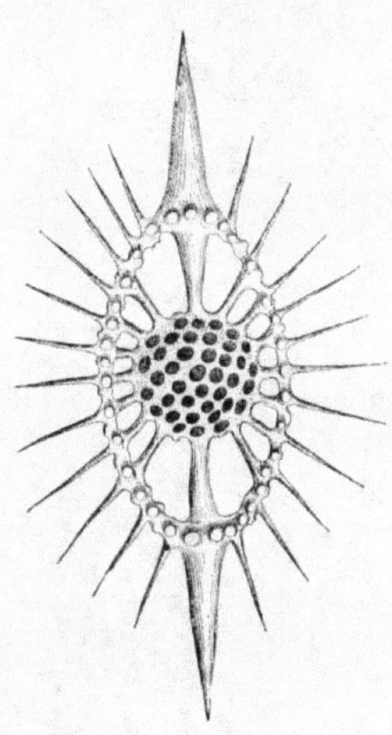

Fig. 123. — *Heliodiscus phacodiscus* (d'après
Hæckel).

considérer ces formes comme des colonies résultant de la réunion d'un nombre variable d'individus.

§ 2. — RADIOLAIRES POLYCYTTARIEN

Collozoum inerme HÆCK. [1]. — Nous pouvons prendre comme premier exemple de ces dernières formes qu'on a réunies sous le

1. *Loc, cit.*, p. 522, tab. XXXV, fig. 1-14.

nom de Polycyttariens ou Polyzoaires, le *Collozoum inerme* Hæckel. Cet animal est sphérique, formé par la réunion d'un grand nombre de capsules remplies d'un protoplasma creusé de grandes vacuoles. Toutes ces capsules se ressemblent ; elles sont disposées

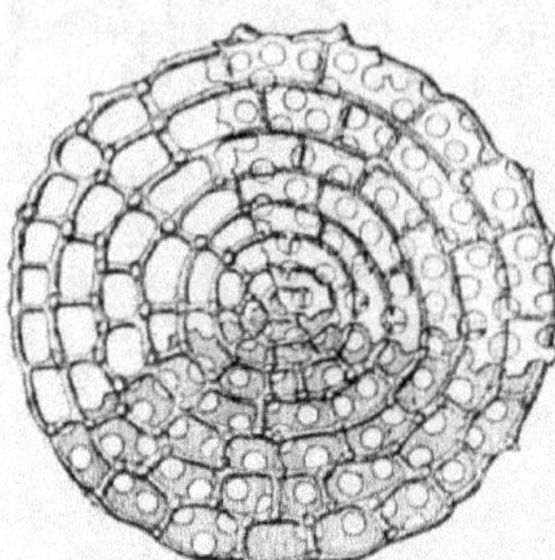

Fig. 124. — *Trematodiscus Sorites* (d'après Hæckel).

sur plusieurs cercles concentriques, et offrent chacune à peu près tous les caractères de la capsule centrale des Radiolaires dont nous avons déjà parlé.

Dans l'intervalle qui sépare les capsules multiples, on trouve des vacuoles et des cellules jaunes ; tout à fait à la périphérie, se voient un grand nombre de rayons protoplasmiques, divergents dans tous les sens. On peut donc comparer le *Collozoum inerme*, à une colonie de Radiolaires simples.

Dans d'autres espèces, le *Sphærozoum italicum* Hæck.[1], par exemple, l'organisation est la même, mais la capsule possède un squelette formé par des spicules disposées tangentiellement à sa surface.

Dans le *Collosphæra Huxleyii* Hæckel[2], chaque capsule est en-

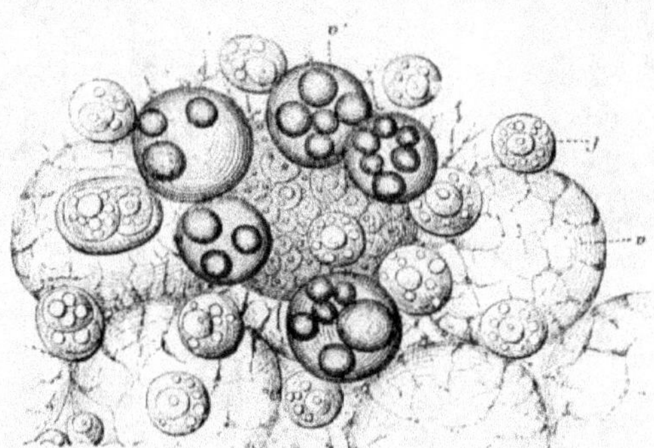

Fig. 125. — *Collozoum inerme* (d'après Hæckel).

tourée d'un squelette siliceux sphérique à mailles polyédriques, comme cela a lieu chez des formes plus simples que nous connaissons déjà.

1. *Loc. cit.*, p. 526, tab. XXXIII, fig. 1, 2.
2. *Loc. cit.* p. 534 tab. XXXIV, fig. 1-11.

Il est facile de comprendre que, partant de ce point, on puisse
arriver à des formes que l'on ne connaît pas encore, mais qui pour-

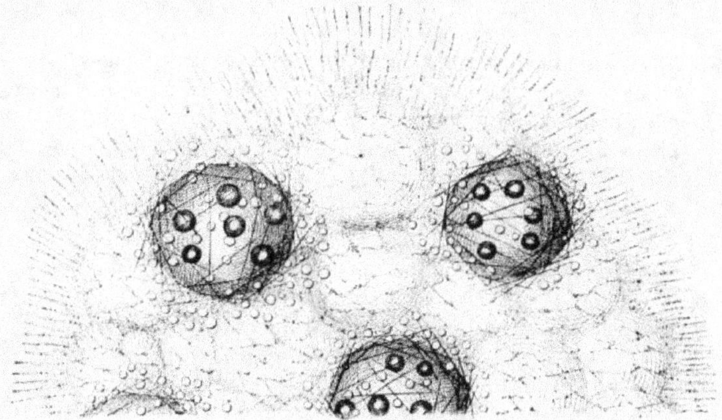

Fig. 126. — *Sphærozoum Italicum* (d'après Hæckel).

raient être aussi variées que celles qui nous ont été présentées par
les Radiolaires simples, la différence consistant toujours en ce que

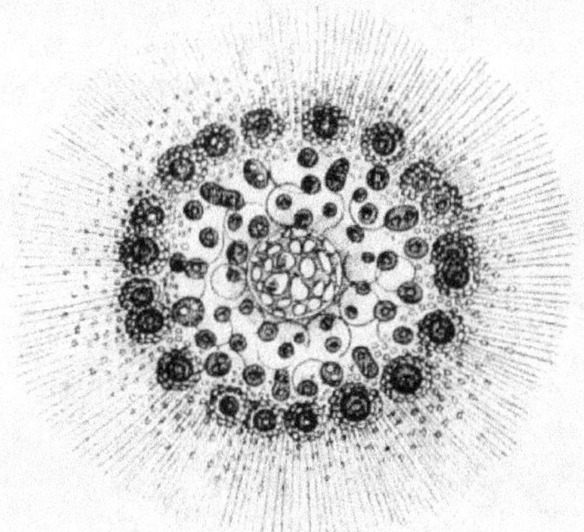

Fig. 127. — *Collosphæra Huxleyii.*

dans le groupe dont nous parlons, les capsules centrales étant
multiples, les squelettes le sont également. Nous croyons inutile

d'entrer ici dans l'étude de ces formes qui sont d'ailleurs beaucoup moins nombreuses que celles des Monocyttariens.

23. — CARACTÈRES COMMUNS, CLASSIFICATION ET PARENTÉ DES RADIOLAIRES

Il est facile de distinguer parmi les caractères des formes décrites plus haut ceux qui sont constants et ceux qui au contraire sont plus ou moins variables.

Les trois caractères les plus constants, ceux qui donnent aux Radiolaires leur physionomie spéciale, sont : 1° l'absence de membrane d'enveloppe ; 2° la division du protoplasma qui forme le corps de l'animal en deux portions toujours distinctes : l'une centrale (endosarque), entourée d'une membrane propre (capsule centrale) et contenant une vésicule centrale ou noyau ; l'autre périphérique (ectosarque), nue et émettant des pseudopodes grêles, radiés, plus ou moins anastomosés entre eux et pourvus de granulations qu'entraînent des courants protoplasmiques manifestes.

Nous devons signaler encore parmi les caractères communs aux Radiolaires la présence, soit à la fois dans l'ectosarque et dans l'endosarque (*Thalassicola*), soit particulièrement dans l'endosarque (*Heliosphæra*, etc.), de vésicules très grandes, sphériques ou parfois polygonales par pression réciproque, remplies d'un liquide clair, et contenant aussi quelquefois de grosses gouttelettes huileuses, très réfringentes. J'ai déjà dit plus haut que ces larges vésicules sont considérées par quelques zoologistes comme des cellules véritables, et j'ai exposé les motifs pour lesquels cette opinion me paraît devoir être rejetée.

Indépendamment de ces grandes vésicules ou alvéoles on trouve dans presque tous les Radiolaires des vésicules jaunes (cellules jaunes) dont le rôle est encore tout à fait inconnu, et dont la valeur morphologique est également discutable.

Rappelons encore la présence fréquente dans les Radiolaires d'un pigment, tantôt dissous dans le liquide de la vésicule centrale, tantôt à l'état de granulations dans la couche protoplasmique située en dehors et dans le voisinage de la vésicule centrale.

Le squelette des Radiolaires est toujours, quand il existe, formé de silice ; nous ne reviendrons pas ici sur les formes nombreuses qu'il peut revêtir ; bornons-nous à rappeler que son caractère essentiel et constant est d'être formé de baguettes situées dans l'épaisseur même du protoplasma du corps de l'animal, et disposées soit en simples rayons, soit en réseaux à mailles plus ou

moins larges. Un caractère important de ce squelette est la régularité géométrique des formes qu'il affecte, régularité qui ne se présente dans aucun autre groupe d'animaux avec la même netteté. Il
est fort difficile d'expliquer la production de ces formes géométriques. Nous pouvons cependant être mis sur la voie d'une explication plausible de ce phénomène, si nous ne perdons pas de vue
que le squelette des Radiolaires, comme celui de tous les autres
organismes vivants, est l'œuvre du protoplasma. Le protoplasma
vivant travaille sur place ; il prend dans l'eau au milieu de laquelle
s'écoule son existence les principes inorganiques qui doivent entrer
dans la composition du squelette et pour lesquels sa propre composition lui donne une affinité spéciale. Dans le cas actuel, ce corps
inorganique est la silice ou tout au moins un sel siliceux dissous
dans l'eau et susceptible de produire de la silice insoluble, après
avoir été absorbé par le Radiolaire vivant. Rappelons-nous maintenant que, d'après l'hypothèse généralement admise aujourd'hui, le
protoplasma est formé de molécules solides polyédriques, séparées
les unes des autres par un liquide. S'il en est ainsi, on pourra supposer que ces molécules elles-mêmes sont groupées de façon à former
des figures plus grandes, nécessairement géométriques, limitées par
des courants liquides au niveau desquels pourra se déposer la silice
destinée à former le squelette. Ce dernier sera donc fatalement constitué par des pièces disposées de façon à former des figures géométriques très régulières. Telle est l'explication à laquelle peut nous
conduire la manière de voir admise par les naturalistes au sujet
de la constitution du protoplasma. Si cette explication est légitime, nous nous trouvons en présence d'un fait confirmant pleine-
ment ce que vous m'avez déjà bien des fois entendu dire, qu'il
n'y a pas un seul acte produit par l'organisme des êtres vivants qui
n'ait été ou ne puisse être, tôt ou tard, expliqué par des phénomènes purement physiques ou chimiques.

La respiration et la nutrition s'effectuent dans les Radiolaires
comme dans les Héliozoaires. Les rhizopodes saisissent les corpuscules alimentaires solides et les attirent dans l'ectosarque où ils
sont digérés. La respiration s'effectue directement. Les mouvements
sont lents, semblables à ceux des Héliozoaires.

On ne sait à peu près rien de la reproduction des Radiolaires. Il est
très probable qu'ils se reproduisent par la segmentation de leur
protoplasma, mais on ignore de quelle façon cette segmentation
s'effectue.

Schneider a constaté que la capsule centrale du *Thalassicola nucleata* HÆCK. séparée de l'animal, peut produire un individu nouveau. Ce phénomène n'a rien qui puisse nous étonner, étant donnés les pores qui traversent la capsule centrale et par lesquels le protoplasma contenu dans sa cavité peut s'épancher au dehors.

Dans les Radiolaires Polycyttariens Hæckel a constaté une multiplication par division. Le corps de l'animal se segmente tout entier en deux parties à peu près égales qui vivent séparées. « L'étranglement et la scission de la capsule centrale produisent des amas de cellules qui se séparent les unes des autres et vont former des colonies distinctes. » La capsule centrale des Radiolaires est très généralement regardée comme jouant un rôle important dans la reproduction. John Müller [1] a constaté dans la capsule centrale d'un *Acanthometra* la présence de petits corps mobiles, probablement produits par la division du protoplasma contenu dans la capsule. Hæckel [2] a constaté également dans la capsule centrale du *Sphærozoum*, la présence de corps mobiles, flagellés, considérés comme destinés à servir à la reproduction. Mais les observations les plus précises que nous connaissions à cet égard, sont celles qui ont été faites par Cienkowski [3]. Dans le *Collosphæra Huxleyii*, il vit apparaître dans le contenu de la capsule, plusieurs vésicules délicates qui se divisèrent ensuite en corps plus petits dont il ne put poursuivre le sort. Dans des *Collosphæra spinosa*, observés à Naples en février, il trouva la capsule centrale remplie d'un grand nombre de petits corps sphériques, mobiles, qui dans un cas sortirent de la capsule et prirent la forme de zoospores ciliées.

Il nous sera maintenant facile d'établir la parenté des Radiolaires. Ils sont manifestement très voisins des Foraminifères dont le protoplasma est, comme celui des Radiolaires, nu à la surface, et émet des pseudopodes radiés, habituellement anastomosés et pourvus de granulations et de courants protoplasmiques.

Mais les Radiolaires se distinguent nettement des Foraminifères : en premier lieu, par la division du protoplasma en un endosarque et un ectosarque, par la présence d'une membrane autour de l'endosarque ; en second lieu, par la nature et le siège du squelette quand il existe. Le squelette des Foraminifères est toujours périphérique, chitineux ou calcaire ; celui des Radiolaires est siliceux, situé dans l'épaisseur même du protoplasma et formé de baguettes tantôt simplement rayonnantes, tantôt disposées en grillages, tandis que le

<hr>

1. In *Abhandlungen der Berl. Akad.*, 1858.
2. *Die Radiloarien*, p. 147, tab. XXXIII, fig. 1-9.
3. In *Arch. f. mikr. Anat.*, 1871, VII.

squelette des Foraminifères est formé de test à parois pleines ou simplement munies de pores très fins.

On peut admettre avec quelque chance de ne pas se tromper, que les Radiolaires et les Foraminifères sont issus d'une souche commune représentée par les Rhizomonériens. Cette opinion est plus probable que celle qui considérerait les Radiolaires comme issus des Foraminifères, ou les Foraminifères comme issus des Radiolaires. Ces deux groupes produits par une même souche ont évolué ensuite parallèlement, et il est facile de trouver en eux des formes tout à fait analogues. Dans les deux groupes, on passe de formes d'abord très simples, pourvues d'un squelette simplement chitineux, à des formes pourvues d'un squelette plus complexe, mais d'un côté, encore simples, puis à des formes composées, les *Polythalames*, les *Cyrtida* et les *Polycyttaria* de l'autre.

Ces deux groupes se terminent de la même façon en s'épuisant. Il n'existe en effet aucune autre classe de Protozoaires qu'on puisse considérer comme dérivant soit des Foraminifères, soit des Radiolaires.

Les Radiolaires sont tous des animaux aquatiques. Un petit nombre seulement, les Actinophryens, habitent les eaux douces, les autres sont marins. Les Radiolaires d'eau douce se trouvent habituellement dans la vase ou le sable.

Quant aux Radiolaires marins ils vivent surtout à la surface de la mer ou entre deux eaux. Après la mort des animaux, les squelettes tombent au fond de la mer et contribuent à en former le sol.

Ainsi que nous l'avons dit en parlant des Foraminifères, les Radiolaires sont relativement peu nombreux entre le 60e degré de latitude nord et le 60e de latitude sud. Au delà de ces limites, au contraire, entre les pôles, les Radiolaires sont extrêmement nombreux. Dans le sol des mers polaires leurs squelettes prédominent sur ceux des Foraminifères. Ils y sont accompagnés de très nombreux squelettes également siliceux de Diatomacées.

Les squelettes des Radiolaires se montrent en grande quantité dans certains dépôts géologiques. Huxley pense qu'ils ont dû être très abondants dans les terrains crétacés où cependant on ne les trouve plus aujourd'hui. Il attribue ce fait à ce que les squelettes ont été dissous, puis reprécipités à l'état de silex pour former les rognons siliceux qui abondent dans la craie.

En tenant compte des caractères indiqués plus haut, on peut diviser les Radiolaires, suivant qu'ils vivent isolés ou en colonies, en deux grands groupes : les *Monocyttariens* ou *Monozoaires*, dans lesquels les individus sont isolés et ne présentent, par conséquent, qu'une seule capsule centrale ; et les *Polycyttariens* ou *Polyzoaires*, dont les individus se réunissent en colonies sphériques qui présentent autant de capsules centrales qu'elles comprennent d'individus. Les Monocyttariens eux-mêmes peuvent être subdivisés, d'après la présence ou l'absence d'un squelette, en un certain nombre de groupes secondaires. Nous résumons dans le tableau suivant les caractères de ces grandes divisions :

RADIOLAIRES. — Corps protoplasmique nu ; divisé en deux parties : l'une centrale toujours entourée d'une « capsule centrale », l'autre périphérique émettant de très nombreux pseudopodes radiés, ordinairement anastomosés. Squelette siliceux formé de baguettes diversement agencées.	MONOCYTTARIENS (*Monocyttaria*). Individus isolés. Une seule capsule centrale.	*Alithidés* ou *Thalassicolidés*. Pas de squelette siliceux. Capsule centrale très développée. — Marins.	
		Ectolithidés. Squelette siliceux toujours extra-capsulaire.	*Cyrtidés*. Squelette largement ouvert à une extrémité à une ou plusieurs chambres incomplètement closes.
			Amphilidés. — Squelette formé de spicules ou de sphères grillagées disposées en dehors de la capsule centrale, et complètes.
		Entolithidés. Squelette extra-capsulaire et intra-capsulaire.	
	Polycyttariens. Individus réunis en colonie. Plusieurs capsules centrales.	*Alithidés*. Sans squelette.	
		Lithidés. Pourvus d'un squelette.	

Quant à la division des Radiolaires en tribus, familles et genres, nous nous bornons à reproduire la classification de Hæckel :

FAMILLES, SOUS-FAMILLES ET GENRES DES RADIOLAIRES (D'APRÈS HÆCKEL)

A. — RADIOLARIA MONOZOA (MONOCYTTARIA).

CAR. : Radiolaires pourvus d'une seule capsule centrale ; animaux unicellulaires, vivant isolés.

AA. — ECTOLITHIA.

CAR. : Radiolaires monozoaires sans squelette ou avec un squelette extra-capsulaire.

TRIBU I. — COLLIDA.

CAR.: Pas de squelette, ou squelette formé simplement de spicules adhérentes à la capsule centrale. Capsule centrale sphérique.

Fam. I. THALASSICOLLIDA. — Pas de squelette.

Genres : *Thalassicolla, Thalassolampe.*

Fam. II. THALASSOSPHÆRIDA. Squelette formé de simples spicules disposées tangentiellement à la surface de la capsule centrale.

Genres : *Physematium, Thalassosphæra, Thalassoplancta.*

Fam. III. AULACANTHIDA. — Squelette formé de spicules disposées en partie tangentiellement et en partie radialement à la surface de la capsule centrale.

Genre : *Aulacantha.*

TRIBU II. — ACANTHODESMIDA. Caractères de la famille.

Fam. IV. ACANTHODESMIDA. — Le squelette est formé de quelques bandes ou bâtonnets irrégulièrement reliés et formant un treillage lâche, mais ne constituant pas une véritable enveloppe grillagée. La capsule centrale, située au centre du treillage, n'est pas traversée par les bâtonnets ; elle a ordinairement une forme sphérique.

Genres : *Lithocircus, Zygostephanus, Acanthodesmia, Plagiacantha, Prismatium, Dictyocha.*

TRIBU III. — CYRTIDA.

Le squelette est formé d'un test treillagé, tantôt simple, tantôt divisé en deux ou plusieurs compartiments superposés ou disposés à côté l'un de l'autre, par des cloisons longitudinales ou transversales. Les formes principales sont sphériques, ellipsoïdes, cylindriques, coniques et fusiformes. Quelque différente que soit la forme, il existe toujours un axe longitudinal idéal très nettement reconnaissable. Les deux pôles affectent des formes différentes : le pôle apical est voûté en coupole et recouvert par le treillage ; le pôle inférieur ou basilaire est ouvert ou bien possède un treillage tout différent. Le développement du test commence par le pôle apical. La capsule centrale est logée dans la partie supérieure du test ; elle est ordinairement divisée vers le bas en plusieurs lobes. Elle est entourée d'une matrice d'épaisseur variable, s'étendant jusqu'au bas du test treillagé extérieur et émettant toujours de nombreux pseudopodes soit à travers le treillis, soit par l'orifice du test ; la matrice contient toujours plusieurs cellules jaunes.

Fam. V. Monocyrtida. — Le test treillagé est simple, non cloisonné.

Genres : *Pylosphæra, Haliphormis, Cyrtocalpis, Litharachnium, Cornutella, Spirillina, Halicalyptra, Carpocanium.*

Fam. VI. Zygocyrtida. — Test treillagé divisé par une cloison longitudinale médiane en deux compartiments semblables et collatéraux.

Genres : *Dictyospyris, Ceratospyris, Cladospyris, Petalospyris.*

Fam. VII. Dicyrtida. — Le test treillagé est divisé par une cloison transversale en deux compartiments dissemblables, superposés.

Genres : *Dictyocephalus, Lophophæna, Clathrocanium, Lamprodiscus, Lithopera, Lithomelissa, Arachnocorys, Dictyophimus, Eucecryphalus, Anthocyrtis, Lychnocanium.*

Fam. VIII. Stichocyrtida. — Test divisé par deux ou plusieurs cloisons transversales en trois ou plusieurs compartiments dissemblables, superposés.

Genres : *Lithocampe, Eucyrtidium, Thyrsocyrtis, Lithocorythium, Pterocanium, Dictyoceras, Lithornithium, Rhopalocanium, Pterocodon, Podocyrtis, Dictyopodium.*

Fam. IX. Polycyrtida. — Test divisé par deux ou plusieurs cloisons les unes longitudinales, les autres transversales, en trois ou plusieurs compartiments dissemblables collatéraux ou superposés.

Genres : *Spyridobotrys, Lithobotrys, Botryocampe, Botryocyrtis.*

Tribu IV. — Ethmosphærida.

Le squelette est formé d'un test treillagé, unique, simple, extra-capsulaire sphéroïde, ou bien de plusieurs sphères treillagées concentriques et reliées par des bâtonnets rayonnants. La sphère plus interne renferme une capsule centrale sphérique.

Fam. X. Heliosphærida. — Le squelette est formé d'une sphère grillagée unique, extra-capsulaire, avec ou sans aiguillons radiaux.

Genres : *Cyrtidosphæra, Ethmosphæra, Heliosphæra.*

Fam. XI. Arachnosphærida. — Le squelette est formé de deux ou plusieurs sphères grillagées contiguës extra-capsulaires, reliées par des bâtonnets radiaux.

Genres : *Diplosphæra, Arachnosphæra.*

Tribu V. — Aulosphærida.

Fam. XII. Aulosphærida. — Squelette composé de plusieurs tubes simples, creux, les uns radiaux, les autres tangentiels, les uns formant une sphère grillagée simple, tandis que les autres font saillie sous la forme de piquants. La capsule centrale est sphérique et suspendue au centre de la sphère grillagée.

Genre : *Aulosphæra.*

Ab. — ENTOLITHIA.

Radiolaires Monozoaires pourvus d'un squelette extra-capsulaire et d'un squelette intra-capsulaire.

Tribu VI. — Cœlodendrida.

Fam. XIII. Cœlodendrida. — Squelette formé d'une coque treillagée sphéroïde, entourée par la capsule centrale sphérique; de cette coque partent des piquants radiés, creux, qui traversent la capsule.

Genre : *Cœlodendrium.*

TRIBU VII. — CLADOCOCCIDA.

Fam. XIV. CLADOCOCCIDA. — Squelette formé d'une sphère treillagée entourée par la capsule centrale sphérique; de la sphère grillagée partent plusieurs piquants radiés, simples ou ramifiés, solides, traversant la capsule.

Genres : *Rhaphidococcus, Cladococcus.*

TRIBU VIII. — ACANTHOMETRIDA.

Squelette formé de plusieurs piquants radiaux traversant la capsule centrale et se réunissant au centre de cette dernière sans former de coque grillagée. Les cellules jaunes extra-capsulaires qu'on trouve chez tous les autres Radiolaires n'existent pas ici. Les pseudopodes restent visibles chez l'animal mort, sous la forme d'une couronne de cils revêtant l'enveloppe gélatineuse qui entoure les piquants.

Fam. XV. ACANTHOSTAURIDA. — Squelette formé de vingt piquants radiaux, disposés symétriquement d'après la loi de Müller, réunis au centre de la capsule centrale et soudés les uns aux autres.

Genres : *Acanthometra, Xiphacantha, Amphilonche, Acanthostaurus, Lithoptera.*

Fam. XVI. ASTROLITHIDA. — Le squelette se compose de vingt piquants radiaux disposés symétriquement suivant la loi de Müller et fusionnés au centre de la capsule centrale en une pièce unique, indivisible, étoilée.

Genres : *Astrolithium, Staurolithium.*

Fam. XVII. LITHOLOPHIDA. — Squelette formé de plusieurs piquants radiaux, sans arrangement spécial, unis dans la capsule centrale.

Genre : *Litholophus.*

Fam. XVIII. ACANTHOCHIASMIDA. — Squelette formé de piquants radiaux qui traversent diamétralement la capsule centrale, quelquefois la perforent deux fois, et se touchent dans le centre de la capsule centrale mais sans se souder.

Genre : *Acanthochiasma.*

TRIBU IX. — DIPLOCONIDA.

Fam. XIX. DIPLOCONIDA. — Squelette formé d'un test siliceux homogène non treillagé, entourant la capsule centrale. Dans son axe longitudinal passe un piquant très long qui traverse la capsule de part en part et dont la partie médiane est reliée au test. Les pseudopodes qui rayonnent de la capsule centrale intérieure n'apparaissent qu'à travers de larges orifices situés au niveau de deux pôles semblables de l'axe longitudinal.

Genre : *Diploconus.*

TRIBU X. — OMMATIDA.

Squelette formé d'un test treillagé, sphéroïde, extra-capsulaire, unique ou bien de plusieurs tests sphéroïdes, concentriques, emboîtés les uns dans les autres et réunis par des bâtonnets radiaux. La capsule centrale est toujours entourée d'au moins un test et perforée par des bâtonnets radiaux qui partent du test et se réunissent vers le centre de la capsule.

Fam. XX. DORATASPIDA. — Squelette composé d'un seul test sphéroïde unique renfermant la capsule centrale et émettant les piquants radiaux qui perforent la capsule et sont entrelacés au centre de cette dernière.

Genres : *Dorataspis, Haliommatidium.*

Fam. XXI. HALIOMMATIDA. — Squelette formé de deux tests sphéroïdes concentriques, reliés par des piquants radiaux; l'un des tests est en dedans et l'autre en dehors de la capsule centrale.

Genres : *Aspidomma, Haliomma, Tetrapyle, Heliodiscus, Ommatospyris, Ommatocampe.*

Fam. XXII. ACTINOMMATIDA. — Squelette formé de 3, 4, ou plus tests sphéroïdes, situés les uns en dehors, les autres en dedans de la capsule centrale, et reliés par des piquants radiaux.

Genres : *Actinomma, Didymocyrtis, Cromyomma, Chilomma.*

TRIBU XI. — SPONGURIDA.

Squelette en partie ou en totalité spongieux; composé soit extérieurement soit dans toute sa masse, d'un agrégat irrégulier de compartiments ouverts. La capsule centrale est traversée et entourée par le squelette spongieux.

FAM. XXIII. SPONGOSPHÆRIDA. — Squelette irrégulièrement spongieux dans sa partie externe, avec deux ou plusieurs sphères grillagées régulières, concentriques, reliées par des bâtonnets radiaux et situées dans la capsule centrale.

Genres : *Rhizosphæra, Spongosphæra, Dictyoplegma, Spongodictyum.*

Fam. XXIV. SPONGODISCIDA. — Squelette tout entier irrégulièrement spongieux, avec des compartiments irrégulièrement disposés.

Genres : *Spongodiscus, Spongotrochus, Spongurus, Dictyocoryne, Rhopalodictyum.*

Fam. XXV. SPONGOCYCLIDA. — Squelette irrégulièrement spongieux à la périphérie, formé au centre de plusieurs compartiments disposés en anneaux concentriques, réguliers.

Genres : *Spongocyclia, Stylospongia, Spongasteriscus.*

TRIBU XII. — DISCIDA.

Squelette formé par un disque plat ou en forme de lentille biconvexe, composé de deux plaques parallèles ou bien de deux plaques concaves appliquées l'une contre l'autre par leurs faces concaves; plaques munies de trous. Entre les plaques passent plusieurs anneaux concentriques ou bien les tours d'une poutre spiralée, coupés par des poutres radiales de façon à former entre les deux plaques des rangées de chambres disposées en cercles ou en spirale. La capsule centrale est discoïde, enfermée dans le disque et traversée par des cloisons.

Fam. XXVI. COCCODISCIDA. — Le compartiment central du disque cloisonné est entouré de tous les côtés par un seul test treillagé unique, ou par plusieurs tests concentriques emboîtés les uns dans les autres et reliés par des baguettes radiales. Les rangées de compartiments disposées autour du test extérieur sont disposées en cercles concentriques.

Genres : *Lithocyclia, Coccodiscus, Stylocyclia.*

Fam. XXVII. TREMATODISCIDA. — Le compartiment central n'est pas différent des autres compartiments disposés autour de lui en cercles concentriques.

Genres : *Trematodiscus, Perichlamydium, Stylodictya, Rhopalastrum, Histiastrum, Euchitonia, Stephanastrum*.

Fam. XXVIII. DISCOSPIRIDA. — Le compartiment central du disque ne diffère pas des autres qui sont disposés en spirale autour de lui.

Genres : *Discospira, Stylospira*.

TRIBU XIII. — LITHELIDA.

Fam. XXIX. LITHELIDA. — Squelette sphérique ou ellipsoïde composé de plusieurs disques parallèles, réunis par leurs surfaces aplaties. Chaque disque est composé, comme dans les *Discospirida*, d'une rangée de chambres disposées en spirale autour de l'axe du disque. L'axe commun à tous les disques, autour duquel passent toutes les rangées spirales des compartiments, est, dans les formes ellipsoïdes, perpendiculaire au grand axe de l'ellipse. La capsule centrale est sphérique ou ellipsoïde, enfermée dans le test et traversée par ses cloisons.

Genre : *Lithelius*.

B. RADIOLARIA POLYZOA (POLYCYTTARIA).

Radiolaires à plusieurs capsules centrales, ou réunions d'individus vivant en société.

TRIBU XIV. — SPHÆROZOIDA.

Le squelette manque ou est formé de spicules isolées, disséminées autour des capsules centrales.

Fam. XXX. COLLOZOIDA. — Pas de squelette.

Genre : *Collozoum*.

Fam. XXXI. RAPHIDOZOIDA. — Squelette formé de spicules isolées, disposées tangentiellement autour des capsules centrales.

Genres : *Sphærozoum, Raphidozoum*.

TRIBU XV. — COLLOSPHÆRIDA.

Fam. XXXII. COLLOSPHÆRIDA. — Squelette formé de sphères grillagées simples, enveloppant chacune une capsule centrale.

Genres : *Collosphæra, Siphonosphæra*.

Quelques genres de Radiolariens sont rendus très remarquables par la présence d'un flagellum analogue à celui que nous aurons à signaler dans les Infusoires-Flagellates. Tels sont les *Actinomonas* qui n'ont ni capsule centrale, ni squelette et peuvent être considérés comme des Héliozoaires; et les *Cuchitonia, spongocyclia* et *spongateriscus* que leur capsule centrale rend semblables aux autres Radiolaires vrais. Ces genres servent à relier les Radiolariens aux Infusoires-Flagellates.

CHAPITRE V

CLASSE V

GRÉGARINIENS

§ 1. — ÉTUDE DES PRINCIPALES FORMES

Gregarina gigantea Van Bened [1]. — Nous choisissons cette espèce comme premier exemple pour l'étude des Grégariniens parce que c'est celle qui a été, dans ces derniers temps, l'objet des recherches les plus complètes et les plus précises. Elle a été découverte par Van Beneden dans l'intestin du Homard.

À l'état adulte, son corps est allongé ; l'extrémité antérieure, renflée, simule une sorte de tête ; l'extrémité postérieure est beaucoup plus effilée. Elle atteint jusqu'à un centimètre et demi de longueur.

Malgré sa grande taille, cet être n'est cependant constitué que par une seule cellule ; mais cette cellule se distingue de toutes celles que nous avons rencontrées jusqu'ici, en ce qu'elle est complète, c'est-à-dire constituée par du protoplasma, un noyau et une membrane cellulaire.

Mais telle n'est pas dès le début l'organisation du *G. gigantea;* avant d'atteindre cette complexité il passe par des états beaucoup plus simples. Il se montre d'abord sous la forme d'une très petite masse protoplasmique, à contour irrégulier, riche, dans sa partie centrale, en granulations de très petite taille, plus claire à la périphérie. Il n'existe alors ni noyau, ni membrane d'enveloppe et l'on peut assimiler d'autant plus complètement cet état de l'animal à un Lobomonérien que sa forme change sans cesse par suite de la production de pseudopodes lobés, à l'aide desquels s'effectue un lent déplacement. Plus tard, on voit cette sorte de Monère se contracter, devenir à peu près sphérique, puis émettre, en un

---

1. Van Beneden, *Sur l'évolution des Grégarines,* in *Bull. Ac. Sc. Belg.,* 1871, XXXI, p. 325.

point de son corps, un pseudopode cylindrique, non ramifié, présentant, lui aussi, une partie centrale très granuleuse, foncée, et une partie périphérique claire. Ce pseudopode se distingue de ceux précédemment formés parce que, une fois développé, il persiste en s'allongeant de plus en plus. Lorsqu'il a atteint une certaine longueur, il se produit, au niveau de sa base, c'est-à-dire dans le voisinage du point par lequel il adhère au corps protoplasmique qui lui a donné naissance, un étrangle- ment qui finit par déterminer sa sépa- ration. Le pseudopode devenu libre, présente une de ses extrémités, celle qui pendant la formation était libre, renflée en massue, tandis que l'autre est plus ou moins effilée. C'est la première qui deviendra l'extrémité céphalique de l'animal, c'est-à-dire celle qui se porte en avant pendant le déplacement.

Pendant que ces phénomènes se pas- saient, un autre pseudopode se formait dans un point différent du corps monéri- forme ; quand le premier pseudopode se sépare, le protoplasma du corps monéri- forme passe tout entier dans ce nouveau prolongement, qui se présente alors, comme l'autre, sous l'aspect d'une sorte de petit ver cylindrique, ayant une extré- mité céphalique renflée et une extrémité caudale très effilée. Ces deux organismes se meuvent librement dans l'intestin du Homard et, se nourrissant par endos- mose des aliments tout préparés que l'in- testin contient, ils augmentent très rapi- dement de dimensions. Van Beneden,

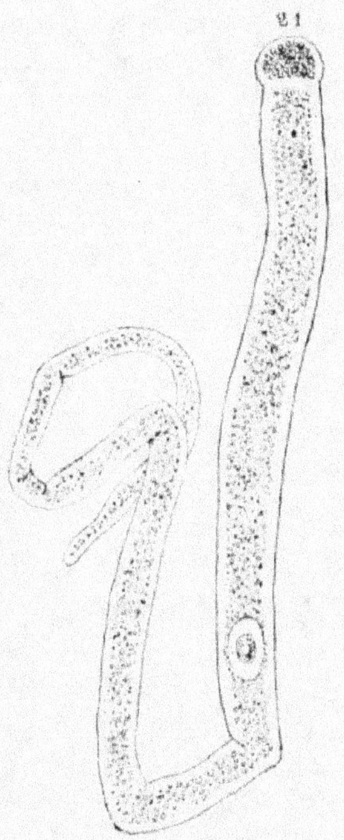

Fig. 128. — *Gregarina gigantea* (d'après van Beneden).

frappé de leur ressemblance avec certains Vers, leur a donné le nom de *Pseudo-filaires*, tandis qu'il nomme *cytode générateur* le corps monériforme qui leur a donné naissance.

Ces filaments sont d'abord, comme le cytode générateur, constitués uniquement par du protoplasma nu, granuleux au centre, plus clair et plus dense à la surface, mais dépourvu de membrane d'enveloppe et de noyau. A mesure qu'ils grandissent, un noyau se forme vers le milieu de leur longueur, dans le protoplasma central. Le noyau dé-

bute par une tache granuleuse entourée d'une zone claire ; la tache
et la zone claire grandissent peu à peu et finissent par acquérir les
caractères d'un noyau muni de son nucléole.

Tandis que le noyau se forme, le corps de la pseudofilaire devient
immobile, puis il s'aplatit et s'élargit beaucoup, de façon à prendre une
forme ovoïde. L'extrémité antérieure, qui est la plus renflée, change
en même temps d'aspect, par suite de la formation d'une petite
saillie conique, qu'une ligne claire transversale sépare bientôt de la
masse granuleuse du corps.

Le corps commence alors à s'allonger beaucoup, surtout dans la

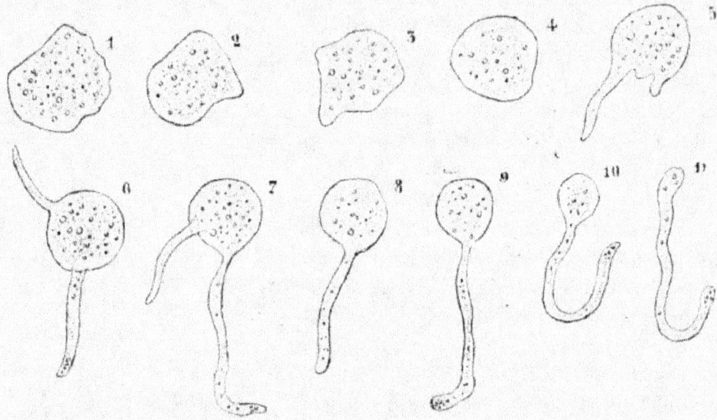

Fig. 129. — *Gregarina gigantea*. Phases successives de la transformation du cytode générateur en Grégarines (d'après van Beneden.) — 1, 2, 3, Cytode générateur ou état monériforme mobile ; 4, les pseudopodes sont rentrés ; 5, le cytode générateur commence à produire les deux pseudopodes qui deviendront les pseudo-filaires : 6, 7, les deux pseudopodes sont déjà très allongés ; 8, l'un d'eux s'est détaché ; 9, 10, transformation du
reste du cytode générateur en pseudo-filaire ; 11, pseudo-filaire :

partie postérieure au noyau, et l'animal ne tarde pas à offrir l'aspect
d'un long ruban qui peut atteindre jusqu'à 16 millimètres de long,
plus large en avant qu'en arrière, le corps se rétrécissant graduellement vers l'extrémité caudale qui est terminée par une pointe mousse.
L'extrémité antérieure est renflée en une sorte de tête arrondie,
séparée du reste du corps par une bande de protoplasma clair, non
granuleux. Le noyau est elliptique, situé vers l'union du tiers antérieur avec les deux tiers postérieurs du corps. Il contient un gros
nucléole.

Pendant que le corps de l'animal s'allonge, sa surface se durcit graduellement et finit par être transformée en une véritable membrane cellulaire, incolore, résistante, à double contour, désignée sous le nom de *cuticule* ou *épicyte*.

L'animal a alors atteint l'âge adulte. Il est manifestement constitué par une cellule unique, mais complète, c'est-à-dire pourvue d'un corps cellulaire ou protoplasma, d'un noyau avec son nucléole, et d'une membrane cellulaire.

Si nous jetons un coup d'œil en arrière sur les groupes de Protozoaires déjà étudiés, nous ne rencontrons que des animaux unicellulaires à cellules incomplètement développées. Dans le groupe le

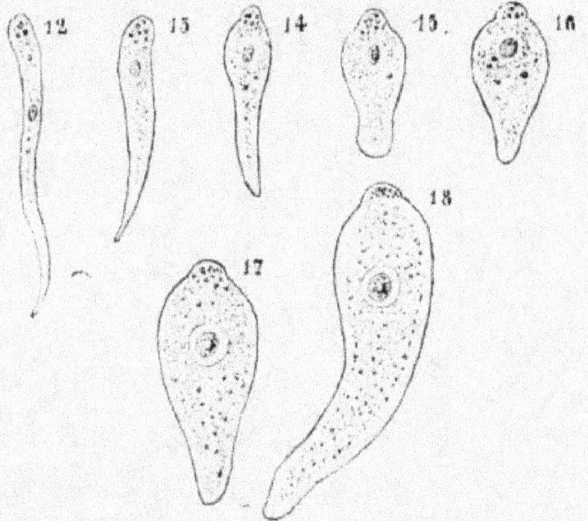

Fig. 130. — *Gregarina gigantea*. Transformation d'une pseudo-filaire en Grégarine (d'après van Beneden). — 12, le noyau commence à se montrer dans le corps encore très allongé de la pseudo-filaire ; 13, 14, 15, 16, le corps se raccourcit et s'applatit pendant que le noyau se différencie de plus en plus et que l'extrémité se renfle ; 17, la tête se sépare du corps par une cloison claire, le corps s'allonge ; 18, le corps est plus allongé, la membrane cellulaire se différencie.

plus inférieur, celui des Monériens, la cellule est formée par une masse protoplasmique sans noyau ni membrane ; cependant la partie la plus externe du corps de l'animal se montre constituée par un protoplasma plus dense et moins granuleux que celui de la portion centrale. Dans le groupe des Amœbiens, cette zone périphérique devient plus dense encore, mais il n'existe pas encore de véritable membrane. Dans la partie centrale, une différenciation se produit : une petite portion du protoplasma devient plus dense, plus claire, s'entoure d'une membrane mince, devient une sorte d'individualité secondaire, le noyau. La cellule a fait un pas de plus vers sa forme définitive. Dans les Grégariniens, elle atteint cet état en acquérant une membrane d'enveloppe.

Quant au développement du *Gr. gigantea* que nous venons de décrire, il présente manifestement la récapitulation des étapes successives que la matière protoplasmique franchit avant d'atteindre le degré de complication qui a reçu le nom de cellule complète, *Lépocytode* de Hæckel, sous lequel nous la rencontrerons désormais.

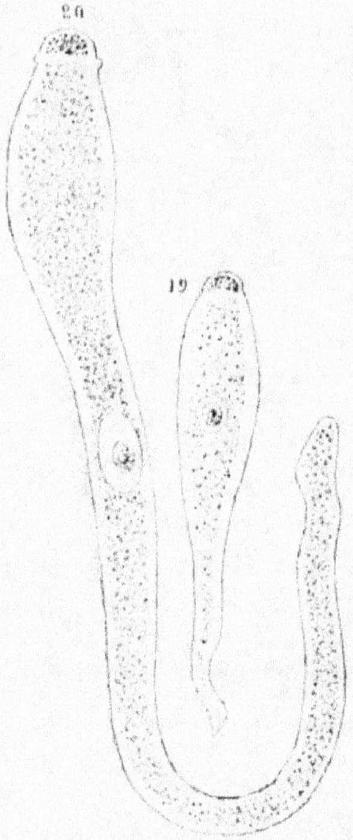

Si, du point relativement bien peu élevé où nous sommes arrivés dans notre marche ascendante, nous jetons un coup d'œil sur les formes innombrables des animaux qui feront l'objet de nos études, si nous cherchons à entrevoir la structure des rameaux innombrables de cet arbre gigantesque auquel il me plaît toujours de comparer le monde organisé, nous ne verrons que des êtres formés : les uns, d'une seule cellule, comme ceux que nous connaissons déjà ; les autres, d'un nombre d'autant plus considérable de cellules que nous jetterons les yeux plus loin du point où nous sommes. Mais chez tous, ce sera cette individualité vivante, élémentaire, toujours simple, la cellule, qui sous des formes variant à l'infini et par des agencements non moins divers, constituera les différents organismes, animaux ou végétaux, qui se présenteront à notre observation.

Fig. 131. — *Gregarina gigantea.* Derniers états du développement (d'après van Beneden).

Revenons à notre Grégarine. Lorsqu'elle a atteint l'état de développement que nous avons décrit plus haut, de nouvelles différenciations se produisent dans son protoplasma qui bientôt présente diverses parties nettement distinctes : au-dessous de la membrane d'enveloppe ou *épicyte*, se voit une couche de protoplasma incolore, relativement dense, dépourvu de granulations. On a donné à cette zone protoplasmique le nom de *sarcocyte*. En dedans d'elle, toute la portion centrale du corps est constituée par un protoplasma moins dense, très granuleux, qui a reçu le nom de *substance médullaire*; c'est elle qui contient le noyau. Ainsi que nous l'avons dit plus haut, elle est divisée, en arrière du renflement céphalique, par une barre transversale de protoplasma incolore qui se confond, au niveau de son pourtour, avec le sarcocyte.

Dans le *Gr. gigantea*, de même que dans un grand nombre d'autres Grégariniens, il existe dans l'épaisseur du sarcocyte une couche de stries transversales, disposées parallèlement les unes aux autres et très rapprochées. On trouve ces stries aussi bien en avant de la cloison post-céphalique qu'en arrière de cette cloison.

On a beaucoup discuté sur la signification morphologique et physiologique de ces stries. D'après van Beneden[1] dont l'opinion est contestée avec force raisonnements par Aimé Schneider, ces stries seraient douées de propriétés contractiles et rappelleraient par leur rôle physiologique les fibres musculaires des animaux plus élevés en organisation. En admettant même qu'il y ait dans cette manière de voir une exagération, et que ces fibrilles ne jouent pas un rôle très important dans les mouvements de l'animal, il n'est guère permis de douter qu'elles soient contractiles. Elles ne sont en effet que le résultat d'une condensation localisée du protoplasma qui forme le sarcocyte. Or, le protoplasma est, nous le savons, susceptible de se contracter, et il est probable que cette propriété se manifeste avec une plus grande intensité dans les points où la matière protoplasmique est le plus condensée. Cette subordination de la manifestation d'une propriété, considérée jusqu'ici comme spéciale à la matière vivante, aux variations de l'état moléculaire de cette matière, n'a, d'autre part, rien d'extraordinaire pour nous. Nous savons, en effet, que certaines propriétés des êtres inorganiques, notamment la dilatabilité et par suite la contractilité, ne se montrent pas avec la même intensité dans tous les états moléculaires de ces corps.

Tout le monde sait, par exemple, qu'un même métal ne se dilate pas d'une même quantité sous l'influence d'une même élévation de température, quand on expose le métal à une chaleur de faible intensité ou quand on l'expose à une chaleur très intense. En modifiant l'état moléculaire du corps, la chaleur modifie sa dilatabilité.

Il en est certainement de même de toutes les substances, sans en excepter la matière vivante ou protoplasmique. Quand sa struc-

---

1. *Note sur la structure des Grégarines*, in *Bull. Ac. sc. Belg.*, 1872, XXXIII.

ture moléculaire change, sa contractilité doit nécessairement changer. Il est donc bien permis d'admettre, ainsi que nous l'avons dit tout à l'heure, que les fibrilles du sarcocyte de la Grégarine jouissent d'une contractilité plus grande que celle des autres portions du sarcocyte.

En admettant cette manière de voir, les fibrilles des Grégarines marquent un premier pas fait par les organismes vivants vers la différenciation du protoplasma en éléments spéciaux qui deviendront, dans les animaux plus élevés, d'abord des parties distinctes de certaines cellules, puis des cellules nettement individualisées, douées d'une contractilité très prononcée et finissant par être seules chargées, sous le nom de *fibres musculaires*, de déterminer les changements de formes et les déplacements des animaux et de leurs organes.

La nutrition s'effectue chez la Grégarine comme dans les organismes précédemment étudiés, par dialyse. L'animal absorbe dans l'intestin du Homard, par toute la surface de son corps, une partie des aliments que le Crustacé a élaborés pour lui-même. En un mot, la Grégarine géante est un parasite. Il en est de même de tous les Grégariniens connus. C'est le premier cas bien tranché de ce genre de vie que nous rencontrions sur notre route ; il est nécessaire de nous y arrêter un instant.

Il existe plusieurs formes bien distinctes de parasitisme. Celle que nous constatons chez les Grégariniens peut être considérée comme la plus complète. L'animal n'accomplit aucun travail préalable de nutrition ; il n'a besoin de modifier en aucune façon les aliments dont il se nourrit, c'est-à-dire les substances qui servent à l'accroissement de sa masse ; il trouve ces substances entièrement préparées ; il se borne à les absorber par simple endosmose ou par dialyse ; qu'il soit placé dans un milieu autre que l'intestin du Homard, et il ne tardera à succomber ; que le Homard dans l'intestin duquel il vit, cesse pour un motif ou pour un autre d'accomplir convenablement les différents actes de la digestion, c'est-à-dire de la préparation de ses propres aliments, et la Grégarine succombera encore. Dans les deux cas, elle meurt parce que, étant incapable de préparer elle-même ses aliments, de rendre diffusibles et absorbables les matériaux bruts avec lesquels elle se trouve en rapport, elle cesse de se nourrir.

Une partie des Vers qui habitent les intestins de l'homme et des animaux, sont des parasites du même ordre que les Grégarines, c'est-à-dire qu'ils se nourrissent à l'aide des aliments préalablement digérés par leur hôte pour son propre usage. Cette manière de vivre rendant inutile l'existence de tout appareil de préparation des aliments, nous ne serons pas étonnés de voir des animaux parasites relativement très élevés dans la série des êtres, comme les Tænias, ne posséder aucune trace d'un appareil digestif, ce qui permet de supposer qu'ils

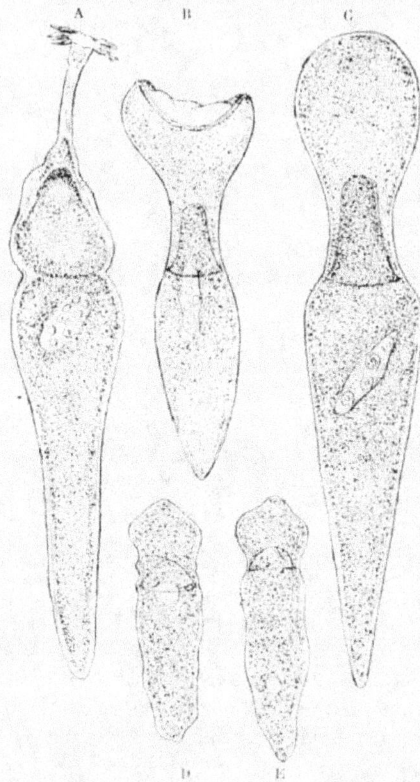

Fig. 132. — *Grégariniens* (d'après A. Schneider). — A, céphalin de *Hoplorhyncus oligacanthus*. — B, *Bothriopsis Histrio*. — C, même espèce offrant un aspect différent et plus habituel. — D, E, *Dufouria agilis*.

ont graduellement perdu, sous l'influence du milieu dans lequel ils passent leur existence, des organes que sans nul doute possédaient leurs ancêtres non parasites.

La respiration de notre Grégarine est tout aussi peu localisée que la nutrition. L'oxygène contenu dans le tube digestif du Homard pénètre à travers l'enveloppe du parasite dans la profondeur de son protoplasma, et les produits qui se forment sous l'influence de la respiration intime de ce dernier, sont rejetés par exosmose.

La locomotion est assez caractéristique; l'animal se déplace en glissant lentement, l'extrémité antérieure en avant; mais il peut aussi se replier sur lui-même, se courber et faire mouvoir certaines portions de son corps sans que les autres entrent en mouvement. Il est également susceptible soit de s'allonger en se rétrécissant, soit, au contraire, de se raccourcir en s'épaississant. C'est notamment ce qu'il fait au moment de l'enkystement dont nous parlerons tout à l'heure; il peut alors devenir tout à fait sphérique.

Nous avons indiqué plus haut, d'après van Beneden, l'évolution de la Grégarine géante, depuis l'état de cytode générateur qui rappelle nettement les Monériens, jusqu'à l'état adulte, en passant par la phase de pseudo-filaire. Pour compléter l'histoire de cet animal, nous devrions exposer les phénomènes à l'aide desquels la Grégarine adulte peut produire un ou plusieurs cytodes générateurs ; malheureusement cette histoire n'a pas été faite, et les faits relatifs à la reproduction des Grégariniens sont encore, en grande partie, purement hypothétiques. On connaît cependant, d'une façon incontestable, deux phénomènes : l'enkystement et la conjugaison, que nous exposerons plus bas, en choisissant nos exemples parmi les espèces qui ont été le mieux étudiées; mais, auparavant, nous devons passer en revue les principales formes que sont susceptibles de revêtir, à l'état adulte, les Grégariniens.

A côté de la *Gregarina gigantea* se placent un grand nombre de formes qui possèdent, comme elle, une cloison protoplasmique transversale, séparant la tête du corps. Parmi ces formes nous ne citerons que les plus remarquables.

Le *Bothriopsis Histrio* A. SCHNEID. [1], qui vit dans le tube digestif des *Hydaticus cinereus* et *Hybneri*, *Colymbetes fuscus* et *Acilius sulcatus*, a le corps divisé par une cloison transversale en deux parties de dimensions presque égales. La partie antérieure, ou *protomérite*, a la forme d'une massue très renflée en avant, tandis que la partie postérieure ou *deutéromérite* a une forme lancéolée. La cloison de séparation des deux parties est très fortement bombée et fait une saillie conique dans le protomérite. L'extrémité antérieure de ce dernier est susceptible de se déprimer de façon à produire une sorte de

<hr>

1. Aimé SCHNEIDER, *Contribution à l'histoire des Grégarines des Invertébrés de Paris et de Roscoff*, in *Arch. de zool. expérim.*, 1875, IV, p. 596, tab. XXI, fig. 8-13.

large ventouse, à l'aide de laquelle l'animal peut se fixer à la muqueuse intestinale de son hôte.

Le *Genciorhynchus Monnieri* A. SCHNEID.[1], qui est très commun dans les larves des Libellules, est également divisé en deux parties à peu près de même taille. La forme générale du corps est lancéolée; le protomérite est arrondi en avant, et terminé par un long

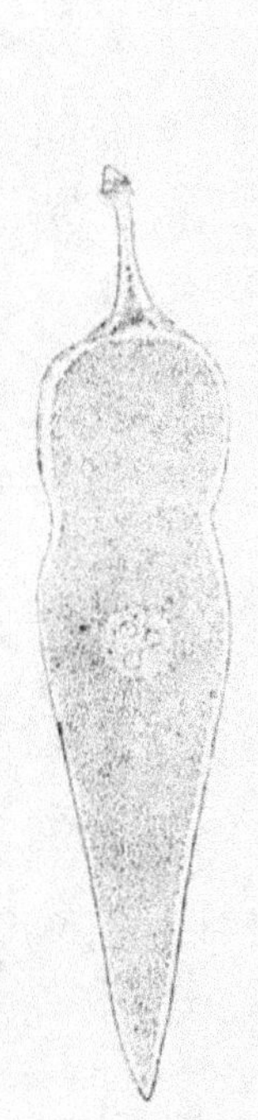

Fig. 133. — Céphalin du *Genciorhynchus Monnieri* (d'après Schneider).

Fig. 134. — *Clepsidrina Blattarum* (d'après A. Schneider.)

rostre cylindrique, grêle, un peu renflé au niveau de son extrémité libre qui porte de nombreuses petites dents aiguës, à l'aide desquelles l'animal se fixe. Vers l'époque de l'enkystement, le rostre tombe et le protomérite se montre presque arrondi à son extrémité.

L'*Hoplorhynchus olygacanthus* STEIN[2], très commun dans les larves

1. *Loc. cit.*, p. 595, tab. XX, fig. 21-27.
2. Voy. Aimé SCHNEIDER, *loc. cit.*, p. 591, tab. XVI, fig. 25-31.

de l'Agrion (*Callopteryx Virgo*), a une forme assez analogue à celle de l'espèce précédente ; son protomérite est élégamment terminé par un long rostre, mais celui-ci offre à son sommet une couronne de pointes disposées en étoile, à l'aide desquelles l'animal se fixe. A l'approche de l'enkystement, le rostre s'amincit graduellement puis se rompt un peu au-dessus de la base qui persiste seule.

L'*Actinocephalus stelliformis* A. SCHNEID.[1] possède un rostre très court, terminé par une étoile à huit dents ; on le trouve très fréquemment dans la larve du *Staphylinus olens*, dans le *Carabus auratus*, etc.

Le *Clepsidrina Blattarum* SIEBOLD[2], qui vit dans le tube digestif du *Blatta orientalis*, est remarquable par ce fait que l'on trouve toujours deux individus accolés l'un à l'autre, l'extrémité céphalique de l'un étant adhérente à l'extrémité caudale de l'autre. Les deux individus ont une forme irrégulièrement elliptique ; le protomérite de l'individu antérieur est arrondi ; celui de son satellite est aplati par pression. Ils sont l'un et l'autre à peu près complètement immobiles.

C'est à cette forme de Grégariniens accouplés qu'il faut rapporter les Didymophiidés de Stein qui, d'après cet auteur, seraient caractérisés par un protomérite normal, suivi de deux segments ayant à peu près la même longueur et possédant chacun un noyau. Ainsi que le fait remarquer A. Schneider, après Kölliker, « qu'on prenne un couple de *Clepsidrina* et qu'on se représente l'individu postérieur déprimant l'extrémité de l'individu antérieur, en refoulant la paroi assez avant pour que toute la hauteur du protomérite du second individu puisse être coiffée par l'extrémité du premier », et l'on aura un Didymophiidé. C'est sans doute à un fait de ce genre et à une erreur d'interprétation de ce fait qu'il faut attribuer les Didymophiidés de Stein.

Dans toutes les formes de Grégariniens dont nous venons de parler, le corps est divisé en deux parties : un protomérite et un deutéromérite, par la présence d'une cloison transversale, située plus ou moins en arrière de l'extrémité céphalique et formée par du protoplasma incolore, semblable à celui du sarcocyte.

Dans d'autres formes, autrefois réunies en un genre *Monocystis*, cette cloison n'existe pas et le corps est simple.

Le *Monocystis agilis* des auteurs, qui vit dans la cavité viscérale du Ver de terre est dans ce cas. Le corps est très allongé, fusiforme, un

1. *Loc. cit.*, p 588, tab. XVI, fig. 32, 33, 34, 43.
2. Voy. Aimé SCHNEIDER, *loc. cit.*, p. 580, tab. XVII, fig. 11, 12.

peu renflé au niveau de l'extrémité céphalique et de l'extrémité caudale, et muni d'un gros noyau au niveau du renflement médian.

L'*Urospora Nemertis* KÖLLIKER[1] est dans le même cas. Cette espèce a été trouvée à Roscoff par A. Schneider dans la *Valenciennia*. Elle est allongée, arrondie et légèrement recourbée en avant, effilée en pointe en arrière.

Nous pouvons maintenant étudier les phénomènes de reproduction des Grégariniens. Nous avons dit que deux de ces phénomènes avaient été bien constatés : l'enkystement et la conjugaison.

Lorsque la Grégarine est parvenue à son développement complet,

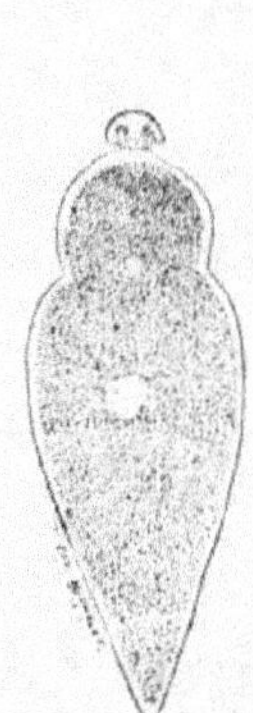

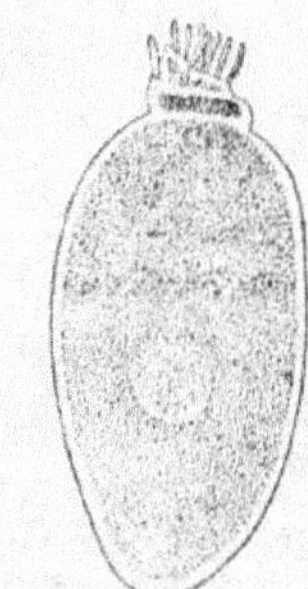

Fig. 135. — *Actinocephalus stelliformis* (d'après A. Schneider).

Fig. 136. — *Clepsidrina mystalacidarum* (d'après A. Schneider).

Fig. 137. — *Urospora Nemertis* (d'après A. Schneider).

Fig. 138. — Céphalin de l'*Echinocephalus hispidus* (d'après A. Schneider).

elle se contracte, devient sphérique, puis sécrète une enveloppe nouvelle, épaisse, résistante, de nature chitineuse.

Dans quelques cas, elle s'enkyste sans changer de forme (*Adelea ovata*). Après l'enkystement, le protoplasma se divise en deux, quatre ou un plus grand nombre de masses protoplasmiques. Ces faits ont été observés très nettement et l'on peut les accepter sans aucune hésitation.

Quant aux phénomènes ultérieurs, quoique décrits très minutieusement par un certain nombre de zoologistes, ils sont susceptibles d'être interprétés tout autrement qu'on ne l'a fait jusqu'à ce jour.

1. Voy. A. SCHNEIDER, *loc. cit.*, p. 597, tab. XXI, fig. 2-4.

Pour être précis dans leur exposition, nous prendrons comme exemple une espèce qui a été bien étudiée par A. Schneider, le *Grégarina ovata* ou mieux *Clepsidrina ovata* L. DUFUR[1].

Le *Clepsidrina ovata* vit en abondance dans l'intestin du Perce-oreilles (*Forficula auricularis*), Insecte de la famille des Orthoptères, très commun sur la vigne et particulièrement sur les raisins dont il se nourrit.

A. Schneider ayant mis des Forficules dans des vases de verre avec quelques grains de raisins, et ayant examiné les excréments de ces animaux, y trouva un grand nombre de kystes arrondis de *C. ovata*, pourvus d'une enveloppe résistante, transparente, de nature chitineuse.

Ces kystes sont de deux tailles différentes, les uns n'ayant que 18 à 20 centièmes de millimètre de diamètre, tandis que les autres ont

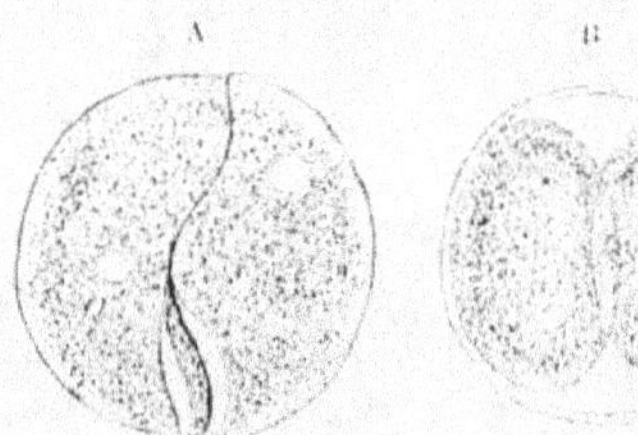 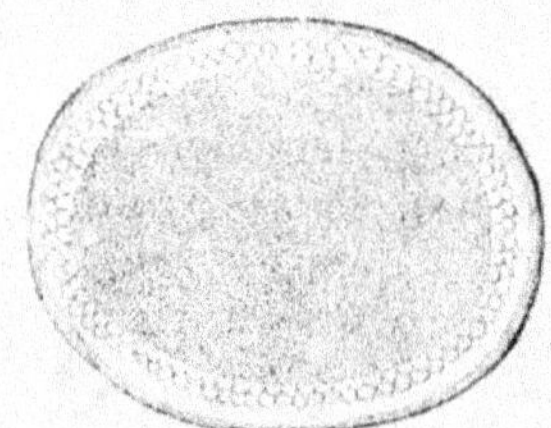

Fig. 139. — *Dufouria agilis*. B, Kyste en voie de formation par conjugaison. B, le même après sa division en deux individus nouveaux (d'après A. Schneider).

Fig. 140. — Kyste de *Clepsidrina ovata* dans lequel les spores se forment par gemmation (d'après A. Schneider).

des dimensions deux fois plus considérables. Les petits kystes dériveraient, d'après A. Schneider, de l'enkystement d'individus isolés, tandis que les gros kystes seraient produits par deux individus qui se sont d'abord rapprochés, accolés l'un à l'autre, puis fondus l'un avec l'autre, ou, pour nous servir de l'expression consacrée, *conjugués*.

Ce qui amène Schneider à admettre qu'il en est ainsi, c'est qu'il a pu constater dans les kystes de la grosse sorte un contenu d'abord divisé en deux masses égales, qui plus tard ne sont plus visibles, « le contenu étant devenu unique et parfaitement homogène. »

En plaçant les kystes dans l'eau, dans un verre de montre,

1. Voy. A. SCHNEIDER, *Sur quelques points de l'histoire du genre* Grégarina, in *Arch. de Zool. expérim.*, 1873, II, p. 515, tab. XXIII; *Contrib. à l'hist. des Grégarines des Invert.*, in *Arch. de zool. expér.*, 1875, IV, p. 578, tab. XVII, fig. 13-15.

on peut suivre pas à pas tous les phénomènes que nous allons décrire et qui s'effectuent, d'après A. Schneider, en six jours environ.

Le protoplasma qui forme le contenu du kyste commence par se contracter, en laissant un espace vide, incolore, entre sa masse et la membrane d'enveloppe; une deuxième membrane très mince se forme alors à la surface du protoplasma; puis celui-ci semble se diviser, à sa périphérie, en une foule de petits corps polygonaux qui affectent la disposition d'une mosaïque. Plus tard, on constate la présence, dans la substance protoplasmique, d'un grand nombre de petites cellules claires, pourvues d'une membrane et désignées sous le nom de *spores*. Bütschli [1] a récemment décrit une formation semblable de spores à la surface de deux Grégarines conjuguées mais non encore fusionnées.

Plus tard, encore, il s'élève, du protoplasma granuleux et foncé qui occupe le centre des kystes, des cônes revêtus d'une membrane très mince. Chacun d'eux finit par constituer un petit tube composé de deux parties : l'une basilaire, large; l'autre terminale, très longue, grêle, articulée sur la première. Schneider donne à ces tubes le nom de *sporoductes*, parce qu'ils sont destinés à donner passage aux spores; celles-ci en sortent disposées en longs chapelets. Tandis que les sporoductes se forment, la membrane d'enveloppe primitive, qui est maintenant très écartée de la masse protoplasmique granuleuse, se plisse et souvent même se détruit.

Il est important de noter que le protoplasma constituant de la Grégarine enkystée ne prend pas part en entier à la formation des spores; une petite partie seulement de cette substance est employée à cet usage; l'autre reste sans emploi et conserve tous les caractères qu'avait l'entocyte de la Grégarine. Schneider a constaté que certains kystes ne produisent qu'un nombre relativement faible de spores volumineuses qu'il nomme *macrospores*, tandis que du plus grand nombre sortent de très nombreuses spores de petite taille ou *microspores*; il tend à admettre que les macrospores sont produites à la suite de la conjugaison de deux Grégarines, tandis que les microspores résulteraient de Grégarines enkystées à l'état d'isolement et sans conjugaison préalable.

Les spores du *Clepsidrina ovata* sont des cellules cylindriques, allongées, à protoplasma clair, sans noyau. On admet que leur protoplasma, mis en liberté par la déchirure de la membrane est susceptible de se transformer en une Grégarine nouvelle. Van Beneden admet

<hr>

1. Bütschli, *Kleine Beiträge zur Kenntniss der Gregarinen*, in *Zeitsch. fur wis. sensch. Zooog.*, 1881, XXXV, p. 340.

même que le protoplasma devient le *cytode générateur* que nous avons trouvé au début du développement du *Gregarina gigantea*, mais il n'a point observé lui-même cette transformation. Quant à Schneider, il dit bien que quand on laisse les spores du *Clepsidrina ovata* dans l'eau où les kystes ont évolué, on ne tarde pas à voir au milieu d'elles un grand nombre de petits corps amœbiformes sans noyau ; mais il signale qu'il suffit de placer dans l'eau des détritus de l'intestin de la Forficule pour voir ces mêmes corps se produire en grande quantité, et il ajoute qu'on les observe parmi les kystes, avant que les spores se soient formées dans ces derniers. L'opinion de van Beneden est donc loin d'être démontrée.

Les spores qui sortent des kystes des Grégariens sont souvent désignées sous le nom de *pseudo-navicelles* à cause de leur ressemblance avec certaines Algues inférieures du groupe des Diatomées ; on les a aussi nommées *Psorospermies* parce qu'on a trouvé chez les Vertébrés, surtout chez les Poissons, des corps allongés, connus autrefois sous cette dénomination et qui ressemblent à ces spores.

Antérieurement aux observations signalées plus haut, de van Beneden et de Schneider, Lieberkühn avait étudié avec beaucoup de soin la formation des spores dans le *Monocystis agilis* du Ver de terre et il avait constaté, en ce qui concerne l'évolution des spores, des faits d'un haut intérêt.

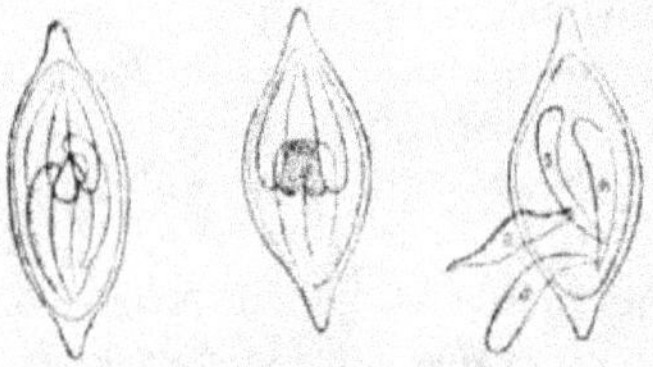

Fig. 141. — Macrospore du *Monocystis agilis* du Lombric avec les corpuscules falciformes (d'après A. Schneider).

Les spores qu'on trouve dans les kystes du *Monocystis agilis* affectent la forme de pseudo-navicelles, c'est-à-dire qu'elles sont fusiformes. Elles offrent une membrane d'enveloppe, et un protoplasma légèrement granuleux.

A un moment donné, il se développe dans l'intérieur de la spore un nombre variable de petits corps en forme de croissant, qu'on a désignés sous le nom de *corpuscules falciformes*. Il se forme d'ordinaire sept ou huit de ces corps. Tout le protoplasma de la spore n'est d'ailleurs pas utilisé pour leur production ; il en reste toujours une petite partie inemployée. Lorsque la spore est mûre, les corpuscules falciformes sont habituellement disposés en deux groupes, situés chacun à l'une de ses extrémités. Après leur mise en liberté par rupture de la membrane de la spore les corpuscules falciformes se montrent piriformes et sont, d'après Schneider, pourvus d'un noyau.

D'après Lieberkühn, les corpuscules falciformes se comporteraient, après leur mise en liberté, de la façon suivante : la membrane qui les entoure se rompt, le protoplasma du corpuscule devient libre, et prend la forme d'un corps amœboïde, analogue à celui que nous avons décrit au début de l'histoire de *G. gigantea*. Ce corps amœboïde change de forme, et, peu à peu, se transforme en un *Monocystis*. Van Beneden admet la même opinion que Lieberkühn et considère le cytode générateur du *Gregarina gigantea* comme produit par le protoplasma d'un corpuscule falciforme.

D'après A. Schneider qui combat vigoureusement l'opinion de Lieberkühn et de van Beneden, le corpuscule falciforme se transformerait directement en une Grégarine.

« Lorsque l'on considère tous ces petits corps, écrit-il[1], l'impression immédiate est que l'on a devant soi de jeunes Grégarines qui n'ont qu'à grandir pour devenir apparentes et manifester leurs caractères. »

Cependant A. Schneider n'émet cette opinion que comme une hypothèse ; il est bien obligé de reconnaître qu'il n'a pas plus vu le corpuscule falciforme devenir directement une Grégarine que Lieberkühn ou van Beneden ne l'ont vu produire le cytode générateur monériforme qui lui-même engendre plus tard, d'après van Beneden, deux pseudo-filaires, c'est-à-dire deux Grégarines. Il est peut-être même permis d'émettre des doutes sérieux sur la parenté des pseudo-filaires et des cytodes générateurs de van Beneden.

Enfin, bien des réserves peuvent être faites, relativement à la parenté des spores et des Grégarines enkystées, et des arguments sérieux ont été opposés à la manière de voir admise à cet égard par A. Schneider et ses prédécesseurs. Quelques détails sur ce sujet ne seront pas inutiles.

Giard a émis, il y a quelques années l'opinion, que les pseudo-navicelles et les corpuscules falciformes ne sont, comme les Psorospermies des Poissons que des spores d'un Champignon parasite des Poissons et des kystes des Grégarines. Sa manière de voir repose sur un fait qui paraît singulièrement probant. « Si l'on ouvre, dit-il, suivant le plan équatorial, le test d'un *Echinocardium cordatum* (Oursin irrégulier, qu'on peut se procurer facilement à Wimereux), on rencontre d'une façon constante, dans la cavité générale et surtout dans certaines régions spéciales de de cette cavité, une production parasite, consistant en masses irrégulières d'un noir luisant, dont le volume varie depuis celui

<hr>

1. *Contrib. a l'hist. des Grégar. des Invert.*, in *Arch. de Zool. expér.*, 1875, IV, p. 547.

d'un point à peine perceptible à l'œil nu jusqu'à des amas mesurant en longueur plus de 1 centimètre et en largeur 4 à 6 millimètres.

« A la surface des amas se remarquent, en nombre variable, des vésicules hyalines, dans l'intérieur desquelles il existe un ou plus rarement plusieurs points d'un blanc mat. Ces points sont des cristaux d'oxalate de chaux renfermés dans une trame organique et entourés par des spores (Psorospermies des auteurs). Chaque spore est de forme ellipsoïdale et soutenue par deux filaments tangents aux extrémités de son petit axe ; on croirait, à première vue, qu'elle termine un tube à l'intérieur duquel elle est contenue. Chacune de ces spores donne naissance à des *corpuscules falciformes* qui se transforment en Flagellates, lesquels reproduisent de nouvelles plasmodies ; on ne voit rien qui ressemble à ces Grégarines. »

Giard dit ailleurs[1] : « Les Psorospermies sont des Champignons voisins des Chytridinées, qui, comme ces derniers, peuvent vivre en parasites, soit dans des êtres monocellulaires, soit dans des cellules spéciales d'animaux pluricellulaires. C'est ainsi que certaines Psorospermies vivent dans les cellules épithéliales des Vers à soie et de diverses Chenilles, d'autres dans certaines cellules du rein des Hélix ; beaucoup sont parasites des kystes des Grégarines, de même qu'on voit une belle Chytridinée vivre en parasite dans les kystes de l'*Euglena viridis*, et d'autres dans les tubes des Saprolégniées, ou dans les spores des *Œdogonium*. A. Schneider a négligé de suivre les kystes non parasités. Il a commis la même erreur que les anciens carcinologistes qui considéraient les œufs des Sacculines comme la progéniture des Crabes. L'étude complète d'une Psorospermie parasite de l'*Echinocardium cordatum* m'a prouvé qu'il n'existait dans l'évolution de ce Champignon rien qui ressemblât à une Grégarine, et l'étude de certaines Grégarines des Ascidies m'a montré, d'autre part, qu'il n'existe chez ces animaux, d'une façon normale, rien de comparable aux spores des Psorospermies. »

Bütschli[2] dans un travail récent, admet, comme Schneider, que les pseudo-navicelles sont produites par le protoplasma même des Grégarines enkystées. Il compare la formation des pseudo-navicelles à celle du blastoderne dans l'œuf des Insectes. Bütschli ayant nourri une *Blatta orientalis* avec de la farine contenant

---

1. *Bullet. scient. du départ. du Nord*, 1878, p. 297.

2. Bütschli, *Kleine Berträge zur Kenntniss der Gregarinen*, in *Zeitsch. für wiss. Zool.*, XXXV, p. 384, tab. XX, XXI.

des pseudo-navicelles provenant d'un kyste de *Clepsidrina Blattarum*, Grégarine qui vit en parasite dans l'intestin de cette Blatte, observa dans l'intestin de l'une des Blattes ainsi nourries de jeunes Grégarines enfoncées par l'une de leurs extrémités dans les cellules épithéliales de l'intestin. Les plus jeunes de ces Grégarines n'étaient guère plus grosses que les pseudo-navicelles, d'autres offraient déjà un commencement de division en protomérite et deutéromérite. Bütschli pense que ces jeunes Grégarines provenaient de la transformation du protoplasma des pseudo-navicelles, mais il n'a pas observé directement cette transformation. Dans un autre travail[1], Bütschli établit une distinction formelle entre les pseudo-navicelles des kystes des Grégarines et les Psorospermies des Poissons. Il tend à considérer ces dernières comme des Amœbiens voisins des *Pelomyxa*; il s'appuie pour cela sur la présence, à l'extrémité des Psorospermies de trichocystes analogues à ceux des *Pelomyxa*.

§ 2. — CARACTÈRES COMMUNS, CLASSIFICATION ET PARENTÉ DES GRÉGARINIENS

Les Grégariniens sont tous des animaux unicellulaires, à cellule complète, constituée par du protoplasma, un seul noyau pourvu d'un nucléole, et une membrane d'enveloppe plus ou moins cuticularisée, prenant le nom d'*épicyte*. Dans la plupart des espèces, le protoplasma se différencie en une couche externe, claire, sans granulations, dense, nommée *sarcocyte*, tantôt nettement isolée en dedans, tantôt graduellement confondue avec une substance protoplasmique très granuleuse, plus ou moins foncée, occupant toute la région médiane du corps et désignée sous le nom d'*endocyte*. C'est dans cette dernière que se trouve le noyau; on n'y observe jamais de vacuoles contractiles. L'épicyte présente fréquemment de fines stries ornementales, habituellement longitudinales et parallèles (*Stenocephalus Juli*). Le sarcocyte offre également, dans un grand nombre de Grégariniens, des stries plus foncées que le reste de la substance et considérées comme formées par un protoplasma différencié et doué d'une contractilité considérable qui en feraient des éléments destinés à faciliter les mouvements de l'animal. Nous trouvons des épaississements analogues dans un groupe beaucoup plus élevé de Protozoaires, les Infusoires, dont les Grégariniens ne sont peut-être que des formes dégradées par le parasitisme. Le corps peut être divisé en deux parties par une cloison transversale formée de protoplasma semblable à celui du sarcocyte. L'extrémité posté-

rieure est toujours celle qui contient le noyau ; l'extrémité antérieure peut être surmontée d'un rostre inerme ou armé de crochets qui servent à la fixation de l'animal et qui tombent, ainsi que
le rostre, vers l'époque de l'enkystement.

La nutrition, la respiration, l'élimination des produits de désassimilation se font chez les Grégariniens par simple endosmose et
exosmose ; ces animaux vivent dans des milieux où ils trouvent
toutes préparées les substances nécessaires à leur nutrition, de
telle sorte qu'il n'ont plus qu'à les absorber et à les assimiler comme
le font les cellules intestinales de leurs hôtes.

Les mouvements sont lents ; les Grégarines sont susceptibles
de changer de forme par contraction ou dilatation de leur corps ;
elles se déplacent par glissement.

Quant à la reproduction, nous ne connaissons d'une façon positive
que deux faits : l'enkystement et la conjugaison. Le premier de ces
phénomènes peut se produire sans avoir été précédé par l'autre.
D'après van Beneden, le *Gregarina gigantea* enkysté pourrait se
diviser en un petit nombre de masses protoplasmiques qui s'enkys-
teraient à leur tour. L'enkystement serait, d'après les auteurs, suivi
de la production de spores et souvent de corpuscules falciformes
qui produiraient, soit directement, soit en passant par les phases de
corps monériformes et de pseudo-filaires, des Grégarines nouvelles ; mais nous répétons que cette manière de voir n'est pas encore
complètement démontré.

Des animaux aussi peu connus au point de vue de leur mode
de reproduction que les Grégariniens sont naturellement fort
difficiles à classer. Jusqu'à ces derniers temps on n'en admettait
guère que deux genres : les *Monocystis*, caractérisés par l'absence
de cloison transversale entre l'extrémité céphalique et l'extrémité
caudale, et les *Gregarina* offrant cette cloison. Stein et plus tard
Schneider ont augmenté le nombre des genres.

En tenant compte de l'absence ou de la présence de la cloison
transversale, et de l'absence ou de la présence d'un rostre armé
ou non armé, on peut diviser provisoirement ces genres de la
façon suivante.

GRÉGARINIENS.

Corps unicellullaire, divisé ou non par une cloison protoplasmique transversale, pourvu ou non d'un rostre inerme ou armé; noyau unique; membrane d'enveloppe plus ou moins cuticularisée.

Monocystidés. Pas de cloison transversale séparant la tête du corps.

Grégarinidés. Cloison transversale séparant la tête du corps; pas de rostre.

Rhynchophorés. Cloison transversale séparant la tête du corps. Tête pourvue d'un rostre.

Inermes. Rostre sans crochets.

Acanthophorés. Rostre armé de crochets.

Nous avons dit plus haut ce qu'il faut penser de la classe des Didymophiidés que Schmarda admet encore; nous n'y reviendrons pas ici.

Le lecteur nous saura sans doute gré de lui donner la liste des genres dressée par A. Schneider pour les Grégariniens qu'il a observés. Ce n'est là qu'une ébauche de division, mais qui peut servir de base à des travaux ultérieurs. Nous n'indiquerons pas sur les caractères que A. Schneider tire de la nature des spores, ce serait entrer dans des détails superflus; nous nous bornerons à signaler la forme extérieure.

I. — MONOCYSTIDÉS.

Genres : *Adelea* A. SCHN. — Forme sphérique ou ovalaire, immobile pendant la plus grande partie de son existence. Une seule espèce *Adelea ovata* A. SCHN., vivant dans le tube digestif du *Lithobius forcipatus*.

Gonospora A. SCHN. — Corps très allongé; extrémité antérieure arrondie, relevée ou non en un petit mamelon obtus. Une seule espèce, *Gonospora Terebellæ* KÖLL., qui vit dans les Térébelles et dans l'*Audouinia Lamarkii*.

Urospora A. SCHN. — Forme allongée, extrémité céphalique arrondie et légèrement mucronée; extrémité postérieure pointue. Une seule espèce, *U. Nemertis* KÖLL. vivant dans le *Valenciennia* et peut-être dans les Sipuncles.

Gamocystis A. SCHN. (*Zygocystis* STEIN?). — Corps ovalaire, à extrémité postérieure arrondie, individus vivant isolés ou unis deux à deux et bout à bout. Une espèce, *G. tenax* A. SCHN., commune dans le tube digestif du *Blatta laponica*.

II. — GRÉGARINIDÉS.

Dufouria A. SCHN. Corps elliptique, cloison bombée en avant; protomérite un peu renflé, terminé par une pointe mousse; extrémité postérieure terminée en pointe arrondie. Une seule espèce, *D. agilis* A. SCHN., vivant dans le tube digestif de la larve d'un Hydrocanthare appartenant probablement au genre *Colymbetes*.

Bothriopsis A. Schn. — Corps elliptique, renflé en avant; cloison très saillante en avant; protomérite renflé en massue à extrémité susceptible de se déprimer en formant une ventouse; deutomérite ovalaire-lancéolé. Une seule espèce, *Bothriopsis Histrio* A. Schn., vivant dans le tube digestif des *Hydaticus cinereus* et *Hybneri, Colymbetes fuscus, Acilius sulcatus.*

Euspora A. Schn. Forme ovalaire; cloison horizontale; protomérite petit, étroit à la base; individus souvent accouplés. Une seule espèce, *E. fallax* A. Schn., trouvée dans la larve d'une Mélolontide, peut-être le *Rhizotrogus æsticus.*

Hyalospora A. Schn. — Corps cylindrique, allongé; protomérite étroit huit à dix fois plus petit que le deutomérite. Extrémité postérieure atténuée. Une seule espèce, *H. roscoviana* A. Schn., dans le *Petrobius maritimus.*

Stenocephalus A. Schn. — Corps ovalaire; protomérite étroit, conique; deutomérite allongé, arrondi en arrière; une espèce, *Stenocephalus Juli* A. Schn. Commun dans le tube digestif des *Julus terrestris* et *sabulosus.*

Porospora A. Schn. — Corps très allongé; sarcocyte à stries annulaires très marquées; protomérite relativement très petit, arrondi; extrémité postérieure atténuée, arrondie. Une espèce, *P. gigantea* (*Gregarina gigantea* van Beneden) dans l'intestin du Homard.

RHYNCHOPHORÉS.

A. *Inermes.*

Pileocephalus A. Schn. — Corps ovalaire, court; extrémités antérieure et postérieure arrondies; cloison horizontale. Rostre ou épimérite en forme de bouton triangulaire tombant à un certain âge. On n'en connaît qu'une espèce, *P. chinensis* A. Schn., habitant l'intestin des larves des Mystacides.

Stylorynchus A. Schn. (*Rhizinia* Hamm.). — Corps allongé, terminé en pointe aux deux extrémités; cloison horizontale; protomérite terminé par un très long rostre cylindrique, grêle, renflé à son extrémité en un mamelon elliptique qu'entoure un petit bourrelet annulaire. Deux espèces : *St. longicollis* A. Schn., caractérisé par un rostre trois ou quatre fois long comme le protomérite, très fréquent dans l'intestin du *Blaps mortisaga; St. oblongatus* Hamm. à rostre au plus deux fois aussi long que le protomérite; habite en abondance dans l'intestin de l'*Opatrum sabulosum.*

Clepsidrina Hamm. — Corps elliptique, terminé en pointe aux deux extrémités; cloison horizontale; rostre court, lancéolé, tombant à un certain âge; individus vivants, d'habitude, juxtaposés bout à bout.

Cl. Munieri A. Schn., dans le *Timarcha tenebricosa; Cl. ovata* Duf., dans le *Forficula auricularis: Cl. Blattarum* Sieb., dans le *Blatta orientalis: Cl. polymorpha* Hamm., dans le tube digestif de la larve du *Tenebrio molitor.*

B. *Armés.*

Actinocephalus Stein. — Corps ovalaire ou oblong; cloison un peu bombée en avant ou plane, mince; rostre plus ou moins allongé, terminé par une couronne unique de dents ou de crochets; plus tard le rostre tombe. *A. Stelliformis* A. Schn., dans la larve du *Staphylinus olens; A. Dujardini* A. Schn., dans le *Lithobius forcipatus; A. digitatus* A. Schn., dans le tube digestif du *Clænius vestitus.*

Hoplorhynchus Car. — Corps ovale ou oblong; rostre très allongé, cylindrique, terminé par un petit plateau garni de dents; le rostre tombe au moment de l'enkystement. *H. oligacanthus* Stein., dans la larve du *Calopteryx Virgo.*

Geneiorhynchus A. Schn. — Corps elliptique, allongé; protomérite conique;

rostre très allongé, cylindrique, terminé par un renflement couvert de dents fines et aiguës, très nombreuses ; le rostre se détache au moment de l'enkystement. *G. Mounieri* A. SCHN., dans le tube digestif des nymphes des Libellules.

Echinocephalus A. SCHN. — Corps ovoïde ; protomérite aplati, petit ; rostre très court, persistant, armé de petits stylets qui tombent plus tard. *Ech. hispidus* A. SCHN., dans le tube digestif du *Lithobius forcipatus.*

Ainsi qu'on peut le voir par tout ce qui précède, les Grégariniens habitent constamment, à l'état adulte, soit le tube digestif, soit la cavité viscérale de leurs hôtes. Ces derniers sont toujours des Invertébrés ; on les rencontre particulièrement dans les Vers (sauf les Entozoaires) et dans les Arthropodes.

La fréquence des kystes dans les fèces des animaux qui hébergent les Grégarines adultes, doit faire supposer que l'évolution des kystes peut, si cela n'est pas indispensable, s'effectuer ailleurs que chez l'hôte qui contient les adultes.

En ne tenant compte que de l'organisation actuelle de ces êtres, on doit, comme nous le faisons ici, les placer dans le voisinage des Amœbiens, dont ils ne diffèrent que par la présence d'une membrane continue. Leur parenté avec les Monériens est nettement indiquée par les diverses phases que, suivant van Beneden, ils traversent avant d'acquérir la forme adulte. Les Grégariniens sont également très proches parents des Infusoires et surtout des Infusoires Ciliés, quoiqu'ils ne possèdent ni les cils vibratiles, ni les vésicules contractiles de ces derniers, et qu'ils soient dépourvus d'orifice buccal ; mais la disparition de ces caractères peut fort bien être due à la nature des milieux dans lesquels ils vivent, de même qu'il est permis d'attribuer à une adaptation à ces mêmes milieux la présence d'organes de fixation que présentent un certain nombre de Grégariniens. Ce qui rapproche nettement les Grégariniens des Infusoires, c'est la nature de la membrane cellulaire, la différenciation du protoplasma en sarcocyte et endocyte, l'existence d'épaississements contractiles du sarcocyte, les phénomènes de conjugaison, etc. Quant à la présence, dans un grand nombre de Grégariniens, d'une cloison transversale divisant le corps en deux segments, elle est de nature à faire considérer ces organismes comme supérieurs aux Infusoires Ciliés, chez lesquels cette division de la cellule ne se présente jamais. Les Grégariniens pourraient donc, avec quelque raison, être considérés comme des organismes relativement élevés, plus élevés peut-être que celui des Infusoires, ayant vécu libres d'abord, puis étant devenus parasites et s'étant alors considérablement dégradés.

CHAPITRE VI

CLASSE VI

INFUSOIRES
INFUSOIRES FLAGELLATES

§ 1. — ÉTUDES DES PRINCIPALES FORMES

1. — FLAGELLÉS

Tripanosoma sanguinis GRUB [1]. (*Undulina Ranarum* LANK [2].) — Cette espèce peut être considérée comme la plus simple de toutes celles qui composent le vaste groupe des Infusoires Flagellates. Elle vit en parasite dans le sang des *Rana esculenta* et *temporaria*.

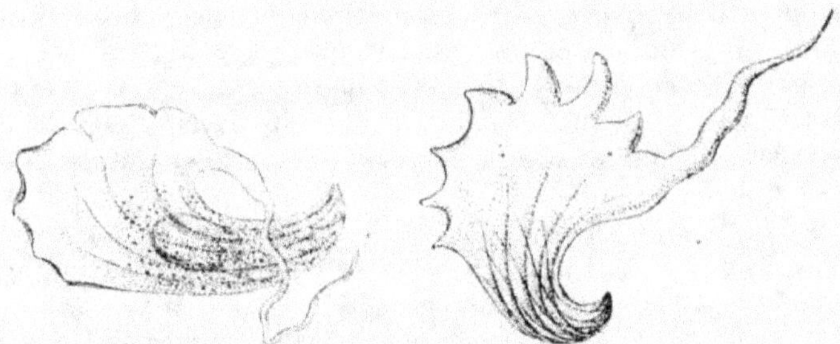

Fig. 142. — *Tripanosoma sanguinis* (d'après Ray Lankester).

Son corps est comprimé, étalé en éventail, plus ou moins tordu, avec la petite extrémité terminée en pointe mousse, tandis que l'autre, très large, est ondulée et munie de dentelures profondes; la dent située à l'une des extrémités de ce bord s'allonge beaucoup

1. GRUBY, in *Compt. rend. Ac. sc. de Paris*, nov. 1843.
2. RAY-LANKESTER, in *Quart. Journ. of micr. sc.*, oct. 1871.

et se transforme en un flagellum mobile, à peu près aussi long que le corps; la surface du corps est striée longitudinalement; le noyau est volumineux, ovoïde, situés près de la petite extrémité. On n'a pas signalé de vacuoles contractiles. Ce petit Infusoire se nourrit par simple diffusion; il ne possède ni bouche ni surface paraissant adaptée dans le but de rendre plus facile en ce point l'absorption des aliments. Tout récemment Gaule [1] a prétendu que le *Tripanosoma sanguinis* n'était pas autre chose qu'un globule sanguin modifié; mais Ray-Lankester [2] maintient l'individualité du petit Infusoire décrit par Gruby et par lui-même.

Saville Kent considère comme une autre espèce de *Tripanosoma*, qu'il désigne sous le nom de *Tripanosoma Eberthi* [3]; un petit organisme trouvé par Eberth dans les intestins de divers oiseaux de basse-court; il diffère du précédent par l'absence de flagellum.

Cercomonas Termo STEIN [4]. — Comme deuxième forme de Flagellates nous pouvons étudier le *Cercomonas Termo* STEIN, récemment désigné par J. Clark sous le nom de *Spumella Termo*. Il s'offre à nous, à l'état jeune, sous l'aspect d'une petite masse protoplasmique ovoïde, portant au niveau de sa grosse extrémité un prolongement protoplasmique grêle, très allongé, mobile, le *flagellum*. La petite extrémité est tantôt arrondie, tantôt terminée en une pointe courte. Son protoplasma granuleux contient un noyau sphérique, entouré d'une zone un peu plus claire que le reste du protoplasma. Autour du corps jeune il est difficile de constater la présence d'une enveloppe; cette dernière devient ensuite plus visible et constitue une véritable membrane cellulaire, qui pourra ultérieurement se cuticulariser, mais restera toujours très mince. A l'état jeune, on ne constate pas non plus de vacuoles et l'animal rappelle tout à fait un embryon de *Protomyxa aurantiaca* qui serait pourvu d'un noyau. Plus tard, à mesure que sa taille augmente, sa forme change et devient beaucoup plus irrégulière qu'elle ne l'était au début.

A l'état adulte, le corps du *Cercomonas Termo* est habituellement allongé, rarement arrondi, plus souvent piriforme; tantôt l'extrémité la plus large, tantôt au contraire l'extrémité la plus grêle porte un long flagellum ou prolongement protoplasmique mobile qui lui

1. GAULE, in *Arch. der Physiolog.*, 1880, p. 375.
2. RAY-LANKESTER, in *Quart. journ. of micr. sc.*, 1882, XXII, p. 65.
3. SAVILLE KENT, *A Manual of the Infusoria*, II, p. 249.
4. Voy. : STEIN, *Der Organismus der Infusionsthiere*, III Hälfte, tab. I, Abth., I, fig. 1-5. — BÜTSCHLI, *Zeitsch. f. wiss. Zool.*, XXX. et *Quart. Journ. of micr. sc.*, 1879, XIX, p. 63, tab. VI, fig. 1-2.

sert à se déplacer très agilement dans l'eau. Le protoplasma qui forme le corps de l'animal offre alors, indépendamment du noyau, un nombre variable de vacuoles contractiles, semblables à celles des Amœbiens, c'est-à-dire constituées par de simples petites cavités creusées dans la masse protoplasmique, remplies d'un liquide beaucoup moins dense que le protoplasma, et douées de mouvements alternatifs de contraction et de dilatation. Enfin, à l'état adulte, notre petit Flagellé offre une membrane d'enveloppe analogue à celle dont nous avons constaté l'existence dans les Grégariniens, mais beaucoup plus mince.

Nous avons vu que pour se nourrir tous les animaux à protoplasma nu prennent dans le milieu qui les entoure un corps quelconque et l'introduisent dans leur protoplasma. Là, si le corps est apte à servir à l'alimentation, il est digéré, c'est-à-dire que ses pro-

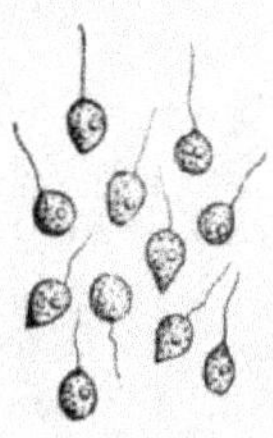

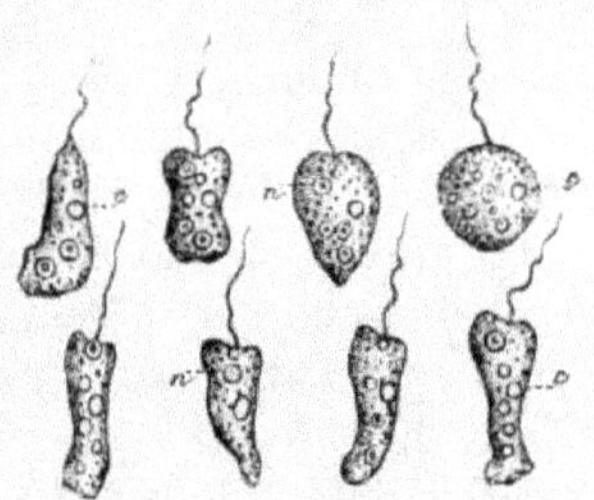

Fig. 143. — *Cercomonas Termo* jeune (d'après Stein).

Fig. 144. — *Cercomonas Termo* adulte (d'après Stein).

priétés physiques et chimiques sont modifiées de telle façon qu'il devient absorbable par le protoplasma dont il sert à augmenter la masse. Pour tous les organismes nus, c'est-à-dire à protoplasma dépourvu de membrane d'enveloppe, il importe peu que le corps destiné à servir à l'alimentation soit solide ou liquide ; quelle que soit sa consistance il pénètre directement dans le protoplasma, où il est digéré. Il doit nécessairement en être autrement pour les organismes qui, comme les Grégariniens ou les Infusoires dont nous nous occupons, possèdent une membrane d'enveloppe. Celle-ci établit entre le protoplasma du corps de l'animal et le milieu extérieur, une véritable barrière, infranchissable par les corps solides. Les liquides diffusibles seuls peuvent pénétrer jusqu'au protoplasma en traversant la membrane d'enveloppe.

Pour les Grégariniens le fait n'a pas une bien grande importance. Ces petits organismes, en effet, sont parasites, c'est-à-dire qu'ils vivent dans les tissus ou dans la cavité digestive d'autres animaux. Ils peuvent, par suite, se nourrir à l'aide de matériaux déjà digérés par leurs hôtes, c'est-à-dire rendus diffusibles et assimilables. Ces matériaux peuvent donc parvenir jusqu'au protoplasma de la Grégarine par simple diffusion à travers la membrane d'enveloppe qui recouvre le protoplasma.

Les conditions ne sont pas les mêmes pour les Infusoires ; ceux-ci vivent librement dans l'eau, à la façon des Amœbes, des Rhizopodes et des Radiolaires ; mais comme ils diffèrent des Protozoaires que nous venons de nommer par la présence d'une membrane qui toujours se cuticularise plus ou moins, ou devient tout au moins imperméable aux corps solides, ils ne peuvent introduire dans leur protoplasma aucune masse alimentaire solide, si petite qu'elle soit.

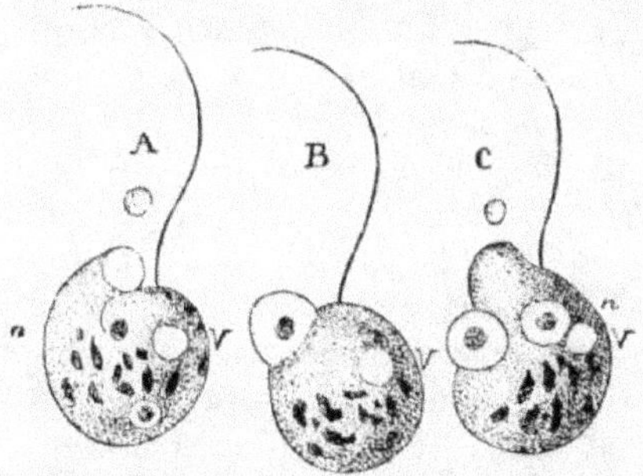

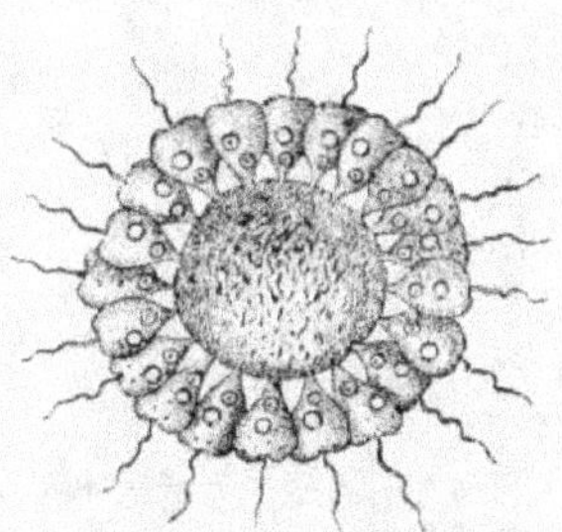

Fig. 145. — *Cercomonas Termo* montrant les diverses phases de l'ingestion d'un corpuscule alimentaire (d'après Bütschli). — *n*, noyau ; *v*, vacuole contractile.

Fig. 146. — *Cercomonas Termo* (d'après Stein) : individus fixés sur un corps étrangers.

D'un autre côté, il serait parfaitement inutile qu'ils excrétassent un liquide digestif capable d'agir sur les corps solides de manière à les rendre absorbables, car ce liquide serait entraîné par l'eau avant d'avoir pu exercer son action. Il faut donc, ou bien qu'ils trouvent dans l'eau des aliments tout prêts à être absorbés et assimilés, ou bien qu'ils possèdent quelque disposition organique adaptée à l'introduction des solides.

Dans la plupart des Infusoires, cette disposition consiste en un orifice pratiqué dans un point de la membrane cellulaire et représentant une sorte de bouche. Dans les Flagellates, la bouche est habituellement située au voisinage du flagellum. Bütschli[1] a

1. Voy. *Quart. journ. of micr. sc.*, 1879, XIX, p. 63.

très bien décrit la façon dont les aliments sont introduits dans le corps du *Cercomonas Termo*. Vers la base du flagellum, la membrane cellulaire cuticularisée offre une petite interruption par laquelle le protoplasma fait saillie au dehors; dans cette saillie se trouve une vacuole contractile. Si un corps étranger alimentaire vient au contact du protoplasma nu qui constitue la petite saillie, il est englobé, passe dans la vacuole contractile qui est au centre de la saillie protoplasmique et est entraîné avec la vacuole dans l'intérieur de l'organisme. On peut voir le corps étranger cheminer avec la vacuole dans les différentes parties de l'animal; s'il peut servir à la nutrition il se désagrège peu à peu et disparaît entièrement; si, au contraire, il ne peut pas être utilisé comme matière alimentaire, si, par exemple, c'est un grain de sable, on le voit, après avoir parcouru le corps de l'Infusoire revenir vers la partie supérieure et être rejeté par le même orifice qui a servi à son introduction.

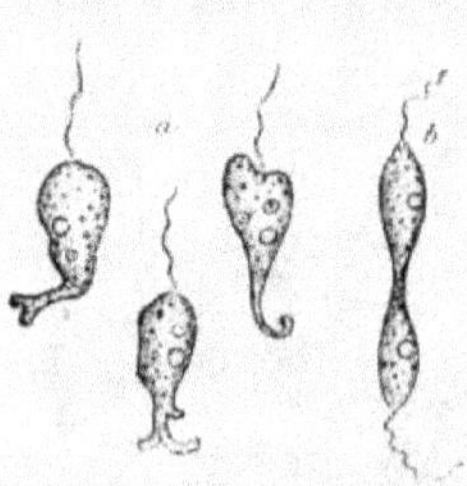

Fig. 147. — *Cercomonas Termo. a*, individus pourvus de prolongements postérieurs; *b*, un individu en voie de division ; les deux moitiés du corps se sont séparées et paraissent être unies par les queues (d'après STEIN).

La respiration de notre Infusoire est facilitée par un acte analogue; dans le voisinage de la bouche, il existe une ou plusieurs vacuoles contractiles remplies d'un liquide moins dense que le protoplasma. Ce liquide est en grande partie constitué par de l'eau provenant, soit du milieu ambiant, soit du corps de l'animal, et tenant en dissolution des principes chimiques très variés. Ces vacuoles qui, comme nous le savons, se dilatent et se contractent alternativement, jouent un rôle important dans l'acte de la respiration. L'air destiné à la respiration pénètre dans leur cavité avec l'eau dans laquelle il est dissous. Les vacuoles la chassent dans toute la masse protoplasmique de l'Infusoire et mettent ainsi l'oxygène de l'air en contact avec toutes les parties du protoplasma. D'autre part, l'eau des vacuoles se charge de l'acide carbonique et des autres produits de désassimilation qui sont ensuite rejetés au dehors avec l'eau elle-même dans les vacuoles qui vont s'ouvrir au niveau de la bouche. Eu égard à ces phénomènes, on peut considérer les vacuoles contractiles comme un appareil aquifère, analogue à celui qui existe chez un grand nombre d'animaux plus élevés en organisation.

Les mouvements de ces Infusoires s'opèrent grâce à leur flagellum.

Le *Cercomonas Termo* ne vit pas toujours isolé. On voit fréquemment un nombre plus ou moins considérable d'individus se
réunir et constituer de véritables familles. C'est sur les flocons
blanchâtres que l'on trouve à la surface des liquides où sont ces
Infusoires, flocons formés par des Bactéries, que se rencontrent
surtout les familles de *Cercomonas Termo*. Dans ce cas, les individus
sont d'habitude nettement piriformes. Par leur extrémité inférieure, effilée en pointe, ils sont fixés sur le corps qui leur sert
de point d'appui et sont pressés les uns contre les autres par
leur extrémité renflée qui porte le flagellum. L'aspect de ces
colonies est extrêmement variable et dépend de la forme des corps
sur lesquels elles se sont établies. L'existence de ces sociétés

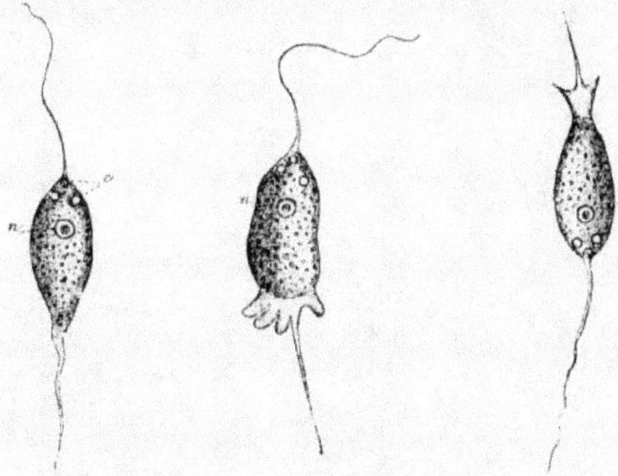

Fig. 148. — *Cercomonas crassicauda* (d'après STEIN). Formes diverses — *n*, noyau;
c, vacuoles contractiles.

nous montre combien, chez les animaux, même les plus inférieurs,
la tendance à l'association est prononcée.

L'étude de la morphologie du *Cercomonas Termo* nous amène à
constater un autre fait très intéressant, qui a une grande importance
au point de vue de la théorie de l'évolution. Chez quelques individus, la partie postérieure du corps se modifie et émet un petit
nombre de pseudopodes lobés. Le protoplasma a refoulé en ces
points sa membrane d'enveloppe, de façon à former des prolongements analogues à ceux que nous avons déjà observés chez les
Amœbiens. Il y a là un exemple manifeste d'atavisme, phénomène
en vertu duquel un caractère ayant appartenu à des ancêtres souvent fort lointains déjà, se manifeste avec plus ou moins d'intensité

dans une partie des descendants. Nous en retrouverons des exemples plus frappants encore dans les organismes plus élevés en organisation et partant plus riches en caractères variés.

La multiplication du *Cercomonas Termo* a lieu par segmentation longitudinale. Le noyau se divise d'abord, puis le corps se segmente à son tour, suivant son grand axe, en deux parties à peu près semblables. La segmentation commence dans le voisinage de la base du flagellum et s'avance peu à peu vers l'extrémité opposée. Puis, l'une des moitiés s'écarte lentement de l'autre, et, après avoir occupé une série de positions intermédiaires, elle se trouve, en dernier lieu, jux-

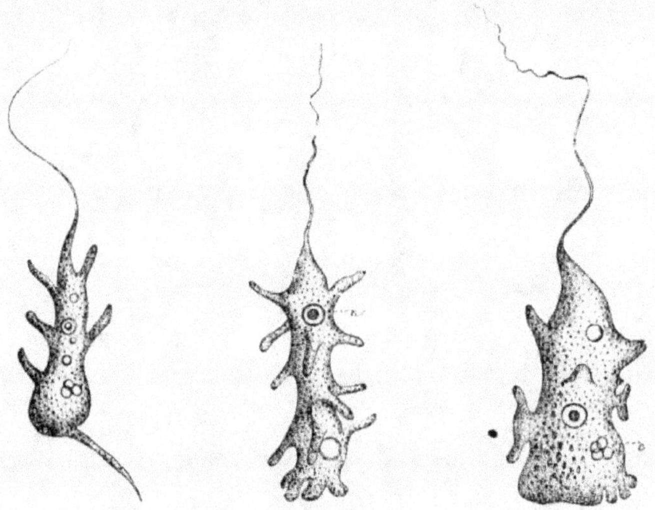

Fig. 149. — *Cercomonas ramulosa* (d'après Stein). — Formes diverses.
n, noyau.

taposée par son extrémité caudale à celle de l'autre moitié, de sorte qu'en observant l'animal à ce moment, on serait porté à croire que la division s'est opérée transversalement. Tandis que les deux moitiés de l'animal s'écartent l'une de l'autre, un flagellum se forme sur celle qui en était primitivement dépourvue.

Cercomonas crassicauda DUJARD[1]. — Cette forme de Flagellate rappelle beaucoup le *Cercomonas Termo*; mais la partie inférieure est ici terminée par une longue pointe; c'est, pour ainsi dire, un seul

1. Voyez STEIN, *Der organismus der Infusionsthiere*, III, I, tab. I, abth. III, fig. 1-5.

pseudopode que l'animal aurait développé dans cette région. Indépendamment de cette sorte de queue protoplasmique impaire, ou à sa place, on trouve habituellement d'autres saillies plus petites dont la présence nous éclaire sur la nature morphologique du prolongement caudal.

Du *Cercomonas crassicauda* nous pouvons passer facilement au *Cercomonas ramulosa* Stein[1] qui possède, à un plus haut degré encore que les précédents, le caractère ancestral sur lequel nous venons d'insister. Il présente fréquemment à la partie postérieure, soit un long prolongement solitaire, soit un certain nombre de pseudopodes courts ; mais il offre, en outre, toujours, sur les parties latérales du corps, un nombre plus ou moins considérable de pseudopodes coniques ou aplatis, parfois ramifiés, qui le font ressembler à certains Amœbiens. La partie antérieure porte, comme dans les espèces précédentes, un très long flagellum grêle et mobile.

L'analogie de formes de cet organisme avec les Amœbiens est si

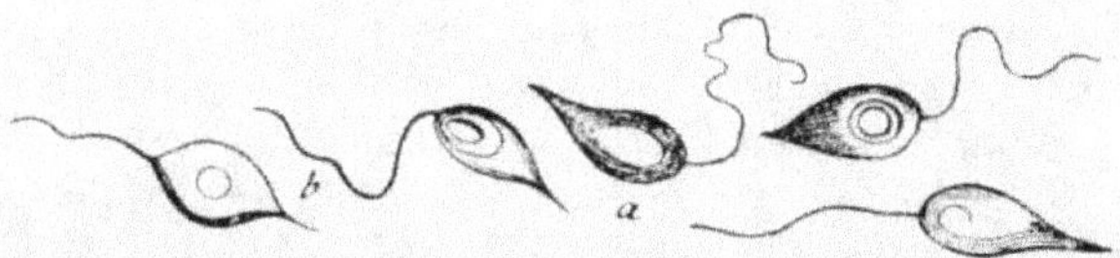

Fig. 150. — *Cercomonas intestinalis* (d'après Leuckart). *a*, petite variété ; *b*, grande variété.

grande, qu'on pourrait nous demander pourquoi, au lieu de commencer l'histoire des Infusoires Fagellates par le *Cercomonas Termo* où les pseudopodes latéraux ne sont qu'accidentels, nous n'avons pas décrit, dès le début, le *Cercomonas ramulosa*, qui ressemble beaucoup plus que tous les autres Flagellates à ses ancêtres Amœbiens. Nous avons agi ainsi parce qu'à notre avis la présence des pseudopodes n'est, pour ainsi dire, qu'accidentelle dans le groupe des Flagellates, tandis que le flagellum est un organe constant. Ces pseudopodes nous montrent que d'un ancêtre commun, tel que l'embryon du *Protomyxa aurantiaca*, ont pu partir deux branches allant : l'une, vers les Amœbiens, l'autre vers les Infusoires Flagellates. Les Flagellates eux-mêmes peuvent dériver, en partie, directement, de l'embryon du *Protomyxa aurantiaca*, en partie, indirectement, de cet embryon, en passant par les Amœbiens.

1. Stein, *loc. cit.*, tab. I, III. Abth. III. fig. 1-7. Nous reproduisons une partie de ses figures.

Quelques Flagellates très voisins des précédents nous offrent un intérêt particulier au point de vue médical et doivent par conséquent attirer spécialement notre attention.

Cercomonas intestinalis LAMBL[1]. — Cet animal se rapproche beaucoup par sa forme du *C. Termo* et du *C. crassicauda*. Son corps est ordinairement piriforme, pourvu d'un flagellum et d'un petit prolongement caudal raide. Son histoire, faite uniquement par des médecins, l'a été fort mal, et de son organisation de même que de sa reproduction nous ne savons à peu près rien. La meilleure description que nous en possédions est encore celle qui a été faite par Davaine qui le trouva dans les selles de cholériques, pendant l'épidémie qui sévit en 1853-54 à Paris[2].

Davaine le décrit sous le nom de *Cercomonas hominis* et en distingue deux variétés qui diffèrent à peine l'une de l'autre. Voici les caractères qu'il leur assigne.

« *Variété A.* Corps piriforme, variable, long de $0^{mm},01$ à $0^{mm},012$; extrémité amincie se terminant par un filament caudal épais, aussi long que le corps; filament flagelliforme antérieur situé à l'extrémité, obtus, opposé au précédent, très long (deux fois aussi long que le corps?), mince, toujours agité, très difficile à voir; trait longitudinal vers l'extrémité antérieure, donnant l'apparence d'un orifice buccal(?); point de nucléus bien appréciable. Locomotion assez rapide, quelquefois suspendue par l'agglutination du filament caudal aux corps environnants; l'animal oscille alors, comme un pendule, autour du filament.

» *Variété B.* — Plus petite que la précédente; corps moins piriforme, à contours moins arrondis, long de $0^{mm},008$; deux filaments, l'un antérieur, l'autre caudal, situés un peu latéralement; longueur des filaments non déterminée; locomotion très rapide. »

La première variété fut trouvée par Davaine dans les selles de cholériques, où elle existait souvent en assez grande quantité pour que l'on en pût trouver plusieurs dans une seule goutte de liquide.

La seconde variété fut trouvée dans les selles d'un malade atteint de fièvre typhoïde.

---

1. *Cercomonas et Echinococcus in hepate hominis*, in *Russischer medin. Bericht*, 1875, n° 33. — ZUNKER, *Uber das Vorkommen der Cercomonas intestinalis in Digestionskanal des Menschen und deren Beziehung zu Diarrhöen*, in *Deutsche Zeitsch. f. prakt. Medic.*, 1878, n° 1.

2. DAVAINE, *Sur les animalcules Infusoires trouvés dans les selles de malades atteints du choléra et d'autres maladies*, in *Compt. rend. Soc. biolog.*, 2ᵉ série, 1854, I, p. 129, *Traité des Entozoaires et des mal. vermin.*, p. VI, 67.

L'une et l'autre variété meurent très rapidement quand les selles se refroidissent.

Les deux variétés de Davaine ont été réunies par les observateurs plus récents. Les différences que leur créateur indique entre elles sont en réalité si peu considérables, qu'il est difficile de ne pas les considérer comme de simples variations individuelles.

En 1859, Lambl[1] trouva le *Cercomonas intestinalis* en grande quantité dans les selles diarrhéiques d'enfants. Ekeckrantz[2], Tham[3] et Zunker[4], vers la même époque, découvrirent ces Infusoires dans les selles d'individus atteints depuis longtemps de dyspepsie et de diarrhée. Enfin, Lambl[5] le rencontra dans le foie d'un malade qui mourut d'un Echinocoque.

Les descriptions données par tous ces auteurs sont trop imparfaites pour qu'on puisse affirmer rigoureusement que les animaux qu'ils ont observés sont identiques entre eux et semblables à l'espèce décrite par Davaine.

Quant à la question de savoir d'où viennent les Infusoires trouvés dans les selles de ces malades et quel rôle ils jouent dans les maladies avec les quelles leur présence coïncidait, elle est loin d'être résolue. Il est bien certain que le *Cercomonas intestinalis* est introduit dans notre corps par les eaux; mais comme on ne l'a pas encore trouvé à l'état libre, on ignore complètement où et dans quelles conditions il vit à l'extérieur.

Lambl a constaté sa segmentation longitudinale et l'on est en droit d'admettre qu'une fois dans l'intestin, il s'y multiplie avec une très grande rapidité; on l'a trouvé en effet en quantité telle, qu'il n'est pas permis de supposer que tous les individus habitant l'organisme malade avaient été ingérés les uns après les autres. L'observation faite par Lambl sur le malade mort d'Échinocoques dont nous avons parlé plus haut, est particulièrement instructive à cet égard. Les *Cercomonas* furent trouvés autour du foie en quantité tellement considérable que chaque goutte de liquide en contenait un grand nombre. Or, l'intestin n'en renfermait pas du tout et le malade était à l'hôpital depuis deux

1. Lambl, *Prager Vierteljahrsschrift für praktische Heilkunde*, 1859, LXI, p. 51. *Aus dem Franz-Joseph Kinderspitale in Prag*, I, p. 330.

2. Ekeckrantz, *Bidrag till Kännedomen om de i menniskans tarmkanal förekommande Infusorier*, in *Nordisk med. Arkiv.*, I, n° 20; et in *Wirckow-Hirsch Jahresber.*, 1869, I, p. 202.

3. Tham, *Twänna fall of* Cercomonas, in *Upsala läkare fören. förhandl.*, V, p. 691; — et in *Wirckow — Hirsch Jahresber.*, 1870, I, p. 314.

4. Zunker, *loc. cit.*

5. Lambl, Cercomonas *et* Echinococcus *in hepate hominis*, in *Russischer medicin. Bericht*, 1875, n° 33.

mois. On est donc obligé d'admettre que, dans ce cas, un certain nombre d'Infusoires avaient pénétré dans l'intestin, sans doute avec l'eau bue par le malade, puis, de l'intestin, avaient passé dans le foie par les canaux biliaires et là s'étaient multipliés.

Zunker a trouvé des *Cercomonas intestinalis*, en grande quantité, dans la bouche d'un malade atteint de cancer de l'estomac. Les Infusoires y étaient répandus parmi les cellules très nombreuses d'un Muguet (*Saccharomyces albicans*) répandu à la surface de la langue. Les selles de ce malade n'en contenaient qu'un très petit nombre. Il paraît bien manifeste que dans ce cas les *Cercomonas* venant du dehors et introduits dans la bouche, probablement avec l'eau bue par le malade, trouvant parmi les Champignons de la langue les conditions favorables à leur existence s'y multiplièrent rapidement, tandis que ceux d'entre eux qui furent avalés et parvinrent à l'intestin, n'y rencontrant pas les mêmes avantages de milieu, succombèrent avant d'augmenter en nombre.

Le rôle pathogénique de cet animal n'est guère connu ; il n'est guère permis de lui attribuer le choléra, et l'on ne peut même guère supposer qu'il y ait entre le *C. intestinalis* et cette maladie aucune relation de cause à effet ; étant données la marche rapide et les altérations profondes de tout l'organisme qui caractérisent le choléra, il ne nous paraît pas possible qu'on puisse mettre cette affection sur le compte de l'Infusoire trouvé par Davaine dans les selles des cholériques. Mais il est possible qu'ils jouent un certain rôle dans l'étiologie de la maladie. On peut supposer, en effet, que des *Cercomonas* provenant d'organismes déjà malades et ayant pénétré dans le tube digestif d'hommes sains, y introduisent avec eux des principes capables de jouer un rôle analogue à celui des ferments solubles et de déterminer la maladie. C'est peut-être de cette façon qu'agissent les Bactériens dans les maladies qu'on attribue à leur action.

Si l'on suppose que les *organismes inférieurs* jouent simplement le rôle d'agent de transmission de la maladie contagieuse dans laquelle on l'a rencontré, il faut admettre qu'après avoir quitté les malades chez lesquels ils vivent, ils sont susceptibles de conserver leur action notive pendant la période de temps plus ou moins longue qui s'écoule fatalement avant l'heure où ils pénètrent dans le tube digestif d'un nouvel hôte. Cette action ne pourrait incontestablement qu'aller en s'affaiblissant et finirait même au bout d'un certain nombre de générations par disparaître. C'est précisément des faits de cet ordre que nous présentent les micro-organismes infectieux.

Quant à la diarrhée qui accompagne la présence du *Cercomonas intestinalis*, il est fort possible qu'elle soit déterminée par cet organisme. Grâce à la rapidité de leur multiplication, les *Cercomonas* introduits dans le tube digestif ne tardent pas à s'y trouver en énorme quantité et ne peuvent pas manquer de produire par leurs mouvements une irritation très vive de la muqueuse. Les diarrhées qu'ils provoquent ont d'ailleurs des caractères tellement spéciaux, qu'il est facile, d'après les divers observateurs, d'en diagnostiquer la nature et la cause. Les selles ont une couleur brun jaunâtre et une odeur fade et putride; elles sont très visqueuses et ont une consistance de bouillie épaisse, due à la présence de nombreuses masses de mucosités.

Cercomonas urinarius HASS.[1]. — Cet animal a été trouvé dans

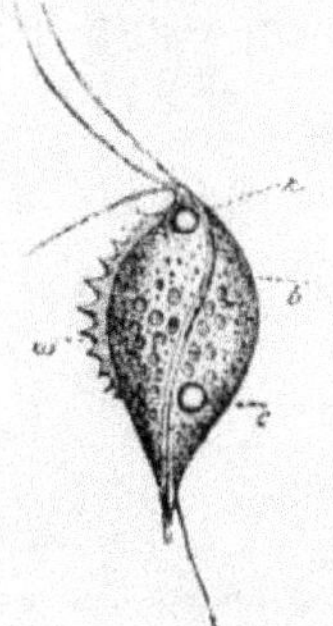

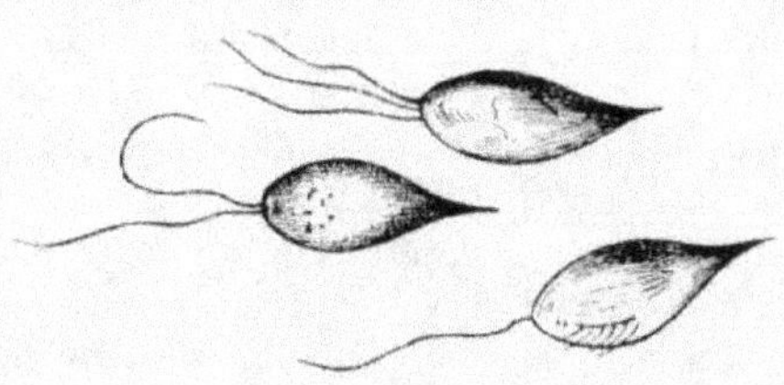

Fig. 151. — *Trichomonas Batrachorum* (d'après Stein).

Fig. 152. — *Trichomonas vaginalis* (d'après Kölliker).

l'urine récemment émise des cholériques; il n'est que fort peu connu; on ne sait même pas s'il faut le placer dans le genre *Cercomonas* ou dans le genre *Bodo*. Son corps est ovale ou arrondi; il porte deux ou trois flagellums au niveau de son extrémité antérieure.

Trichomonas Batrachorum CORTY[2]. — Cette espèce vit dans l'intestin des grenouilles; elle est remarquable par plusieurs caractères importants. La forme générale de l'animal est celle d'un fuseau allongé, à extrémité antérieure plus grosse que la postérieure.

Il offre deux ou, parfois, trois flagellums, au niveau de l'extrémité antérieure; son extrémité postérieure est terminée en pointe et munie latéralement d'un long flagellum grêle; une sorte de crête

1. HASSAL, in *The Lancet*, nov. 1859.
2. STEIN, *Der Organ. der Infus.*, III, tab. III, Abth. II, fig. 1-7. Nous reproduisons les plus importantes de ces figures.

latérale, découpée en dents de scie, ou affectant la forme d'une membrane ondulée et disposée en spirale, s'étend depuis le voisinage de la bouche jusqu'à la base du flagellum postérieur qui paraît en être le prolongement. Enfin, la face opposée à celle qui porte la crête est munie d'une sorte de cordon saillant qui se termine dans le prolongement postérieur du corps. Les arêtes qui bordent la crête ondulée de la face ventrale ont souvent été prises pour des cils vibratiles. Il est fort possible que les prétendus cils décrits sur le *Trichomonas intestinalis* ne soient que le résultat d'une erreur analogue d'observation.

Trichomonas vaginalis Donné[1]. — Cette espèce intéresse les médecins parce qu'on la trouve fréquemment dans le mucus vaginal altéré de la femme. Son corps est ovale, long d'environ 1 centième de millimètre, sans compter le filament caudal qui est à peu près aussi long que le corps. Celui-ci porte à son extrémité antérieure, un, deux, ou trois flagellums plus longs que le corps. Il est probable, d'après Leuckart, que le nombre des flagellums est constamment de deux, comme dans le *Trichomonas Batrachorum*, et que les autres chiffres donnés par les auteurs résultent d'erreurs d'observations. De l'extrémité antérieure part une rangée de petits cils vibratiles qui s'étend jusque vers le milieu de la longueur du corps; au niveau de la base de ces cils se voit un trait foncé que l'on a considéré comme une bouche; mais cette opinion est problématique. Il se peut aussi que les prétendus cils disposés le long de ce trait ne soient pas des cils véritables, mais une simple membrane ondulée, analogue à celle qu'on trouve dans le *Trichomonas Batrachorum*. Si ce sont des cils véritables, cette espèce offre un intérêt morphologique particulier parce qu'elle peut servir d'élément de transition entre les Flagellates véritables et les Cilio-Flagellates dont nous parlerons plus tard.

Le *Trichomonas vaginalis* a été trouvé dans le mucus des femmes atteintes de vaginite. Il est probable que, de même que le *Cercomonas intestinalis* n'est pas la cause du choléra, il n'est pas la cause de cette inflammation; mais cette dernière entraîne des conditions favorables à sa multiplication, car sa présence est subordonnée à la maladie de la muqueuse vaginale. Il se meut dans le mucus vaginal avec une

---

1. **Donné**, *Rech. micr. sur la nature du mucus*, Paris, 1837; *Cours de microscopie*, Paris, 1847, p. 157, fig. 33. — Kölliker et Scanzoni, in *Scanzoni's Beiträgen zur Geburstkunde*, Wurzburg, 1855, II, p. 131, tab III, fig. 2. — Haussmann, *Die Parasiten der weiblichen Geschlechtorgane*, Berlin, 1870, p. 42. — Hennig, *Der Katarrh des innern weiblichen Sexualorgane*, Leipzig, 1870, p. 66. — Leuckart, *Die Parasiten des Menschens*, 2e édit., I, p. 313.

très grande rapidité, mais il meurt dès qu'on le met dans l'eau. Les lotions froides sont donc un moyen excellent à conseiller pour sa destruction.

Trichomonas intestinalis LEUCK. [1]. — Cette espèce ressemble à la précédente par la taille, la forme, et la présence du prolongement caudal; elle possède également une rangée en peigne de cils vibra-

Fig. 153. — *Trepomonas agilis* (d'après Stein).

tiles; d'après Leuckart, le peigne serait formé de douze à quatorze cils ou davantage.

Elle a été découverte par Marchand [2] qui la décrivit sous le nom de *Cercomonas intestinalis;* il l'avait trouvée dans les selles d'un homme atteint de typhus; on l'a observée ensuite six ou sept fois; elle est si mal connue, qu'on la décrit comme ne possédant pas de flagellum.

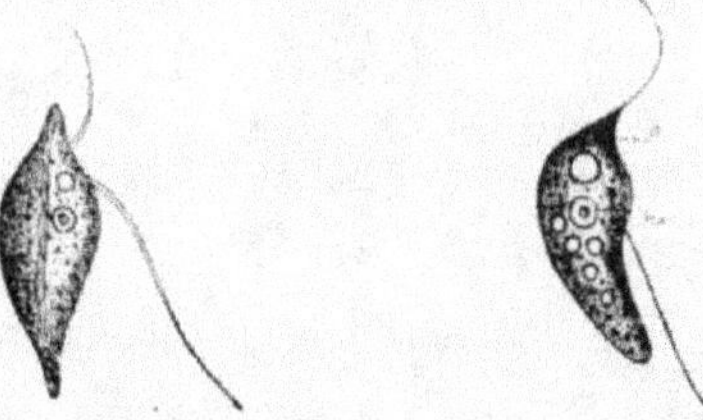

Fig. 154. — *Bodo caudatus.*   Fig. 155. — *Bodo globosus.*

A la suite des *Trichomonas* nous pourrions citer un certain nombre de genres qui leur ressemblent plus ou moins par la présence d'appendices ondulés de formes diverses. Dans le *Trepomonas agilis* Du-

1. LEUCKART, *Die Parasiten des Menschens*, 2ᵉ édit., I, p. 315, fig. 126.
2. MARCHAND, in *Arch. f. pathol. Anat.*, 1875, LXIV, p. 294. Marchand décrit cette espèce sous le nom erroné de *Cercomonas intestinalis.* — ZUNKER, in *Zeitsch. f. prakt. Medic.*, 1878, nº 1.

JARD[1], par exemple, le corps du Flagellate, qui est petit et ovoïde, porte

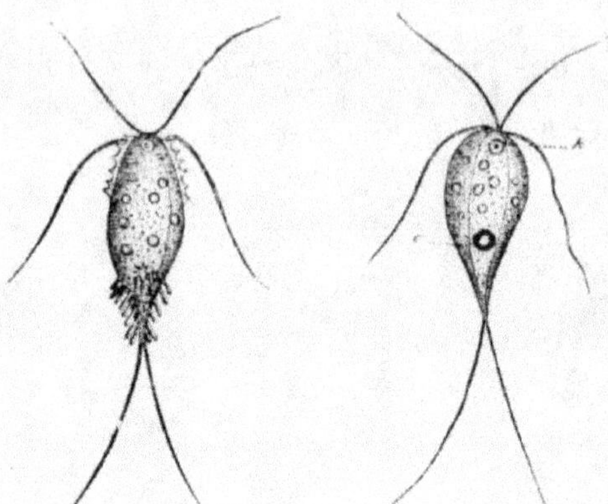

Fig. 156. — *Hexamita intestinalis* (d'après Dujard).

deux flagellums partant du sommet aminci de l'extrémité postérieure
et deux flagellums antérieurs, insérés de chaque côté de la bouche et

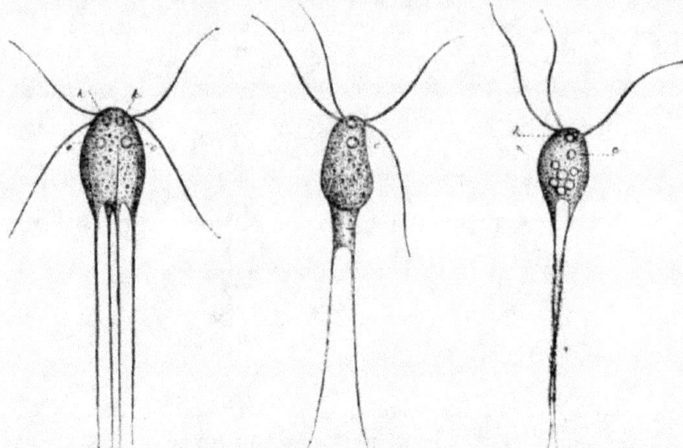

Fig. 157. — *Hexamita inflata* (d'après Stein).

un peu au-dessous d'elle, au niveau de l'extrémité supérieure de deux

1. STEIN, *Der Organ. der Infusionsthiere*, III, tab. III, Abth. III, fig. 1-14.

sortes d'ailes membraneuses, saillantes. L'animal se tord fréquemment sur lui-même et ses ailes latérales affectent alors la disposition d'une hélice à deux branches qui probablement sert à la locomotion de l'animal.

Dans les *Bodo* que beaucoup d'auteurs confondent avec les *Trichomonas*, il existe deux flagellums dirigés l'un en avant et l'autre en arrière; ce dernier sert à l'animal à sauter; il prend un point d'appui sur ce flagellum et projette ensuite le corps en avant[1].

Dans l'*Hexamita intestinalis* DUJARD.[2] qui vit dans l'intestin de la Grenouille, le corps affecte la forme d'une sorte de poire très

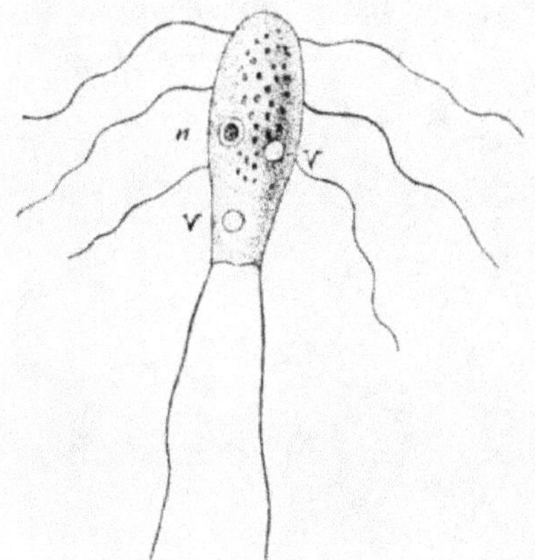

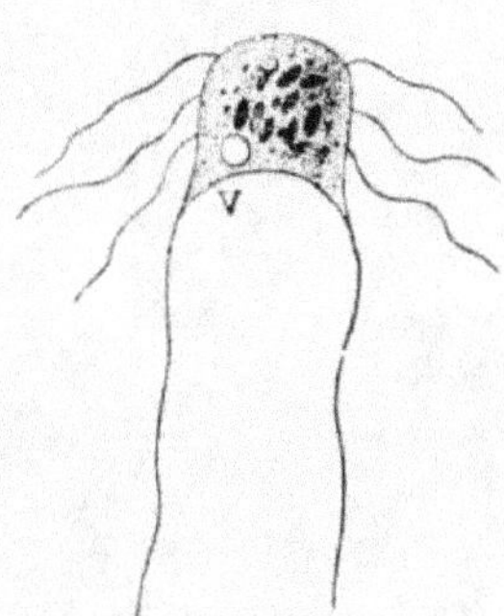

Fig. 158. — *Hexamita inflata* (d'après Bütschli).

Fig. 159. — *Hexamita inflata* (d'après Bütschli).

allongée, terminée en arrière par une pointe qui porte deux longs flagellums. En avant, il existe autour de la bouche quatre flagellums très longs. Dans les formes les plus habituelles, le corps est lisse; mais d'autres individus présentent de chaque côté de la bouche une crête dentelée; quelques-uns ont en outre, en arrière, de courts pseudopodes cylindriques, formant une sorte de bouquet à la base des flagellums postérieurs.

L'*Hexamita inflata* DUJARD.[3] est remarquable par le nombre des flagellums que les individus sont susceptibles de porter. Dans la forme normale de cette espèce on trouve en avant quatre flagellums disposés

1. STEIN, *Der Organ. der Inf.*, III, tab. II.
2. STEIN, *loc. cit.*, tab, III, Abth. V, fig. 1-7.
3. Voy. STEIN, *loc. cit.*, III, tab. III, Abth. IV, fig. 1-6.

autour de la bouche et deux situés au niveau de la partie postérieure
du corps; ces derniers sont écartés l'un de l'autre et souvent reliés, au
niveau de leur base, par une membrane mince. Dans d'autres formes
de la même espèce, le nombre des flagellums postérieurs peut s'élever à quatre, disposés chacun au sommet d'une petite saillie conique.
Dans d'autres variétés qui ont été bien décrites et figurées par Bütschli[1], on ne trouve plus le bouquet des quatre flagellums circum-
buccaux; l'extrémité antérieure est très obtuse et arrondie; l'extrémité postérieure est bifurquée en deux pointes qui se terminent
chacune par un long flagellum; les flancs de l'animal portent trois
paires de flagellums étalés latéralement.

Remarquons en passant que, d'après Bütschli, l'*Hexamita in-*

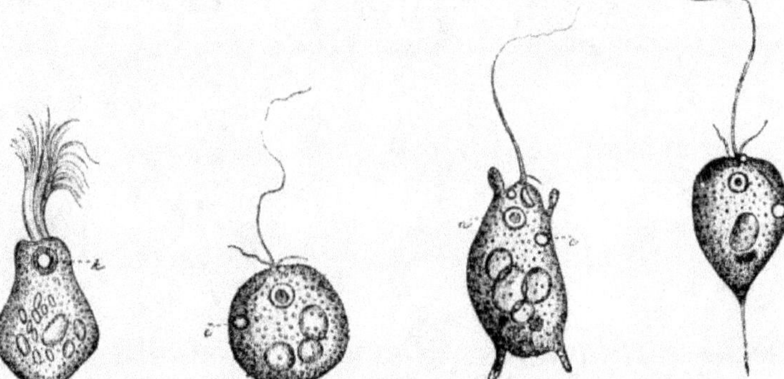

Fig. 160. — *Lopho-
monas Blattarum*
(d'après Stein).

Fig. 161. — *Monas vivipara* (d'après Stein).

testinalis qui vit en parasite dans l'intestin et dans la cavité viscérale
de la Grenouille et du Triton, et l'*Hexamita inflata* qui vit libre dans
les eaux des mares ne seraient que deux variétés d'une seule et même
espèce. Si cette opinion était vérifiée, nous aurions ici un exemple
bien manifeste de création de variétés par l'influence du milieu.

Parmi les formes voisines des précédentes nous pouvons encore
citer le *Lophomonas Blattarum* STEIN[2], qui vit en parasite dans l'intestin du *Blatta orientalis*, et qui est remarquable par son corps plus
ou moins arrondi, parfois tout à fait sphérique, d'autres fois terminé

<hr>

1. Voy. *Quart. Journ. of. micr. sc.*, 1879, XIX, p. 81, tab. VI, fig. 15.
2. STEIN, *Sitzungsb. der Königl. böhm., Gesellsch. der Wiss.*, 1860, p. 49, 50; *Der
Organ. der Infus.*, III, tab. III, Abth. VII, fig. 1-7. — BÜTSCHLI, in *Quart. Journ. of.
micr. sc.*, 1879, XIX, p. 93, tab. VI, fig. 21, *a*, *b*.

en pointe en arrière, ou bien piriforme et plus mince en avant qu'en arrière, muni au niveau de l'extrémité antérieure d'un bouquet de nombreux flagellums insérés très près les uns des autres, au-dessus d'un corpuscule arrondi assez semblable à un noyau.

Citons encore, comme formes voisines des précédentes, le *Monas vivipara* EHRB. [1], avec son corps arrondi ou piriforme, pourvu au voisinage de la bouche d'un flagellum très long et de deux autres beaucoup plus petits, et muni en arrière d'un ou parfois deux pseudopodes plus ou moins allongés, ou d'un prolongement grêle à l'aide duquel

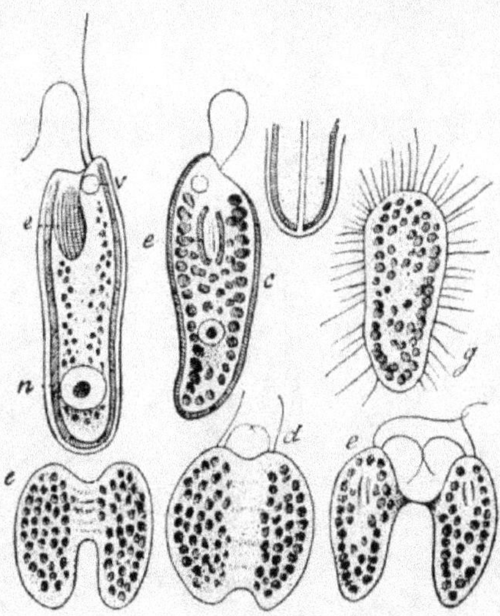

Fig. 162. — *Chilomonas Paramæcium* (d'après Bütschli). — Individu entier et *g*, après traitement par l'acide acétique ; *c*, *d*, *e*, états successifs de segmentation longitudinale.

l'animal peut se fixer sur des corps étrangers. Près de la bouche se trouve une tache colorée, que l'on retrouve dans un grand nombre d'autres Flagellates et sur laquelle nous nous réservons d'insister, en parlant d'un autre type important, l'*Euglena viridis*.

Le *Chilomonas Paramæcium* EHRB. [2] est muni, au niveau de son extrémité antérieure, de deux flagellums insérés très près l'un de l'autre, sur l'un des bords de la bouche que Bütschli compare, à cause de la saillie qu'elle forme, à une lèvre supérieure. C'est dans l'épaisseur

1. STEIN, *loc. cit.*, III, tab. II, Abth. I, fig. 1-8.
2. *Die Infus. als volkomm. Organ.*, Leipzig, 1838, p. 30. — BÜTSCHLI, in *Quart. Journ. of mic. sc.*, 1879, XIX, p. 84, tab. VI, fig. 17.

de cette lèvre que se trouve la vacuole contractile. Le bord opposé
de la bouche est beaucoup moins saillant et a reçu de Bütschli le
nom de lèvre inférieure. L'orifice buccal est lui-même très dilaté ;
il conduit dans une sorte d'œsophage cylindrique, dont les parois
sont formées par du protoplasma condensé et muni de stries longitudinales et transversales, probablement formées par des épaississements contractiles de la substance protoplasmique. L'œsophage se
termine dans la masse protoplasmique du corps. Après la mort de
l'animal il disparaît. Cet Infusoire a offert à Bütschli un phénomène

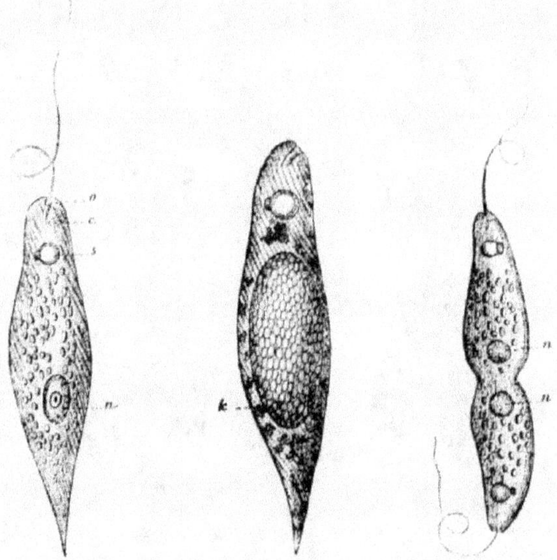

Fig. 163. — *Euglena viridis* (d'après Stein). —
L'un des individus a perdu son flagellum.

Fig. 164. — *Euglena vi-
ridis* (d'après Stein). —
En voie de segmentation.

remarquable. Quand on le traite par une solution d'acide acétique
à 1 pour 100, son corps se montre couvert d'une très grande quantité de filaments grêles, rayonnant dans toutes les directions et lui
donnant l'aspect d'un Infusoire cilié. L'explication de ce phénomène
est difficile à fournir, à moins d'admettre que l'on se trouve en présence d'un Infusoire cilié dont les cils seraient rendus invisibles
pendant la vie par l'existence d'une substance protoplasmique
incolore ou d'une matière gélatineuse interposée, dans laquelle les

cils seraient englués et qui serait détruite par l'acide acétique. Ce qui viendrait à l'appui de cette opinion, c'est que l'on observe souvent entre les cils des granulations solides éparses. La segmentation longitudinale de cet animal a été bien observée par Bütschli dont nous reproduisons ci-contre les figures.

Euglena viridis EHRB. [1]. — Cet Infusoire Flagellate se trouve en grande abondance à la surface des flaques d'eau stagnante, soit douce, soit saumâtre. On voit fréquemment au-dessus de ces eaux des plaques vertes, visqueuses, qu'il faut, du reste, se garder de confondre avec d'autres masses ayant la même couleur, se trouvant dans des conditions identiques, et qui sont formées par les filaments de diverses Algues appartenant au genre *Spirogyra*. Si nous transportons une petite quantité de la matière visqueuse formée par la réunion d'un grand nombre d'*Euglena viridis*, sous le microscope, nous verrons que chaque animal est formé d'une

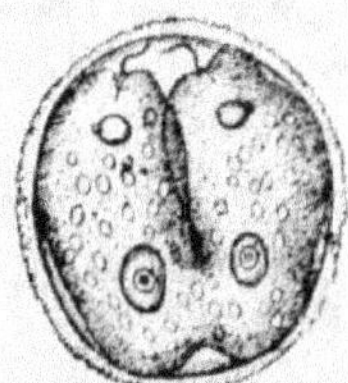

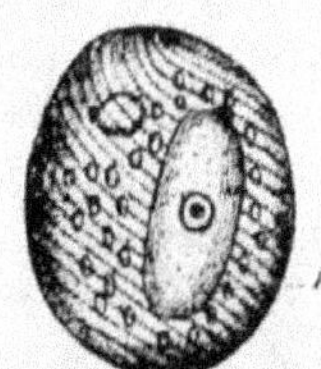

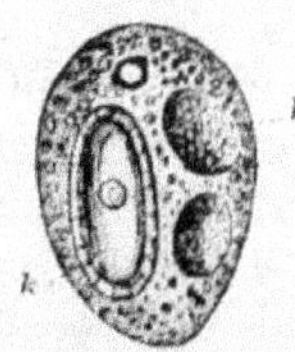

Fig. 165. — *Euglena viridis*, individus enkystés et en voie de segmentation longitudinale.

Fig. 166. — *Euglena viridis* (d'après Ehrbg).

Fig. 167. — *Euglena viridis* (d'après Ehrbg).

cellule munie, à l'une de ses extrémités, d'un très long flagellum; vers le milieu de cette cellule, se trouve un très gros noyau ovoïde, pourvu d'un nucléole. A la partie supérieure se trouve une vacuole contractile. A côté de la vacuole on voit un corpuscule coloré en rouge, auquel on a donné le nom de point oculiforme; il a, comme nous le verrons, une grande importance au point de vue de l'anatomie et de la physiologie comparées. A l'extrémité antérieure et à la base du flagellum, se voit un orifice buccal à la suite duquel vient un court tube œsophagien.

La paroi du corps de l'*Euglena viridis* est formée, comme celle des Flagellates déjà étudiés, par une membrane cellulaire cuticularisée, très mince. Au-dessous de la membrane cellulaire se voient des stries dirigées, obliquement et en spirale, de l'extrémité antérieure vers l'extrémité postérieure du corps. Leur analogie

---

1. Voy. STEIN, *loc. cit.*, III, tab. XX, fig. 17-33; tab. XXI, fig. 1-11.

avec celles que nous avons constatées dans les Grégarines s'impose naturellement à l'esprit. Nous pouvons les considérer comme des épaississements du protoplasma, plus énergiquement contractiles que les autres parties de cette substance.

Le point oculiforme est constitué par une petite accumulation de pigment rouge très probablement dissous dans un corpuscule protoplasmique, comme c'est le cas pour le pigment chlorophyllien vert des végétaux. Cette tache rouge se détache vivement sur la couleur verte de l'*Euglena viridis*, couleur produite par la présence de pigment chlorophyllien [1] dissous dans le protoplasma du corps. Il est probable que le point oculiforme ne devient rouge qu'après avoir été vert. Nous savons, en effet, que dans beaucoup de végétaux, des organes floraux destinés à devenir plus tard rouges ou bleus, sont primitivement verts. Dans ces cas, le pigment vert tenu en dissolution dans les corpuscules protoplasmiques de l'organe encore enfermé dans le bouton, change de coloration quand la fleur s'épanouit et s'étale à la lumière. En nous rappelant combien toutes les matières colorantes peuvent facilement, par de simples oxydations, passer de l'une à l'autre, ces changements de coloration n'ont rien qui puisse nous étonner.

On a supposé que le point oculiforme des Euglènes était un organe oculaire rudimentaire. Cette opinion nous paraît assez vraisemblable. Comme nous nous trouvons pour la première fois en présence d'un organe de cet ordre, il est nécessaire de nous demander ce qu'il faut entendre par organe de la vision, en quoi peut consister un organe de cette nature réduit à sa plus simple expression et quel peut être son rôle.

Rappelons-nous d'abord que toute matière est susceptible d'entrer en vibration moléculaire sous l'influence de la vibration d'un autre corps. Si nous considérons, par exemple, les corps dits inorganiques, nous verrons la chaleur qui n'est qu'un mouvement moléculaire, se transmettre d'un corps à un autre. Les molécules d'un corps froid soumis à l'influence d'un corps chaud, entrent en vibration et se mettent pour ainsi dire à l'unisson de celles du corps chaud ; la vibration moléculaire du corps froid qui s'échauffe nous est plus ou moins sensible, et nous pouvons la constater d'autant plus

---

1. L'*Euglena viridis* n'est pas toujours, comme son nom semble l'indiquer, coloré en vert. Dans certains cas, il est tout à fait incolore. Cette variété avait été considérée par Ehrenberg comme une espèce véritable à laquelle il avait donné le nom d'*Euglena hyalina*. D'autres fois elle est rouge et constitue la variété *sanguinea*, dont Ehrenberg avait également fait une espèce distincte, l'*E. sanguinea*.

facilement que le coefficient de dilatation de ce corps est plus élevé.

La lumière est en tous points comparable à la chaleur. Elle aussi ne consiste qu'en mouvements moléculaires, mais ces mouvements peuvent être transmis d'un corps pondérable à un autre corps pondérable, à travers des espaces non occupés par les corps pondérables, et ne contenant que de l'éther. En d'autres termes, l'éther peut servir d'agent de transmission des vibrations lumineuses d'un corps pondérable à un autre corps pondérable.

Mais tous les corps pondérables n'entrent pas en vibration avec la même facilité, sous l'influence des mouvements de l'éther. Parmi tous les corps que nous connaissons, celui qui incontestablement subit le plus facilement l'action des vibrations lumineuses de l'éther est le protoplasma. Nous pouvons affirmer sans crainte de nous tromper que tout protoplasma vivant est extrêmement sensible à la lumière. On a constaté en effet que tous les organismes inférieurs, qu'on les classe parmi les animaux ou parmi les végétaux, qu'ils soient unicellulaires ou pluricellulaires, subissent l'impression des mêmes rayons lumineux que les animaux les plus élevés en organisation et pourvus d'un organe spécial pour la vision. Mais, quoique le protoplasma soit toujours et partout sensible à la lumière, il paraît l'être d'autant moins qu'il est plus incolore.

Lorsque nous voyons un animal ou un végétal inférieur incolores se diriger toujours vers la partie exposée à la lumière du vase qui les contient, nous devons en conclure qu'ils sont sensibles aux rayons lumineux. Cette sensibilité, d'abord très vague, se précise davantage à mesure qu'elle se localise dans certaines régions du corps. Or, nous constaterons ultérieurement que dans tous les animaux où une région spéciale de l'organisme s'est différenciée en vue de la perception des mouvements de l'éther, cette région est riche en matière colorante.

Faut-il considérer le point oculiforme des Euglènes comme dû à une différenciation de cet ordre? C'est là une question qu'il est à peu près impossible de résoudre, mais à laquelle nous sommes fort tentés de répondre par l'affirmative.

Les faits suivants me semblent de nature à justifier cette façon de voir; si l'on approche un vase contenant des Euglènes d'une fenêtre éclairée, tous ces petits animaux se porteront vers la fenêtre; si l'on détourne le vase, ils reviendront se placer du côté de la lumière : leurs molécules sont donc sensibles aux vibrations lumineuses de l'éther; mais il reste à savoir si ce sont toutes leurs molécules ou seulement celles du point oculiforme qui jouissent de cette sensibilité.

Une des raisons les plus sérieuses qui font considérer le point oculiforme de l'*Euglena* comme un organe de vision, est que, depuis l'être le plus infime jusqu'au plus élevé, l'appareil oculaire possède toujours des cellules spéciales contenant un pigment coloré. Nous avons déjà eu l'occasion de rappeler combien facilement les matières colorantes changent de nature ; il suffit d'une oxydation ou d'une deshydratation très minimes pour que ces matières passent par des états extrêmement divers. Toutes les fois que sur une matière colorante quelconque nous faisons tomber un rayon lumineux, cette matière est altérée ; que ce soit un animal ou un végétal coloré que nous soumettions aux rayons lumineux, nous provoquerons chez eux des modifications, leur couleur changera. Les chimistes ont constaté que, dans ces circonstances, il se produit une transformation chi-

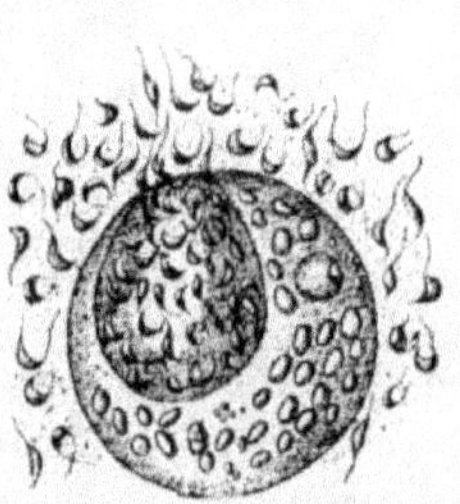
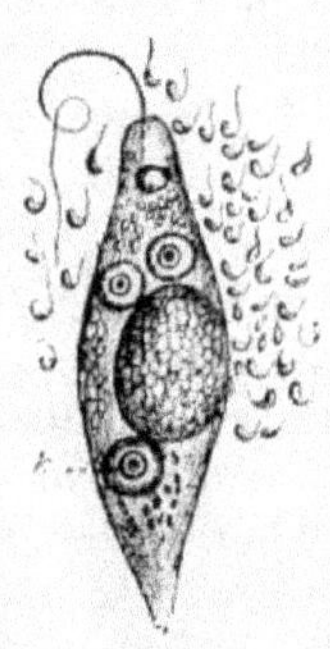

Fig. 168. — *Euglena viridis*
(d'après Ehrbg).

Fig. 169. — *Euglena viridis*
(d'après Ehrbg).

mique, en même temps qu'un changement moléculaire. On peut admettre que chez l'*Euglena* le point oculiforme agirait comme une plaque photographique sur laquelle les rayons lumineux produiraient un changement de coloration très probablement accompagné de la transformation physique et chimique de sa substance.

L'*Euglena* n'a pas toujours la forme elliptique que nous lui avons attribuée jusqu'ici ; nous le verrons, par exemple, se contracter, se raccourcir par l'action des fibres pseudo-musculaires du protoplasma ; puis nous assisterons à la multiplication de cet animal.

Cette multiplication ne s'opère pas toujours de la même manière ; voici, l'un des procédés qu'elle affecte :

Le corps de l'*Euglena* s'étant raccourci, le noyau se divise en deux, le point oculiforme également ; puis il se forme deux flagellums et la division s'opère dans le sens de la longueur du corps tout entier ;

les deux êtres ainsi produits aux dépens d'un seul, se détachent l'un de l'autre, pour aller vivre librement.

Dans d'autres cas, après être devenu globuleux et avoir perdu son flagellum et son orifice buccal, l'animal s'entoure d'une membrane qui est une véritable coque de nature chitineuse, puis il se divise suivant le même procédé que celui que nous venons de décrire; la cuticule se rompant ensuite, les deux Euglènes se séparent.

Il est enfin pour ces êtres un troisième mode de reproduction

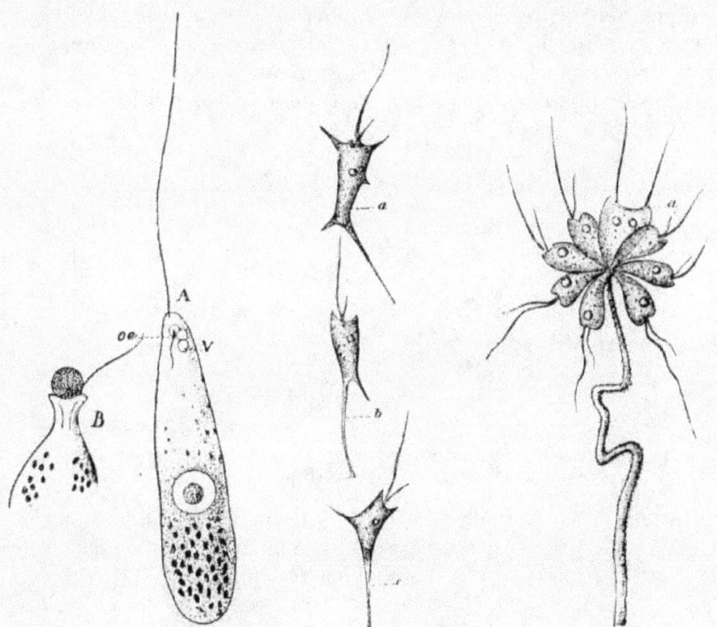

Fig. 170. — *Astasia trichophora*   Fig. 171. — *Anthopysa vegetans* (d'après Stein).
      (d'après Bütschli).

qui a pour nous plus d'intérêt que les deux précédents, car il nous rappelle ce que nous avons déjà vu chez les Radiolaires; ce n'est pas toutefois sans quelque réserve que je le décrirai, quelque bien observé qu'il paraisse être.

L'*Euglena* se contracte plus ou moins, prend une forme ovoïde, le flagellum tombe, l'animal devient immobile. Son noyau augmente alors de taille pour former un corps allongé, désigné sur le nom de *corps embryonnaire*.

Dans quelques cas, on voit le noyau se subdiviser en deux, quatre ou même huit corps embryonnaires semblables. Puis, le corps embryonnaire se divise et finit par se montrer constitué par un très grand nombre de petites cellules juxtaposées ; plus tard, ces cellules sont mises en liberté par déchirure du corps de l'animal mère ; on les voit sortir sous la forme de masses semi-lunaires, munies d'un petit flagellum ; elles grandissent et se changent en autant d'Euglènes.

Dans certains cas, à côté d'un corps embryonnaire renfermant un grand nombre de cellules, on voit d'autres corps semblables qui ne sont probablement que des corps embryonnaires arrêtés dans leur développement ; il est très probable que ces corps embryonnaires sont produits par la segmentation des premiers.

On a supposé, mais cela n'est du reste pas démontré, que cette

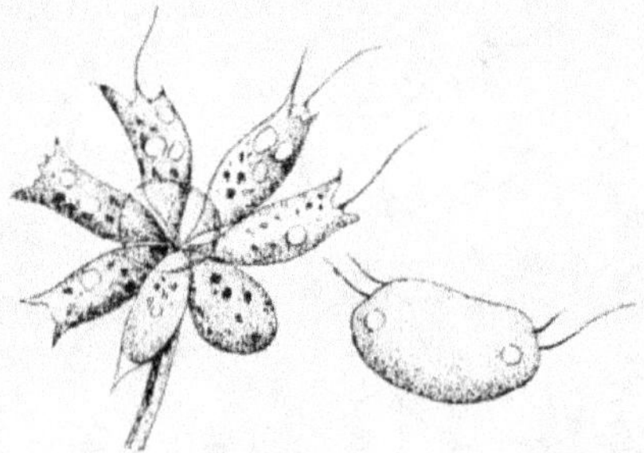

Fig. 172. — *Antophysa vegetans* (d'après Bütschli). — Portion terminale d'une tige portant une colonie et individu isolé en voie de segmentation.

formation des corps embryonnaires serait précédée d'un véritable acte sexuel, soit conjugaison passagère comme celle des Infusoires ciliés, soit fusion complète d'un animal avec un autre.

Anthophysa vegetans STEIN[1]. — Dans toutes les formes d'Infusoires Flagellates que nous avons étudiées jusqu'à présent, les individus vivent toujours isolés. Avec l'*Antophysa vegetans* nous allons assister à la formation d'une colonie. Celle-ci résulte de ce que les animaux de cette espèce peuvent ne pas se séparer de l'individu qui leur a donné naissance par voie de divisions successives.

L'*Antophysa vegetans* jeune se présente à nous sous la forme d'une cellule à contours rendus très irréguliers par un certain nombre

---

1. STEIN, *Der Organ. der Infusionsthiere*, III, tab. V, fig. 1-7. — BÜTSCHLI, in *Quart. Journ. of mic. sc.*, 1879, XIX, p. 68, tab. VI, fig. 6. Ce mémoire donne une bibliographie très détaillée de cette espèce.

de rhizopodes terminés en pointe. L'extrémité antérieure du corps porte un long flagellum situé à côté de la bouche et accompagné d'un flagellum plus petit, inséré près de sa base. L'un des bords de la bouche se soulève en une lèvre saillante, conique; l'autre lèvre est plus arrondie et beaucoup moins saillante. Le noyau est peu visible; il existe une vésicule contractile située dans le voisinage de la bouche. L'animal vit d'abord libre pendant un certain temps, puis il se fixe sur quelque corps étranger par l'un de ses rhizopodes, tandis que les autres se contractent et que le corps s'entoure d'une membrane cuticulaire. Le rhizopode qui forme le pédicule sécrète lui-même une carapace solide, brunâtre, dans laquelle il est enfermé. Lorsque l'animal est parvenu à l'état adulte, il se divise longitudinalement en deux individus semblables; ceux-ci restent liés l'un à l'autre par le pédicule qui leur est commun et qui s'épaissit en s'allongeant. Chacun de ces deux individus se divisant de nouveau longitudinalement, on en a bientôt quatre, puis huit, seize, etc., toujours reliés par la portion inférieure de leur corps et portés par un même pédicule qui s'allonge et grossit à mesure qu'augmente le nombre des individus qu'il porte. Dans d'autres cas, après que le premier individu s'est divisé, les deux individus nouveaux allongent chacun leur pédicule et se trouvent bientôt situés au sommet des deux branches d'une souche dont la tige est fournie par le pédicule primitif. Si ce mode de multiplication continue à se produire pendant un certain nombre de générations, on ne tarde pas à obtenir un petit arbre à tronc simple, épais, d'autant plus solide qu'il est plus vieux, et à branches ramifiées dichotomiquement, d'autant plus molles et flexibles qu'elles sont plus jeunes, terminées chacune soit par un seul, soit par deux individus unis par la base; tôt ou tard, du reste, ces individus cessent de se séparer, sans cesser pour cela de se multiplier par segmentation longitudinale, de sorte que les branches du petit arbrisseau se montrent toutes terminées par un bouquet de vingt, trente, cinquante individus, ou même davantage, pressés les uns contre les autres, comme les fleurons d'un capitule de Synanthérée. Dans ce cas, le sommet de la branche qui porte le bouquet d'individus est fortement épaissi en une tête presque sphérique sur laquelle les animaux s'insèrent par la partie inférieure de leur corps; les individus qui forment cette colonie peuvent, à un moment donné, se séparer les uns des autres, vivre indépendants, pendant un temps plus ou moins long, puis se réunir de nouveau ou se fixer isolément pour former de nouvelles colonies.

Codosiga Botrytis Ehrb.[1]. — Cette espèce se compose, comme les précédentes, d'individus vivant en colonies, mais elle est particulièrement intéressante par un caractère qui se présente dans quelques autres genres de Flagellates et qui donne à ces individus un aspect très particulier.

Les colonies de *Codosiga Botrytis* sont constituées par des bouquets d'individus supportés par des pédicules simples, très grêles. Ces derniers partent du sommet d'une tige commune, cylindrique, simple, tubuleuse, constituée par une portion périphérique foncée et par une substance centrale plus molle et claire. Cette tige est fixée par sa base, qui est un peu aplatie, sur un corps étranger.

On rencontre fréquemment des individus isolés, portés par un pé-

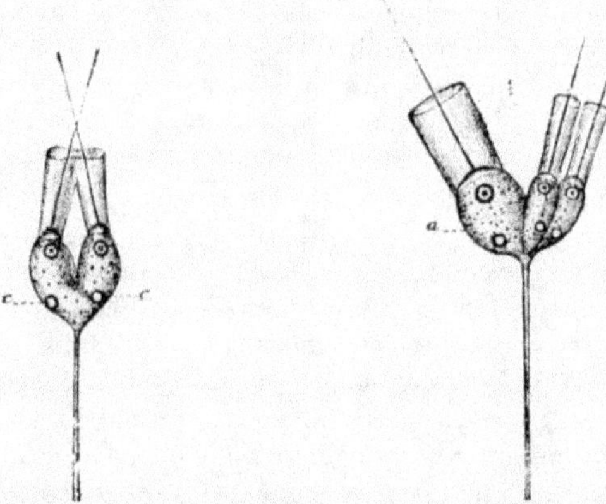

Fig. 173. — *Codosiga botrytis.*   Fig. 174. — *Codosiga botrytis* (d'après Stein).

dicule grêle, non ramifié, clair, autour duquel se développe un tube dur et plus foncé comme celui qui supporte les colonies. Celles-ci résultent d'ailleurs, comme dans l'espèce précédente, de la segmentation longitudinale d'individus d'abord isolés. Parfois aussi on trouve des individus solitaires qui nagent librement.

Le corps de ces Infusoires est ovoïde, pourvu d'un noyau, d'une ou plusieurs vésicules contractiles et d'un seul flagellum. Il est enveloppé d'une membrane cellulaire semblable à celle des espèces

1. Ehrenberg, *Die Infus. als Volkomm. Organ.*, Leipzig, 1838. — Stein, *Der Organ. der Infus.*, III, tab. IX. fig. 8, 9. — Bütschli, in *Quart. Journ. of mic. sc.*, 1879, XIX, p. 70, tab. VI, fig. 7. Cet auteur donne une bibliographie détaillée et une étude complète de cette espèce.

précédentes. Vers sa partie supérieure, il présente une petite collerette transparente, semblable à une sorte de cornet. Le flagellum est enveloppé par cette collerette qui s'élève jusque vers les deux tiers de sa hauteur. La transparence de la collerette est tellement grande, qu'il est difficile de la bien voir et qu'on ne distingue souvent que les deux lignes qui limitent son contour latéral et qui souvent ont été prises pour des cils accessoires.

On a souvent considéré ce cornet comme formé de substance chi-

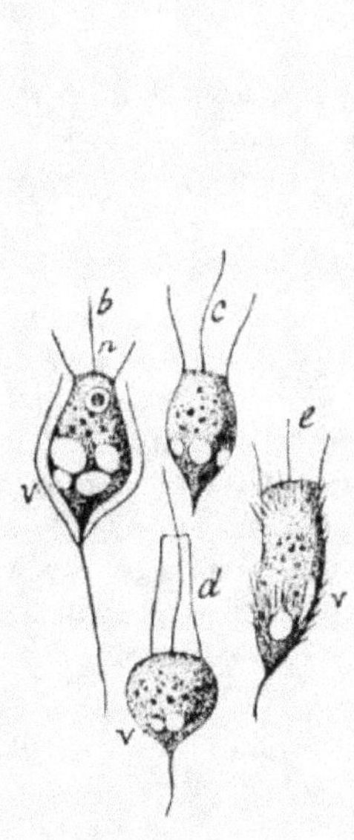

Fig. 175. — *Codosiga Botrytis.* — *b*, individu isolé ; *c*, individu avec sa collerette étalée ; *d*, le même avec sa collerette contractée ; *e*, individu couvert de Bactéries ; dans les figures *b*, *c*, *e*, une ligne elliptique doit relier dans le haut, les deux traits latéraux (d'après Bütschli).

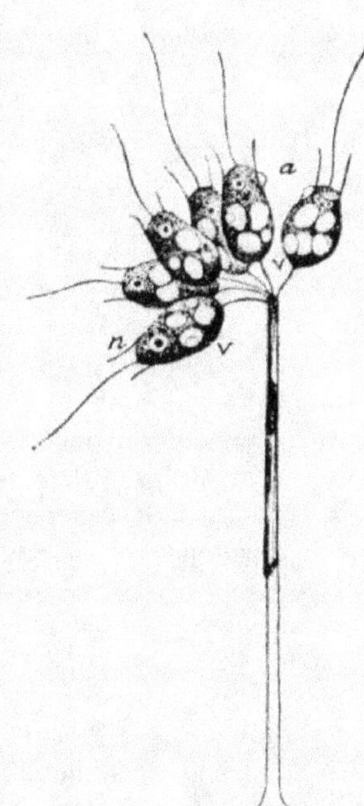

Fig. 176. — *Codosiga Botrytis.* — Colonie d'individus à trois flagellums, portés par un seul pied (d'après Bütschli). — *a*, individus réunis au sommet d'un pédicule ; *v*, vésicules contractiles ; *n*, noyau.

tineuse, mais les observations de Clark et celles de Bütschli ne permettent pas de conserver cette manière de voir. La collerette se montre, en effet, douée d'une contractilité qui ne saurait appartenir à de la substance chitineuse. D'après Clark, on la voit souvent varier très rapidement de hauteur dans le même individu, ou même rentrer en totalité dans la masse du corps. Au moment de la multiplication, la collerette se segmente en même temps que le corps de l'animal ; enfin elle peut aussi changer de forme, et se rétrécir ou s'élargir. Quand l'animal est en mouvement, elle s'arrondit et son bord supérieur se rétrécit beaucoup ; tandis que quand il est au repos, elle devient cylindrique et son bord supérieur s'élargit. Clark avait supposé que l'orifice buccal se trouvait à la base du flagellum, en dedans de la collerette. D'après Bütschli il en serait autrement ; ce dernier a observé la formation, en dehors de la collerette et près de sa base, de vacuoles qui font saillie au dehors, comme nous l'avons déjà vu dans le *Monas Termo*, puis rentrent dans l'intérieur du corps de l'animal, pour se reformer plus tard sur le côté opposé. Bütschli admet que cette vacuole sert à la nutrition de l'animal et explique cet acte de la façon suivante : le flagellum rejetterait les petits corps qui viennent à son contact, par exemple des Bactéries, des Micrococcus, etc., contre la face externe de la collerette qui les retiendrait ; on la trouve, en effet, très souvent couverte de ces petits corps ; puis ces derniers descendraient le long de la collerette et arriveraient au contact de la vacuole qui les absorberait et les entraînerait dans le corps de l'animal. Plus tard, les débris de la nutrition seraient rejetés au dehors par une autre vacuole, comme dans le *Monas Termo*. D'après Clark, au moment de la segmentation, le flagellum rentre dans le corps, celui-ci devient globuleux, puis se divise longitudinalement ainsi que la collerette, et chaque individu nouveau émet un nouveau flagellum au centre de sa collerette.

Bütschli a observé le cas, très intéressant au point de vue morphologique, d'individus qui étaient logés dans une petite carapace visqueuse. Ces formes accidentelles peuvent être considérées comme servant de passage vers un autre groupe d'Infusoires Flagellates dont nous avons maintenant à nous occuper.

II. — THÉCOFLAGELLÉS

Dans toutes les formes d'Infusoires Flagellates que nous avons étudiées précédemment, la cellule unique qui constitue le corps de l'animal est munie d'une membrane cellulaire plus ou moins cuticularisée, mais adhérente au protoplasma ; l'animal lui-même peut être considéré comme nu, d'où le nom de *Nudoflagellés* que nous pouvons donner, avec Hæckel, à tout ce groupe de Flagellates.

D'autres formes d'Infusoires flagellés se présentent au contraire à nous avec un corps logé dans une sorte de carapace ou test chitineux, parfois très résistant, indépendant de la membrane cellulaire, et sécrété par l'animal lui-même. Nous donnerons à ce groupe d'Infusoires Flagellates le nom de *Thécoflagellés.*

Nous pouvons étudier comme premier exemple une espèce très répandue dans les eaux des étages, le *Bicosœca lacustris* CLARK [1].

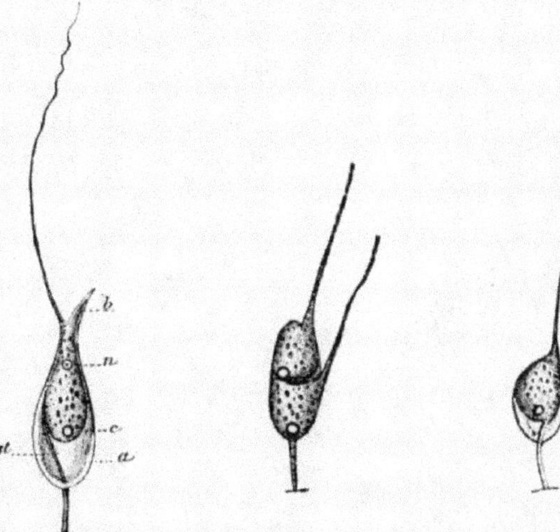

Fig. 177. — *Bikœca (Bicosœca) lacustris.* — *a*, logette : *b*, son bec ; *n*, noyau ; *c*, vacuole contractile ; *st*, pédicule.

Fig. 178. — *Bikœca (Bicosœca) lacustris* en voie de division transversale.

Fig. 179. — *Bikœca (Bicosœca) lacustris* après la division.

Ils se distinguent par l'absence de collerette ; leur flagellum est très long ; et ils sont rattachés au fond de leur logette par un pédicule protoplasmique contractile qui, partant de la face dorsale de leur corps, va s'insérer dans le fond de la loge. A l'aide de ce filament l'animal peut se retirer dans le fond de sa logette où on le voit souvent ramassé sur lui-même et comme plié en deux. La loge est chitineuse comme celle du *Salpingœca ;* elle est ovoïde, à grosse extrémité dirigée vers le bas et fixée par un pédicule court. Son extrémité supérieure est rétrécie et n'offre qu'un orifice étroit,

1. *Ann. and Mag. Nat. Hist.,* 4ᵉ sér., I, p. 149. — BÜTSCHLI, in *Quart. Journ. of micr. sc.,* 18 9, XIX, p. 76, t. VI, fig. 12.

au niveau duquel se trouve la bouche de l'animal et par lequel sort le flagellum. Cet orifice offre, sur le bord opposé au flagellum, une sorte de petit bec allongé, qui donne à l'ensemble de la loge l'aspect d'une burette. La multiplication se fait par division transversale; il semble qu'au moment de la segmentation la loge se rompt en travers, de façon à laisser sortir l'un des deux animaux produits par la segmentation.

Le *Bicosœca lacustris* se multiplie surtout par division transver-

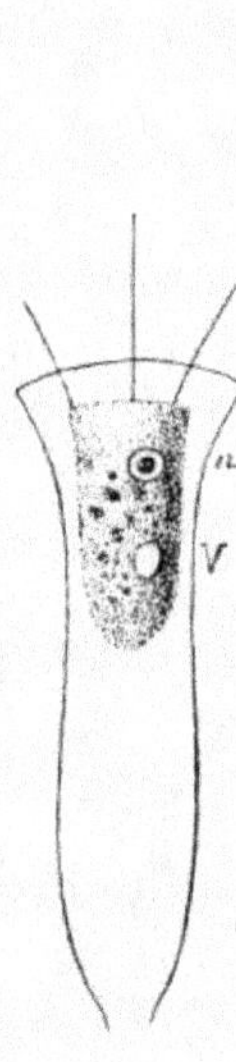

Fig. 180. — *Salpingœca gracilis* (d'après Bütschli); un trait elliptique transversal doit unir les deux traits verticaux qui sont situés de chaque côté du flagellum. — *n*, noyau ; *v*, vésicule contractile.

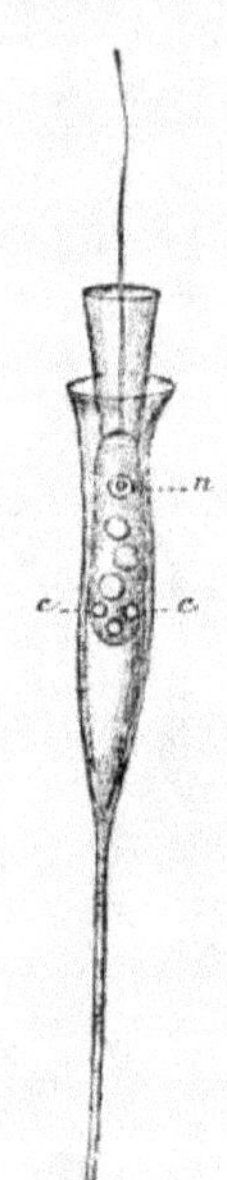

Fig. 181. — *Salpingœca oblonga* (d'après Stein). — *n*, noyau ; *c*, *c*, vésicules contractiles.

sale. Le corps de l'animal acquiert d'abord une taille considérable et arrive à remplir complètement la logette; puis un sillon transversal apparaît vers le milieu du corps qui se divise bientôt en deux parties à peu près semblables, l'une supérieure qui sort bientôt de la logette, l'autre qui reste fixée au fond de cette dernière par le filament contractile. Cette dernière ne tarde pas à produire un flagellum et à offrir l'aspect qu'avait l'animal avant la division. La portion supérieure, devenue libre dans l'eau, présente une extrémité antérieure conique munie, de deux flagellums et une extrémité postérieure arrondie. Le plus long des deux flagellums traine dans l'eau tandis que le plus court est dirigé en avant et joue le rôle d'organe locomoteur. Après que l'animal s'est mu librement dans l'eau pendant une heure environ, il se fixe sur un corps étranger, sécrète une carapace et acquiert rapidement les caractères de l'état adulte [1].

Une deuxième forme du même groupe est représentée par le *Salpingœca gracilis* CLARK [2]. Ce petit organisme est formé par un corps elliptique, muni, au niveau de son extrémité antérieure, d'un flagellum et d'une collerette semblable à celle du *Codonosiga Bothrytis*. Le noyau est volumineux; il est situé près de l'extrémité antérieure; plus en arrière existe une vésicule contractile. Lorsque celle-ci se contracte, elle est remplacée par plusieurs petites vacuoles qui se réunissent ensuite pour former une nouvelle vésicule unique. La vésicule se déplace souvent pour se porter en avant. Le corps de cet animal est logé dans une sorte de cornet transparent, en forme de verre à champagne, évasé dans le haut, rétréci dans le bas, fixé sur un corps étranger par un pied grêle, plus ou moins allongé. Cette coupe étant beaucoup plus grande que le corps de l'animal, celui-ci en occupe à peine le tiers. Il se tient d'habitude dans le voisinage de l'orifice, en dehors duquel sa collerette et son flagellum font saillie; mais il se retire parfois tout à coup jusque dans le fond de sa logette. Clark avait admis que ce mouvement était produit par un mince cordon contractile, qui partant de l'extrémité postérieure de l'animal irait s'insérer dans le fond de la logette; Bütschli n'a pu reconnaître positivement l'existence de ce cordon; cependant il dit que dans un cas il lui a semblé voir un très mince filament partir du corps de l'animal et aller s'insérer sur le fond de la logette. Cette dernière paraît être formée par une substance chitineuse très transparente; elle est relativement très résistante.

On n'a jusqu'à présent observé le *Salpingœca gracilis* qu'à l'état solitaire, on ignore de quelle façon il se reproduit; il est probable qu'après qu'un individu s'est divisé, l'un des deux êtres

1. Voy. SAVILLE KENT, *A Manual of the Infusoria*, part. II, p. 275.

2. CLARK, *Ann. and Mag. Nat. hist.*, 1ᵉ sér., I, p. 199, tab. VI, fig. 28, 30. — BÜTSCHLI, in *Quart. Journ. of micr. sc.*, 1879, XIX, p. 73, tab. VI, fig. 8. — STEIN, *Der Organ. der Infus.*, III, Heft I, tab. X, Abth. III, fig. 1-4.

produits par la segmentation se sépare de l'autre et va se fabriquer ailleurs une logette.

Nous pourrions citer encore un grand nombre d'autres Théco-flagellés à existence solitaire, mais les exemples précédents indi-

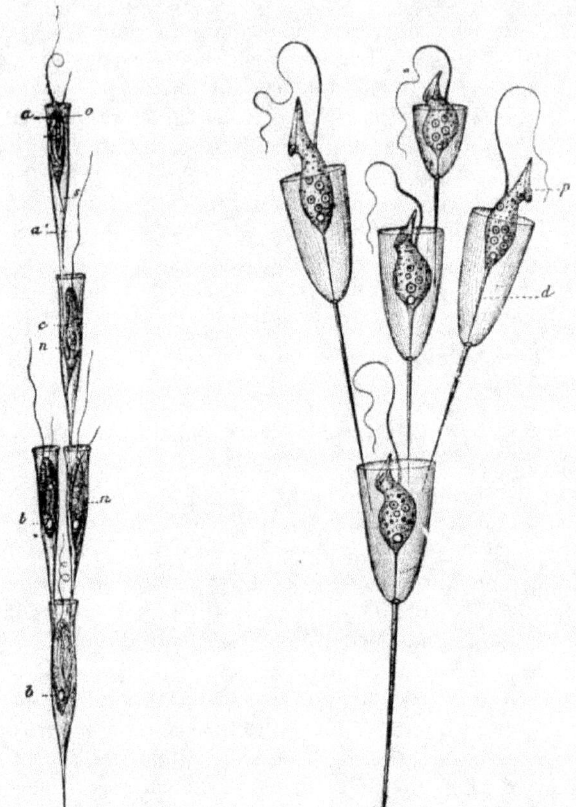

Fig. 182. — *Dinobryon sti-pitatum* (d'après Stein).

Fig. 183. — *Poteriodendron petiolatum* (d'après Stein).

quent suffisamment les caractères des principales formes de ce groupe pour que nous n'ayons pas à insister davantage.

Parmi les Thécoflagellés vivant en colonies, nous prendrons comme premier exemple le *Dinobryon stipitatum* STEIN[1].

1. STEIN, *Der Organ. der Infus.*, III, Heft I, tab. XII, fig. 5.

Chaque individu est constitué par un corps elliptique, muni à son extrémité supérieure de deux flagellums, l'un long et l'autre beaucoup plus court, situés près de la bouche. Un point oculiforme rouge se voit aussi dans le voisinage de cette dernière ; plus bas, se trouvent une vacuole contractile et un noyau ; on voit aussi sou-

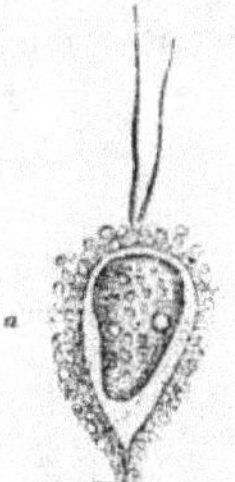

Fig. 184. — *Spongomonas Uvella* (d'après Stein).

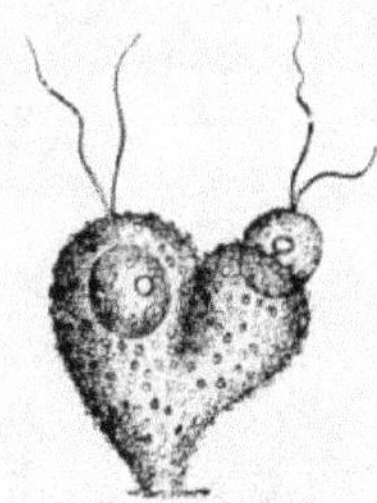

Fig. 185. — *Spongomonas Uvella* (d'après Stein).

vent une grosse vésicule de matière grasse. Le corps de l'animal est logé, comme celui du *Salpingœca gracilis*, dans un long cornet chitineux, très transparent, en forme de verre à champagne, fixé par un long pied grêle. En se divisant, l'animal produit deux individus nouveaux, dont l'un reste dans la loge primitive, tandis que

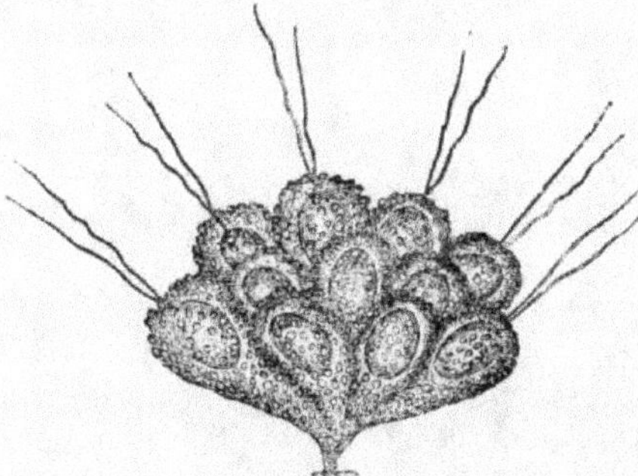

Fig. 186. — *Spongomonas Uvella* (d'après Stein).

l'autre s'entoure d'une cupule nouvelle ; celle-ci reste fixée par sa base très effilée sur la face interne de la loge primitive.

Les mêmes phénomènes se produisant successivement un certain nombre de fois, il se forme des colonies constituées par une ou deux rangées de cornets étagés les uns au-dessus des autres

et contenant chacun un animal organisé comme nous l'avons dit
plus haut.

Le *Poteriodendron petiolatum* STEIN[1], que nous pouvons prendre
pour deuxième exemple, forme des colonies très analogues aux
précédentes, mais dans lesquelles chaque individu est remarquable par une collerette ou péristome en forme de trompe, rejetée
sur le côté et près de la base de laquelle s'insère un long flagellum.

Le *Spongomonas Uvella* STEIN[2] se distingue par le mode de

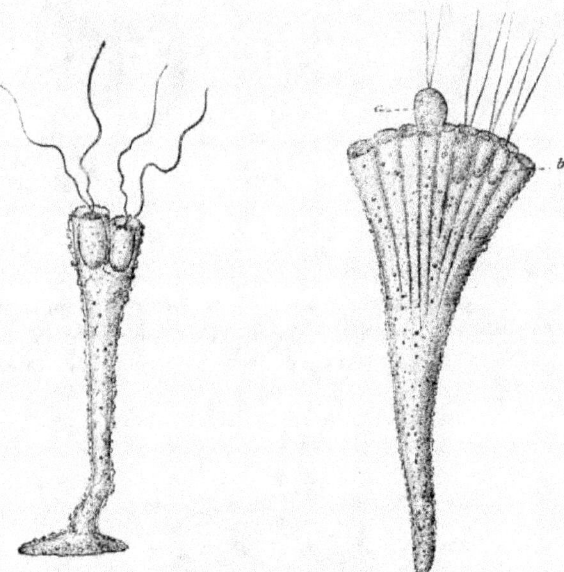

Fig. 187. — *Rhipidodendron splen-*   Fig. 188. — *Rhipidodendron splendi-*
didum (d'après Stein).   *dum* (d'après Stein).

formation des carapaces de la colonie. L'animal est à peu près
arrondi et muni de deux flagellums. Il vit pendant quelque temps
à l'état libre, puis il sécrète une cupule formée par une substance
mucilagineuse, à laquelle sont mêlés, en nombre plus ou moins
grand, des corps étrangers venus du milieu ambiant. L'animal
se forme ainsi une enveloppe dans laquelle il est libre. Plus tard,
le corps de l'Infusoire se divise longitudinalement; les deux nou-

1. STEIN, *Der Organ. der Infus.*, III, tab. XI, fig. 8-11.
2. *Der Organ. der Infusionsthiere*, III, Heft I, tab. VI, fig. 8-10.

veaux êtres ainsi produits s'écartent l'un de l'autre, et s'enveloppent chacun d'une carapace mucilagineuse tout à fait semblable à celle qui entourait l'animal primitif. La séparation n'est d'ailleurs pas complète; les deux loges restent unies l'une à l'autre par leurs faces adjacentes et sont portées par un pédicule commun. Chacun des deux animaux se multipliera plus tard à son tour, et nous aurons, au bout d'un certain temps, une colonie d'individus tous semblables les uns aux autres, disposés en une sorte de bouquet hémisphérique, adhérent à un corps étranger par un pédicule très court.

D'autres espèces nous offrent des colonies où le nombre des animaux est plus grand : tel est le *Rhipidodendron splendidum.*

D'après la description précédente, il est facile de comprendre comment ces animaux forment leurs grandes colonies. Un *Rhipidodendron* isolé s'entoure d'abord d'une cupule chitineuse qui s'allonge beaucoup, et devient bientôt une sorte de tube cylindrique, évasé à sa partie supérieure, dans laquelle se tient un animal elliptique, muni de deux longs flagellums. Au bout de quelque temps, l'animal se divise, et nous avons alors deux cupules, puis deux tubes très rapprochés l'un de l'autre, supportés par la base très allongée du tube primitif. Les animaux logés à l'extrémité libre des deux nouveaux tubes se diviseront bientôt à leur tour, et nous aurons quatre individus logés dans quatre tubes juxtaposés côte à côte. Ce phénomène se répétant un très grand nombre de fois, la colonie affecte définitivement la forme d'une sorte d'éventail très étalé, formé de tubes juxtaposés sur un seul ou, tout au plus, sur deux ou trois plans. Comme certains tubes se séparent de leurs voisins, l'éventail est formé de plusieurs branches distinctes. Ces dernières peuvent avoir des longueurs très différentes, parce que certains animaux ont abandonné leur logette et sont allés ailleurs produire une nouvelle colonie. Quoi qu'il en soit, on ne trouve jamais dans chaque tube qu'un seul animal, et ce dernier occupe toujours le voisinage de l'embouchure du tube, en dehors duquel il peut faire plus ou moins saillie, et dans lequel il peut aussi se cacher complètement.

A côté du *Spongomonas Uvella*, nous pouvons citer les *Phalansterium* dont les colonies se forment par des procédés analogues, mais offrent des rameaux allongés qui leur donnent un aspect assez semblable à celui des Fucacées. Dans le *Phalansterium digitatum* STEIN [1], les colonies sont peu développées, leurs rameaux sont larges

1. *Loc. cit.*, III, tab. VI, fig. 14, tab. VII, fig. 3-11.

et courts. Dans le *Phalansterium consociatum* [1], les colonies affectent la forme de disques aplatis, dans lesquels de simples sillons, disposés en rayons autour d'un centre commun, indiquent les limites des différentes générations d'individus; ceux-ci sont plongés dans une substance mucilagineuse de même nature que celle qui forme le squelette des *Spongomonas*. Chaque individu est, en outre, muni d'un petit cornet entourant la base d'un flagellum unique, analogue à celui des *Salpingœca* et des *Codonosiga*.

Les dernières formes de Thécoflagellés vivant en colonies dont nous venons de parler, peuvent servir de transition vers tout un groupe d'organismes que les auteurs ont placés jusqu'à ce jour parmi les Algues, mais que Stein range parmi les Infusoires Flagellés. Nous voulons parler des *Volvox*, des *Pandorina*, etc., dont les colonies sont mobiles et constituées par un nombre souvent considérable d'indidus arrondis ou elliptiques, munis chacun de deux cils et réunis à l'aide d'une substance

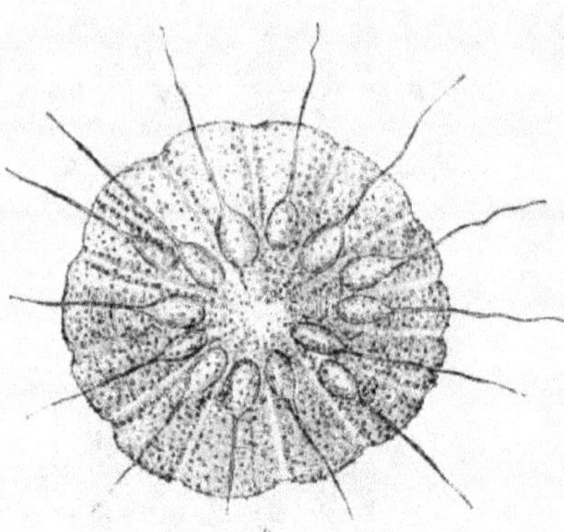

Fig. 189. — *Phalansterium consociatum* (d'après Stein).

mucilagineuse, formée par l'épaississement des membranes cellulaires. Les cils font saillie à la surface de la colonie et servent à la locomotion de celle-ci dans l'eau. Nous indiquerons tout à l'heure les motifs pour lesquels nous croyons ne pouvoir pas partager la manière de voir de Stein.

III — CILIOFLAGELLÉS

Nous pouvons prendre comme premier exemple de ce groupe de Flagellates le *Gymnodinium Pulvisculus* EHRB [2] qui vit dans nos eaux douces en grande abondance au milieu des Conferves. Son corps est elliptique, légèrement comprimé, arrondi en avant et en arrière, ou terminé en pointe en avant et à peu près deux fois aussi long que

1. STEIN, *loc. cit.*, tab. VIII, fig. 1-2.
2. EHRENBERG l'a décrit sous le nom de *Peridinium pulviculus*.

large. Sa surface est lisse et sa coloration est brunâtre ou jaune
verdâtre. Il présente vers le milieu de sa longueur un sillon transversal et une couronne de cils vibratiles courts, semblables à ceux
que nous trouvons chez les Infusoires Ciliés ; il porte un flagellum
inséré sur un point de la ceinture ciliaire.

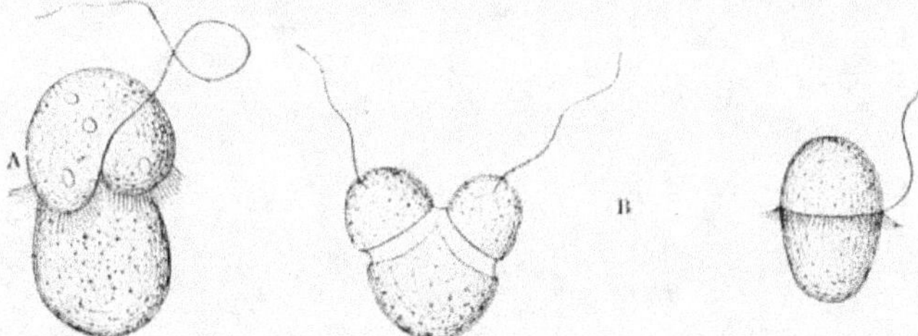

Fig. 190.—*Gymnodinium Lachmannii.*— A, individu
normal. — B, individu en voie de segmentation
longitudinale (d'après Claparède et Lachmann).

Fig. 191. — *Gymnodinium Pulvisculus* (d'après Saville Kent).

Les *Hemidinium* ont comme les *Gymnodinium* le corps nu, mais
la ceinture de cils n'occupe qu'une moitié de la circonférence du
corps.

Les *Melodinium* ressemblent aux *Gymnodinium* par la présence

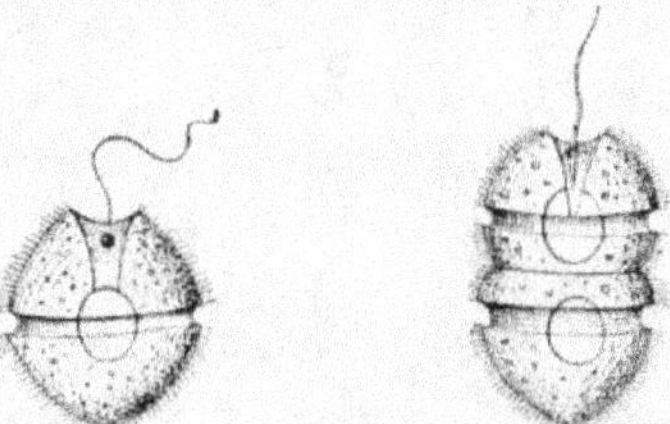

Fig. 192. — *Melodinium uberrimum.* — A, individu normal ; — B, individu en voie
de division transversale (d'après Saville Kent).

d'une ceinture complète de cils, mais ils possèdent en outre
quelques cils supplémentaires épais à la surface du corps.

Le *Ceratium tripos* Nitsch[1], qui est très abondant dans la mer
du Nord, se présente sous la forme d'un cône aplati, terminé par
trois longs pieds, d'où son nom spécifique. Le corps est formé

1. Nitsch, *Beiträge zur Infusorienkunde*, 1857. Le *Ceratium tripos* et d'autres espèces
étaient autrefois considérés comme phosphorescents, mais Claparède et Lachmann disent
que « des expériences répétées sur ce sujet (surtout avec le *C. tripos*) ne les ont conduits
qu'à des résultats négatifs ».

d'une masse protoplasmique avec un noyau nucléolé, mais on n'y a pas constaté de vésicules contractiles. Le corps est divisé en deux moitiés à peu près égales par un sillon transversal. D'après Claparède et Lachmann, « le sillon transversal n'est point circulaire, mais forme en quelque sorte un élément de spire dextrogyre. Il commence sur la face ventrale du côté gauche et c'est à ce point qu'il est le plus

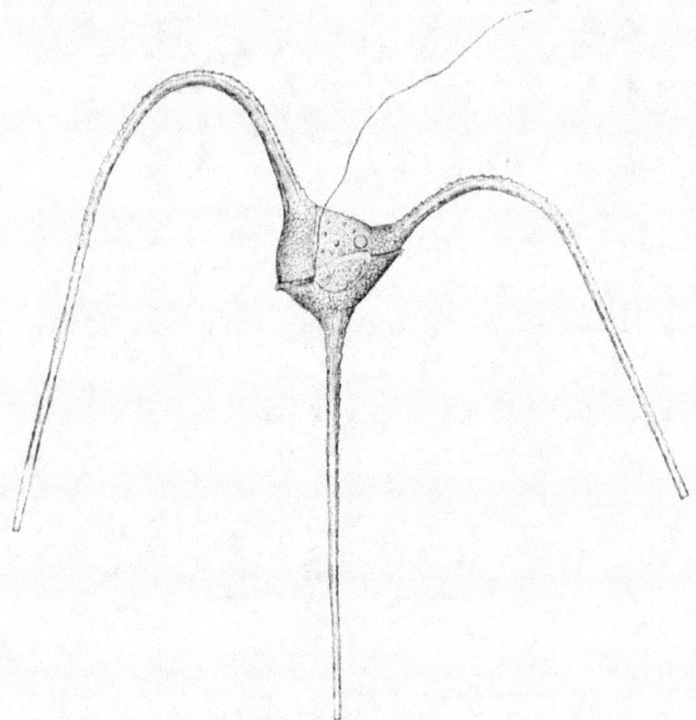

Fig. 193. —*Ceratium tripos*, variété *macroceros*, vu par la face ventrale
(d'après Clap. et Lach.).

rapproché de la partie antérieure, puis il passe sur le côté gauche, se continue sur le dos et revient à droite sur la face ventrale à un niveau plus rapproché de l'extrémité postérieure que ne l'était son point de départ ».

Du sillon transversal part, sur la face ventrale, un deuxième sillon plus court qui se dirige vers l'extrémité apicale. Au niveau du

point de rencontre de ces deux sillons se trouve l'orifice buccal
dont l'une des lèvres porte un flagellum beaucoup plus long que le
corps de l'animal.

Indépendamment de la membrane d'enveloppe qu'ils possèdent
comme tous les Infusoires, les *Ceratium* présentent une carapace
solide qui recouvre tout leur corps. Elle est formée de deux segments, l'un antérieur et l'autre postérieur, entre lesquels existe
une fente par laquelle passent le flagellum et la ceinture de cils
vibratiles. Dans le *Ceratium tripos*, le segment antérieur de la cuirasse porte deux longs prolongements en forme de cornes recourbées
et dentées sur les bords ; le segment postérieur porte une seule
corne semblable.

Il existe un assez grand nombre d'espèces de *Ceratium* ne différant
guère les unes des autres que par la forme de la carapace et surtout
par le nombre et la disposition des prolongements de cette dernière.
Le *C. pyrophorum* de la mer Baltique existe en grande quantité à
l'état fossile dans les flants des formations calcaires des environs de
Brighton et de Gravesend.

La carapace est constituée par une substance que nous n'avons
pas encore rencontrée dans les êtres précédemment étudiés, mais
qui constitue les membranes de toutes les cellules végétales : la cellulose. Certains auteurs accordant à la présence de cette membrane
cellulosique une importance prépondérante, ont proposé de considérer le *Ceratium tripos* et les organismes analogues comme
des végétaux. Cette manière de voir ne nous paraît pas admissible.
La cellulose se retrouve, en effet, chez d'autres animaux très élevés
en organisation, comme les Ascidies, que certains zoologistes ont
pu, en s'appuyant sur des raisons très plausibles, classer parmi les
Vertébrés. Les Ascidies sont enfermées dans une tunique très épaisse
de cellulose.

D'un autre côté, la cellulose n'est en réalité qu'une matière ternaire
voisine des sucres, des amidons, et faisant, par conséquent, partie
d'une classe de corps pouvant très facilement passer de l'un à l'autre
et pouvant résulter de la décomposition des substances quaternaires, peut-être même, indirectement, du protoplasma. Il nous est
maintenant facile de comprendre comment l'animal dont nous
parlons en ce moment pourra se fabriquer une tunique de cellulose
aux dépens de sa masse protoplasmique sans l'emprunter directement aux corps extérieurs, et je ne vois nulle raison suffisante pour
justifier l'opinion d'après laquelle on devrait considérer les *Ceratium*
comme des végétaux, parce qu'ils ont une enveloppe cellulosique.

La cellulose de la membrane des *Ceratium* ne reste jamais pure; elle s'incruste de silice, de manière à acquérir une structure analogue à celle du squelette des Radiolaires et de la carapace des Diatomées.

Les *Peridinium* qui sont très voisins des *Ceratium* et ont comme eux une carapace formée de deux segments, s'en distinguent par l'absence de cornes. Le *Peridinium tabulatum* Ehrb.[1] qui est une des espèces les plus cosmopolites et les plus abondantes dans nos eaux douces, où elle vit en colonies souvent si étendues que l'eau prend la coloration de ces animaux, paraît ovale ou suborbiculaire quand on le voit par la face ventrale ou la face dorsale; il est très aplati ou déprimé, la face dorsale étant convexe et la face ventrale concave; les segments de sa cuirasse sont composés de plaques polygonales très nombreuses qui à la surface ont un aspect fine-

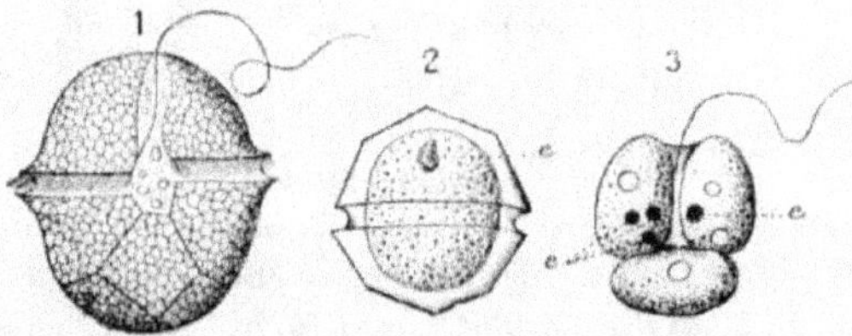

Fig. 194. — *Peridinium tabulatum* (d'après Claparède et Lachmann). — 1, individu normal. — 2, individu enkysté dans sa propre cuirasse. — 3, individu dégagé de sa cuirasse. *e*, *e*, taches de pigment.

ment réticulé très remarquable. Sa coloration est jaunâtre, verte ou brune. Il existe souvent une ou plusieurs taches de pigment rouge. Les *Peridinium* sont les seuls Infusoires Cilioflagellés dont on connaisse un peu les phénomènes de reproduction. Claparède et Lachmann ont constaté l'enkystement de ces animaux dans leur propre cuirasse; le corps se contracte en s'éloignant de la carapace, puis il se divise en deux masses égales qui deviennent deux animaux semblables à celui qui leur a donné naissance. Il est probable aussi que l'enkystement peut, dans certains cas, constituer un simple état de repos. Dans d'autres cas, la cuirasse se rompt et tombe et l'animal devenu libre sécrète une membrane kystique analogue à celle que nous avons déjà eu l'occasion de signaler chez un certain nombre d'autres Infusoires Flagellés, puis

1. Voy. Saville Kent, *A manual of Infusoria*, IV, p. 448, tab. XXV, fig. 1-5, 55-57.

il se divise et les animaux de nouvelles générations sont mis en liberté par la déchirure du kyste. Dans certains cas, la forme de la

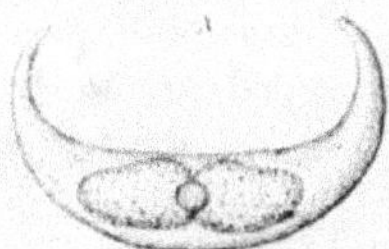
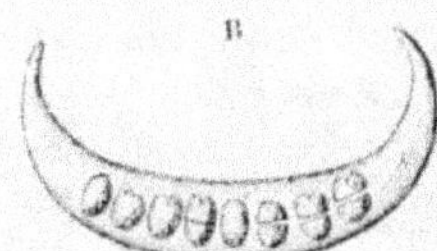

Fig. 195. — *Peridinium* enkysté (d'après Claparède et Lachmann). — A, individu divisé en deux masses. — B, individu divisé en huit masses.

membrane kystique est très caractéristique ; elle affecte l'aspect d'une sorte de croissant et l'animal enkysté pourrait être pris, par un observateur superficiel, pour une Algue Desmidiée du genre *Closterium*. Dans le kyste représenté dans la figure 195 le corps de l'animal enkysté se montre divisé en huit cellules sœurs offrant tous les caractères de jeunes *Peridinium* qui seront mis en liberté par déchirure de la paroi du kyste. Saville Kent rapporte avoir trouvé dans un bocal qui contenait une grande quantité de *Peridinium tabulatum* de nombreux kystes en forme de croissant, contenant chacun deux masses cellulaires ayant la coloration caractéristique des *Peridinium* vivants. Il ne paraît pas douter que ces kystes fussent produits par le *Peridinium tabulatum*.

Une espèce du genre *Peridinium*, le *P. sanguineum* CART.[1], est intéressante parce qu'elle a été signalée comme existant dans certaines localités en assez grande quantité pour colorer l'eau de la mer en rouge. D'après Carter, on observe fréquemment ce phénomène sur les côtes de l'île de Bombay. L'eau qui séjourne dans les creux de la plage se montre colorée en rouge vermillon par des myriades de *Peridinium sanguineum*. D'après cet observateur, l'animal est d'abord coloré en vert par un pigment analogue à la chlorophylle et il est alors tout à fait translucide ; mais, quand il approche de l'enkystement, son pigment devient rouge, de nombreuses gouttelettes d'huile apparaissent dans son protoplasma et il devient opaque. C'est à ce moment qu'il colore l'eau en vermillon. Il se divise ensuite en deux animaux nouveaux qui sont mis en liberté par la déchirure du kyste. Carter ajoute que dans certains cas il vit des organismes monadiformes de petite taille se développer

1. CARTER, *The colouring Matter of the sea round the Shores of the island of Bombay,* in *Ann. of Natur. Hist.*, avril 1858. — SAVILLE KENT, *A manual of the Infusoria*, IV, p. 450.

dans la carapace des *Peridinium* et s'y envelopper d'une carapace nouvelle.

Les *Dinophysis* ont, comme les *Peridinium* et les *Ceratium*, un seul flagellum, un sillon transversal pourvu d'une ceinture de cils sur son bord antérieur et une cuirasse formée de deux moitiés, l'une antérieure, l'autre postérieure; mais ils s'en distinguent très nettement par la position du sillon transversal et par la forme de la cuirasse. La forme générale de leur corps est comparée par Claparède et Lachmann à celle « d'un pot à lait muni de son anse et d'un couvercle ». L'extrémité antérieure du corps est arrondie, tandis que l'extrémité postérieure est aplatie; c'est près de cette dernière que se trouvent le sillon transversal et la ceinture ciliée et la face plate est recouverte par une plaque qui représente la moitié postérieure de la cuirasse d'un *Peridinium*. La moitié postérieure de la

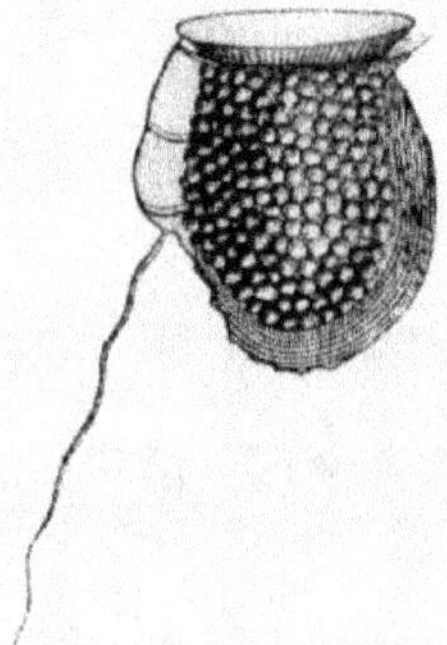
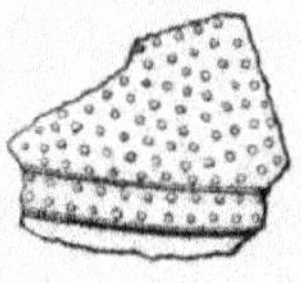

Fig. 196. — Variété de *Dinophysis ventricosa* (d'après Clap. et Lach.).

Fig. 197. — Fragment de la cuirasse du *Dinophysis ventricosa* à un fort grossissement (d'après Clap. et Lach.).

cuirasse recouvre tout le reste du corps; elle offre sur la face ventrale une échancrure longitudinale sur les bords de laquelle la cuirasse se relève en deux plaques saillantes. C'est par la fente située entre ces deux plaques que sort le flagellum.

Les *Prorocentrum* ont, comme les *Dinophysis*, la couronne de cils située près de l'extrémité postérieure, mais ils se distinguent par leur cuirasse formée d'une seule pièce, sans sillon transversal.

Les *Dimastigoaulax* ont une cuirasse assez analogue à celle des *Peridinium*, formée de deux pièces avec un sillon transversal et des prolongements en forme de cornes; la couronne de cils est située vers le milieu du corps, mais il existe deux flagellums.

L'*Heteromastix proteiformis* [1] est la seule espèce d'une petite famille caractérisée par l'absence de cuirasse et la présence de deux flagellums dont l'un est dirigé en avant tandis que l'autre traîne à la suite du corps.

L'*H. proteiformis* doit son nom à la forme essentiellement variable de son corps qui mérite bien l'épithète de *métabolique*, ce terme étant appliqué aux Infusoires qui sont susceptibles de se contracter de manière à imprimer à leur corps des courbures dirigées dans différents sens. La forme générale de ce petit animal est fusiforme ou lancéolée; son extrémité antérieure se montre habituellement pointue, mais elle peut par contraction devenir arrondie. Les deux flagellums sont insérés près de l'extrémité antérieure; ils sont deux fois environ aussi longs que le corps; l'un d'eux, le *tractellum*, est dirigé en avant, vibratile; l'autre, le *gubernaculum*, est plus court de moitié que le premier et dirigé en arrière. Près du point d'insertion des deux flagellums, se trouve la bouche, accompagnée d'une rangée de cils vibratiles qui se prolonge depuis la base des flagellums

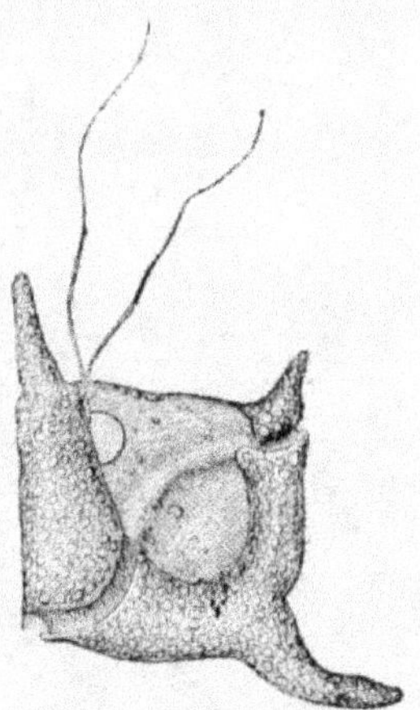

Fig. 198. — *Dimastigoaulax cornutum* (d'après Clap. et Lach.).

jusqu'au niveau de la région médiane du corps; ce dernier présente près de son extrémité antérieure une tache oculiforme rouge.

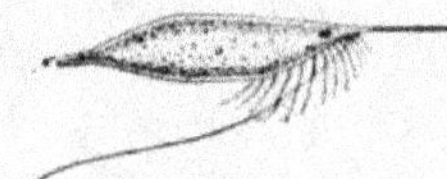

Fig. 199. — *Heteromastix proteiformis* (d'après Clark).

Dans les *Mallomonas* [2] qui constituent une autre petite famille de Cilioflagellés le corps est, comme dans le précédent, dépourvu de carapace, mais sa forme est constante et il est couvert de cils vibratiles; il n'existe qu'un seul flagellum situé au niveau de l'extrémité antérieure.

1. JAMES CLARK, in *Mem. of the Boston Soc. of Nat. Hist.*, 1868. — SAVILLE KENT, *loc. cit.*, IV, p. 463, XXIV, fig. 70-71.

2. Voy. SAVILLE KENT, *loc. cit.*, IV, p. 464, tab. XXIV, fig. 72, 73, 74.

Dans les *Trichonema* et les *Trichophora* les cils n'existent que sur une étendue plus ou moins grande du corps.

Dans les *Stephanomonas*[1] le corps est nu et il n'existe qu'un seul flagellum, qui émerge du centre d'une couronne de cils vibratiles disposée au niveau de l'extrémité antérieure du corps.

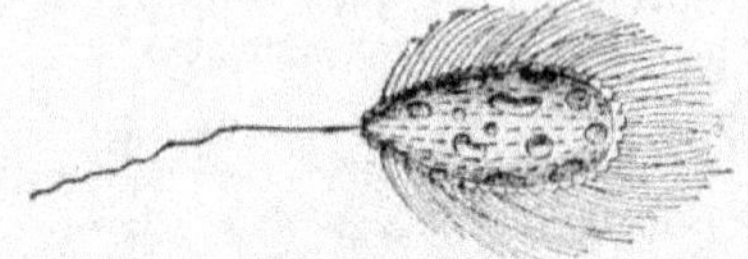

Fig. 200. — *Mallomonas Plosslii* (d'après Saville Kent).

Asthmatos ciliaris SALISB.[2]. — Cette espèce, qui appartient à la même famille que les *Stephanomonas*, présente un intérêt particulier au point de vue médical. Le corps de ce petit Infusoire est ovale ou presque sphérique, mais très plastique et modifiant facilement ses contours; il porte au niveau de son extrémité antérieure une touffe de cils vibratiles du centre de laquelle émerge un long flagellum. Cils et flagellum sont très manifestement et énergiquement rétrac-

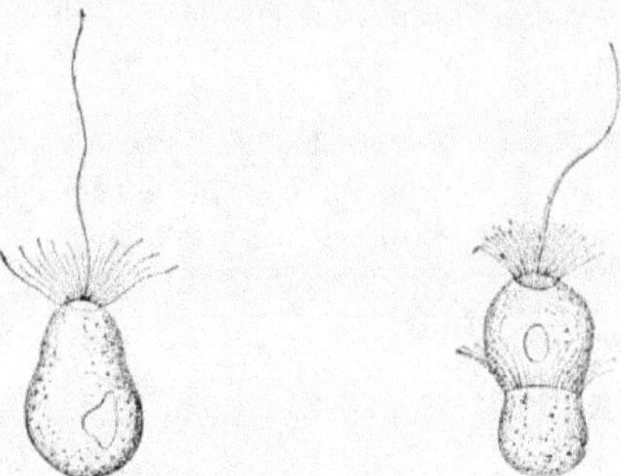

Fig. 201. — *Asthmatos ciliaris* (d'après Saville Kent).

tiles. Salisbury a constaté la multiplication de cet animal par segmentation transversale; une couronne de cils vibratiles se développe vers le milieu du corps, qui ensuite se divise au-dessus d'elle. Salisbury a

1. Voy. : DE FROMENTEL, *Études sur les Microzoaires*. — SAVILLE KENT, *loc. cit.*, p. 466, tab. XXIV, fig. 69.

2. SALISBURY, in *Hallier's Zeitsch. für Parasitenkunde*, IV, 1873. — SAVILLE KENT, *loc. cit.*, IV, p. 466, tab. XXIV, fig. 62-64.

trouvé cette forme dans le mucus des yeux, du nez et de la gorge de malades atteints de certaines formes de fièvres catarrhales qu'il considère comme produites par ce parasite et qu'il propose de désigner sous le nom de « infusorial catarrh and asthma ». Dans soixante cas de cette affection observés en cinq ans, Salisbury a constamment trouvé cet Infusoire en très grande quantité et dans tous les cas il n'a constaté la guérison du malade qu'après la mort et la disparition des parasites. L'affection débute par la muqueuse des yeux et du nez; il se produit une sécrétion très abondante de larmes et de mucosités nasales et des accès très violents et très intenses d'éternument; puis l'inflammation s'étend du pharynx au larynx, à la trachée et aux bronches; le malade éprouve une sensation très vive de brûlure et d'irritation; il a de violents accès de toux; enfin, lorsque les petites bronches et les vésicules pulmonaires sont atteintes, on voit apparaître de véritables symptômes d'asthme et une souffrance très vive qu'exaspère l'air frais du soir et de la nuit. La guérison fut toujours très rapidement obtenue par l'inhalation, répétée toutes les heures ou toutes les deux heures, soit d'une solution d'acide phénique, soit d'une solution de teinture de perchlorure de fer ou d'acide sulfurique, chlorhydrique ou nitrique, en ayant soin que ces solutions fussent assez faibles pour ne pas provoquer elles-mêmes d'irritation pendant leur inhalation. Le mucus observé avant la première inhalation se montrait toujours très riche en Infusoires vivants et doués de mouvements vibratoires rapides, tandis qu'après l'inhalation il ne présentait que des animalcules morts ou immobiles. Des observations analogues à celles de Salisbury ont été faites plus récemment par Ephraïm Cutter, de Boston, et le professeur Reinsch, d'Erlangen [1]; elle contredisent formellement l'opinion de Leydi [2] qui nie la nature animale de l'*Asthmatos ciliaris* et le considère comme constitué simplement par des cellules épithéliales ciliées détachées des voies respiratoires. Cette opinion est d'ailleurs inadmissible à d'autres points de vue; les cellules ciliées ne présentent pas le flagellum de l'*Asthmatos ciliaris* et Salisbury a vu ce dernier se multiplier. La nature animale de cet organisme et sa place parmi les Cilioflagellés nous paraissent donc tout à fait incontestables. Saville Kent rappelle que Helmoltz [3] a signalé dans les mucosités nasales de malades atteints de fièvre printanière et présentant des accès fréquents d'éternuments, la présence d'innombrables petits corps « semblables à des vibrions »

---

1. *Virginia medical Monthly*, févr. 1878.
2. *Americ Journ. of medic. sc.*, 1879, p. 85.
3. In *Nature*, 14 mai 1875.

qu'on n'y trouve pas en temps normal. On guérissait le catarrhe en administrant aux malades des douches nasales d'une solution tiède de sulfate de quinine. Nous rappelons que le sulfate de quinine tue rapidement tous les organismes inférieurs.

IV. — CYSTO-FLAGELLÉS

Pour peu que le lecteur ait vécu au bord de la mer, il a été à même de constater le phénomène de la phosphorescence. Cette production de lumière est due, dans la plupart des cas, à un tout petit animal que l'on a appelé à cause de cela, la Noctiluque, *Noctiluca miliaris*. Il est on ne peut plus facile de se procurer ces animaux ; il suffit d'attendre que la mer se soit retirée ; dans les petites flaques qu'elle laisse sur la plage ou entre les rochers, on les trouve en grande quantité. La côte du Pas-de-Calais mérite d'être signalée comme la plus riche en Noctiluques que je connaisse : pendant les temps orageux, il suffit parfois de tremper la main dans les flaques de la plage, dans celles surtout dont les bords présentent des reflets rougeâtres, pour la retirer pleine de Noctiluques.

La *Noctiluca miliaris* se présente sous l'aspect d'un corps transparent, assez semblable à un grain de tapioca qui commence à se gonfler dans l'eau. Elle présente en un point de la surface que l'on peut désigner sous le nom de pôle oral, une dépression de laquelle part un sillon longitudinal qui fait ressembler l'animal tout entier à un abricot. Ce sillon a reçu le nom de sillon dorsal. Quelques individus sont rendus cordiformes par un court allongement du pôle opposé à celui qui porte la bouche ou pôle aboral.

Le sillon dorsal présente, au niveau de son extrémité la plus déprimée, c'est-à-dire dans l'enfoncement déjà signalé au pôle oral, une bouche à lèvres jaunâtres, visible seulement quand les bords du sillon s'écartent et quand l'animal ingurgite des corps un peu volumineux.

Le sillon qui part de l'enfoncement se termine en pointe sur la face dorsale ; il est limité par deux lèvres saillantes et plissées qui s'écartent ou se rapprochent suivant que l'animal se contracte ou se dilate ; « au point de la sphère où le pli s'enfonce de la portion dorsale dans l'infundibulum ou *vice versa*, il est élargi et donne une forme triangulaire à sa portion antérieure qui semble soulever le tégument, mais ce n'est nullement un bâtonnet triangulaire [1]. » Ce

---

1. Ch. ROBIN, *Recherches sur la reproduction gemmipare et fissipare des Noctiluques*, in *Journ. de l'Anat. et de la Physiol.*, 1878, p. 564, tab. XXXV, fig. 2, XXXVI, fig. 3.

sillon a été, à cause de son aspect, très diversement interprété par les auteurs. Busch[1] le considérait comme une « mince baguette

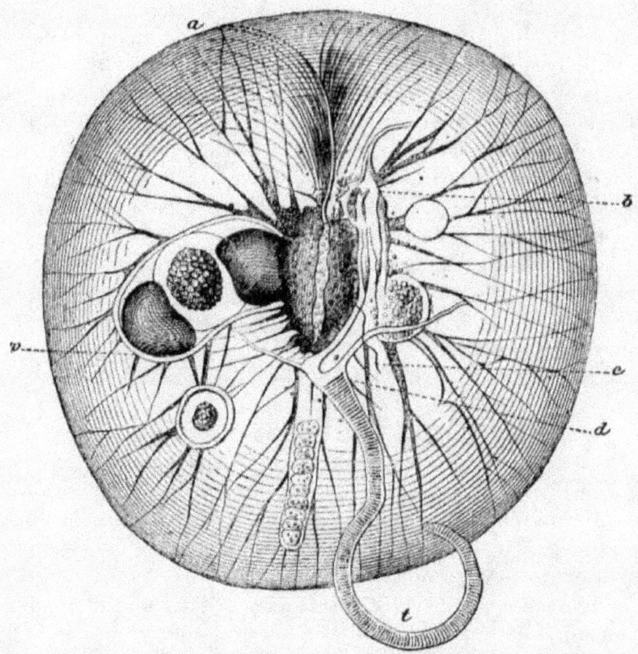

Fig. 202. — *Noctiluca miliaris.* Noctiluque vue du côté de la fente buccale avec écartement de la dépression infundibulaire, dont le tégument présente de nombreux et fins plissements en forme de stries. Des vacuoles sarcodiques contiennent un grain de pollen de Pin (*v*), des Diatomées et autres corpuscules. L'une d'elles ne contient qu'un liquide hyalin — *a*, portion du corps où la dépression infundibulaire se replie du côté opposé à la bouche pour former le *pli dorsal* rectiligne, visible par transparence ; *b*, extrémité libre de la pièce basilaire du tentacule se terminant en pointe par un pli tégumentaire et portant la dent tricuspide ; *d*, portion terminale de la pièce basilaire où le tentacule devient libre et commence à présenter des stries transversales ; *e*, insertion du flagellum près de la dent tricuspide ; *t*, le tentacule (d'après Ch. Robin).

brillante » ; Brightwell[2] le regardait comme « une portion angulaire épaissie du tégument » ; Verhaege[3] l'a pris pour une fente ;

1. BUSCH, *Beobachtung. neb. Anat. und Entwickl. einiger wirbellose Thiere; Observation on* Noctiluca, in *Quart. Journ. of micr. sc.*, 1855, p. 195, fig. 9.

2. BRIGHTWELL, *On self-division in* Noctiluca, in *Quart. Journ. of micr. sc.*, 1857, p. 187, tab. XII.

3. VERHAEGE, *Recherches sur les causes de la phosphorescence de la mer*, in *Mém. sav. étr. cour. par l'Ac. roy. de Belgique*, XXII, mai 1846, n° 5

Huxley[1] le premier a reconnu sa véritable nature et l'a envisagé comme une dépression des téguments déterminée par la présence de l'infundibulum buccal à l'un des pôles du corps.

Le corps des Noctiluques est constitué par du protoplasma qui est plus dense dans la région centrale, où se trouvent le noyau et une ou plusieurs vacuoles contractiles. Le protoplasma central émet des filaments qui vont se porter vers la membrane d'enveloppe, et s'étalent au-dessous d'elle en un réseau à mailles très fines qui double la membrane. Celle-ci est cuticularisée, relativement peu perméable et finement grenue ; elle est plus épaisse au voisinage de la bouche que dans le reste de son étendue.

Dans le voisinage de la bouche de la Noctiluque se trouvent deux appendices : un flagellum analogue à celui de tous les Infusoires flagellés et un autre appendice plus long et plus gros qui a reçu le nom de *tentacule*.

Le flagellum est formé de protoplasma et se continue manifestement avec la substance protoplasmique du corps. Il est cylindrique, grêle, de même épaisseur dans toute son étendue. Il offre des onduiations tantôt lentes et étendues, tantôt courtes et très rapides, ou bien il s'infléchit ou se roule en spirale. Il ne paraît jouer auc n rôle dans la locomotion du corps et ne sert probablement qu'à diriger vers la bouche les corps étrangers qui servent à la nutrition de la Noctiluque.

Le tentacule est deux ou trois fois plus long que le flagellum et beaucoup plus épais, mais il est plus gros à la base qu'au sommet qui est tronqué et arrondi. Il se distingue aussi par la présence de stries transversales très rapprochées les unes des autres, disposées sur toute sa longueur. Il est constitué, d'après Robin, par du protoplasma continu avec celui de la masse centrale de la Noctiluque et recouvert par un prolongement de la membrane qui enveloppe le corps de l'animal. Le tentacule n'est pas cylindrique ; son épaisseur est, d'après Robin, à peu près trois fois moindre que sa largeur, celle-ci étant de $0^{mm},042$ à la base, et moitié moindre à l'extrémité. Sa base se continue avec une pièce basilaire, ou lame falciforme, constituée par un épaississement de la membrane d'enveloppe du corps. La concavité de cette lame est tournée vers la bouche dont elle longe la lèvre sans la toucher ; son extrémité libre porte une sorte de *dent tricuspide* qui fait saillie au-dessus de la lèvre de la bouche.

___

1. HUXLEY, *On structure of* Noctiluca miliaris, in *Quart. Journ. of micr. sc.*, 1855. p. 49, tab. V.

L'autre extrémité de la lame basilaire se prolonge jusqu'en arrière de la commissure postérieure de la bouche, point sur lequel est inséré le tentacule. La pièce basilaire est plus mince au milieu que sur ses deux bords qui sont épaissis, finement grenus et jaunâtres. La portion mince et par suite claire se termine en bec de cuiller à la base du tentacule. De cette dernière partent deux ou trois plis saillants qui se prolongent sur le corps à une certaine distance. Les mouvements du tentacule sont toujours lents; il s'étend ou se contourne sur lui-même dans diverses directions en déterminant le balancement du corps, mais il ne paraît pas agir pour faire déplacer l'animal.

Comme dans les Flagellés, la bouche conduit dans la masse centrale du corps qui se creuse de vacuoles destinées à loger les corpuscules ingérés, mais ne présente pas la moindre trace de la cavité gastrique qui avait été admise par quelques anciens zoologistes; on a décrit un anus, mais il paraît y avoir là une erreur d'observation qui s'explique par ce fait qu'au voisinage de la base du flagellum la membrane du corps étant plus mince que partout ailleurs, les corps étrangers peuvent la rompre plus facilement pour sortir. Il paraît du reste bien démontré que normalement l'évacuation des corps devenus inutiles s'effectue par l'orifice buccal qui joue ainsi à la fois le rôle de bouche et celui d'anus.

Si nous étudions à présent les fonctions de cet organisme, nous verrons que sa nutrition se fait comme celle des Flagellates étudiés jusqu'ici : un corps étranger susceptible d'être absorbé arrive à la base du flagellum, pénètre dans la bouche, et, s'il est susceptible d'être digéré et assimilé, disparaît, se fusionnant peu à peu avec le protoplasma de l'animal, sinon il est rejeté. Les Noctiluques se nourrissent surtout de petites Algues, telles que des Diatomées ou des Desmidiées, d'Infusoires Flagellates, de spores d'Algues, etc.; leur corps est parfois bourré de corpuscules étrangers, les uns inutiles à la nutrition, les autres destinés à être digérés.

La respiration s'effectue aussi de la même manière que chez les Flagellés. L'oxygène dissous dans l'eau ambiante pénètre par la bouche, et aussi à travers la membrane, puis il diffuse dans le liquide des grandes vacuoles où se rendent, d'autre part, les produits de désassimilation.

Les Noctiluques se tiennent, d'habitude, à la surface de la mer, et ne présentent que de très faibles mouvements de balancement du corps, déterminés par le tentacule. La plus petite pluie suffit pour les déterminer à s'enfoncer dans l'eau.

Ces petits organismes sont particulièrement remarquables par la lumière qu'ils projettent dans certaines conditions. Robin a fait remarquer avec beaucoup de raison que cette lumière n'est produite que quand les Noctiluques sont soumises à un frottement quelconque, par exemple lorsqu'on les touche avec une aiguille ou quand on détermine leur frottement réciproque en agitant l'eau dans laquelle elles se trouvent. Toutes les personnes qui ont vécu quelque peu au bord de la mer savent que la phosphorescence ne se montre que sur les points où les vagues s'entrechoquent ou viennent frapper le rivage ; une eau obscure jusqu'alors se couvre de lumière quand on y jette une pierre ou qu'on l'agite d'une façon quelconque. Ch. Robin[1] dit avoir constaté que « le contact d'une aiguille promenée doucement entre des Noctiluques sous le microscope n'amène une production de lumière que dans une portion de la surface de l'animal, au point touché et dans une zone périphérique peu étendue ». Ce savant observateur ajoute, et le fait est facile à vérifier : « La substance des Noctiluques que l'on écrase entre les mains, continue à donner de la lumière à chaque frottement tant qu'il en reste, ce qui a lieu aussi avec la substance des Béroës, etc. C'est ce qui a lieu également avec le mucus des Poissons devenu phosphorescent par altération cadavérique et avec le bois qui se trouve dans les mêmes conditions. Dans l'un et l'autre cas, la production de lumière est d'autant plus considérable que le frottement est plus fort. La cause photogénique est donc très probablement la même dans toutes ces circonstances. Du reste, pour les Noctiluques et les Acalèphes, la décharge lumineuse est également accidentelle et involontaire, seulement ces animaux possèdent de leur vivant les conditions moléculaires photogéniques de quelques-uns de leurs principes composants qui ne se rencontrent que durant leur altération pour ceux du mucus et du bois. »

Le principe photogénique serait, d'après Phipson[2], le même dans tous les organismes qui jouissent de la propriété de dégager de la lumière. Phipson lui a donné le nom de *noctilucine*. Il a constaté qu'à l'état humide elle absorbe de l'oxygène et dégage de l'acide carbonique ; il a observé aussi qu'elle reste lumineuse dans l'air humide tant qu'elle absorbe de l'oxygène et que ses propriétés lumineuses augmentent quand on la place dans une atmosphère d'oxygène pur ou dans un air riche en ozone. La noctilucine se trouve,

1. *Loc. cit.*, p. 621.
2. Voy. ROBIN, *Leçons sur les Humeurs*, 1874, p. 524, note 2.

d'après Phipson, dans tous les organismes et les matières phosphorescentes.

Ces derniers faits nous permettent de considérer la phosphorescence des Noctiluques, celle de tous les organismes lumineux et même des matières organiques en voie de putréfaction dont il a été question plus haut, comme produite par l'oxydation dont la noctilucine ou toute autre substance analogue est le siège, oxydation qui est augmentée par les frottements.

En partant de ce fait, bien incontestable à notre avis, que la phosphorescence des matières organiques et des organismes vivants est toujours due à l'oxydation de substances spéciales, il est facile de comprendre que les frottements en activent l'intensité ou même soient nécessaires pour en déterminer la production comme nous l'avons vu pour les Noctiluques, le mucus des Poissons, etc. Les frottements ont, en effet, pour conséquence d'activer les oxydations, en amenant au contact de l'oxygène des molécules qui s'en trouvaient éloignées et en produisant de la chaleur qui elle-même active les oxydations.

D'un autre côté, si la phosphorescence est toujours la conséquence de phénomènes d'oxydation, il devient facile de comprendre qu'elle puisse être produite volontairement par certains animaux vivants, comme les Lampyres. Nous savons déjà, en effet, que la respiration n'est qu'un ensemble de phénomènes d'oxydation; or, beaucoup d'animaux et particulièrement les Insectes peuvent activer ou ralentir leur respiration, en introduisant dans leur organisme une quantité plus ou moins grande d'air atmosphérique. Les Insectes, par exemple, peuvent à l'aide des mouvements de dilatation et de constriction rapides et intenses de leur abdomen, activer beaucoup l'entrée de l'air dans leurs trachées et sa sortie après qu'il a donné lieu à l'oxydation des tissus, oxydation qui peut être accompagnée de production de lumière s'il existe dans les tissus de la noctilucine ou une substance analogue, c'est-à-dire jouissant de la propriété de devenir phosphorescente en s'oxydant.

Les Noctiluques possèdent au moins deux modes très distincts et bien connus de multiplication; la segmentation ou scissiparité et la gemmation. L'un et l'autre de ces phénomènes ne se produisent que chez les adultes.

Ils ont été étudiés surtout par Ch. Robin[1]. La Noctiluque qui va se diviser perd d'abord son flagellum et son tentacule sans que

---

1. *Recherches sur la reprod. fissip. et gemmip. des Noctiluques*, in *Journ. Anat. et Physiol.*, 1878, p. 604.

l'on ait pu observer comment se fait cette disparition. Il est possible que ces deux appendices tombent après s'être plus ou moins
atrophiés.

Un étranglement circulaire se produit ensuite au niveau du
sillon dorsal et de la bouche qu'il sépare en deux moitiés. Cet
étranglement augmente très vite de profondeur; tandis que le
noyau se divise et que la masse protoplasmique centrale s'étire, un
noyau nouveau se montre bientôt à chacune des extrémités de la
masse étirée en bissac. Au bout de deux heures environ l'étranglement est devenu si complet que deux animaux distincts l'un de
l'autre se montrent accolés par leur bouche; puis le dernier cor-

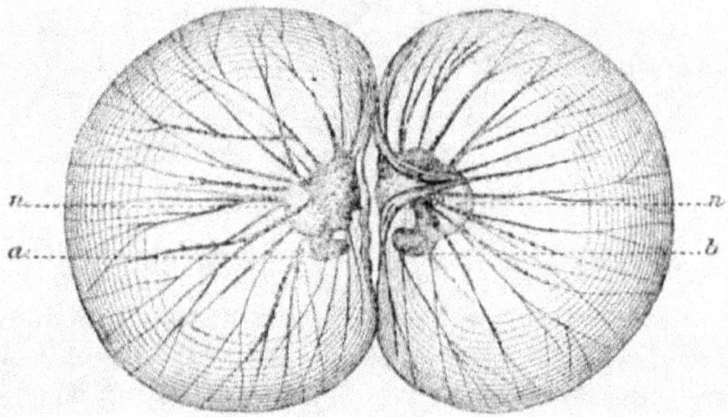

Fig. 203. — « Noctiluque aussitôt après l'achèvement de la scission, avec retour des deux
corps cellulaires et des deux nouvelles fentes buccales, au niveau l'un de l'autre vers
le centre de la masse, et tantôt un peu écartés, tantôt contigus. Plusieurs des filaments
sarcodiques sortant du corps cellulaire, rampent à la surface interne de la paroi de
chaque nouvel individu. Le noyau (*n*, *n*) fait saillie hors du corps cellulaire correspondant. Grossi 100 fois. — *a*, début de l'apparition du tentacule sous forme de saillie
mousse finement grenue, un peu coudée, du corps cellulaire, et s'étalant un peu sous
la paroi de l'animal qu'elle soulève bientôt peu à peu; *b*, sous l'extrémité de la
saillie principale, s'en détache une autre encore petite » (d'après Ch. Robin).

don qui les relie se rompt et ils deviennent libres. C'est, d'ordinaire,
un peu avant leur séparation que le tentacule commence à se développer. Ch. Robin qui a suivi attentivement sa formation la décrit
de la façon suivante : « Elle débute par l'apparition d'un court
prolongement de la substance jaune du corps cellulaire, jaunâtre et
finement grenu lui-même, venant faire, à la surface du tégument
qu'il soulève, près de la fente buccale, comme une courte saillie
arrondie en forme de talon, à contour extérieur d'abord pâle,
comme étalé sous le tégument; au-dessous de cette production et en
continuité de substance avec elle, s'en élève encore une, conoïde
d'abord, puis bientôt plus large à son extrémité libre qu'à l'autre,

et s'étalant en quelque sorte en pâlissant. Une ligne foncée occupant le milieu de cette nouvelle saillie, s'allongeant en même temps qu'elle, montre bientôt qu'elle est formée par une bandelette repliée en anse sur elle-même. La partie convexe du déploiement de cette bandelette fait saillie à la surface du corps et s'agrandit de manière à élargir cette anse, puis la partie la plus étroite dégage son extrémité de dessous la partie en forme de talon et se redresse ; une fois devenu libre, cet organe a la forme générale du tentacule », il se meut de suite et acquiert bientôt les stries transversales et caractéristiques. Robin ajoute que le talon jaunâtre duquel est dérivé le

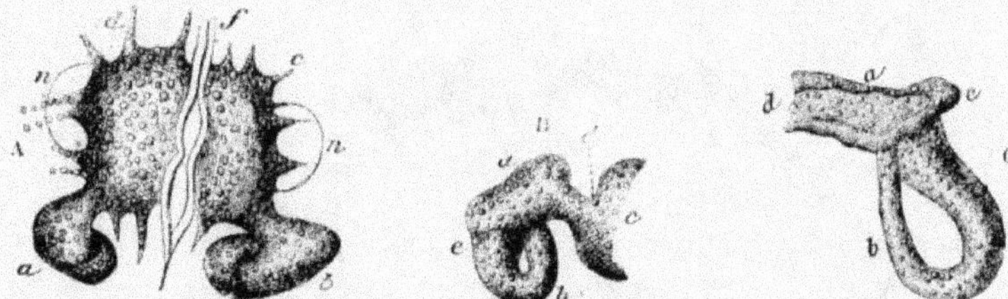

Fig. 204. — Grossies 300 fois. A représente les corps cellulaires de deux Noctiluques nouvelles à la même période de production que les précédentes, mais dont le tentacule est plus développé et plus saillant à la surface du corps, et un peu inégalement des deux côtés. *a*, sous la principale saillie en est une autre plus étroite, comme repliée ; *b*, même disposition du côté opposé, un peu plus caractérisé ; *c*, *d*, base des prolongements sarcodiques du corps cellulaire ; *n*, *n*, noyaux saillants à la surface de chacun de ceux-ci ; *f*, plan de contiguïté des deux nouvelles Noctiluques.
B, le même tentacule que *b*, de la figure A un quart d'heure à peine plus tard. *c*, corps cellulaire ; *d*, pédicule qui le relie au tentacule même ; *a*, *e*, renflement qui formera la pièce basilaire ; *b*, prolongement replié en anse qui le continue sous forme de bandelette.
C, le même tentacule que *a*, de la figure A, 15 minutes environ après avoir présenté les phases de la figure B. La bandelette forme une anse bien plus grande, qui peu après s'étend sous forme de tentacule, dès que sa petite extrémité se dégage de dessous la partie basilaire. Même signification des lettres que dans la figure B (d'après Ch. Robin).

tentacule se transforme pour constituer la portion basilaire du tentacule, mais il n'a pas suivi cette transformation. Il n'a pas pu suivre non plus la production du flagellum qui ne tarde pas à se montrer. Les deux Noctiluques produites par la scissiparité augmentent alors rapidement de taille et présentent bientôt tous les caractères de l'adulte qui leur a donné naissance.

La gemmiparité des Noctiluques, après avoir été assez bien observée par Cienkowski[1], l'a été aussi complètement que possible par

<hr>

1. CIENKOWSKI, *Ueber Swammerbildung bei* Noctiluca miliaris, in *Arch. für mikroskop. Anat.*, 1871, p. 131, tab. XIV, XV.

Ch. Robin[1] dont nous suivrons pas à pas la description. Avant de commencer à bourgeonner, la Noctiluque perd son flagellum et son tentacule ; puis son pli dorsal s'efface et les lèvres de sa bouche se rapprochent l'une de l'autre jusqu'à ce que l'orifice buccal soit entièrement oblitéré. L'animal offre bientôt l'aspect d'une sphère creuse, à paroi close de toutes parts. Les individus en voie de reproduction gemmipare ont au moins $0^{mm},3$ et même en général, un demi-millimètre. Robin en a trouvé un sur deux ou trois cents individus observés. La masse protoplasmique qui forme la partie principale du corps de l'animal reste adhérente à la région buccale et les filaments protoplasmiques conservent la disposition qu'ils avaient au

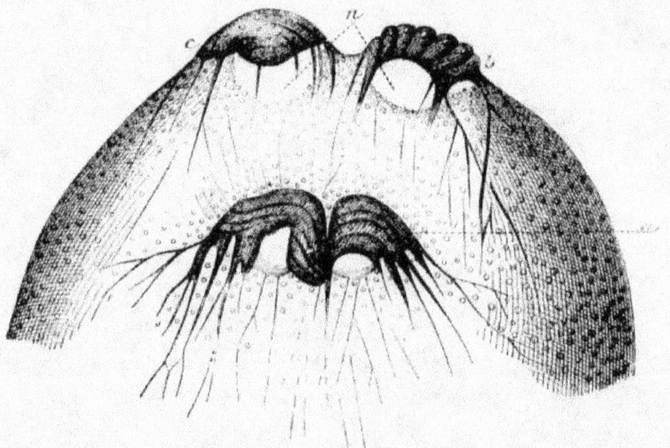

Fig. 205. — Portion de Noctiluque grossie 350 fois. Elle montre de trois quarts et vue par la face interne de l'animal la segmentation du corps cellulaire de 2 en 4.
a, *b*, *c*, saillies de la paroi du corps, logeant en partie chaque nouvelle division du noyau (*n*) et du corps cellulaire jaunâtre correspondant, avec interposition de la substance de celle-ci, au noyau et à la paroi. Des prolongements sarcodiques se détachent à la périphérie en rayonnant contre la face interne de la paroi surtout. La cavité de l'animal contient en outre de la matière sarcodique molle et grenue (d'après Ch. Robin).

moment de l'oblitération de la bouche. Puis, on voit se former, sur un point de la surface voisine de celui dans lequel se trouve le corps protoplasmique, une saillie conique, revêtue par la membrane d'enveloppe de la Noctiluque et remplie par du protoplasma. En même temps, le noyau s'allonge et l'une de ses moitiés pénètre dans

1. Ch. Robin, *loc. cit.*, p. 584.

le jeune bourgeon, puis il se segmente en deux moitiés dont l'une reste dans le corps protoplasmique principal et dont l'autre se montre au centre du protoplasma qui remplit le bourgeon dont la base se rétrécit et qui offre bientôt tous les caractères d'une jeune cellule adhérente par un point de sa surface à la Noctiluque qui lui a donné naissance. Cette cellule et son noyau se divisent ensuite en deux cellules nouvelles, d'abord disposées côte à côte, mais qui s'écartent bientôt l'une de l'autre de plusieurs centièmes de millimètre, puis se divisent chacune en deux autres cellules; ces dernières s'écartent encore, puis se subdivisent, etc. On a ainsi d'abord 1 seul bourgeon, puis 2, 4, 8, 16, 32, 64, 128, etc. ; le même individu peut en produire jusqu'à 256 et même habituellement le double, c'est-à-dire 512. Toutes ces segmentations s'effectuent en une douzaine d'heures. Dès que le nombre des bourgeons arrive à 16, leur disposition par 4 est très manifeste. Après l'achèvement de leur segmentation en 512, les bourgeons forment par leur ensemble une plaque quadrilatère, à angles mousses, irrégulièrement ovalaire; « les gemmes sont toutes contiguës ou à peu près chez certains individus, un peu écartées sur d'autres, avec groupement par quatre encore reconnaissable, ou même de seize groupes composés chacun de seize cellules. Le disque recouvre environ le tiers ou le quart de la sphère représentée par l'individu générateur. » Lorsque les bourgeons sont entièrement développés, ils se présentent sous l'aspect de petites pyramides coniques, concaves sur l'une de leurs faces, à sommet un peu recourbé vers cette face, et à base adhérente à la Noctiluque mère par un pédicule grêle et court. Sur la surface concave de chaque bourgeon il se développe ensuite un long flagellum qui atteint six ou sept fois la longueur du bourgeon qui le porte. Après que le flagellum est entièrement développé, ce qui nécessite une heure environ, le bourgeon se détache et se meut librement dans l'eau. Les bourgeons se séparent habituellement les uns après les autres et la mise en liberté de la totalité dure environ une demi-heure. Les gemmes se meuvent en portant en avant leur grosse extrémité, celle qui était en contact avec la Noctiluque génératrice et traînent après elles leur flagellum qui semble agir en poussant le corps d'arrière en avant. Les bourgeons devenus libres offrent une membrane d'enveloppe, un protoplasma granuleux, un noyau et un flagellum. Ils contiennent une ou deux vésicules contractiles. Ch. Robin fait remarquer que la paroi, le protoplasma et le noyau étant empruntés à la cellule mère, les jeunes Noctiluques sont bien réellement des bourgeons et non des *zoospores*, comme le pensent certains zoologistes, les « zoospores n'empruntant rien à la paroi de la cellule dont elles dérivent, même leur propre paroi, quand elles en ont une, mais seulement au contenu ou protoplasma de celle-là ».

La façon dont s'effectue la multiplication des bourgeons encore adhérents à la Noctiluque mère explique l'existence de Noctiluques monstres formées par deux individus adhérents l'un à l'autre. Ces

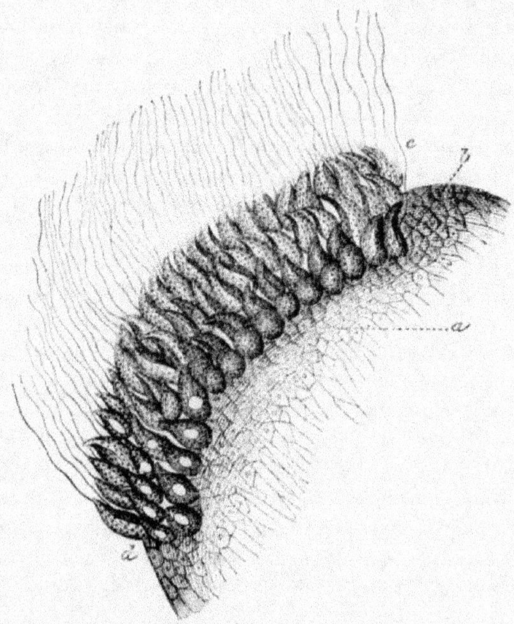

Fig. 206. — Amas ou disque formé par les gemmes arrivées au nombre de 256 à la surface de la Noctiluque, et grossies environ 200 fois. Leur disposition en série et même leur groupement par 4 restent encore distincts. — *a, a*, gemmes vues par leur extrémité et non suivant leur longueur, qui paraissent sphériques. Le noyau offre l'aspect d'une tache grisâtre centrale ; *b, c, d*, gemmes vues de côté, montrant une face plane, un peu concave, et l'autre bombée et l'extrémité non adhérente pointue. Le flagellum est développé complètement sur la plupart, inséré sur la face plane, et s'agite sans faire mouvoir la Noctiluque (d'après Ch. Robin).

individus proviennent, sans nul doute, d'après Robin, « de gemmes doubles, c'est-à-dire de gemmes dans lesquelles la scission portant le nombre de 128 à 256 ou de 256 à 512 a manqué sur l'une d'elles, tandis qu'elle se produisait sur les autres. » D'après Robin, on trouve une de ces Noctiluques doubles sur mille individus environ. « Elles ne sont pas plus grosses que les autres, leur corps est seulement un peu plus allongé, comme ovoïde, avec une bouche vers chaque extrémité du grand axe. La situation de celles-ci et de leurs appendices extérieurs est inverse, c'est-à-dire que l'une répond à un hémisphère et l'autre à l'hémisphère opposé.

La transformation des bourgeons que nous avons étudiés plus haut, en Noctiluques, n'a pas été suivie dans toutes ses phases. Cienkowski admet, il est vrai, que la pointe de la face flagellifère s'allonge pour produire le tentacule de l'adulte, tandis que le flagellum du bourgeon persiste et constitue celui de l'adulte, mais Robin contredit cette opinion. Il déclare qu'il n'a pas trouvé d'état intermédiaire entre les bourgeons flagellés et de petites Noctiluques larges de $0^{mm},15$ à $0^{mm},90$ même, absolument lisses, sphériques, dépourvues de flagellum, de tentacule et de bouche, mais possédant un corps protoplasmique jaunâtre, appliqué contre un point de la surface interne de leur membrane et émettant des filaments protoplasmiques radiés. Il pense que ces petits individus sont des bourgeons qui ont perdu leur flagellum, ont grossi et se sont arrondis. Ch. Robin a suivi sur ces individus la formation de la bouche, du tentacule, du flagellum, etc. La bouche se forme au niveau du corps cellulaire jaunâtre et nuclée. « Elle débute par un froncement linéaire de la paroi, avec épaississement et formation de 3 ou 4 petites saillies mamelonnées sur les bords ou lèvres limitant la dépression linéaire médiane de ce froncement. Une dépression correspondante à celle du tégument se voit dans le corps cellulaire jaunâtre sous-jacent. Les lèvres limitant cette ligne prennent une teinte ocreuse, et en même temps se dessinent les commissures limitant les deux extrémités de cette dépression, dont jusquelà les extrémités se perdaient insensiblement à la surface du tégument. Ces phénomènes s'accomplissent en trois quarts d'heure environ. Aussitôt après débute la production de la dépression infundibulaire et celle du pli dorsal, et en même temps, et quelquefois avant que les lèvres de la bouche s'écartent, le tentacule se développe de la même manière que sur les individus provenant d'une scission des adultes. » Le flagellum ne se formant qu'après l'infundibulum buccal et au fond de ce dernier, on ne peut pas suivre son développement.

On a souvent décrit la conjugaison des Noctiluques. On admet que deux individus se juxtaposent bouche contre bouche, qu'un ruban de protoplasma les unit bientôt l'un à l'autre, puis qu'ils se confondent entièrement. Ce phénomène paraît cependant être fort douteux et il est possible que l'on ait pris pour deux individus conjugués soit des Noctiluques doubles, monstrueuses, comme celles que Robin a décrites, soit des Noctiluques en voie de bipartition plus ou moins avancée. Quoi qu'il en soit, il est nécessaire que de nouvelles observations, plus précises que celles qui ont été faites déjà, viennent confirmer l'existence de la conjugaison de ces animaux.

L'enkystement paraît être un phénomène possible. Saville Kent considère comme des Noctiluques enkystées l'organisme que Wyville Tompson[1] a décrit sous le nom de *Pyrocystis pseudonoctiluca*. A en juger par les figures, cette manière de voir nous paraît fort probable. L'enkystement des Noctiluques a du reste été décrit par J. Müller[2]. L'animal, dépourvu de son flagellum et de son tentacule, est logé dans un kyste transparent, incolore, solide; il est lumineux même à l'état de repos. Müller observa ces individus enkystés dans le détroit de Messine, pendant l'automne de 1853.

Le petit groupe des Cysto-flagellés comprend indépendamment de la *Noctiluca miliaris* une espèce récemment décrite par Hertwig, qui a beaucoup d'analogie avec les Noctiluques et qui est pélagique, c'est le *Leptodiscus medusoides* HERTWIG[3].

Le corps de ce petit Infusoire est très aplati, méniscoïde ou orbiculaire, très flexible, plus épais au centre qu'au niveau des bords qui sont très aplatis. L'infundibulum buccal est situé au centre de la face la plus convexe ; son bord porte un long flagellum. On n'a pas observé de tentacule ; mais la disposition du protoplasma en un corps cellulaire appliqué contre la région buccale et émettant de nombreux filaments qui vont se réunir à un réseau protoplasmique superficiel, la présence du noyau dans la masse protoplasmique centrale et l'existence d'une membrane cuticularisée, incolore, solide, établissent tant d'analogies entre cet organisme et les Noctiluques qu'il paraît difficile de les séparer. Il servirait d'ailleurs d'intermédiaire entre les Cysto-flagellés tentaculifères, comme les Noctiluques, et les Flagellés.

Kunckelia gyrans. — Kunstler[4] a décrit récemment sous ce nom un petit organisme qu'il considère comme très voisin des Noctiluques, sans que cette opinion nous paraisse suffisamment justifiée. Cet animalcule vit dans l'eau douce. Voici textuellement la description qu'en donne Kunstler :

« Sa forme est ordinairement globuleuse, mais son corps peut se contracter ou s'allonger et exécuter des mouvements de reptation,

---

1. *Proceed. of the Roy. Soc.*, 1876, XXIV, tab. XXI.
2. *Journ. of micr. sc.*, 1853. — SAVILLE KENT, *loc. cit.*, p. 399.
3. *Ueber* Leptodiscus medusoides, in *Ienaische Zeitsch.*, XI, 1877.
4. *Comptes rendus Ac. sc. Paris*, 1881, XCIII, p. 747.

mode de locomotion très fréquent chez lui. A la première vue, on est frappé par la présence d'un énorme tentacule qui, lorsque cet animal nage, se meut en tournant avec une vivacité extrême. Sous la cuticule se trouvent deux couches musculaires bien nettes qui se continuent dans le tentacule. La bouche se trouve au-dessous du point où s'insère cet organe locomoteur ; elle présente de continuels mouvements de dilatation et d'occlusion ; elle donne entrée dans une cavité qui paraît assez vaste. A la partie inférieure du corps se trouve un aiguillon renfermé dans une gaîne qui est contenue dans celui-ci, présentant des organes annexes ressemblant à des glandes et mû par un appareil musculaire (deux couches de fibrilles). Dans le parenchyme du corps se trouve un noyau central, puis une grande quantité de corpuscules réfringents, entourés d'une substance plus claire qui envoie dans diverses directions des prolongements allant s'anastomoser avec des branches analogues venues d'autres points. Je n'ai remarqué aucune phosphorescence chez ces organismes. »

§ 2. — CARACTÈRES COMMUNS, DIVISION, ET PARENTÉ DES INFUSOIRES FLAGELLATES

Il sera facile de déduire des détails donnés plus haut les caractères communs à tous les Infusoires Flagellates.

Dans tout ce groupe, les individus sont toujours formés d'une seule cellule, mais d'une cellule complète, c'est-à-dire possédant du protoplasma, un noyau, une membrane qui souvent se cuticularise plus ou moins, habituellement une ou plusieurs vacuoles contractiles, fréquemment un point oculiforme, et toujours un appendice mobile, de nature protoplasmique, servant à la locomotion ou à la préhension des aliments et souvent aux deux fonctions, le flagellum. Sinon chez tous, du moins chez le plus grand nombre de ces animaux, il existe un orifice buccal plus ou moins différencié ; à mesure que les observations deviennent plus minutieuses, on discerne cet orifice dans un nombre de plus en plus considérable d'espèces d'Infusoires Flagellates où il n'avait pas encore été signalé. La nutrition se fait grâce à l'introduction par cette bouche de matières alimentaires qui, dans certains cas, sont dispersées par les vacuoles contractiles et qui sont digérées, puis assimilées par le protoplasma.

Relativement aux vacuoles contractiles, nous devons rappeler que ces formations manquent chez les Cilio-flagellés et les Cysto-flagellés adultes. On pourrait invoquer ce motif pour éliminer les Cilio-flagellés du groupe des Flagellates et les rapprocher des Algues

Desmidiées auxquelles ils ressemblent encore par la présence d'une membrane cellulosique ; mais tous leurs autres caractères les rendent si semblables aux Infusoires qu'il nous paraît impossible de les en séparer. Quant aux Cysto-flagellés leur organisation est assez complexe pour qu'il soit impossible de les ranger parmi les végétaux ; on sait, du reste, que les Noctiluques ont des vacuoles contractiles pendant leur jeune âge.

La respiration est facilitée par la présence et la mobilité des vacuoles contractiles destinées à disperser l'eau chargée d'oxygène dans toutes les parties du corps, soit en se déplaçant elles-mêmes comme nous l'avons décrit, d'après Bütschli, dans le *Monas Termo*, soit simplement en chassant l'eau tout autour d'elles, au moment de leur contraction. L'excrétion des détritus alimentaires et des produits de désassimilation destinés à être éliminés est aussi facilitée par les vacuoles contractiles.

La reproduction s'effectue, soit par division transversale ou longitudinale, soit par conjugaison suivie de la production de sortes de corps embryonnaires, comme nous l'avons décrit en détail dans l'*Euglena viridis*, le *Noctiluca miliaris*, soit par gemmation, etc. Les phénomènes de la reproduction ne sont d'ailleurs encore que fort imparfaitement connus. On ne les a étudiés avec quelque précision que dans un petit nombre de types, et leur étude est une des plus intéressantes que je puisse, en passant, signaler à l'attention du lecteur.

Indépendamment des caractères communs à la plupart des Infusoires Flagellates il en existe un certain nombre d'autres plus ou moins constants qui peuvent servir à les diviser en tribus et en familles.

Signalons les plus importants de ces caractères. Tantôt l'animal est entouré d'une capsule indépendante de sa membrane propre et lui servant de logement, tantôt au contraire il est dépourvu de ce logement. Dans certains Flagellates, le corps se montre composé d'un protoplasma ne remplissant pas l'espace limité par la membrane cellulaire, par exemple dans les *Noctiluca*, tandis que dans la plupart la membrane cellulaire est entièrement remplie par le protoplasma. Le flagellum est tantôt unique, tantôt double ou même en nombre beaucoup plus considérable. Quand il y a plus d'un flagellum ils peuvent être tous de même taille, ou au contraire de taille inégale. Le flagellum peut encore être accompagné tantôt d'un tentacule, comme dans le *Noctiluca miliaris*, tantôt d'appendices de formes diverses, tantôt de sortes de crêtes de la membrane, comme dans le *Trichomonas Batrachorum*, tantôt de cils vibratiles véritables, comme dans les *Peridinium*, les *Ceratium*, etc. Signalons encore la vie indépendante et libre de ces animaux, ou leur fixation sur des corps étrangers, et l'état de solitude des individus ou leur réunion en colonies plus ou moins considérables et de formes extrêmement variables.

En tenant compte des plus importants de ces caractères nous pouvons diviser les Infusoires Flagellates en trois groupes principaux, dont nous résumons les caractères dans le tableau suivant.

INFUSOIRES FLAGELLATES

Corps unicellulaire, nucléé; membrane nettement différenciée, accompagnée ou non d'une carapace; corps toujours muni d'un flagellum.

I. *Flagellés*. Protoplasma remplissant la membrane. Pas de couronne de cils vibratiles.

Nudo-flagellés. Pas de carapace.

Théco-flagellés. Corps enveloppé d'une carapace.

II. *Cilio-flagellés*. Corps muni d'un flagellum et d'une couronne de cils vibratiles.

III. *Cysto-flagellés*. Pas de couronne de cils vibratiles. Protoplasma ne remplissant pas la membrane et laissant de grands espaces vésiculaires pleins de liquide.

Quant aux limites du groupe des Flagellates elles sont absolument impossibles à établir. Pour s'en assurer, il suffit de parcourir les principaux systèmes de classification qui ont été proposés par les différents zoologistes qui se sont livrés à l'étude des Flagellates.

Dujardin formait avec les Flagellates la deuxième section de son système général des Infusoires, section qu'il divisait en cinq familles : *Monadina, Dinobryina, Thecamonadina, Euglenia* et *Peridinæa*.

Stein a divisé les Infusoires Flagellattes en quinze familles dont nous reproduisons la liste avec les noms des genres qu'elles comprennent :

1° MONADINA. Comprenant les genres : *Cercomonas, Monas, Goniomonas, Bodo, Phyllomitus, Tetramitus, Trepomonas, Trichomonas, Hexamita, Lophomonas, Platytheca.*

2° DENDROMONADINA. Genres : *Dendromonas, Cephalothamnium, Anthophysa.*

3° SPONGOMONADINA. Genres : *Cladomonas, Rhipidodendron, Spongomonas, Phalansterium.*

4° CRASPEDOMONADINA. Genres : *Codonosiga, Codonocladium, Codonodesmus, Salpingœca.*

5° BIKOECIDA. Genres : *Bikœca, Poteriodendron.*

6° DINOBRYINA. Genres : *Epipyxis, Dinobryon.*

7° CHRYSOMONADINA. Genres : *Cœlomonas, Raphidomonas, Micoglena, Chrysomonas, Uroglena, Syncrypta, Synura, Hymenomonas, Stylochrysalis, Chrysopyxis.*

8° CHLAMYDOMONADINA. Genres : *Polytoma, Chlamydomonas, Chlamydococcus, Phacotus, Coccomonas, Tetraselmis, Gonium*

9° VOLVOCINA. Genres : *Endorina, Pandorina, Stephanosphæra, Volvox.*

10° HYDROMOMADINA. Genres : *Chlorogonium, Chlorangium, Pyramidomonas, Chloraster, Spondylomorum.*

11° CRYPTOMONADINA. Genres : *Chilomonas, Cryptomonas, Nephroselmis.*

12° CLOROPELTIDA. Genres : *Cryptoglena, Chloropeltis, Phacus.*

13° EUGLENIDA. Genres : *Euglena, Cœlacium, Ascoglena, Trachelomonas.*

14° ASTASIEA. Genres : *Eutreptia, Astasia, Heteronema, Zygoselmis, Paranema.*

15° SCYTOMONADINA. Genres : *Scytomonas, Petalomonas, Menoidium, Atractonema, Phialonema, Sphenomonas, Tropidocyphas, Anisonema, Colponema, Entosiphon.*

Saville Kent, dans un ouvrage plus récent que le précédent, divise les infusoires Flagellates en sept ordres dont il indique les caractères dans le tableau suivant :

A Aire d'ingestion diffuse	Flagellum rudimentaire, remplacé par une membrane ondulée.............. I. TRYPANOSOMATA. Flagellum accompagné de pseudopodes lobés.............................. II. RHIZO-FLAGELLATA. Flagellum accompagné de pseudopodes radiés. .... III. RADIO-FLAGELLATA. Flagellum constituant le seul organe de locomotion. .... IV. FLAGELLATA-PANTOSTOMATA.
B Aire d'ingestion discoïde, limitée à la région antérieure ; pas de bouche véritable.	.... V. CHOANO-FLAGELLATA.
C Aire ingestive constituant une bouche véritable et distincte.	Flagellum non accompagné de cils. .... VI. FLAGELLATA-EUSTOMATA. Flagellum accompagné d'un système plus ou moins développé de cils . . . . VII. CILIO-FLAGELLATA.

M. Saville Kent divise d'abord les Flagellates en trois grands groupes d'après la nature de la surface du corps par laquelle se fait l'ingestion des aliments.

Il considère ses quatre premiers ordres comme formés de Flagellates chez lesquels il n'existe ni bouche véritable, ni surface spécialement destinée à l'ingestion des aliments.

Ce caractère existe bien réellement dans les trois premiers ordres, les *Trypanosomata, Rhizo-Flagellata* et *Radio-Flagellata*, dont il est nécessaire que nous disions tout de suite quelques mots, avant d'aborder l'étude des autres groupes.

Le lecteur a déjà vu que nous plaçons les *Trypanosomata* dans nos Flagellés, à la base du groupe, comme intermédiaires entre les Amœbiens et les Infusoires. On n'a décrit dans ces organismes rien d'analogue à une bouche ou même à une surface ingestive ; toutes les parties de la surface de leur corps paraissent offrir les mêmes caractères et servent, sans aucun doute, indifféremment, à l'ingestion des aliments.

Nous avons placé les *Rhizo-Flagellata* de Saville Kent dans les Amœbiens en faisant ressortir que ces organismes servent d'intermédiaires entre les Infusoires Flagellés et les Amœbiens. L'absence de membrane d'enveloppe et la présence de pseudopodes rapprochent les *Rhizo-Flagellata* beaucoup plus des Flagellates que des Amœbiens. Ces organismes ne possèdent manifestement ni bouche, ni aire ingestive ; ils absorbent leurs aliments par toute la surface de leur corps.

Les *Radio-Flagellata* de Saville Kent servent de trait d'union entre les Flagellates et les Radiolaires ; on ne peut pas plus les séparer des Radiolaires qu'on ne peut séparer les *Rhizo-Flagellata* des Amœbiens ; il nous suffira de rappeler à l'appui de cette manière de voir que les *Actinomonas*, les *Euchitonia* et les *Spongocycla*, qui seuls composent le groupe des *Radio-Flagellata* de Saville Kent, sont, comme les Radiolaires, absolument dépourvus de membrane d'enveloppe et possèdent des rhizopodes radiés, tout à fait semblables à ceux des Radiolaires. Mais nous avons signalé en son lieu, la différence qui existe entre les *Actinomonadidés* d'une part, qui se rapprochent des Héliozoaires les plus simples par l'absence de capsule centrale et de squelette, et les *Euchitonidés* d'autre part, qui ressemblent aux Radiolaires les plus élevés par la présence d'une capsule centrale bien différenciée, et d'un squelette siliceux.

Quant aux *Flagellata-Pantostomata* de Saville Kent, ce sont de véritables Infusoires Flagellates ; mais le caractère que leur assigne Saville Kent de n'avoir pas d'aire d'ingestion limitée et d'absorber leurs aliments par toute la surface du corps n'est pas admissible. Nous savons déjà que l'on a découvert, sinon une bouche véritable, du moins une aire d'ingestion bien délimitée dans un grand nombre d'entre eux. Nous avons, par exemple, étudié, dans tous ses détails, d'après Bütschli, la façon dont le *Cercomonas Termo* ingère ses aliments ; nous savons que cette espèce qui est l'une des plus rudimentaires du groupe des Flagellates possède une véritable aire ingestive, peut-être même une sorte d'orifice buccal à la base du flagellum. Plus les recherches relatives à ces organismes se multiplient, à l'aide des instruments perfectionnés dont disposent aujourd'hui les micrographes, et plus l'organisation se montre complexe. Partant des faits connus, il est aujourd'hui permis d'admettre que tous les Flagellates

sont pourvus sinon d'une bouche véritable, du moins d'une aire
ingestive située au voisinage de la base du flagellum. Le groupe des
Flagellata Pantostomata de Saville Kent ne doit pas être conservé,
ou ne peut l'être qu'en ne tenant aucun compte du caractère tiré du
lieu d'ingestion des aliments.

Ordre I. FLAGELLATA-PANTOSTOMATA.

En laissant de côté le caractère tiré du lieu d'ingestion des aliments, les *Flagellata Pantostomata* de Saville Kent peuvent être définis des Flagellates à
flagellum simple ou multiple, non accompagné de cils vibratiles ou de tentacules
et non entouré d'un collier membraneux. Saville Kent les divise en 18 familles
comprenant 47 genres. Nous croyons utile de reproduire ici les caractères qu'il
assigne à ces familles et aux genres qui les composent.

A. PANTOSTOMATA-MONOMASTIGA.

Un seul flagellum.

Fam. I. MONADIDÆ. — Un seul flagellum ; animaux nus, ordinairement libres ;
flagellum terminal ; pas de pédoncule ni d'appendice caudal.
1. *Monas* : individus entièrement libres ; globuleux ou ovalaires ; extrémité antérieure arrondie ; corps polymorphe.
2. *Scytomonas* : mêmes caractères que le précédent, mais forme persistante.
3. *Cyathomonas* : individus entièrement libres ; globuleux ou ovalaires ; extrémité antérieure tronquée ou excavée.
4. *Leptomonas* : individus entièrement libres ; corps fusiforme ou aciculaire ;
forme persistante.
5. *Ophidomonas* : individus entièrement libres ; corps vermiculaire, contourné
en spirale ; forme persistante.
6. *Herpetomonas* : mêmes caractères que le précédent, mais forme polymorphe
ou très flexible.
7. *Ancyromonas* : individus se fixant à volonté par leur flagellum qui est traînant.

Fam. II. PLEUROMONADIDÆ. — Animaux nus ; sans appendice caudal ; flagellum
latéral ou ventral.
8. *Pleuromonas* : Pas de trichocystes.
9. *Merotricha* : corps pourvu de trichocystes.

Fam. III. CERCOMONADIDÆ. — Animaux nus ; pourvus d'un filament caudal.
10. *Oïkomonas* : individus libres ou fixés ; filament caudal rétractile.
11. *Bodo* : individus libres ou fixés ; filament caudal non rétractile.
12. *Cercomonas* : individus entièrement libres ; jamais fixés.

Fam. IV. CODONŒCIDÆ. — Animalcules pourvus d'une carapace.
13. *Codonœca* : corps dressé, pédonculé ou sessile.
14. *Platytheca* : tunique décombante.

B. PANTOSTOMATA-DIMASTIGA.

Deux flagellums.

Fam. V. DENDROMONADIDÆ. — Deux flagellums ; animalcules dépourvus de
carapace ; extrémité antérieure du corps oblique ; individus vivant d'habitude en
sociétés et construisant des zoodendriums arborescents ; flagellums inégaux, un
long et un court.

15. *Physomonas :* individus solitaires, fixés par un pédoncule filiforme.

16. *Cladonema :* individus associés, fixés isolément à l'extrémité d'un zoodendrium flexible, capillaire.

17. *Dendromonas :* mêmes caractères que le précédent, mais à zoodendrium rigide et dressé.

18. *Anthophysa :* individus associés, fixés en bouquets au sommet d'un zoodendrium plus ou moins flexible, opaque, composé.

19. *Cephalothamnium :* mêmes caractères que le précédent, mais à zoodendrium rigide, hyalin et homogène.

Fam. VI. BIKŒCIDÆ. — Animaux habitant des tuniques cornées ; extrémité frontale oblique ; flagellums inégaux : un long et un court.

20. *Hedræophysa :* logettes solitaires, sessiles.

21. *Bicosæca :* logettes solitaires, pédonculées.

22. *Stylobryon :* logettes unies en rangées et formant un polythécium composé.

Fam. VII. AMPHIMONADIDÆ. — Animaux nus, libres, ou fixés d'une façon permanente et isolément par l'extrémité postérieure ou par un filament caudal ; flagellums égaux.

23. *Goniomonas :* individus libres : extrémité antérieure oblique.

24. *Amphimonas :* individus sédentaires, fixés par un pédoncule capillaire.

25. *Deltomonas :* individus sédentaires ; pas de pédoncule distinct.

Fam. VIII. SPONGOMONADIDÆ. — Animaux symétriquement ovalaires, vivant d'habitude en sociétés et sécrétant des enveloppes de formes diverses ; flagellums égaux.

26. *Cladomonas :* individus habitant un zoothécium tubuleux, ramifié, à tubes distincts.

27. *Rhypidodendron :* individus habitants un zoothécium tubuleux, ramifié, à tubes unis dans une étendue plus ou moins considérable.

28. *Spongomonas :* individus habitant un zoocytium commun, mucilagineux ou granuleux.

29. *Diplomita :* individus habitant des logettes cornées, distinctes.

Fam. IX. HETEROMITIDÆ. — Animaux nus, libres, ou temporairement fixés par le flagellum postérieur.

30. *Heteromita :* flagellums distincts dans toute leur étendue ; corps ovale ; pas de sillon ventral.

31. *Colponema :* mêmes caractères que le précédent, avec un sillon ventral.

32. *Spiromonas :* flagellums distincts dans toute leur étendue ; corps allongé, tordu en spirale.

33. *Phyllomitus :* flagellums unis à la base.

Fam. X. TREPOMONADIDÆ. — Animaux libres ; tout à fait asymétriques.

34. *Trepomonas :* flagellums à points d'insertion nettement séparés.

Fam. XI. POLYTOMYDÆ. — Animaux ovales, libres, avec une enveloppe externe indurée, se multipliant par subdivision endogène.

35. *Polytoma :* individus se fixant à volonté par une portion basilaire courbée du flagellum.

Fam. XII. PSEUDOSPORIDÆ. — Animalcules rampants et nageurs ; flagellums égaux.

36. *Pseudospora :* individus polymorphes, endoparasites.

C. PANTOSTOMATA-POLYMASTIGA.

Flagellums au nombre de trois ou davantage.

Fam. XIII. SPUMELLIDÆ. — Trois flagellums, dont deux longs et un court.

37. *Spumella :* individus fixés par un pédoncule temporaire.

Fam. XIV. TRIMASTIGIDÆ. — Trois flagellums à peu près égaux.

38. *Callodictyon* : Trois flagellums vibratiles.

39. *Trichomonas* : Deux flagellums vibratiles et un traînant.

40. *Dallingeria* : un flagellum vibratile et deux traînants ; individus libres ou fixés.

41. *Trimastix* : un flagellum vibratile et deux traînants ; individus tout à fait libres.

Fam. XV. TETRAMITIDÆ. — Quatre ou cinq flagellums.

42. *Tetramitus* : quatre flagellums ; individus nus, polymorphes.

43. *Tetraselmis* : quatre flagellums ; individus tuniqués.

44. *Chloraster* : cinq flagellums, dont un vibratile et quatre refléchis.

Fam. XVI. HEXAMITIDÆ. Six flagellums.

45. *Hexamita* : quatre flagellums antérieurs vibratiles, deux postérieurs dont un adhérent.

Fam. XVII. LOPHOMONADIDÆ. — Flagellums nombreux ; individus solitaires.

46. *Lophomonas* : individus solitaires, endoparasites.

Fam. XVIII. CATALLACTIDÆ. — Flagellums nombreux ; animaux vivant en colonies.

47. *Magosphæra* : animaux pélagiques, unis en colonies sphériques.

Ordre II. CHOANO-FLAGELLATA.

Sous ce titre nous savons déjà que Saville Kent range tous les Flagellates ayant une aire ingestive limitée à la région antérieure du corps, mais pas de bouche véritable. Ajoutons que chez tous les Flagellates qu'il place dans cet ordre, le flagellum est simple et entouré à la base d'une collerette membraneuse hyaline, rétractile, de nature protoplasmique. Saville Kent divise cet ordre en trois familles comprenant neuf genres. Voici, d'après lui, les caractères des familles et des genres.

Fam. I. CODONOSIGÆ. — Animaux nus, ne secrétant ni tunique, ni syncytium gélatineux.

1. *Monosiga* : individus fixés, solitaires, pédonculés ou sessiles.

2. *Codosiga* : individus fixés, réunis en sociétés sur un pédoncule commun.

3. *Astrosiga* : individus nageant librement, unis en bouquets étoilés.

4. *Desmarella* : individus nageant librement, unis en chaînes.

Fam. II. SALPINGŒCIDÆ. — Animaux sécrétant des tuniques cornées.

5. *Salpingœca* : logettes solitaires ; individus sédentaires.

6. *Lagenœca* : logettes solitaires ; individus nageant librement.

7. *Polyœca* : logettes unies en sociétés et formant un polythécium ramifié.

Fam. III. PHALANSTERIIDÆ. — Animaux sécrétant un zoocytium gélatineux ; formant des colonies étendues.

8. *Phalansterium* : collerette rudimentaire.

9 *Protospongia* : collerette bien développée.

Ordre III. FLAGELLATA-EUSTOMATA.

Dans cet ordre, Saville Kent place tous les Flagellates possédant une bouche bien développée et présentant un ou plusieurs flagellums, mais pas de cils vibratiles. Il le divise en neuf familles comprenant quarante six genres. Parmi ces familles, il en est une que nous enlevons, celle des *Noctilucidæ*, pour en constituer un ordre spécial des Flagellates, celui des CYSTO-FLAGELLATA. Nous conservons donc dans l'ordre des *Flagellata-Eustomata* huit familles et 44 genres dont voici les caractères.

A. EUSTOMATA-MONOMASTIGA.

Un seul flagellum.

Fam. I. PARAMONADIDÆ. Animaux libres, à forme persistante; incolore.

1. *Paramonas* : corps symétriquement ovale ou sphérique.

2. *Pètalomonas* : corps très aplati ou comprimé.

3. *Atractomonas* : corps allongé ou fusiforme, subcylindrique.

4. *Phialonema* : corps en forme de bouteille.

5. *Menoidium* : corps comprimé, en forme de lune ou ensiforme.

Fam. II. ASTASIADÆ. — Animaux fortement métaboliques; incolore.

6. *Astasia* : pharynx distinct, tubuleux.

7. *Colpodella* : pas de pharynx distinct.

Fam. III. EUGLENIDÆ. — Animaux très fortement métaboliques, verts.

8. *Euglena:* individus libres, nus, très métaboliques, munis d'un prolongement caudal; pas de dilatation pharyngienne anormale.

9. *Amblyophis* : mêmes caractères que le précédent, sans prolongement caudal.

10. *Phacus* : individus libres, nus, à forme persistante, sans dilatation pharyngienne anormale, sans proéminence antérieure.

11. *Chloropeltis* : mêmes caractères que le précédent, mais avec une proéminence antérieure.

12. *Trachelomonas* : individus libres, tuniqués, sans dilatation pharyngienne anormale.

13. *Raphidomonas* : individus libres, pourvus d'une dilatation pharyngienne anormalement développée, et de trichocystes bien visibles.

14. *Cælomonas* : les mêmes caractères que le précédent, mais sans trichocystes.

15. *Ascoglena* : individus sédentaires, solitaires; logettes transparentes.

16. *Colacium* : individus sédentaires groupés en sociétés sur un pédoncule simple ou ramifié.

B. EUSTOMATA-DIMASTIGA

Deux flagellums.

Fam. IV. CHRYSOMONADIDÆ. — Endoplasme enfermant deux bandes pigmentées jaunes ou olives, disposées latéralement; deux flagellums égaux ou inégaux.

17. *Chloromonas* : un seul flagellum; individus à forme persistante.

18. *Chrysomonas* : individus mous et plastiques, sans pharynx distinct.

19. *Microglena* : individus mous et plastiques, avec un pharynx distinct.

20. *Cryptomonas* : Deux flagellums; individus nus, solitaires, nageant librement; flagellums insérés au dessous d'une protubérance en forme de lèvre.

21. *Nephroselmis* : les mêmes caractères avec les flagellums insérés dans une fossette latérale ou ventrale.

22. *Stylochrysalis* : deux flagellums; individus nus, solitaires; fixés par un pédoncule rigide.

Genre 23. *Ucella* : deux flagellums; individus nus, réunis en sociétés en forme de bouquets sphéroïdaux qui flottent librement.

34. *Chlorangium* : mêmes caractères; individus unis sur un pédoncule simple ou ramifié.

25. *Hymenomonas* : deux flagellums; individus tuniqués; solitaires, libres.

26. *Chrysopyxis* : deux flagellums; individus tuniqués; solitaires; sédentaires; corps libre dans la tunique.

27. *Epipyxis* : mêmes caractères; corps fixé à la tunique par un pédoncule capillaire.

28. *Dinobryon* : deux flagellums; individus tuniqués; unis en sociétés formant un zoothécium composé, ramifié.

29. *Synura* : mêmes caractères; sociétés formant des bouquets qui flottent librement.

30. *Syncrypta* : deux flagellums; individus immergés dans un zoocythium gélatineux, individus très rapprochés sur des pédicules indépendants.

31. *Uroglena* : mêmes caractères; individus possédant des pédoncules indépendants contractiles.

Fam. V. ZYGOSELMIDÆ. — Flagellums semblables, vibratiles; pas de bandes pigmentées.

32. *Eutreptia* : corps fortement métabolique, nu; endoplasme coloré en vert brillant.

33. *Zygoselmis* : corps fortement métabolique, nu; endoplasme transparent, granuleux; individus entièrement libres.

34. *Distigma* : mêmes caractères; individus libres ou rampants.

35. *Cryptoglena* : corps fortement métabolique, tuniqué; individus libres.

36. *Sterromonas* : corps à forme plus ou moins persistante; flagellums dissemblables, un long, l'autre court.

37. *Dinomonas* : mêmes caractères; flagellums égaux ou subégaux.

Fam. VI. CHILOMONADIDÆ. — Bord antérieur labié ou excavé; un ou deux flagellums convolutés et adhérents.

38. *Chilomonas* : bord antérieur symétriquement labié.

39. *Oxyrrhis* : bord antérieur obliquement excavé.

Fam. VII. ANISONEMIDÆ. — Corps symétriquement ovale ou allongé; flagellums dissemblables, un vibratile, l'autre traînant et adhérent.

40. *Heteronema* : forme variable, fortement métabolique; cuticule molle, élastique.

41. *Diplomastix* : corps non métabolique, simplement mou et plastique; cuticule molle.

42. *Anisonema* : forme persistante; surface cuticulaire indurée; pharynx distinct, mais non protractile.

43. *Entosiphon* : mêmes caractères; pharynx protractile sous la forme d'un tube corné.

Fam. VIII. SPHENOMONADIDÆ. — corps prismatique, à forme persistante; deux flagellums vibratiles, un long et un court.

44. *Sphenomonas* : corps polyédrique, avec quatre bords, ou davantage, en forme d'arêtes.

Ordre IV. CYSTO-FLAGELLATA.

Corps enveloppé d'une cuticule très résistante et d'un corps protoplasmique accolé contre la portion de la paroi qui porte la bouche et émettant des filaments qui limitent de très vastes vacuoles et vont se réunir en un réseau protoplasmique contre la face interne de la membrane. Un seul flagellum, parfois accompagné d'un tentacule.

Fam. NOCTILUCIDÆ. — Mêmes caractères que l'ordre.

Genres 1. *Noctiluca* : corps subsphéroïdal; flagellum accompagné d'un tentacule.

2. *Leptodiscus* : corps discoïdal; pas de tentacule.

Ordre IV. CILIO-FLAGELLATA.

Flagellum simple ou multiple, accompagné de cils vibratiles.

Fam. I. PERIDINIIDÆ. — Un seul ou plusieurs flagellums; une couronne de cils bien visible.

1. *Hemidinium* : un seul flagellum; couronne ciliaire centrale; pas de cuirasse; cils décrivant un demi-cercle.

2. *Gymnodinium* : un seul flagellum; couronne ciliaire centrale; pas de cuirasse; cils formant un cercle complet; pas de cils supplémentaires.

3. *Melodinium* : tous les caractères du précédent, mais avec des cils supplémentaires.

4. *Glenodinium* : un seul flagellum; couronne ciliaire centrale; une cuirasse; pas de prolongements en forme de cornes; cuirasse simple.

5. *Peridinium* : mêmes caractères que le précédent, mais avec une cuirasse à facettes.

6. *Ceratium* : un seul flagellum; couronne ciliaire centrale; une cuirasse; des prolongements en forme de cornes.

7. *Dinophysis* : un seul flagellum; couronne ciliaire excentrique; plaques ventrales saillantes.

8. *Amphidinium* : mêmes caractères que le précédent, mais sans plaques ventrales saillantes.

9. *Prorocentrum* : un seul flagellum; couronne ciliaire terminale; corps muni d'une cuirasse lisse, formée d'une seule pièce, sans sillon transversal.

10. *Dimastigoaulax* : deux flagellums; corps muni d'une cuirasse et de cornes; couronne ciliaire centrale.

Fam. II. HETEROMASTIGIDÆ. — Deux flagellums, dont un vibratile et l'autre traînant; cils formant une courte frange adorale.

11. *Heteromastix* : corps fortement métabolique.

Fam. III. MALLOMONADIDÆ. — Un seul flagellum qui est terminal; corps couvert de longs cils en forme de soies.

12. *Mallomonas* : corps ovale, à forme persistante.

Fam. STEPHANOMONADIDÆ. — Un seul flagellum terminal, émergeant du centre d'une touffe de cils vibratiles.

13. *Stephanomonas* : flagellum non rétractile.

14. *Asthmatos* : flagellum rétractile.

Fam. V. TRICHONEMIDÆ. — Un seul flagellum, accompagné d'un revêtement plus ou moins complet de cils.

15. *Trichonema* : corps métabolique.

16. *Mitophora* : corps à forme persistante.

A l'exemple de Saville Kent et d'un grand nombre d'autres zoologistes, nous avons éliminé du groupe des Infusoires Flagellates un certain nombre de genres qui y sont placés par Stein et que nous considérons comme les Algues, tels que les *Volvox*, les *Chlamydococcus*, les *Pandorina*, etc. Les *Chlamydococus*, *Chlamydomonas*, etc., sont libres et munis de deux flagellums de même longueur; leur protoplasma est enveloppé d'une épaisse membrane de cellulose, à travers laquelle passent les deux flagellums. Les *Volvox* et les *Pandorina*, etc., vivent en familles formées par la division d'un seul individu; chaque individu est pourvu également de deux flagellums et d'une membrane cellulosique; cette dernière s'épaissit, se gélifie et se confond en partie avec les membranes de toutes les cellules composant une même famille, de façon à former une masse sphérique hyaline, marquée d'un réseau de mailles polygonales répondant aux lignes de contact des cellules. Tous les flagellums font saillie, accouplés deux à deux, à la surface de la sphère et déterminent par leurs mouvements la locomotion. Dans le *Volvox globator*, qui abonde dans nos eaux douces stagnantes, le nombre des individus formant chaque famille est très considérable. Dans le *Pandorina Morum*, il est réduit à seize. La reproduction de ces organismes s'effectue par segmentation et par conjugaison.

Dans les *Chlamydomonas*[1] l'individu unicellulaire se divise d'abord en huit petites cellules munies chacune de deux vacuoles contractiles et de quatre cils. Ces cellules sont mises en liberté par rupture de la membrane de la cellule mère ; elles se conjuguent,

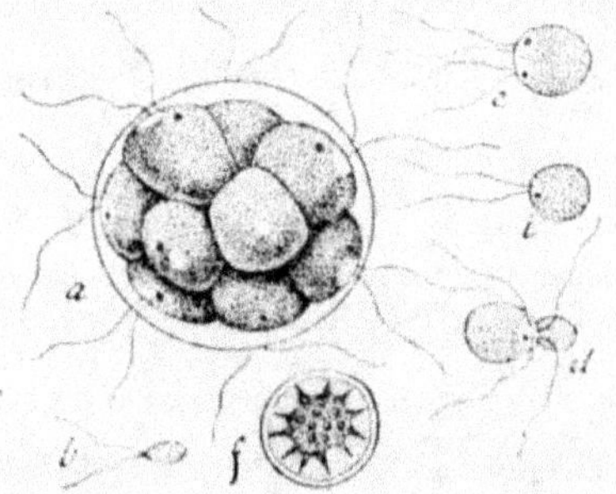

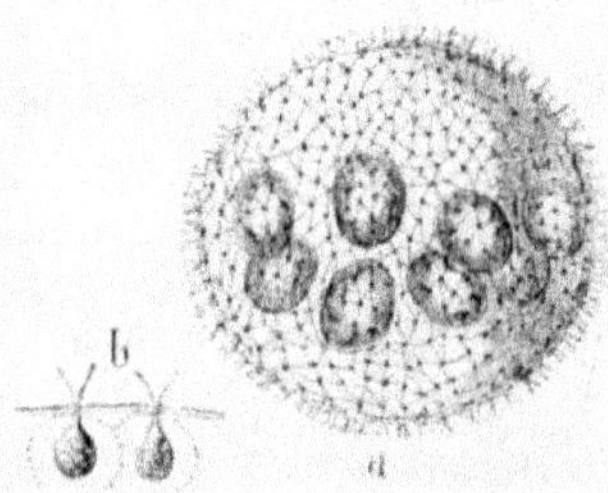

Fig. 207. *Pandorina Morum*. *a*, famille mobile ; *b,c*, cellules isolées ; *d,e*, conjugaison de deux cellules ; *f*, zygospore.

Fig. 208. *Volvox globator*. *a* colonie entière ; *b*, deux individus isolés.

se fusionnent deux à deux pour former autant de zygospores qui se subdivisent pour former des individus nouveaux destinés à se comporter comme leurs ancêtres.

Dans le *Pandorina Morum* chaque individu se segmente en seize individus nouveaux qui forment une famille mise en liberté par la rupture de la membrane qui entoure la famille primitive. Ce phénomène constitue la reproduction asexuée ; mais il existe aussi une reproduction sexuée qui s'effectue de la façon suivante : la membrane commune d'une famille se détruit ; les individus mis en liberté, et désignés par les auteurs sous le nom de *zoospores* se meuvent pendant quelque temps librement dans l'eau ; puis ils se conjuguent

1. Voy. Rostafinski. *Beobachtung. über Paarung von Schwämsporen*, in *Botan. Zeit.*, 1871, p. 785.

deux à deux pour former une cellule unique, à quatre cils, désignée sous le nom d'*oospore*. Celle-ci, après un certain temps de repos, précédé de la perte de ses cils, se dépouille de sa membrane, et se montre sous l'aspect d'une masse arrondie, à deux cils (*zoospore*) qui se meut dans l'eau et se segmente bientôt en une famille de seize individus.

Dans les *Volvox* [1] chaque cellule de la famille peut produire, par simple division, une famille nouvelle, mais certaines cellules de la colonie peuvent aussi prendre des caractères spéciaux et devenir les unes des cellules femelles (*oosphères*), les autres des cellules mâles (*anthérozoïdes*). Les dernières se fusionnent avec les premières pour produire une cellule unique (*oospore*), qui sort de la colonie, et passe l'hiver dans l'eau, au repos. Quand vient le printemps, elle se divise en deux, quatre, huit, seize, etc., cellules qui se disposent en une sphère creuse, tout à fait semblable au blastoderme d'un œuf holoblastique.

La membrane de la sphère se déchire ; puis chaque cellule acquiert deux cils, et une famille de *Volvox* se trouve constituée. Henneguy a signalé ce fait intéressant que, parmi les cellules produites par la division de l'oospore, il s'en trouve quelques-unes plus grosses que les autres, et qui ultérieurement donnent naissance, sans fécondation préalable, à des colonies filles, par un mode de division semblable à celui des *oospores*.

L'inconvénient qu'il y avait à ranger parmi les Flagellates les organismes dont nous venons de parler réside tout entier dans la nécessité où l'on se trouverait d'y faire entrer à leur suite un certain nombre d'Algues très voisines des *Pandorina* et des *Volvox*, telles que les Hydrodictyées ; celles-ci de leur côté, ont des affinités étroites avec d'autres Algues ou même des Champignons plus élevés qui devraient nécessairement les suivre, et l'on devrait ainsi faire passer dans les Protozoaires un très grand nombre d'Algues et de Champignons.

Il est un autre organisme que les zoologistes sont unanimes à placer parmi les Flagellates, mais qui nous paraît encore trop insuffisamment connu, le *Magosphæra Planula* d'Hæckel [2]. Ce petit être, trouvé par Hæckel sur les côtes de la Norvége, se présente sous la forme d'une sphère hyaline, constituée par un grand nombre de cellules piriformes. Celles-ci sont appliquées les unes contres les

1 Voy. Conx., in *Beiträge für Biologie der Pflanzen*, 1875. — Henneguy, *Germination des spores du Volvox dioïque*, in *Revue internat. des sciences*, 1878, II, p. 696.

2. Hæckel, *Biologie Stud.*, in *Jenaische Zeitsch.*, I.

autres, leurs petites extrémités sont dirigées vers le centre de la
sphère, tandis que leurs grosses extrémités en forment la surface
par leur juxtaposition. Cette extrémité est munie d'un grand nombre de cils à l'aide desquels la sphère entière se meut dans l'eau.
D'après Hæckel, on voit, à un moment donné, toutes les cellules qui
constituent cette colonie se séparer et nager isolément dans l'eau

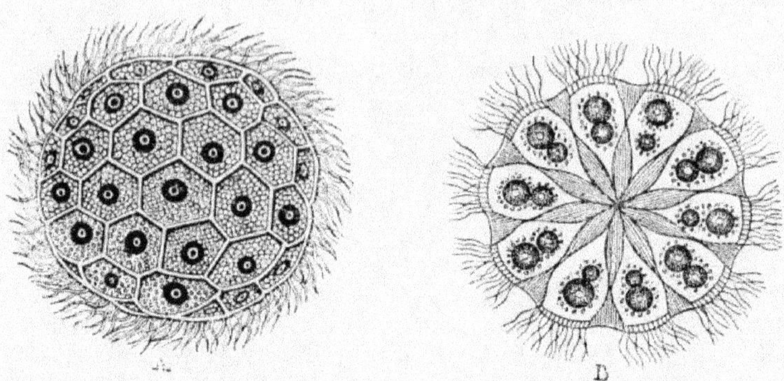

Fig. 209. *Magosphæra Planula* (d'après Hæckel). — A, de face; B en coupe optique.

pendant un certain temps. Puis, elles contractent leurs cils,
entrent au repos, et enfin chacune d'elles s'enkyste et se segmente
pour produire une nouvelle colonie semblable à la première.
Le *Magosphæra Planula* est la seule espèce d'un petit groupe que
Hæckel désigne sous le nom de *Catallactes* et que l'on place généralement à la suite des Infusoires Flagellates.

CHAPITRE VII

INFUSOIRES CILIÉS

§ 1. — ÉTUDE DES PRINCIPALES FORMES

I. — HOLOTRICHÉS

Paramœcium Aurelia MULL. [1]. — Nous choisissons cette espèce comme premier exemple du groupe des Infusoires Ciliés parce qu'il est très facile de se la procurer en grande quantité en laissant putréfier dans l'eau des débris de végétaux, et parce qu'elle a été l'objet de très nombreuses observations.

Le *P. Aurelia* est, comme tous les Infusoires, un animal unicellulaire ; il affecte une forme à peu près cylindrique, ovale-oblongue, arrondie aux deux extrémités ; vers le tiers supérieur de l'une des faces, se trouve l'orifice buccal qui termine un sillon longitudinal oblique.

On a donné le nom de *face ventrale* à la face qui porte la bouche. Tout le corps est entouré, sauf au niveau de l'orifice buccal, par une membrane résistante, couverte de cils vibratiles sur toute son étendue ; il est formé par du protoplasma contenant un gros corpuscule arrondi que l'on considère généralement comme ayant la valeur morphologique d'un noyau de cellule ordinaire, mais que certains auteurs appellent *endoplaste* parce qu'ils l'envisagent, soit comme une cellule véritable, soit comme un noyau d'une nature spéciale. Nous verrons que cette dernière opinion est très légitime. A côté du noyau, se trouve toujours un autre corpuscule auquel l'on donne fréquemment le nom de *nucléole* mais, que l'on a appelé aussi *endoplastule* ; nous devons rejeter la dénomination de nucléole qu'il est nécessaire de réserver pour le ou les corpuscules qui se trouvent dans la plupart des noyaux des cellules, et nous nous servirons ici

---

1. MÜLLER, *Infus.*, tab. XII, fig. 1-11. — EHRENBERG, *Infus.*, 1838, tab. XXXIX, fig. 6. — DUJARDIN, *Histoire nat. des Infus.*, p. 482, tab. VIII, fig. 5-6. — CLAPARÈDE et LACHMANN, *Études sur les Infus. et les Rhizop.*, I, 265.

de celle d'*endoplastule*, de même que nous désignerons toujours le noyau sous le nom d'*endoplaste*. Le protoplasma de la Paramécie contient encore deux vacuoles contractiles situées chacune près de l'une des extrémités du corps.

Ayant acquis une idée générale de cet organisme nous devons en étudier séparément chaque partie.

La membrane qui revêt le corps de l'animal est d'abord mince, mais elle se cuticularise ensuite; elle est alors transparente, incolore et très résistante; au niveau de l'orifice buccal elle s'enfonce un peu, en entonnoir, dans l'intérieur du corps, et tapisse un petit canal cylindrique dont nous parlerons plus tard sous le nom de pharynx. A l'aide de l'alcool, on peut arriver à faire contracter le protoplasma de l'animal au point de le voir se détacher de la cuticule. On rencontre aussi parfois, accidentellement, des cadavres d'Infusoires qui ont perdu leur protoplasma et ne présentent plus qu'une cuticule vide.

Les cils vibratiles qui couvrent la membrane ont pour fonction de permettre à l'animal de se déplacer dans l'eau et de renouveler à la surface de son corps le liquide qui apporte l'air nécessaire à la respiration et les matériaux de la nutrition.

La ténuité des cils vibratiles est telle que ce n'est qu'avec un grossissement relativement considérable qu'on peut les voir nettement. Il est facile de constater que leurs mouvements diffèrent de ceux du flagellum des Infusoires précédemment étudiés. Tandis que le flagellum présente des mouvements de toutes sortes, s'effectuant tantôt dans une direction, tantôt dans une autre, décrivant parfois une sorte de cône irrégulier, se courbant sur lui-même, s'inclinant de côté et d'autre dans divers plans, les cils des animaux qui nous occupent, effectuent simplement un mouvement alternatif d'avant en arrière et d'arrière en avant; comme ils s'inclinent dans une direction déterminée, les uns après les autres, mais avec une très grande rapidité, on a comparé l'ensemble de leurs mouvements aux ondulations que présente un champ de blé dont les épis sont agités par le vent.

La rapidité des mouvements des cils vibratiles est tellement considérable que l'existence de ces appendices est indiquée par les déplacements des corpuscules suspendus dans l'eau, avant qu'on ait pu nettement les voir. Les mouvements des cils vibratiles des Infusoires sont soumis à la volonté de l'animal, qui s'en sert comme de rames, à la fois pour produire et diriger ses déplacements dans l'eau.

Dans le *Paramœcium Aurelia* et dans tous les Infusoires construits
sur le même type, les cils vibratiles ont tous les mêmes dimensions
et sont également distribués sur toute la surface du corps, y compris
le sillon qui conduit à la bouche, de là le nom d'*Infusoires Ciliés
Holotrichés* donné à ce groupe d'Infusoires.

La valeur morphologique des cils vibratiles a donné lieu à bien
des discussions. Certains auteurs admettent qu'ils sont une dépen-
dance de la membrane d'enveloppe de l'Infusoire et qu'ils n'ont aucun
rapport avec le protoplasma sous-jacent. « On constate nettement,
dit Robin, sur les Infusoires unicellulaires ciliés, que ces filaments
mobiles sont portés par la paroi et non par la substance incluse
quelle quelle soit ; qu'ils ne sont aucunement des dépendances de
cette substance, et que la paroi n'est
pas criblée de trous pour les laisser
passer en dehors[1]. » D'autres micrographes, au contraire, considèrent les
cils vibratiles comme des dépendances
du protoplasma, et cette opinion tend
actuellement de plus en plus à se pro-
pager. Robin a figuré, il est vrai, de
grosses cellules épithéliales d'Axolot,
traitées par l'eau qui a séparé le protoplasma de la membrane , sur lesquelles on voit nettement que les cils
n'ont pas de rapport avec le protoplasma , « et cependant, dit M. Robin, ces
cils étaient encore mobiles ». Il est facile
d'objecter à ce fait que la continuité
des cils et du protoplasma a pu être

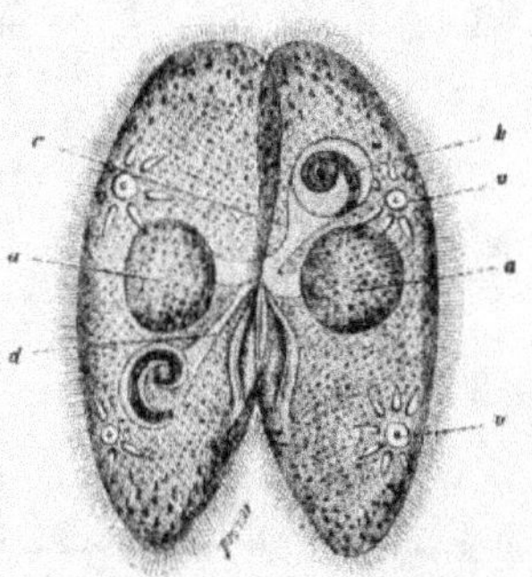

Fig. 210. *Paramœcium Aurelia.* Conjugaison, (d'après Balbiani). — *a. a*, endoplastes ; *b*, endoplastule ; *v, v*, vésicules contractiles ; *c*, conduit excré-
teur de l'ovaire ; *d*, canal déférent.

détruite au moment du retrait du protoplasma, sans que pour cela les
cils aient perdu immédiatement leur mobilité.

Les adversaires de la manière de voir de Robin répondent avec
raison que les membranes cellulaires, particulièrement quand elles
se cuticularisent, comme dans les Infusoires, n'étant pas douées de
la contractilité ou de la motilité qui appartient au protoplasma, si
les cils vibratiles étaient des prolongements de la membrane ils
ne pourraient pas d'avantage qu'elle même jouir de la mobilité
protoplasmique.

Une troisième opinion peut encore être émise. Rappelons-nous

1. CH. ROBIN, *Physiologie cellulaire*, p. 262, fig. 31.

que nous avons vu la membrane d'enveloppe, avant d'arriver au degré de perfectionnement qu'elle nous offre chez les *Paramæcium*, passer par des états successifs de différenciation. La surface du corps des Monériens est limitée par une couche particulière de protoplasma, relativement dense, incolore, non granuleux. Des organismes un peu plus élevés nous ont présenté une véritable membrane d'enveloppe, qui n'était que l'exagération de cette première différenciation. Dans la couche plasmique de la périphérie de la cellule, il se produit un dépôt de matières étrangères qui servent à constituer une véritable membrane, mais auxquelles le protoplasma demeure mêlé, sauf dans les cas où la membrane acquiert un degré de cuticularisation très prononcé. Tant que la membrane contient du protoplasma, il est permis d'admettre que c'est celui-ci qui fournit les cils vibratiles. Dans les cas où la cuticularisation est très considérable et où la cuticule acquiert une grande épaisseur, ce qui ne se produit guère chez les Infusoires, elle ne se forme que tardivement, après que les cils vibratiles protoplasmiques ont déjà atteint tout leur développement, et elle ne se produit très probablement que dans les intervalles des cils. Lorsque son développement est achevé, elle doit posséder des orifices très fins, par lesquels passent les cils vibratiles. Des faits de cet ordre ont été nettement observés sur les cellules épithéliales cuticularisées de l'intestin des animaux supérieurs, sur la cuticule des Cestoïdes, etc.

En dedans de la membrane du *Paramæcium Aurelia* se trouve une couche de protoplasma dense, incolore, non granuleux, tout à fait semblable au sarcocyte des Grégarines, et que nous désignerons ici sous le même nom.

C'est dans l'épaisseur du sarcocyte que se trouvent les vésicules contractiles. L'une d'elles est située au niveau de l'extrémité antérieure du corps, l'autre vers l'extrémité postérieure. Ces vacuoles présentent la forme d'une étoile à plusieurs branches qui peuvent s'enfoncer dans le protoplasma central et peut-être même, dans certaines circonstances, se prolonger jusque dans le voisinage du pharynx. Il est tout au moins à peu près incontestable que les branches des vacuoles peuvent se mettre en rapport avec les grandes vacuoles non contractiles du protoplasma central. Nous savons déjà que les vacuoles contractiles doivent être considérées comme des organes recevant de l'eau du milieu ambiant, la disséminant dans les différentes parties de l'organisme ; et que d'autre part, elles contribuent à rejeter au dehors les liquides qui proviennent des diverses régions du corps, chargés des produits solubles de désassimilation. Nous savons, en un mot, que les vacuoles contractiles sont des appareils aquifères rudimentaires, chargés de faciliter à la fois la nutrition, la respiration, et l'excrétion des produits de désassimilation. Ici, leur rôle dans la nutrition est très faible ; elles servent à peu près exclusivement à la respiration et à l'excrétion. Certains auteurs ont admis que l'entrée et la sortie du liquide des vacuoles contractiles étaient facilitées par la présence de pores dont la membrane du corps serait percée à leur niveau ; mais c'est là bien plutôt une hypothèse qu'un résultat de l'observation. Si l'existence de ces pores était démontrée, l'analogie des vacuoles contractiles des Infusoires Ciliés avec les organes aquifères des Métozoaires serait encore plus marquée.

Le *Paramœcium Aurelia* et un grand nombre d'autres Infusoires Ciliés offrent dans l'épaisseur, soit de la membrane d'enveloppe, soit du sarcocyte, des corpuscules en forme de bâtonnets qui ont reçu le nom de *trichocystes* et sur le rôle physiologique desquels on a beaucoup discuté. Les anciens auteurs les considéraient comme des Bactéries parasites, mais les observations de Allman[1] et celles de Claparède et Lachmann[2] nous paraissent avoir mis hors de doute la véritable nature des trichocystes, et montré qu'ils sont analogues aux corpuscules bacillaires urticants des Turbellariés. Chaque trichocyste est formé d'une portion basilaire, en forme de courte baguette fusiforme très réfringente et d'un très long filament extrêmement grêle qui paraît être enroulé dans la première portion de l'organe et qui est susceptible d'être projeté au dehors. Quand l'animal est inquiété, par exemple quand on le comprime entre deux plaques de verre, il projette ces filaments par toute la surface de son corps. Pour bien voir ces filaments, il faut traiter les animaux par de l'acide acétique concentré. Claparède et Lachmann indiquent que dans certains cas le *Paramœcium Aurelia* et d'autres Infusoires ciliés peuvent se montrer dépourvus de trichocystes ; ils attribuent ce phénomène à la nature de l'eau dans laquelle vivent ces animaux. Les Paramœcies sans trichocystes se montrent alors, d'habitude, hydropiques, et le sillon qui conduit à la bouche est beaucoup moins profond.

Les trichocystes paraissent être logés dans l'épaisseur de la couche sarcodique, mais cela n'est pas encore suffisamment démontré.

Dans un très grand nombre d'Infusoires Ciliés, le sarcocyte offre

---

1. *On the occurrence in the Infusoria of peculiar organs ressembling thread-cells*; in *Quart. Journ. of micr. sc.*, I, p. 177.

2. *Études sur les Infus. et les Rhizop.*, I, p. 25.

des épaississements analogues à ceux que nous avons constatés dans les Grégariniens et certains Flagellates, épaississements affectant l'aspect de stries foncées, transversales, longitudinales, ou obliques, et jouant le rôle d'éléments particulièrement contractiles.

La portion centrale du corps du *Paramœcium Aurelia* est formée par un protoplasma moins dense que celui du sarcocyte, très riche en granulations et creusé de nombreuses vacuoles non contractiles, remplies d'un liquide moins dense que le protoplasma. Ehrenberg les avait prises pour des estomacs et avait désigné les Infusoires qui les possèdent sous le nom de Polygastriques.

Ces vacuoles se forment, disparaissent, pour se réformer dans un autre point. Si Ehrenberg était dans l'erreur en considérant les vacuoles de l'endocyte comme des organes fixes, jouant le rôle d'estomacs nettement différenciés, il avait du moins bien vu que ces cavités sont plus particulièrement affectées à la digestion des matières alimentaires. Nous savons déjà que chez certains Radiolariens, la surface du corps se creuse parfois de cupules passagères, dans lesquelles les aliments sont digérés et d'où il sont ensuite répartis dans l'organisme. Les vacuoles multiples que nous venons de décrire chez notre Paramæcie ont un rôle analogue. Quand un corpuscule étranger pénètre par la bouche dans l'intérieur du corps de l'un de ces animaux, le protoplasma s'écarte autour de ce corpuscule de façon à former une cavité qui d'abord communique avec la bouche, mais ensuite est limitée de tous côtés par le protoplasma de l'endocyte ; si le corpuscule introduit est alimentaire, il est digéré, absorbé par le protoplasma ; puis, la vacuole qui le contenait disparaît. Qu'un deuxième corps alimentaire pénètre dans l'animal, une autre cavité se forme et se comporte comme la première. Il peut ainsi se produire successivement, ou coexister, plusieurs cavités gastriques qui, à cause de leur peu de constance, ne peuvent guère être considérées, ainsi que le voulait le savant allemand, comme des estomacs. Toutes les vacuoles de l'endocyte n'ont d'ailleurs pas le même rôle ; tandis que certaines d'entre elles reçoivent et digèrent les aliments venus par la bouche du milieu extérieur, d'autres, formées dans la profondeur du corps, au voisinage des vacuoles contractiles, reçoivent, sans nul doute, les liquides rejetés par ces dernières au moment de leur contraction et les transportent au dehors ; celles-ci fonctionnent donc comme des organes d'excrétion.

En somme, l'appareil digestif du *Paramœcium* et de tous les Infusoires est entièrement rudimentaire. Il consiste d'abord en un orifice buccal situé à l'extrémité d'un sillon longitudinal oblique, couvert de cils qui dans les Paramœcies sont semblables à ceux des autres parties du corps. Les cils qui entourent la bouche sont doués de mouvements dirigés de façon à pousser l'eau et les matières alimentaires solides vers l'orifice buccal.

A la bouche succède un tube court, le pharynx ou œsophage, tapissé par la membrane cuticularisée de l'animal. Ce tube s'ouvre dans le protoplasma central ou endocyte; il est sans cesse en rapport avec les vacuoles qui rejettent les liquides excrétés, et s'emparent des matériaux nutritifs solides ou dissous dans l'eau dans laquelle vit l'animal. Les parois de ces vacuoles digèrent les matériaux nutritifs qui sont ensuite dispersés dans toutes les portions de l'organisme.

Chez les Infusoires Ciliés, il existe généralement un anus représenté par un orifice situé à une distance plus ou moins considérable de la bouche. Au niveau de cet orifice on trouve parfois une petite dépression hémisphérique.

Dans le *Paramœcium Aurelia* l'anus est situé à mi-distance entre la bouche et l'extrémité inférieure du corps. C'est par l'orifice anal que sont rejetés au dehors les détritus de l'alimentation. L'existence de cet orifice indique une nouvelle différenciation de l'organisme qui offre une grande importance.

L'endoplaste ou noyau est contenu dans l'endocyte. Il est arrondi ou elliptique; il est formé de protoplasma plus dense et moins granuleux que celui de l'endocyte et est entouré d'une membrane d'enveloppe très visible. Nous avons dit plus haut que certains zoologistes considèrent l'endoplaste comme une cellule véritable, tandis que les autres le regardent comme le noyau de la cellule. Il est probable que l'endoplaste est, en effet, un noyau, mais un noyau plus nettement différencié, plus individualisé que les noyaux ordinaires des cellules et jouant un rôle spécial. Nous aurons à revenir encore sur cette question.

A côté du noyau, existe un autre corps ovale qui prend des formes et des dimensions très variables et est entouré aussi d'une membrane. C'est l'*endoplastule*, que nous avons déjà signalé, en donnant les motifs pour lesquels nous ne lui conservons pas sa première dénomination de nucléole.

Le *Paramœcium Aurelia* est l'une des espèces chez lesquelles les phénomènes de la multiplication ont été le mieux étudiés.

Pendant très longtemps on a admis qu'il se multipliait par division longitudinale. Cette opinion était fondée sur ce que, dans beaucoup de cas, on trouve deux de ces animaux nageant accolés l'un à l'autre, et disposés bouche contre bouche. On avait admis que les deux individus ainsi réunis résultaient de la division longitudinale d'un premier animal. Plus tard, on put s'assurer que la juxtaposition des deux Paramæcies était dûe à une conjugaison et que la division était, chez ces êtres, transversale. La division longitudinale est rare chez les Infusoires Ciliés. Elle a cependant été observée chez les Vorticelles où j'ai pu moi-même en suivre toutes les phases.

La division transversale s'opère de la façon suivante. On voit se former un étranglement vers la partie médiane du corps ; l'endoplaste s'allonge de manière à avoir une de ses moitiés dans la partie supérieure, l'autre dans la partie inférieure, puis l'endoplastule se divise à son tour, et, enfin, le corps lui-même ; avant que la division se produise, une bouche se forme sur celle des deux moitiés qui en manque. On a, alors, deux Paramæcies disposées l'une à la suite de l'autre. Ce mode de multiplication n'est pas nouveau pour nous ; nous l'avons rencontré déjà chez d'autres Protozoaires ; mais ce n'est pas le seul moyen de reproduction que l'on ait constaté chez les Infusoires Ciliés.

Certains Infusoires Ciliés se multiplient à l'aide d'un véritable bourgeonnement dont nous aurons à parler plus tard, mais que nous laissons provisoirement de côté, parce qu'il n'a été constaté ni chez les Paramæcies, ni chez les autres Infusoires Holotrichés.

Dans les Paramæcies, on a nettement constaté les phénomènes de la conjugaison ; mais la valeur même de la conjugaison envisagée comme reproduction sexuée est fort discutable.

Plusieurs opinions ont été émises sur ce sujet ; nous nous bornerons à citer les deux plus importantes : celle de Balbiani[1] et celle qui a été émise plus récemment par Bütschli[2].

D'après l'opinion émise par Balbiani en 1858, lorsque deux *Paramæcium* sont accolés et se meuvent bouche contre bouche, il se produit une véritable copulation dans laquelle l'endoplaste joue le rôle d'organe femelle et l'endoplastule celui d'organe mâle. A un moment donné, on verrait l'endoplaste se diviser en un certain nombre de corps arrondis qui constituent des ovules. Un phénomène analogue se produit dans chacun des deux individus. Pendant ce temps, l'endoplastule, que Balbiani considère comme un organe mâle, change de forme, s'allonge beaucoup, se courbe en

---

1. *Notes sur la génération sexuelle chez les Infusoires*, in *Journ. de Physiol.*, 1858.
2. *Studien über die ersten Entwickelungsvorgänge der Eizelle, die Zelltheilung und die Conjugation der Infusorien*, 1876.

arc et, dans son intérieur, le protoplasma se divise en un certain nombre de masses arrondies, représentant autant de cellules mères des spermatozoïdes. Dans l'intérieur de ces cellules, se forment ensuite, par division du protoplasma, un très grand nombre de petites cellules en forme de bâtonnets qui ne seraient autre chose que des spermatozoïdes. Puis, une sorte de canal se creuserait dans l'intérieur du protoplasma de chaque animal et, s'étendant depuis les organes reproducteurs jusqu'à la bouche, mettrait en rapport l'endoplastule de chacun des animaux avec l'endoplaste de l'autre. Par ce canal les spermatozoïdes se porteraient au contact des œufs ; ceux-ci, une fois fécondés, sortiraient par un point quelconque de l'animal et se développeraient extérieurement en autant d'animaux semblables à leurs parents.

D'après cette manière de voir, les Infusoires posséderaient des organes reproducteurs nettement différenciés, les deux sexes étant réunis chez un même individu, mais celui-ci ne pouvant pas se féconder lui-même. Nous nous trouverions ainsi, pour la première fois, en présence, chez les Protozoaires, d'un phénomène de fécondation véritable.

L'opinion émise par Balbiani fut vivement contestée par d'autres observateurs ; elle a été en partie abandonnée ou plutôt modifiée par lui-même, ainsi que nous le verrons tout à l'heure.

Voici, d'après Bütschli[1], ce qui se passe dans le *Paramœcium Aurelia* pendant et après la conjugaison. Deux individus s'accollent l'un à l'autre, bouche contre bouche, et restent pendant quelque temps dans cette position, puis ils se séparent. Des phénomènes importants se produisent alors dans chacun des deux individus. L'endoplaste ne tarde pas à se diviser en un très grand nombre de fragments granuleux qui se dispersent dans le corps de l'animal. Quant à l'endoplastule, son enveloppe grossissant énormément se sépare de la substance granuleuse qu'elle contient. La forme de l'endoplastule change en même temps beaucoup, il se contourne sur lui-même ; puis le protoplasma se divise de façon à produire d'abord quatre corps elliptiques granuleux, qui eux-mêmes se subdivisent pour produire huit masses plus petites que Bütschli nomme capsules nucléolaires (*Nucleoluskapseln*). De ces huit corps nucléolaires, quatre se détruisent peu à peu, tandis que quatre autres grossissent et se font remarquer par une teinte claire. Plus tard encore, deux des quatre boules claires deviennent granuleuses,

1. *Loc. cit.*, p. 87 et suiv., tab. XV, fig. 7-17.

s'allongent, puis se segmentent pour en produire quatre nouvelles plus petites.

A ce moment, la Paramæcie se divise, et chaque moitié emporte une grosse masse claire et deux petits corps granuleux. Puis chacun de ces nouveaux individus se divise à son tour de telle sorte que les Paramæcies de la seconde génération ne possèdent plus qu'une seule grosse masse claire, et un petit corps granuleux; ces deux corps sont le noyau ou endoplaste, et le nucléole ou endoplastule. Quand il n'y a pas division de la Paramæcie, deux des corps granuleux disparaissent, et il reste alors les deux grosses masses claires et deux petits corps granuleux. Plus tard encore, on ne trouve plus qu'une seule masse claire, ayant les caractères d'un endoplaste, et deux masses granuleuses qui ressemblent à des endoplastules. Qu'est devenue l'autre masse claire? L'auteur suppose qu'elle s'est fondue avec sa congénère pour former le noyau ou endoplaste nouveau, définitif. Comme plus tard on ne trouve plus également qu'un seul nucléole, faut-il admettre que les deux masses granuleuses se sont fusionnées pour produire le nucléole ou endoplastule de l'animal adulte? Cette question n'est pas résolue.

Dans le *Paramœcium Bursaria*, qui est très voisin du *P. Aurelia*, les phénomènes sont un peu différents. Voici, d'après Bütschli, ce qui se passe. L'endoplaste ne subit pas de transformation et conserve ses caractères. L'endoplastule, au contraire, présente, après la conjugaison, de notables changements; il s'allonge d'abord énormément et prend la forme d'un bissac; on y distingue alors une membrane très nette qui tranche sur le protoplasma par des striations disposées dans le sens longitudinal, et surtout dans le sens oblique; un liquide semble être accumulé entre le protoplasma et la membrane. En même temps, une des moitiés de l'endoplastule ainsi étranglé s'allonge beaucoup, la membrane devient moins nette dans la région correspondante, puis le cordon protoplasmique intermédiaire aux deux moitiés se rompt dans sa partie médiane, et le protoplasma se contracte, de façon à former deux corps nouveaux: l'un situé dans la partie supérieure de l'animal, l'autre dans la région inférieure. Plus tard, les deux corpuscules nucléolaires ainsi produits se subdivisent, par un procédé à peu près semblable, chacun en deux, de sorte qu'on a alors quatre de ces corpuscules. A partir de ce moment, deux de ces corps vont devenir grisâtres, très granuleux, tandis que les deux autres restent très clairs et montrent une vacuole dans leur intérieur. Les deux premiers diminuent peu à peu de volume; Bütschli dit qu'à

un moment donné, trois ou quatre jours environ après leur séparation d'avec les autres, ils disparaissent très brusquement. Que
deviennent-ils? L'auteur pense qu'ils peuvent être résorbés ou
être évacués au dehors. Quelques zoologistes ont même supposé
qu'une fois éliminés ils serviraient à produire de nouveaux individus. Mais aucun fait positif n'est venu corroborer cette opinion.

Quant aux deux corpuscules supérieurs, ils augmentent de
taille, acquièrent une vacuole et finissent par ressembler à l'endoplaste; cette ressemblance devient telle, que Bütschli pense
que l'opinion de Balbiani citée plus haut, découle de ce que, à un
moment donné, il n'a vu qu'un noyau, et, un peu plus tard, trois
qui se ressemblaient beaucoup, et qu'il a supposés produits par la
division du noyau primitif. A partir de cet instant, un de ces corps va
se rapetisser et affecter tous les caractères que présentait au début
l'endoplastule de l'animal; l'autre, au contraire, vient s'appliquer
contre l'endoplaste; peu à peu, ces deux masses se juxtaposent
très étroitement l'une contre l'autre et finissent par se confondre;
il y aurait donc une véritable fusion de l'un des corps nucléolaires
avec l'endoplaste resté intact. Peut-on considérer ce phénomène
comme un acte sexuel? On ne saurait, malgré son analogie avec
ceux que l'on observe chez les végétaux inférieurs, le considérer
absolument comme tel, mais c'est, dans tous les cas, un pas fait
vers la sexualité; du reste, on peut aussi le rapprocher de ceux
constatés chez les animaux supérieurs eux-mêmes. Balbiani
pense en effet, comme nous le verrons plus tard, que dans les œufs
des animaux supérieurs il existe deux noyaux; l'un qui serait le
noyau de la cellule et l'autre représentant une cellule venue du
dehors, qui, par son contact avec le noyau de l'œuf, opérerait une
sorte de fécondation primaire.

Quelque détaillées que soient les observations de Bütschli, il est
bien permis de dire qu'elles ne satisfont en aucune façon notre
esprit, et que nous considérons la question de la reproduction par
conjugaison des Infusoires comme à peu près intacte encore et
attendant une solution plus conforme avec les phénomènes généraux
de la biologie.

Balbiani a récemment repris, dans ses leçons du Collège de France,
cette interéssante question. D'après les notes qu'a bien voulu me communiquer Henneguy, son préparateur, voici quelle est son opinion
actuelle.

Balbiani affirme avoir constaté que l'endoplastule de chacun
des deux individus conjugués passe, par la bouche, dans la masse

protoplasmique de l'autre individu. L'endoplastule serait ainsi un véritable organe mâle servant à féconder le corps protoplasmique de l'Infusoire et non l'endoplaste, comme il le croyait autrefois. Il admet avec Bütschli que l'endoplastule se divise en quatre, puis en huit capsules nucléolaires. Dans le *Paramœcium Aurelia* il existe, au moment de la séparation des individus conjugués, huit capsules qui s'arrondissent et offrent bientôt dans leur intérieur des corpuscules en bâtonnets. Dans quatre de ces capsules, que Balbiani nomme *corps oviformes*, les bâtonnets s'arrondissent bientôt et deviennent vésiculeux, en même temps que les capsules augmentent de taille. Les corps oviformes ont, d'après Balbiani, l'organisation de cellules; ils possèdent une membrane d'enveloppe, un noyau et un nucléole; ils ne sont pas colorés par le vert de méthyle, ce qui est le propre des œufs des Métazoaires.

Pendant que ces phénomènes s'accomplissent, l'endoplaste primitif de l'Infusoire s'allonge en un cordon qui se brise et ses fragments s'éparpillent dans le protoplasma. Les quatre autres capsules produites par la division de l'endoplastule primitif diminuent de volume et il est difficile de les distinguer des fragments de l'endoplaste.

Quand on laisse les animaux arrivés à ce stade dans le liquide où ils se sont conjugués, c'est-à-dire dans un milieu épuisé, peu riche en matières nutritives, on n'observe chez eux aucune division. Les corps oviformes grandissent, deviennent homogènes, puis granuleux et peuvent alors être colorés par le vert de méthyle; ensuite ces corps se rapprochent lentement les uns des autres; mais, au bout d'un temps même assez long, ils ne sont pas encore fusionnés en une masse unique. Ce processus n'est pas normal, Balbiani le considère comme un fait pathologique.

Si, au contraire, les Paramæcies qui possèdent quatre corps oviformes, sont placées dans une infusion fraîche, riche en matériaux nutritifs, on les voit se diviser d'abord lentement puis de plus en plus rapidement. Les individus de la première génération n'ont que deux corps oviformes, ceux de la seconde génération n'ont plus qu'un seul corps oviforme qui est l'endoplaste définitif. Ce corps oviforme, chez les individus de la quatrième génération, est devenu ovale et a pris tous les caractères du noyau d'un Infusoire normal; il se colore par le vert de méthyle. Balbiani n'a pas pu suivre la formation du nouvel endoplastule; il ne l'a vu nettement qu'à la sixième génération.

Pour Balbiani la conjugaison des Infusoires et un phénomène

tout-à-fait comparable à la reproduction sexuelle des Métazoaires. Suivant lui, l'Infusoire est un être unicellulaire chez lequel il n'y a pas de division du travail physiologique, la même masse de protoplasma est à la fois une cellule digestive, une cellule respiratoire, un élément contractile, une cellule reproductive mâle et femelle, dont l'endoplaste est le noyau femelle, et l'endoplastule le noyau mâle.

Chez les Métazoaires, l'acte essentiel de la reproduction sexuelle consiste dans la conjugaison de l'œuf et du spermatozoïde, deux éléments qui ont la valeur morphologique des cellules. Chez les Infusoires, la conjugaison a également lieu entre deux éléments unicellulaires ; quelquefois, il y a fusion des deux éléments, comme dans la conjugaison gemmiforme des Vorticelles, mais le plus souvent, il y a seulement échange réciproque d'endoplastule, ou noyau mâle que l'on peut assimiler à la tête du spermatozoïde des Métazoaires.

À la suite de cette fécondation de la masse protoplasmique de l'Infusoire, le noyau femelle, ou endoplaste, se fragmente et disparaît, de même que le noyau de l'œuf (vésicule germinative) disparaît en tant que noyau de l'œuf. Le noyau mâle, endoplastule, soit seul, soit après sa fusion avec une partie ou la totalité des noyaux femelle (*Paramœcium Bursaria*. P. *putrinun Euplotes Charon*) devient le nouveau noyau qui joue le même rôle que le premier noyau de segmentation. Pour Balbiani, la division active qui s'observe après la conjugaison des Infusoires, correspond à la segmentation qui se produit dans l'œuf des Métazoaires après la fécondation.

Nous verrons plus tard que dans un grand nombre de Métazoaires la cellule qui constitue l'œuf se divise d'abord en deux, puis en quatre, huit, seize, trente-deux, etc., cellules tantôt semblables, tantôt inégales de taille, qui d'abord sont groupées en une masse muriforme, puis s'écartent de façon à laisser au centre de la masse une cavité qui se remplit de liquide, et à former une couche unique qui forme la paroi de cette sphère creuse et a reçu le nom de blastoderme. C'est à cette division de l'œuf des Métazoaires que Balbiani compare la segmentation des Infusoires qui se produit après la conjugaison.

Mais tandis que dans l'œuf des Métazoaires les produits de la segmentation restent groupés pour donner naissance à un nouvel individu, chez les Infusoires, chaque nouvelle cellule devient libre au moment de sa production. Chez les Colpodes, dont les individus conjugués s'enkystent et se segmentent dans l'intérieur du kyste, la ressemblance avec la segmentation de l'œuf est encore plus frappante.

Autour des *Paramæcium* se groupent un grand nombre de genres d'Infusoires Ciliés qui ont pour caractères communs d'avoir le corps couvert sur toute la surface de cils vitratiles semblables, c'est-à-dire ayant tous la même dimension; d'où le nom d'Holotrichés qui a été donné à cette première division des Infusoires Ciliés.

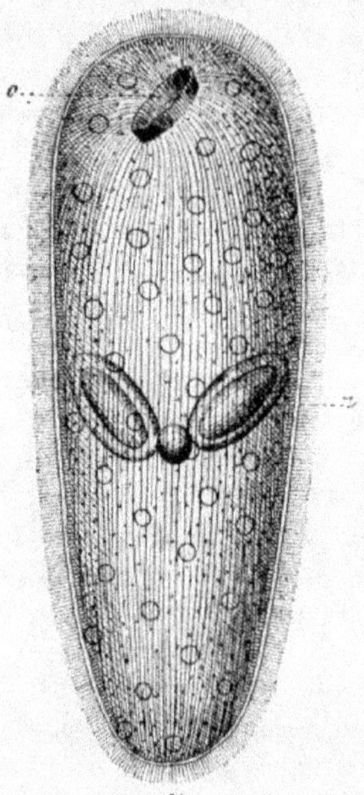

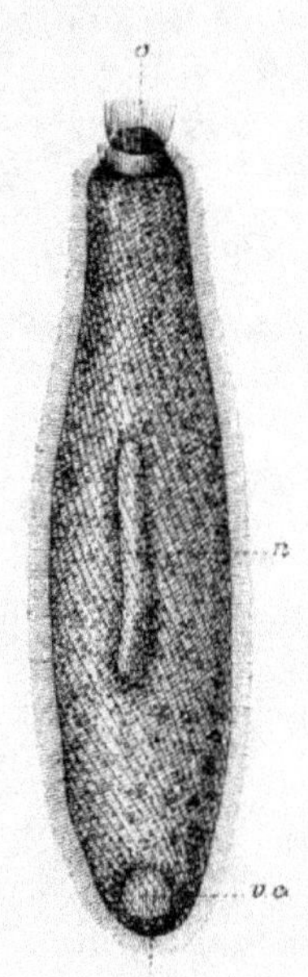

Fig. 211. *Prorodon margaritifer* (d'après Clap. et Lach.) vu par la face ventrale. Les cercles indiquent les vésicules contractiles; *n*, noyau; o, bouche; ω, anus.

Fig. 212. *Lacrymaria coronata* (d'après Clap. et Lach.). — o, bouche; *n*, noyau; *vc*, vésicule contractile; ω, anus.

Les *Paramæcium* sont des Holotrichés vrais, en ce sens que les cils de la bouche ne diffèrent pas du tout de ceux du corps.

Les *Prorodon* [1], ressemblent à cet égard aux *Paramæcium* mais il s'en distinguent par la situation de la bouche qui est beaucoup plus rapprochée de l'extrémité antérieure et par leur pharynx qui est cylindrique et muni de plis rigides, cuticularisés, ayant l'aspect de petites baguettes disposées côte à côte.

1. Voy. CLAPARÈDE et LACHMANN, *Études sur les Infusoires et les Rhizopodes*, I. p. 322, tab. XVIII, fig. 5.

Le *Lacrymaria coronata* CLAP. et LACH.[1] présente sa bouche tout à fait à l'extrémité antérieure du corps qui est terminé par un cou très court et cylindrique. Le sommet du corps porte un petit appendice court, à l'extrémité duquel se trouve la bouche et dont la base est entourée par un cercle de soies plus fortes que celles qui recouvrent le reste du corps. L'anus est situé tout à fait à l'extrémité postérieure.

Le *Lacrymaria Olor* EHRB.[2] est organisé comme le précédent, mais son cou est très allongé, grêle et cylindrique, comme dans les espèces que nous allons étudier après lui et qui ont été réunies sous le nom de Trachélides, mais les *Lacrymaria* se distinguent nettement de tous les Trachélides par la situation constante de leur bouche au sommet même du cou.

L'*Amphileptus Gigas* CLAP. et LACH[3] qui est un véritable Trachélide, se distingue nettement des types précédents par la forme de son corps qui est allongé, fusiforme, aplati, terminé en arrière par une longue pointe mousse et en avant par une sorte de prolongement à la base duquel se trouve l'orifice buccal. Ce prolongement, souvent désigné sous le nom de

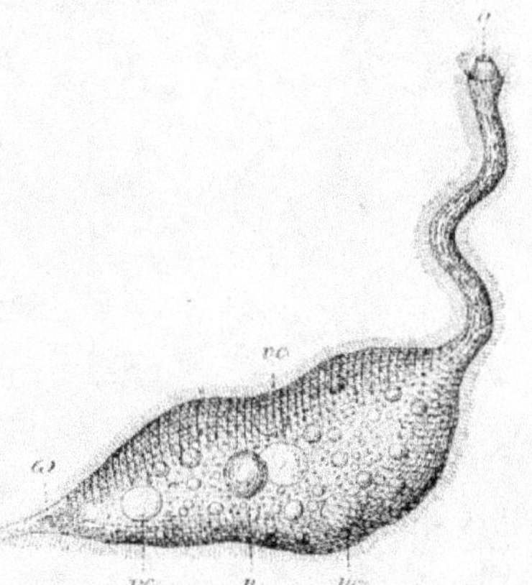

Fig. 213. *Lacrymaria Olor*, (d'après Clap. et Lach.). —*o*, bouche; ω, anus; *vc, vc*, vacuoles contractiles; *n*, noyau.

trompe, représente environ un sixième ou un cinquième de la longueur totale du corps, qui atteint jusqu'à un millimètre et demi et fait de cet animal le géant des Infusoires Ciliés. La trompe est plus aplatie que le corps, couverte comme lui de cils vibratiles fins, mais munie, en outre, sur sa face ventrale, d'une sorte de crinière de cils plus longs qui se termine au voisinage de la bouche. Celle-ci est arrondie, entourée d'un bourrelet saillant qui s'aplatit pour former deux lèvres quand l'animal ne mange pas. L'œsophage est tapissé par une cuticule épaisse et munie de plis longitudinaux qui se montrent comme de petites baguettes et s'effacent quand l'œsophage

1. *Loc. cit.*, I, p. 303, tab. XVIII, fig. 6.
2. CLAPARÈDE et LACHMANN, *loc. cit.*, I, p. 298, tab. XVI, fig. 5-8.
3. CLAPARÈDE et LACHMANN, *loc. cit.*, I, p. 349, tab. XVI, fig. 3.

est dilaté par un aliment volumineux. Le nombre des vésicules contractiles peut, d'après Claparède et Lachmann, s'élever jusqu'à cinquante ; on en trouve aussi bien dans la trompe que dans le reste

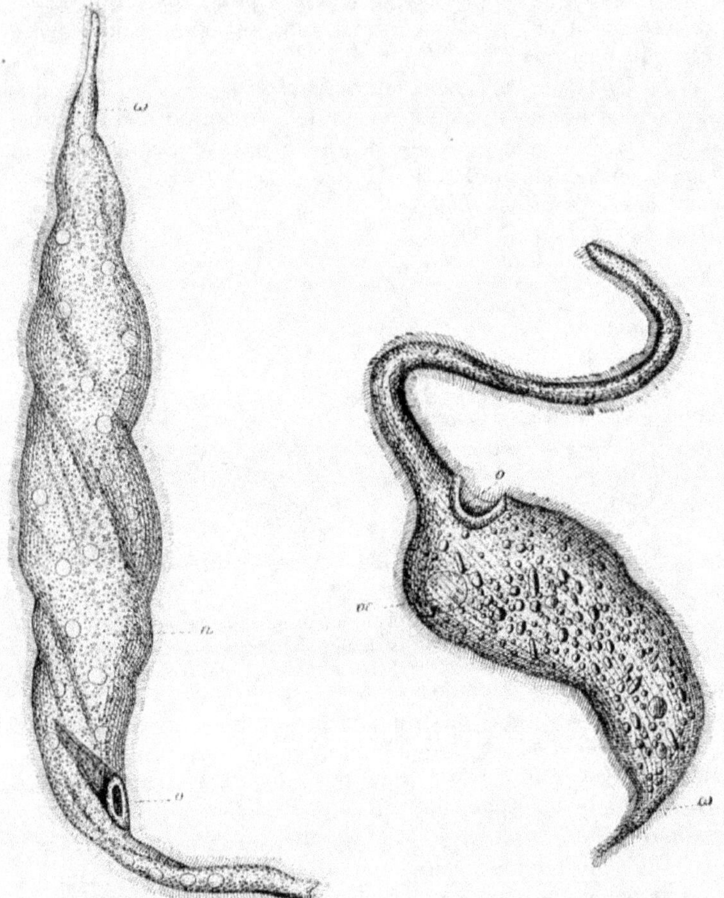

Fig. 214. *Amphilephus Gigas* (d'après Clap. et Lach.). Les cercles indiquent les vésicules contractiles ; *o*, bouche ; *n*, place du noyau ; ω, anus.

Fig. 215. *Amphileptus Cygnus* (d'après Clap. et Lach.). — *o*, bouche, *vc*, vésicule contractile ; ω, anus.

du corps. « On voit du reste, disent ces zoologistes, se répéter ici un fait dont on peut se convaincre chez la plupart des Infusoires doués d'un grand nombre de vésicules contractiles, à savoir, que les petits exemplaires possèdent moins de vésicules que les gros. » Le noyau est très allongé, contourné en S et replié à ses deux extrémités.

Dans l'*Amphileptus Anas* CLAP. et LACH. (*Trachelius Anas* EHRB[1], le corps est plus ramassé, arrondi à son extrémité postérieure et terminé en avant par un cou allongé, à la base duquel se trouve la bouche.

L'*Amphileptus Cycnus* CLAP. et LACH[2]. présente aussi un corps ramassé, mais terminé en arrière par un appendice cylindrique. Sa trompe est d'une très grande longueur ; elle est munie d'une crête longitudinale de soies. Sa bouche se distingue par le cercle de soies qui l'entoure.

L'*Icthyophthirius multifiliis* FOUQ.[3] qui est voisin des précédents, est intéressant à plusieurs égards. Il vit en parasite à la surface de l'épiderme de divers Poissons et particulièrement de la Truite ; il se

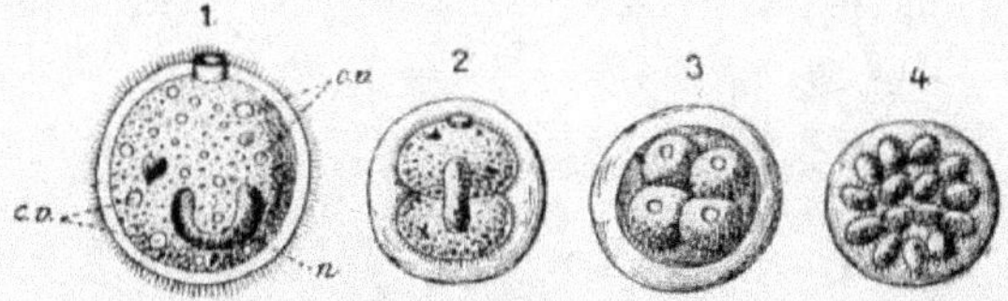

Fig. 216. *Icthyophthirius multifiliis* (d'après Fouquet). — 1, adulte ; *n*, noyau ; *cv*, vacuoles contractiles ; — 2, 3, 4, états successifs de segmentation.

nourrit des mucosités que sécrète la peau de ces animaux. Son corps est subglobuleux ou ovale, élastique et flexible, couvert de cils fins, disposés en lignes parallèles qui se croisent obliquement dans deux directions. La bouche est terminale, située au centre d'un disque cupuliforme, qui sert à la fixation de l'animal, à la façon d'une ventouse. La surface interne de ce disque porte une vingtaine de soies dirigées en dedans. Fouquet observa cette espèce en grande quantité, en 1876, sur des Truites élevées dans un bassin du Collège de France. Les parasites étaient si nombreux qu'ils déterminaient l'inflammation de la peau. Sur une Truite qu'ils avaient particulièrement envahie, ils avaient produit sur les yeux, les branchies, la surface cutanée générale des dépressions dans lesquelles ils vivaient fixés par leur disque buccal. Parvenus à l'état adulte, ces In-

1. CLAPARÈDE et LACHMANN, *Études sur les Inf. et les Rhizop.*, I, p. 351.
2. CLAPARÈDE et LACHMANN, *loc. cit.*, I, p. 350, tab. XVII, fig. 1.
3. FOUQUET, *Arch. de zool. expériment.*, 1876, V., p. 159.

fusoires se détachent de leur hôte et se laissent tomber au fond de l'eau, s'enveloppent d'un kyste qu'ils sécrètent, puis se divisent, par des segmentations répétées, en un millier au moins de petites masses ciliées, ovales, qui sont mises en liberté par rupture du kyste et prennent assez vite les caractères de leur parent, dont ils se distinguent, pendant leur jeune âge, par leur forme plus allongée et l'absence de disque buccal. D'après Fouquet, il n'existerait pas, même chez l'adulte, de bouche véritable et, par ce caractère, l'*Icthyophthirius multifiliis* se rapprocherait beaucoup des Opalines dont nous parlerons tout à l'heure.

Les *Ophryoglena* Ehrb. [1] peuvent servir de premier exemple pour l'étude d'un groupe considérable d'Infusoires Ciliés Holotrichés nettement caractérisés par la présence d'une large fossette servant de vestibule à l'orifice buccal et contenant une membrane vibratile plus ou

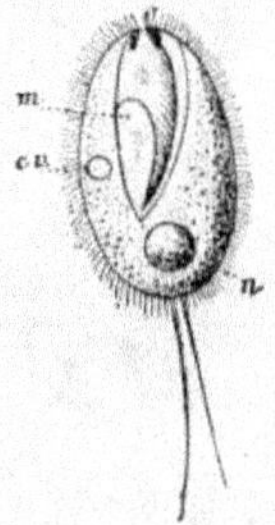

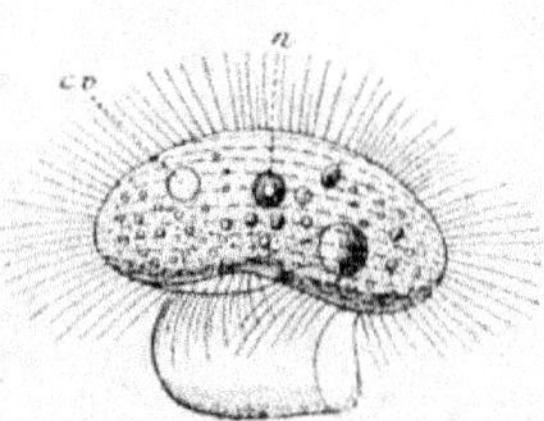

Fig. 217. *Lembadion Bullinum* (d'après Saville Kent). — *m*, membrane vibratile ; *cv*, vacuole contractile ; *n*, noyau.

Fig. 218. *Pleuronema Chrysalis* (d'après Saville Kent). — *n*, noyau ; *cv*, vacuole contractile.

moins développée. Dans l'*Ophryoglena atra*, espèce assez commune dans les marais, le corps est ovoïde, aplati, très opaque, ordinairement muni d'une tache pigmentaire oculiforme, au niveau de son extrémité antérieure. La fossette orale est située sur la face ventrale du corps ; elle est large et profonde, et s'étend sur presque toute la moitié antérieure du corps ; la membrane vibratile occupe sa moitié postérieure. La couche corticale du corps contient de nombreux trichocystes.

Le *Lembadion Bullinum* Pert. [2], qui habite également les marais, se distingue du précédent par sa fosse orale très vaste, occupant les

1. Voy. Stein, *Sitzungsb. der königl. Böhms. Gesellsch. der Wissensch.*, déc., 1860. — Saville Kent, *A Man. of the Infusoria*, IV, 533, tab. XXVI, fig. 63-64.
2. Voy. Saville Kent, *loc. cit.*, IV, p. 537, tab. XXVII, fig. 51.

deux tiers antérieurs du corps, et munie sur l'un de ses bords d'une membrane vibratile ondulée et sur l'autre de soies. Son extrémité postérieure porte deux ou trois longues soies.

Le *Pleuronema Chrysalis*[1], espèce assez fréquente dans les eaux douces, est remarquable par la présence d'une membrane ovale très vaste, en forme de capuchon, extensible et rétractile et par l'existence de cils oraux différents de ceux qui couvrent la surface du corps. A la fossette orale, située sur l'une des faces du corps, fait suite un pharynx tubuleux, très distinct. Les cils qui recouvrent le corps sont très longs.

Le *Cyclidium Glaucoma* Ehrb[2]. qui ressemble au précédent par la forme de sa membrane orale et la nature de ses cils qui sont longs et soyeux, s'en distingue par la présence d'une très longue soie portée par l'extrémité postérieure.

Le *Proboscella Vermina* Müll.[3] est un petit Infusoire d'eau salée, à corps très flexible, allongé, lancéolé, comprimé. La moitié postérieure du corps est cylindrique et terminée par une extrémité plus ou

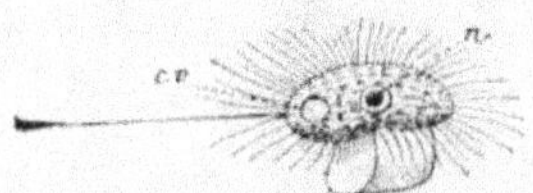

Fig. 219. — *Cyclidium Glaucoma* (d'après Saville Kent). — *n*, noyau; *cv*, vésicule contractile.

Fig. 220. — *Proboscella Vermina* (d'après Saville Kent). — *n*, noyau; *cv*, vésicule contractile.

moins arrondie, munie d'une longue soie. La moitié antérieure est linéaire et terminée par un prolongement digitiforme, extensible et rétractile. La bouche est située sur la face ventrale du corps, au niveau du point de jonction de la moitié antérieure avec la moitié postérieure; elle est accompagnée d'une membrane ondulée, triangulaire, irrégulière, étendue depuis l'orifice buccal jusqu'au voisinage de l'extrémité antérieure. Le sillon oral est muni de cils plus longs que ceux du reste du corps.

Sous le nom de *Trichonympha, Pyrsonympha* et *Dissenympha* Leidy[4] a décrit récemment un certain nombre de formes animales très remarquables, qu'il propose de classer parmi les Infusoires Holo-

1. Voy. Saville Kent, *loc. cit.*, IV, p. 543, tab. XXVII, fig. 55.
2. Voy. Saville Kent, *loc. cit.*, IV, p. 544, tab. XXVII, fig. 57-58.
3. Voy. Müller, *Animalcula Infusoria*, p. 57, tab. VIII, fig. 1-6; sous le nom de *Vibrio Verminus*. — Saville Kent, *loc. cit.*; p. 549, tab. XXVII, fig. 65.
4. Leidy, in *Proceedings of the Acad. of natur. sc. of Philad.*, 1877; *ibid.*, mars 1881. — Saville Kent, *loc. cit.*, p. 551, tab. XXVIII.

trichés et qui vivent en parasites dans le tube digestif du *Termes lucifugus* des forêts de l'Amérique du Nord. On les trouve dans le tube digestif de ces Insectes en immenses quantités et toujours mélangées les unes aux autres. Il est possible que les différents genres et espèces décrits par Leidy ne soient que des états différents d'une même espèce.

Le *Trichonympha agilis* Leidy, que nous pouvons étudier comme exemple du groupe, est un petit Infusoire à corps flexible et élastique, souvent convoluté, ovalaire, allongé ou fusiforme. Le corps est divisé en deux régions distinctes : l'une antérieure, plus petite, ovale, l'autre postérieure, plus large. La bouche n'est pas visible, mais il parait exister un pharynx tubuleux. Dans quelques espèces,

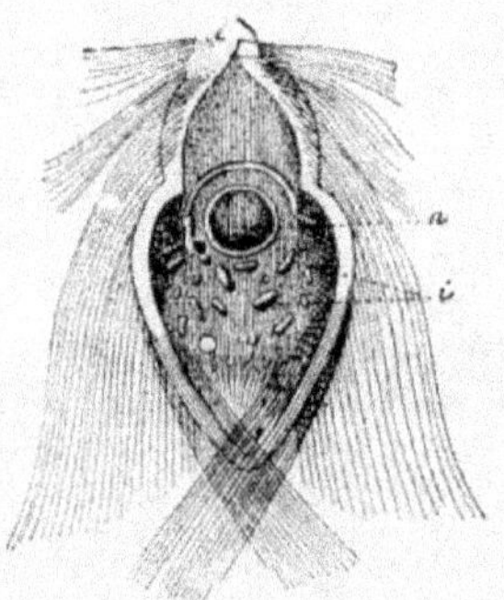

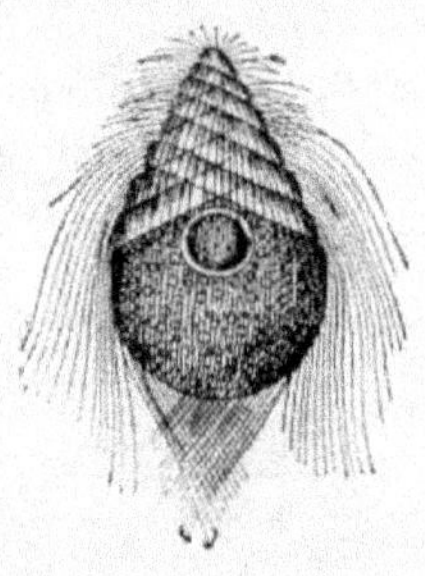

Fig. 221. — *Trichonympha agilis* (d'après Saville Kent) vu au moment où il sort de l'intestin de son hôte.

Fig. 222. — Individu considéré comme l'état jeune du *Trichonympha agilis* (d'après Saville Kent).

notamment dans le *Pyrsonympha vertens*, Leidy figure une sorte de cordon longitudinal, étendu d'une extrémité à l'autre du corps, dont la nature est tout à fait problématique. Les cils sont très longs ; ils sont disposés, dans le *Trichonympha agilis*, en quatre touffes d'inégale longueur, la quatrième, beaucoup plus longue que les autres, étant divisée en trois faisceaux qui se prolongent au-delà de l'extrémité postérieure du corps et se contournent en spirale.

L'étude de ces organismes faite par Leidy nous paraît trop imparfaite pour qu'il soit possible d'en déterminer exactement la nature et nous pensons que pour les ranger et les mettre à la place qui leur convient réellement il est nécessaire d'avoir des observations nouvelles et plus complètes.

Le *Maryna socialis*, qui par ses caractères d'organisation se rapproche beaucoup des *Lacrymaria* s'en distingue très nettement, ainsi que de tous les autres Holotrichés, par la réunion de nombreux individus en colonies ramifiées. Un zoothécium ramifié dichotomiquement porte, à l'extrémité de chacune des branches ultimes, un individu logé dans une petite cupule en dehors de laquelle il fait en partie saillie. Le zoothécium est coloré en brun clair ou jaunâtre ; ses branches sont cylindriques, un peu étranglées au niveau de leur naissance et marquées de stries transversales. Le corps de l'Infusoire est cupuliforme, arrondi dans le bas, échancré au niveau du bord supérieur et muni à l'extrémité supérieure d'une expansion membraneuse bordée de très longs cils et échancrée. La

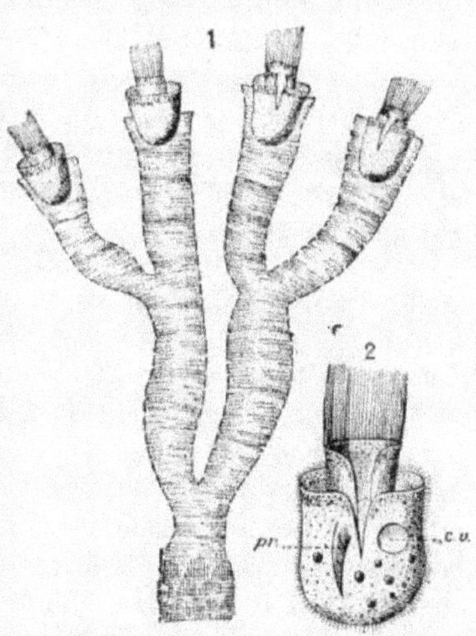

Fig. 223. — *Maryna socialis.* (d'après Gruber). — 1, fragment d'une colonie. 2, individu isolé ; *pr*, péristome ; *cv*, vésicule contractile.

bouche est située près de l'échancrure du bord supérieur ; ses cils sont plus raides que ceux qui couvrent toute la surface du corps.

Dans toutes les formes d'Infusoires Ciliés dont nous venons de parler il existe une bouche et un anus ; dans les Opalines, au contraire, ces deux organes manquent.

L'*Opalina Ranarum* PURK. et VAL.[1], qui est très fréquent dans le tube digestif de la Grenouille, est un petit Infusoire à corps ovoïde, incolore, couvert de cils vibratiles tous semblables, dépourvu de bouche et d'anus, muni d'un noyau et dépourvu de vacuole contractile.

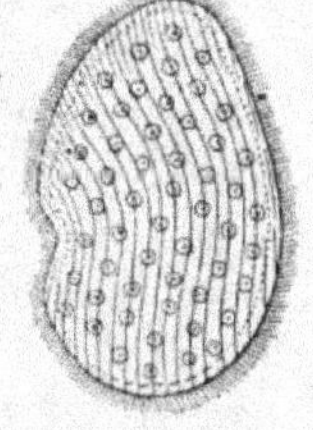

Fig. 224. — *Opalina Ranarum* (d'après Saville Kent).

On a trouvé des Opalines dans le corps d'un grand nombre d'animaux inférieurs, dans les *Nais*, les Planaires, etc. Le tube intestinal de la Grenouille contient, d'après Stein, jusqu'à quatre espèces d'Opalines.

1. PURKINJE et VALENTIN, *De phænom. mot. vibr.* — Voy. aussi : SCHULTZE, *Beitr. sur Naturg des Turbell.*, 1851 ; — STEIN, *Infus.*, p. 178 ; — CLAPARÈDE et LACHMANN, *Études sur*

Il est permis de supposer que les Opalines actuelles sont des Infusoires Ciliés issus de parents qui vivaient à l'état libre dans l'eau et qui, étant devenus parasites, ont perdu graduellement leur bouche et leur anus, ces organes étaient devenus inutiles, parce que les Infusoires trouvaient dans le corps de leurs hôtes des aliments liquides tout préparés, directement absorbables par simple diffusion.

Le mode de reproduction des Opalines n'est guère connu ; en 1875, Engelmann a trouvé dans l'intestin des Têtards de Grenouilles des Opalines enkystées. Zeller, en 1877, a constaté que ces kystes, rendus par les Têtards, sont avalés par les Grenouilles. L'Opaline enkystée se divise en un certain nombre de jeunes Infusoires qui deviennent rapidement semblables à la mère. Balbiani a constaté que les Opalines ne s'enkystent qu'après s'être conjuguées.

Auprès des Opalines se placent un petit nombre de genres également dépourvus de bouche mais se distinguant des *Opalina* par quelques caractères secondaires. Les *Anoplophrya*, n'offrent pas d'autre différence essentielle que la présence d'une ou plusieurs vacuoles contractiles ; les *Haptophrya* ont des organes préhensiles acétabuliformes ; les *Hoplitophrya* ont des organes préhensiles unciformes.

Dans tous les Infusoires Ciliés dont nous avons parlé jusqu'à ce moment, le corps est entièrement couvert de cils semblables les uns aux autres, d'où le nom de *Holotrichés* sous lequel on les réunit.

Dans un assez grand nombre de formes de ce groupe on trouve, indépendamment des cils fins qui couvrent toute la surface du corps, des soies plus rigides et plus longues, disposées tantôt à une des extrémités du corps comme dans la variété *Caudatum* du *Paramœcium Aurelia*, tantôt sur une trompe (Trachlides), tantôt enfin autour de la bouche. Ces formes, particulièrement les dernières, servent de transition vers un autre groupe d'Infusoires Ciliés dans lesquels on trouve toujours : des cils fins à la surface du corps, et, en outre, une rangée très remarquable de soies longues, rigides, douées de mouvements spéciaux, située sur les bords d'une fossette arrondie ou allongée qui entoure la bouche et a reçu le nom de *péristome*. Par suite de la diversité de caractères de ces deux ordres de cils on a donné aux Infusoires dont nous parlons le nom d'Infusoires Ciliés *Hétérotrichés*.

les Inf. et les Rhizop., 1, 373 ; — RAY LANKESTER, in *Quart. Journ. of microsc. sc.*, 1870, 143.

II

HÉTÉROTRICHÉS

Balantidium Coli STEIN[1]. — Nous pouvons étudier comme premier exemple d'Infusoires Ciliés hétérotrichés, le *Balantidium Coli* STEIN, qui se rapproche beaucoup de certaines formes précédemment décrites et qui a l'avantage de présenter quelque intérêt au point de vue médical, parce qu'il a été trouvé à l'état parasitaire chez l'homme.

Il fut trouvé dans le côlon de l'homme et étudié pour la première

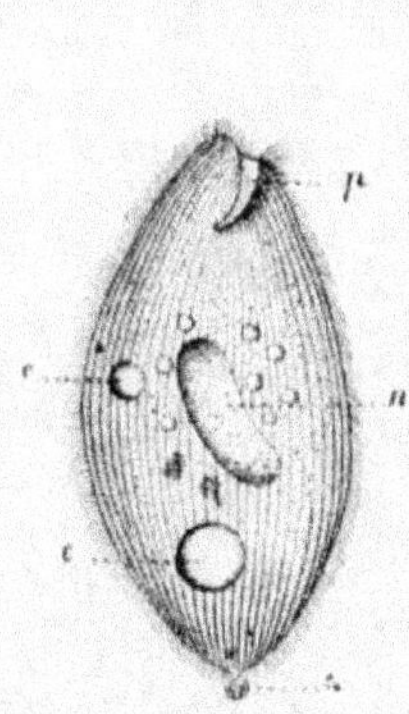

Fig. 225. — *Balantidium Coli* (d'après Stein). — *p*, péristome; *n*, noyau, *c*, *c*, vésicules contractiles; *a*, anus.

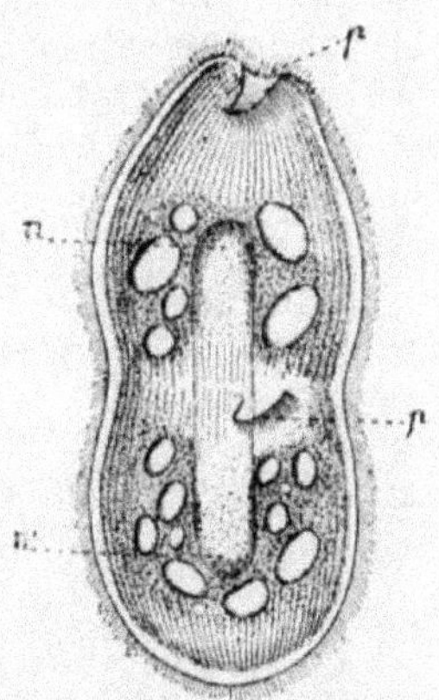

Fig. 226. — *Balantidium Coli* (d'après Stein). — Individu en voie de segmentation transversale; *p*, péristome ancien; *p'* péristome nouveau en voie de formation; *n*, *n'* noyau en voie de division.

fois par Malmsten[2], puis par Stein, par Ekeckrantz[3] et par Wising[4].

Son corps est large de 1 dixième de millimètre environ, elliptique ou ovoïde, avec la bouche à sa petite extrémité et l'anus à l'autre extrémité, qui est parfois très renflée. Le corps est un peu aplati sur la

1. STEIN, *Der Organismus der Infusionsthiere*, II, p. 320, tab. XIV, fig. 14-18.

2. *Archiv für path. Anat. und Physiol.*, 1857, XII, p. 302-309, tab. X.

3. EKECKRANTZ, *Bidrag till kännedomen om da i människans tarmkanal forekommande Infusorier*, in *Nord. medic. Archiv*, I, 1869, n° 20.

4. WISING, *Till kännedomen om* Balantidium Coli *hos människan*, in *Nord. medic. Archiv*, 1871, n° 3. — Voy. aussi : LEUCKART, *Die Parasiten des Menschen*, 2° édit., 1879, p. 321.

face qui porte la bouche, autour du voisinage de cette dernière. Tout le corps est couvert de cils vibratiles fins, courts, serrés, disposés assez régulièrement en lignes longitudinales. Au niveau de l'extrémité supérieure existe une dépression nommée *péristome*, elliptique, située sur la face ventrale et inclinée un peu obliquement vers le bord latéral droit. D'après Leuckart, elle serait tout à fait médiane. Le bord gauche du péristome porte une rangée de soies raides, nommés *cils adoraux*. La bouche est située au niveau de l'extrémité inférieure du péristome et les cils de ce dernier se meuvent de façon à diriger vers son orifice les corpuscules qui se trouvent à leur portée. Le péristome affecte assez bien la forme d'une sorte d'entonnoir offrant l'orifice buccal au niveau de son extrémité inférieure. A la bouche succède un œsophage tubuleux, qui se perd dans le protoplasma du corps. Le noyau est volumineux, elliptique. Il existe deux vésicules contractiles, arrondies, de dimensions inégales : l'une volumineuse, située près de l'extrémité postérieure, l'autre plus petite vers le milieu du corps.

Le *Balantidium Coli* se multiplie par segmentation transversale. Le noyau s'allonge beaucoup, puis le corps s'étrangle ; un orifice buccal se forme au sommet de la face ventrale de la moitié inférieure, puis le noyau et le corps se divisent et se séparent.

Leuckart dit avoir rencontré des individus provenant du rectum du Porc, chez lesquels la bouche n'était plus visible ; la cuticule s'était épaissie et le corps s'était raccourci. Il suppose que ces individus, après avoir subi cette sorte d'enkystement, se laissent entraîner au dehors par les fèces et vont dans l'eau se multiplier par segmentation pour produire des jeunes qui, étant avalés par un hôte nouveau, se développent dans son intestin. Cet animal présenterait donc une hétérœcie véritable. Cette hypothèse n'a pas encore été confirmée par des observations précises.

Ainsi que nous l'avons dit plus haut, le *Balantidium Coli* fut d'abord trouvé par Malmsten dans le côlon et le cæcum de l'homme. Le malade était atteint d'un abcès du côlon, auquel succéda une lientérie mortelle. Les Infusoires étaient en nombre extrêmement considérable. Une seconde fois, il fut trouvé par Malmsten dans les mêmes conditions.

Plus tard, Leuckart signala sa présence constante dans le rectum du Porc. Pour l'obtenir, il suffit de recueillir avec une longue sonde un peu de matière fécale ou de mucosités du rectum de cet animal, et de délayer ces matières dans une petite quantité d'eau que l'on place sous le microscope.

Le lieu occupé par le *Balantidium Coli*, soit chez l'homme, soit surtout chez le Porc, ne permet guère de considérer cet Infusoire comme un parasite véritable. Il vit en commensal au milieu des matières fécales qui servent à son alimentation, et non en parasite absorbant des matériaux nutritifs préalablement digérés et préparés.

Quant aux accidents qu'il est susceptible de produire ils varient sans nul doute avec le point de l'intestin qu'il occupe et surtout avec le nombre d'individus qui s'y trouvent réunis. Dans le rectum du Cochon il ne paraît pas déterminer de troubles sérieux, tandis que

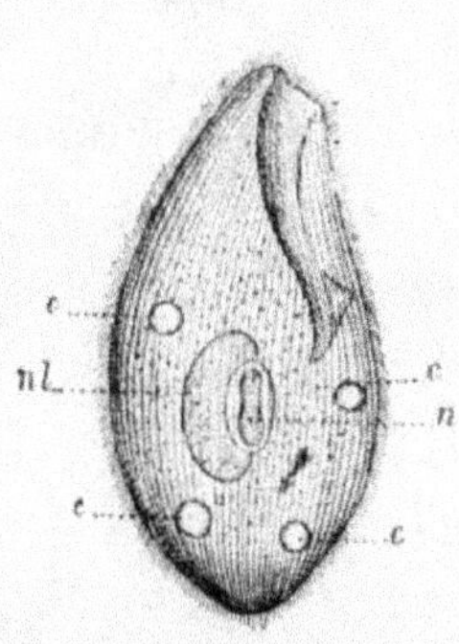

Fig. 227. — *Balantidium Entozoon* (d'après Stein). — *n*, endoplaste; — *nl*, endoplastule ; *c*, *c*, vacuoles contractiles.

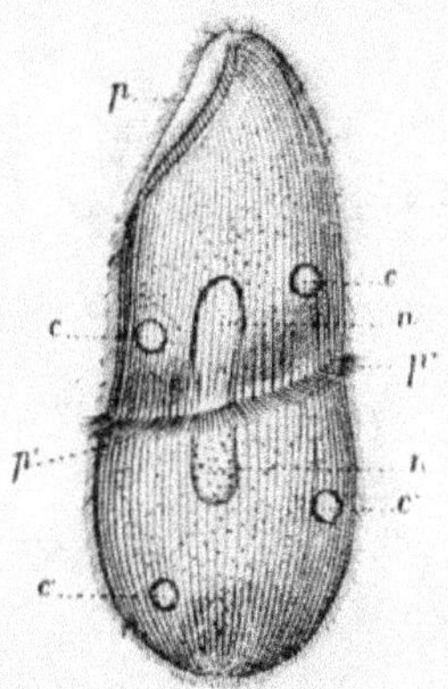

Fig. 228. — *Balantidium Entozoon* dans lequel la division transversale commence à se produire (d'après Stein). — *p*, péristome primitif ; *p'p'*, zone de cils qui borderont le nouveau péristome ; *n*, *n*, noyau ; *c*, *c*, *c'*, *c'*, vacuoles contractiles.

Malmstem lui attribue, avec raison, sans nul doute, la lientérie présentée par les malades chez lesquels il le trouva.

Le *Balantidium Coli* étant très fréquent chez le Porc, il est facile de comprendre qu'il puisse passer dans le tube digestif de l'homme après avoir été rejeté par le Porc et entraîné par les eaux. La contagion serait encore plus facile si, comme le suppose Leuckart, l'animal passait dans l'eau une partie de son existence.

Le caractère fondamental des Hétérotrichés est si peu marqué dans le *Balantidium Coli*, que cette espèce a été pendant longtemps placée dans le genre *Paramœcium* sous le nom de *Paramœcium Coli* ; on la considérait donc comme holotrichée.

Auprès d'elle nous pouvons signaler en passant le *Balantidium Duodeni* STEIN [1] qui vit dans l'intestin de la Grenouille et qui se distingue du précédent par la disposition de ses cils vibratiles réunis en petites touffes sur des lignes longitudinales parallèles et très écartées les unes des autres, et surtout par son péristome beaucoup plus allongé et portant sur son bord gauche une rangée de soies

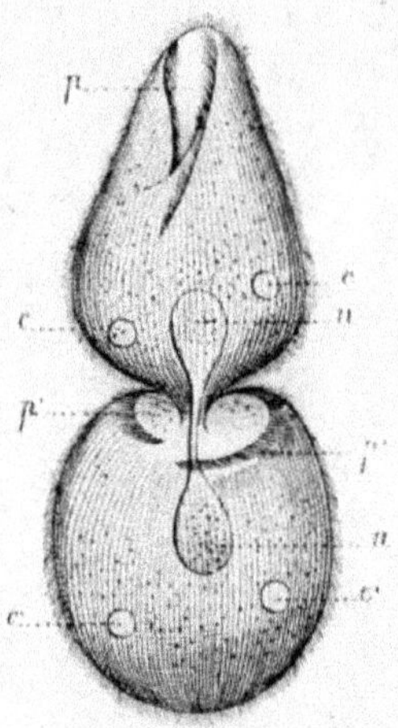

Fig. 229. — *Balantidium Entozoon* dans lequel la segmentation transversale est presque achevée (d'après Stein). — *c, c, c', c'*, vacuoles contractiles; *p*, péristome primitif; *p'p'*, péristome du deuxième individu; *n, n*, noyau en voie de division.

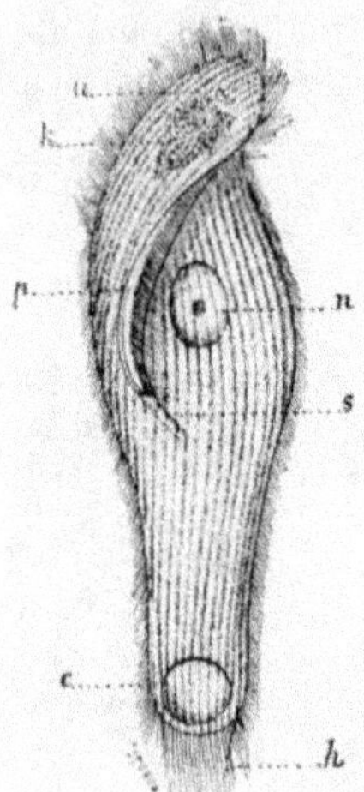

Fig. 230. — *Metopus sigmoïdes* (d'après Stein). — *p*, péristome; *s*, œsophage; *n*, noyau; *h*, cils de l'extrémité postérieure; *c*, vacuole contractile.

plus distinctes que dans l'espèce précédente, et indiquant mieux la position réelle de cet animal parmi les Infusoires ciliés.

Dans le *Balantidium Entozoon* CLAP. et LACH. [2], le caractère des Hétérotichés est encore plus marqué que dans l'espèce précédente. Le péristome s'étend depuis l'extrémité antérieure où il est très large, jusque vers le milieu de la longueur du corps. Il est muni

1. STEIN, *Der Organ. der Infus.*, II, p. 325, tab. XIV, fig. 19-23.
2. CLAPARÈDE et LACHMANN, *Études sur les Inf. et les Rhizop.*, I, p. 217, tab. XIII, fig. 2. — Voy. aussi : STEIN, *Der Org. der Inf.*, II, p. 310, tab. XIII, fig. 7, 8; tab. XIV, fig. 1-9.

sur toute l'étendue de son bord gauche, sur son bord supérieur
et sur une grande partie de son bord droit, de longues soies
raides. Stein a bien étudié la segmentation transversale de cette
espèce. Le noyau s'allonge, une zone de soies raides se développe
autour de la partie moyenne du corps, puis ce dernier s'étrangle
à ce niveau en même temps que le noyau et finit par se diviser ; la
surface inférieure de la section devient la surface péristoméale du
nouvel animal, tandis que la zone médiane des cils devient la bordure de soies du péristome.

A côté de ces espèces, nous pourrions en grouper un très grand
nombre d'autres qui n'en diffèrent que par la forme du corps et celle

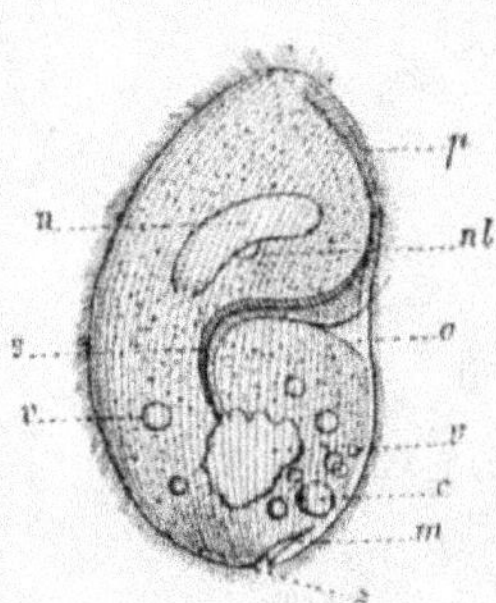

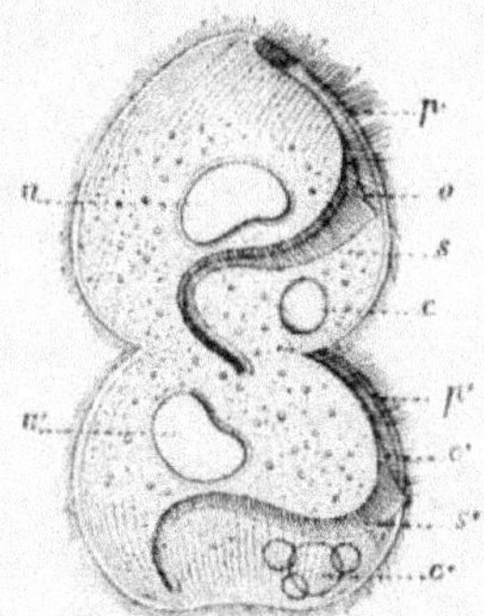

Fig. 231. — *Nyctotherus cordiformis* (d'après Stein). — *p*,
péristome ; *s*, œsophage ; *v.v.*
vacuoles contractiles ; *c*, vacuole non contractile ; *z*, anus ;
n, noyau ; *nl*, nucléole.

Fig. 232. — *Nyctotherus cordiformis* en voie de division
transversale (d'après Stein).
Les lettres ont la même signification que dans la figure
précédente.

du péristome, mais dans lesquelles la bordure de soies de ce dernier
est toujours disposée suivant une ligne droite, tantôt parallèle à l'axe
longitudinal du corps, tantôt oblique par rapport à cet axe.

Nous nous bornerons à citer : les *Metopus* Clap. et Lach.[1], remarquables par leur corps essentiellement polymorphe, avec l'extrémité
antérieure contournée en vis et rabattue en dôme au-dessus du péristome ; le *Nyctotherus cordiformis* Stein[2], avec son corps aplati, réniforme, portant le péristome sur son bord concave. Avant la division

1. Claparède et Lachmann, *Études sur les Inf. et les Rhiz.*, I, p. 255, tab. XII,
fig. 1. — Stein, *Der Org. der Inf.*, II, p. 329, tab. XVI, fig. 5-15.
2. Stein, *Loc. cit.*, II, p. 338, tab. XV, fig. 1-10.

transversale, une bande diagonale de soies se forme sur la moitié inférieure du corps qui se segmente ensuite entre la bande supérieure et la bande inférieure de soies. Le *Plagiotoma Lumbrici* DUJARD. [1], qui vit dans l'intestin du Lombric, se fait remarquer par son corps très aplati, en forme de lancette tronquée obliquement en arrière et pourvue d'une échancrure médiane au niveau de laquelle se termine un péristome linéaire et se trouve l'orifice buccal.

Le *Bursaria truncatella* MÜLL. [2], voisin par ses autres caractères

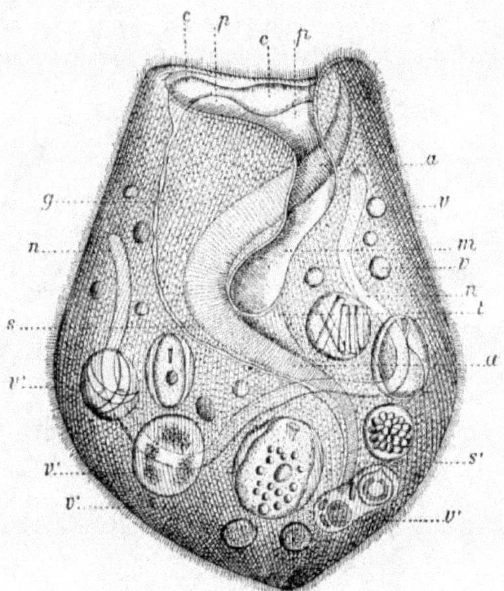

Fig. 233. — *Bursaria truncatella* (d'après Stein). — *p, p,* péristome; *a, a'* bande ciliée du péristome: *s, s'* pharynx et œsophage; *m,* bord cilié du péristome; *n, n,* noyau; *t,* cul-de-sac péristoméal; *c, c,* vacuoles contractiles; *g,* canal aquifère. *v' v',* vacuoles contenant des corps étrangers.

des formes précédentes, s'en distingue par son péristome qui affecte la forme d'une échancrure profonde creusée en entonnoir, partant de l'extrémité antérieure du corps et se prolongeant très bas jusque vers l'extrémité postérieure pour se continuer avec une

1. DUJARDIN, *Infusoires*, 1841, p. 504, tab. IX, fig. 12, *a, b.* — Voy. STEIN, *Der Org. der Inf.*, II, p. 352, tab. XVI, fig. 16-19.
2. *Verm. terr. et fluv.*, 1773, I, P. I, p. 62; *Anim. Inf.*, 1786, p. 115, tab. XVII, fig. 1-4. — Voy. STEIN, *Der Org. der Inf.*, II, p. 300, tab. XII, fig. 8; tab. XIII, fig. 1-6.

bouche en entonnoir. Il est également remarquable par ses cils
adoraux qui sont disposés sur le bord gauche du péristome en une
bande très large sur laquelle les cils forment des rangées transversales. Chacune de ces rangées est composée de deux bouquets
de soies qui se croisent par leurs extrémités.

Avec le *Spirostomum ambiguum* Ehrg.[1], nous passons à des formes
d'Hétérotrichés dont le péristome décrit une ligne spiralée plus ou

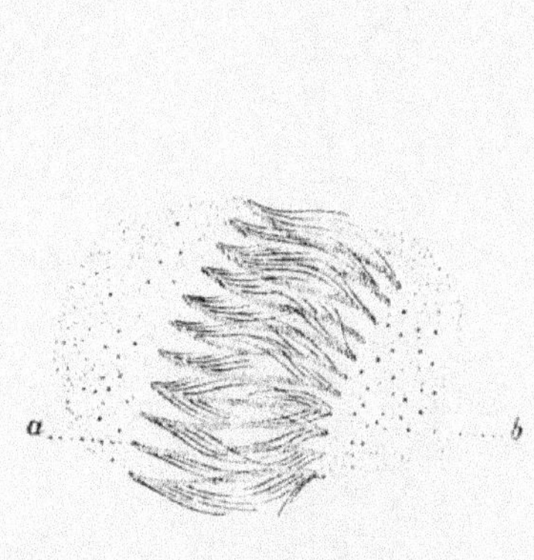

Fig. 234. — *Bursaria truncatella* (d'après
Stein). — Portion du péristome montrant
la disposition des cils.

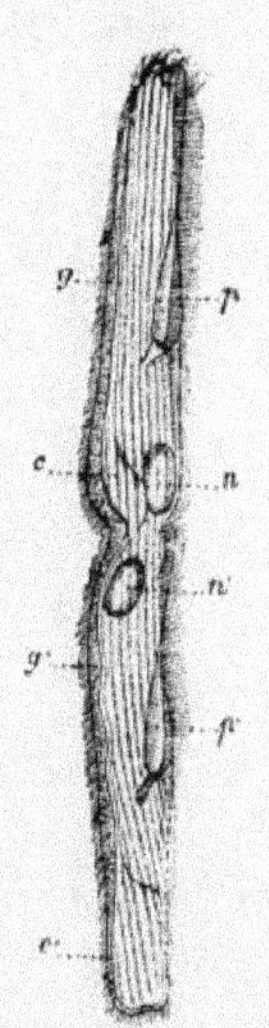

Fig. 235. — *Spirostomum
teres* en voie de division
transversale (d'après Stein).
— *p*, péristome ancien ; *p'*,
péristome nouveau *n*, *n'*,
noyaux ; *c*, vésicule contractile émettant deux
longs canaux aquifères *g*
et *g'* ; *c'* vésicule contractile
nouvelle.

moins manifeste, l'animal ayant lui-même une tendance marquée à
se tordre en spirale. Dans ces Infusoires, dont le corps est très
allongé, la vésicule contractile, souvent très développée émet, habituellement un long canal aquifère qui parcourt le corps dans toute
sa longueur.

1. Voy. Stein, *Der Org. der Inf.*, II, p. 197, tab. II, fig. 10-11 ; tab. III, fig. 2-9 ;
tab. IV, fig. 1.

Le *Condylostoma patens* DUJARD. [1] présente un péristome remarquable en ce qu'il porte une bande de cils sur son bord antérieur et extérieur et une membrane ondulée sur son bord interne. Son

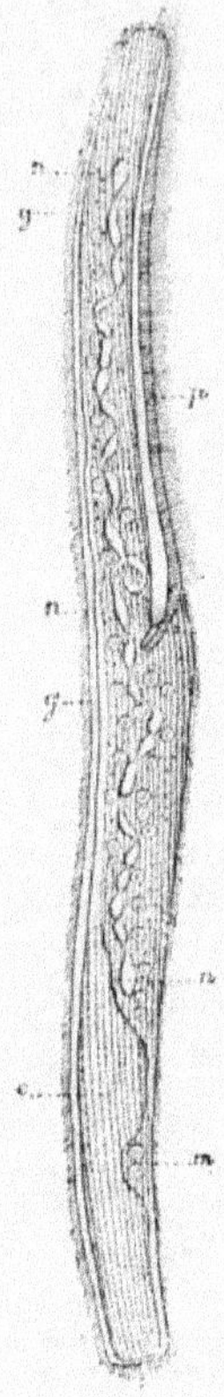

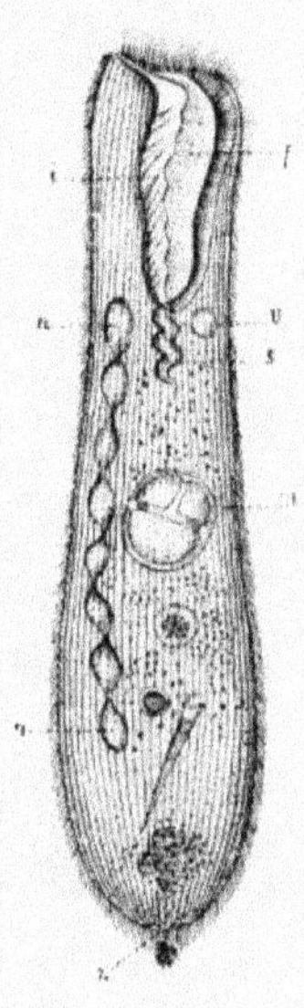

Fig. 236. — *Spirostamum ambiguum* (d'après Stein). — *p*, péristome; *s*, œsophage; *n*, *n*, noyau très allongé et formé de nombreux renflements juxtaposés; *c*, vésicule contractile émettant un long canal aquifère *g*; *z*, anus.

Fig. 237. — *Condylostoma patens* (d'après Stein). — *p*, péristome; *i*, membrane ondulée du péristome; *s*, œsophage; *z*, anus; *n*, *n*, noyau.

noyau est également très remarquable parce qu'il se divise en une série considérable de nodosités formant un long chapelet.

1. DUJARDIN, *Infusoires*, 1841, p. 516, tab. XII, fig. 2, *a*, *c*. — STEIN, *Der Org. der Inf.*, II, p. 173, tab. I, fig. 1-4

Le *Stentor polymorphus* Ehbg.[1] nous servira d'exemple pour un
groupe d'Infusoires Hétérotrichés très remarquables. Son corps est
allongé, conique, avec l'extrémité inférieure plus ou moins étirée et

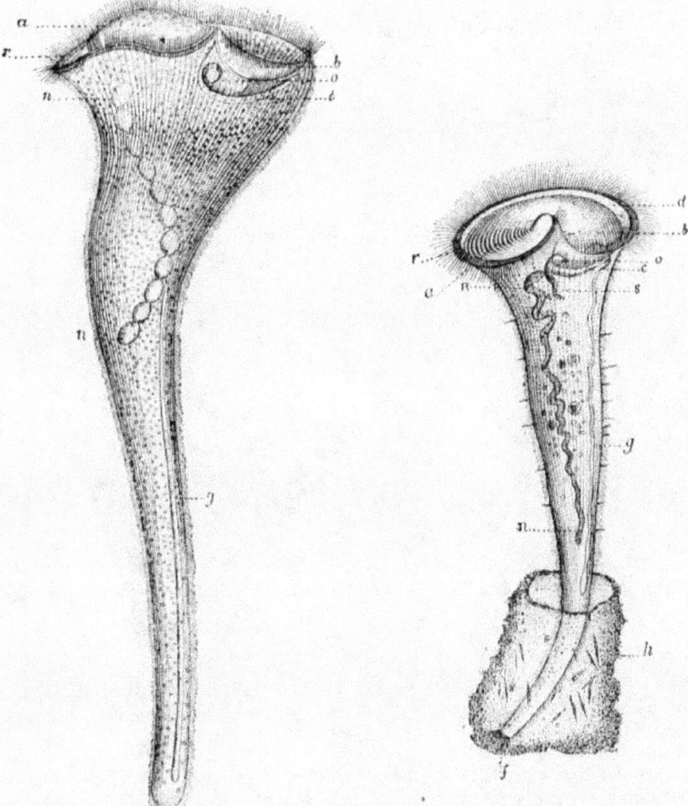

Fig. 238. — *Stentor polymorphus* (d'après
Stein). — *a*, *b*, champ péristoméal;
o, bouche; *r*, *t*, bord du péristome; *n*,
n, noyau; *g*, canal aquifère.

Fig. 239. — *Stentor Rœselii* (d'après
Stein). — *h*, tunique; *a*, champ péristoméal; *f*, *d*, bord du péristome; *o*,
bouche; *s*, œsophage; *c*, vésicule contractile; *g*, canal aquifère; *n*, *n*, noyau.

l'extrémité antérieure tronquée, transformée tout entière en péristome. Le bord de la surface péristoméale est échancré en un point.
Tout le reste de son étendue est couvert de soies adorales raides. Le

1. Voy. Stein, *loc. cit.*, p. 228, tab. V, fig. 1-12.

champ péristoméal ainsi limité est creusé en entonnoir et offre sur un côté la bouche qui est située dans le point le plus déclive de l'entonnoir. Par son extrémité postérieure l'animal est susceptible de se fixer, à volonté, sur des corps étrangers qu'il abandonne à d'autres moments pour vivre libre.

Le *Stentor Rœselii* Ehbg.[1] offre à peu près la même organisation

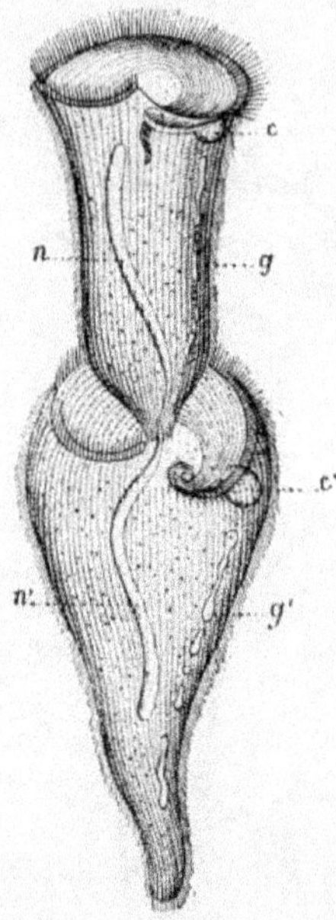

Fig. 240. — *Stentor Rœselii* en voie de division transversale (d'après Stein).—*c*, vésicule contractile ancienne ; *c'*, vésicule contractile nouvelle ; *g*, canal aquifère ancien , divisé en plusieurs segments distincts ; *g'*, canal aquifère nouveau ; *n*, *n'*, noyau.

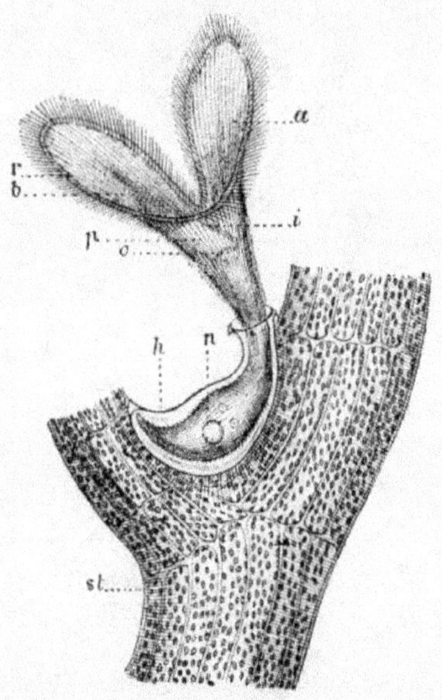

Fig. 241. — *Freia elegans* (d'après Stein). — Les lettres ont la même signification que dans la figure précédente.

que l'espèce précédente ; mais il est remarquable en ce qu'il se fixe par son extrémité postérieure, puis sécrète une enveloppe tubuleuse, fermée à la base, largement ouverte en haut et capable de loger l'Infusoire lorsqu'il se contracte. Quand l'animal est allongé, la plus grande partie de son corps fait saillie en dehors de ce tube.

1. Voy. Stein, *Der Org. der Inf.*, II, p. 247, tab. VII, VIII.

Le *Freia Ampulla* CLAP. et LACH[1]. affecte à peu près la même forme que les *Stentor*, mais les deux parties latérales du péristome sont dilatées en deux grandes ailes ciliées qui s'étalent de chaque côté de l'entonnoir péristoméal, au fond duquel se trouve la bouche. L'animal sécrète un long tube transparent, dans le fond duquel il est fixé par son extrémité inférieure et où il se retire quand il se raccourcit.

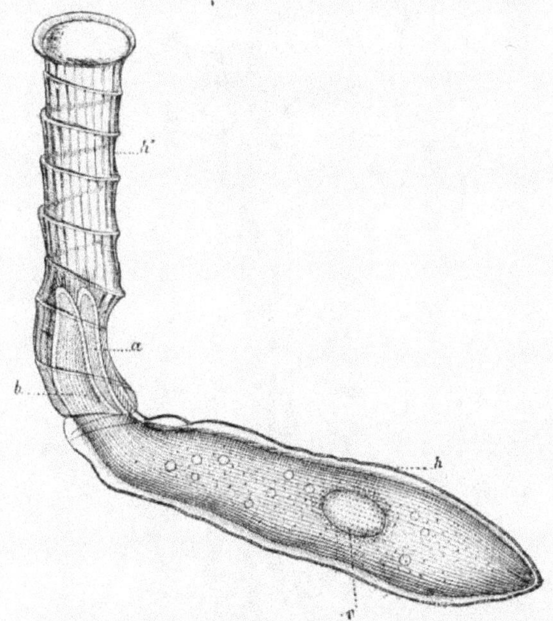

Fig. 242. — *Freia Ampulla* (d'après Stein). — Les lettres ont la même signification que dans la figure précédente.

La portion inférieure est beaucoup plus large que la partie supérieure qui est cylindrique et s'allonge graduellement à mesure que l'animal lui-même grandit. Cette carapace est fixée par son fond et souvent par l'une de ses faces sur les plantes aquatiques.

III

PÉRITRICHÉS

Des *Stentor* et des *Freia* nous pouvons passer facilement à un autre

1. CLAPARÈDE et LACHMANN, *Études sur les Inf. et les Rhizop.*, I. — STEIN, *Der Org. der Inf.*, II, p. 275, tab. X, XI.

groupe d'Infusoires dans lesquels le corps est dépourvu des cils
fins et égaux que nous avons trouvés dans toutes les formes précédentes, et n'offre plus qu'une couronne de soies autour de la bouche,
et parfois d'autres soies sur diverses parties limitées du corps.

Le *Strombidion sulcatum* CLAP. et LACH.[1], peut nous servir de

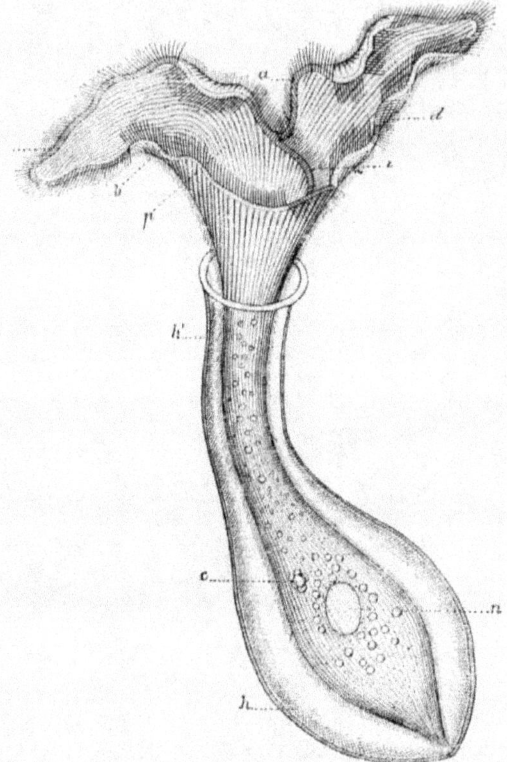

Fig. 243. — *Freia Ampulla* (d'après Stein). — *p*, péristome; *a*, *b*, *d*, *i*, bords du péristome; *c*, vacuole contractile; *n*, noyau, *h*, *h'*, logette.

premier exemple pour l'étude de ce groupe. Son corps est arrondi,
un peu conique en arrière, où il est orné de sillons longitudinaux.
Il est entièrement nu. La bouche est arrondie, large et entourée
d'une couronne spiralée de soies raides, très longues, qui servent
à l'introduction des aliments. Claparède et Lachmann disent qu'il

1. CLAPARÈDE et LACHMANN, *Études sur les Inf. et les Rhizop.*, I, p. 371, tab. XII, fig. 6.

progresse dans l'eau de mer avec une très grande rapidité, en tournant sur son axe. « Plusieurs fois, ajoutent-ils, au milieu d'une course rapide, nous l'avons vu s'évanouir comme par enchantement en ne laissant que des globules épars. Chez aucun autre Infusoire nous n'avons vu d'exemple d'une diffluence aussi rapide. » Bütschli a signalé chez des individus de cette espèce, que Saville Kent propose de considérer comme appartenant à une espèce nouvelle, une ceinture de trichocystes très développés.

L'*Halteria Grandinella* Duj.[1], qui est très voisin de la forme précédente, s'en distingue par la présence, autour de la région équatoriale du corps, d'une couronne de longues soies qui lui servent à faire dans l'eau des bonds remarquables. Sa bouche est excentrique et les cils qui l'animent sont disposés en spirale comme dans les *Strombidium*. C'est une espèce très commune dans les eaux

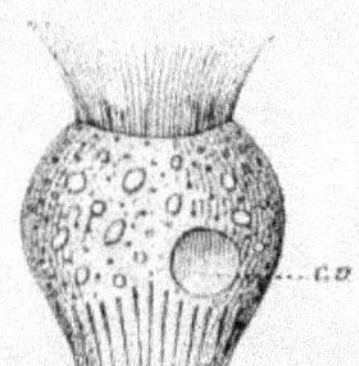
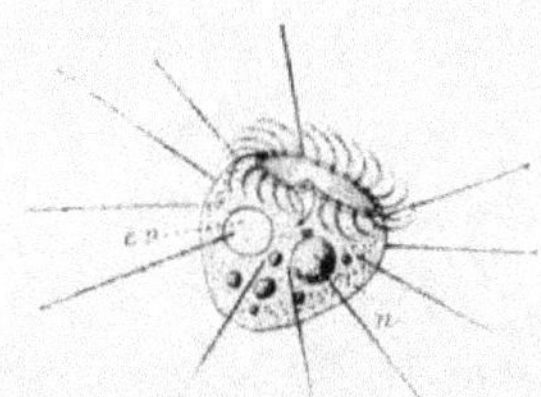

Fig. 244. — *Strombidium sulcatum* (d'après Saville Kent).

Fig. 245. — *Halteria Grandinella* (d'après Saville Kent).

douces. Son étude est rendue fort difficile par les mouvements incessants auxquels elle se livre. Claparède et Lachmann indiquent un petit procédé qui peut avec avantage être appliqué à beaucoup d'autres Infusoires. Ils recommandent de placer dans l'eau du porte-objet des Acinétiens. L'*Halteria* se jette sur les suçoirs de l'Acinétien et, rendu immobile, devient observable.

Près des *Strombidium* et des *Halteria* on peut placer quelques formes aussi simples, mais présentant certains caractères spéciaux qui permettent de les distinguer de tous les autres Péritrichés, les *Torquatella*, *Actinobolus*, *Dictyocysta*, etc.

Le *Torquatella typica* Lank.[2], espèce trouvée dans la Méditerranée, est remarquable par son corps ovalaire, arrondi en arrière, en-

1. *Inf.*, p. 405, tab. XVI, fig. 1. — Bütschli, in *Arch. fur. mikr. Anat.*, 1873, IX. — Saville Kent, *loc. cit.*, V, p. 633, tab. XXXII, fig. 47.
2. Ray-Lankester, in *Quart. Journ. of micr. sc.*, 1874, XIII.

tièrement dépourvu de cils, portant la bouche à son extrémité antérieure, au centre d'une collerette membraneuse, plissée.

L'*Actinobolus radians* STEIN[1] est muni en avant d'un prolongement qui porte l'orifice buccal et qui est entouré d'une zone de cils
entremêlés de tentacules.

Le *Dictyocysta Mitra* HÆCK.[2] trouvé par Hæckel dans l'eau salée
à Messine et à Lanzerote, est remarquable, comme toutes les espèces
du même genre, par la présence d'une cuirasse siliceuse qui enveloppe
la plus grande partie de son corps. Dans le *D. Mitra* la cuirasse
a la forme d'une sorte de bonnet cylindrique, pointu à l'extrémité
fermée, très largement ouvert à l'autre, muni de nombreux orifices
arrondis ; l'extrémité orale de l'animal est entourée d'un cercle de
longs tentacules grêles.

Dans le *Petalotricha Ampulla* FOL.[3] la carapace est ovoïde, cornée,
imperforée, en forme de cloche dans le fond de laquelle s'insère

Fig. 246. — *Torquatella
typica* (d'après Sa-
ville Kent).

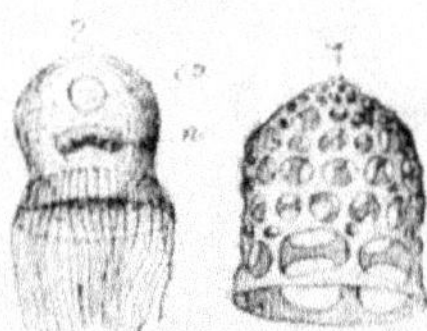

Fig. 247. — *Dictyocysta Mitra*
(d'après Saville Kent). — 1,
carapace ; 2, corps nu.

l'animal à l'aide d'un pédoncule rétractile. La face aplatie et discoïde qui porte la bouche est entourée d'un certain nombre de prolongements pétaloïdes, couverts de cils vibratiles disposés sur une
vingtaine de rangées. Le *P. Ampulla* et une autre espèce voisine,
le *P. spiralis*, ont été trouvés par Fol à Villefranche, dans l'eau de
mer et décrites sous les noms de *Tintinnus Ampulla* et *T. spiralis*.

Les *Mesodinium*[4] se distinguent des formes précédentes par la
division de leur corps en deux régions : l'une postérieure cylindrique, arrondie en arrière, relativement volumineuse ; l'autre antérieure, rétrécie en une sorte de col au sommet duquel se trouve la
bouche. Au niveau du point d'union des deux régions se trouve une
ceinture de longues soies raides servant à la locomotion.

1. STEIN, *Organ. of der Infus.*, II, p. 169.
2. Voy. SAVILLE KENT, *loc. cit.*, V, p. 625, tab. XXXII, fig. 25, 26.
3. *Arch. des sc. phys. et nat.*, V, 1881.
4. Voy. SAVILLE KENT, *loc. cit.*, V, 635.

Les *Acarella*[1] ne diffèrent des *Mesodinium* que la présence d'une tunique transparente, enveloppant la région postérieure du corps.

Le *Didinium nasutum* qui a été bien étudié dans ces derniers temps par Balbiani[2], a l'extrémité antérieure allongée en une sorte de col au sommet duquel se trouve la bouche; son corps est pourvu de deux cercles de cils locomoteurs, situés l'un à la base du col, l'autre près de l'extrémité postérieure. L'extrémité antérieure est susceptible de s'allonger en une sorte de trompe qui atteint une longueur égale à celle du corps et dont l'animal se sert pour saisir les petits Infusoires dont il se nourrit.

La multiplication se fait par division transversale après que deux nouvelles couronnes de cils se sont développées entre les cercles

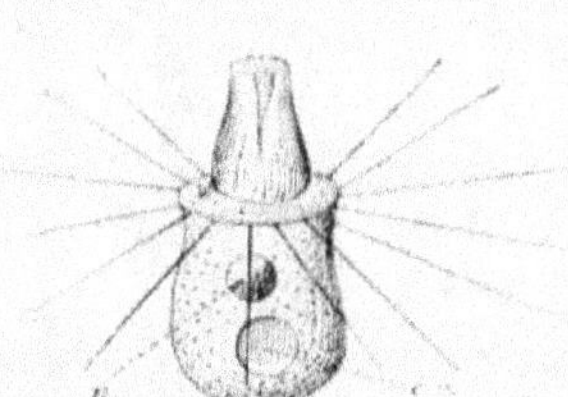

Fig. 248. — *Mesodinium Acarus* (d'après Saville Kent). — *n*, noyau; *cv*, vésicule contractile.

Fig. 249. — *Didinium nasutum* (d'après Balbiani). — *pr*, trompe; *n*, noyau; *cv*, vésicule contractile.

ciliaires préexistants. Balbiani a encore observé la formation de germes qui semblent être produits par division de l'endoplaste et qui sont mis en liberté sous la forme de corpuscules piriformes ne possédant qu'un seul cercle équatorial de cils locomoteurs.

L'*Arachnidium bipartitum* FROM.[3], espèce des eaux douces, ressemble aux formes précédentes par la division de son corps en deux régions, dont la postérieure, très volumineuse, est arrondie, et par la situation de sa bouche au centre de la partie antérieure; mais cette dernière est beaucoup plus courte et la couronne de cils qui est située entre les deux régions est transformée en une couronne

1. CORX. *Neue Infusor. in Seeaquar.*, in *Zeitsch. f. wiss. Zool.*, XVI.
2. BALBIANI, in *Arch. de zool. expérim.*, 1873, p. 362, tab. XVII.
3. FROMENTEL, *Études sur les microzoaires*, 1876.

de tentacules relativement épais qui servent d'ailleurs comme les
cils à la locomotion.

L'*Urocentrum Turbo* Müll.[1] se distingue de tous les autres Péritrichés par la situation de sa bouche sur l'une des faces du corps.
Celui-ci est oviforme, renflé en avant, étranglé au centre, terminé en
arrière par un long appendice caudal flexible et susceptible de s'at-
tacher aux corps étrangers. Il existe deux cercles de cils. La bouche
s'ouvre sur un point du cercle postérieur.

L'*Urceolaria Mitra* Stein[2], qui vit fixé sur la peau d'un Turbella-
rié, le *Planaria torva*, offre une organisation beaucoup plus com-

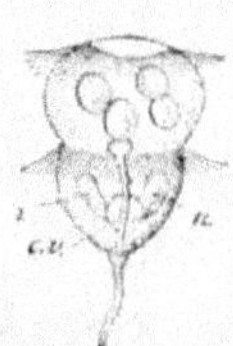

Fig. 250. — *Urocen rum
Turbo* (d'après Saville
Kent). — *n*, noyau; *cv*,
vésicule contractile.

Fig. 251. — *Gyrocoris
oxyura* (d'après Saville
Kent).

plexe que celle des espèces précédentes et nous servira de transition vers d'autres formes plus complexes encore. Son corps
est cylindrique. L'extrémité postérieure est aplatie et munie sur
ses bords d'une rangée de soies, doublée d'un cercle corné.
Lorsque l'animal est libre dans l'eau, il se déplace à l'aide des soies
dont nous venons de parler; quand il se fixe, le cercle corné fonc-
tionne comme le bord d'une ventouse dont la cavité est représentée
par une dépression de l'extrémité postérieure du corps.

Dans le *Trichodina Pediculus*[3], ce cercle est muni de dents
aiguës qui facilitent sa fixation. L'extrémité antérieure du corps
de cet animal est également très remarquable. Elle porte une
sorte de disque plat, saillant, adhérant par tout son pourtour

1. Voy. Saville Kent, *loc. cit.*, V, p. 641, tab. XXXIII, fig. 7-10.
2. Stein, *Die Infusionsthiere*, 1854.
3. Voy. Saville Kent, *loc. cit.*, V, p. 646.

à l'extrémité tronquée du corps. Entre la portion centrale de cette extrémité et le bord du disque, il existe une rainure circulaire sur un point de laquelle se voit un orifice qui conduit dans une cavité située au-dessous du disque et nommée *vestibule*. Le bord du disque et le pourtour de l'extrémité antérieure du corps sont munis de cils raides, disposés suivant une ligne spirale. Ces cils se prolongent jusque dans le vestibule. Dans le fond de celui-ci s'ouvrent la bouche et l'anus.

Les *Gyrocoris*[1] qui sont très voisins des précédents, s'en distinguent par la disposition spiralée de leurs cils équatoriaux.

L'*Astylozoon fallax* ENGELM.[2], trouvé dans l'eau douce par Engelmann, sert manifestement d'intermédiaire entre les formes précédentes et celles qu'il nous reste à étudier. Son corps est irrégulièrement piriforme, atténué à l'extrémité postérieure qui est terminée par deux soies; tronqué au niveau de l'extrémité antérieure qui est élargie et offre un disque buccal incliné vers la face ventrale et muni sur le bord d'une couronne de cils. Le disque conduit dans un vestibule buccal analogue à celui des Vorticelles.

Toutes les formes d'Infusoires Ciliés Péritrichés que nous venons de décrire se meuvent librement dans l'eau. Celles dont il me reste à parler sont au contraire sédentaires ou fixées.

Le *Vorticella microstoma* EHRG.[3], espèce très commune dans les eaux contenant des matières en putréfaction, peut

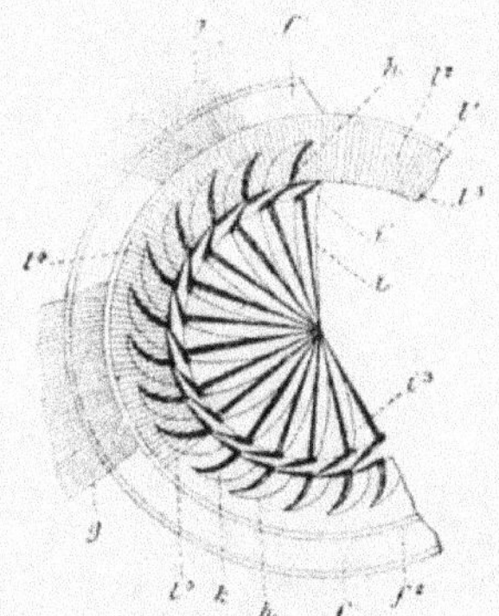

Fig. 252. — Portion du disque adhésif du *Trichodina Pediculus* (d'après James Clark). — *g, g,* couronne ciliaire inférieure; *f,* voile; *f¹,* son bord externe; *f²,* son bord interne; *h,* dents adhésives; *l,* membrane striée; *i, i,* disque corné.

nous servir d'exemple pour cette nouvelle et nombreuse série de formes de Péritrichés. Le corps de cet Infusoire est presque globuleux, tronqué au niveau de sa région antérieure, muni en arrière d'un long pédoncule cylindrique dont l'extrémité inférieure se fixe sur des corps étrangers. La portion tronquée de l'extrémité antérieure du corps constitue un péristome dont le bord est susceptible de s'élargir ou de se rétrécir à la manière d'un sphincter. La portion

1. STEIN, in *Sitzungsb. d. k. Böhm. Ges. d. Wiss.*, 1860, p. 48.
2. ENGELMANN, in *Zeitsch. f. wiss. Zool.*, IV.
3. EHRENBERG, *Infus.*, tab. XXVI, fig. 3.

centrale du péristome est soulevée en une sorte de dôme qui a reçu
le nom d'*organe vibratile*; sa face supérieure est aplatie et porte le
nom de *disque*, sa portion inférieure est conique et désignée sous le
nom de *pédoncule de l'organe vibratile*. Le pourtour du disque adhère
au bord du péristome; mais il existe entre eux une rainure circulaire
qui, en un point, offre un orifice arrondi. Celui-ci conduit dans une
cavité à peu près hémisphérique, nommée le *vestibule*. Le plancher de
cette cavité est formé par la surface concave du péristome ; son toit
est constitué par la face inférieure convexe du disque. Le disque
est susceptible de s'abaisser en s'enfonçant dans le vestibule, ou de
se relever en faisant saillie au-dessus du bord du péristome.

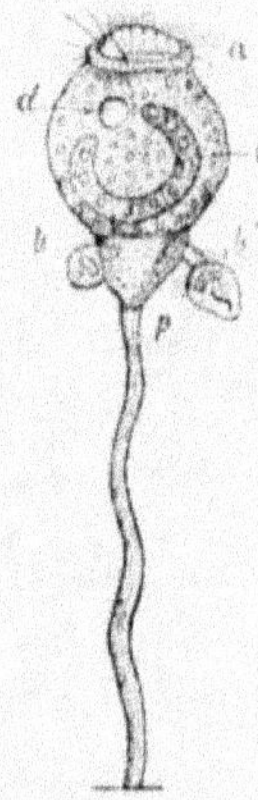

Fig. 253. — *Vorticella microstoma.*
— *a*, disque cilié; *d*, vésicule
contractile; *c*, noyau; *p*, pédicule; *b, b'*, individus mobiles,
sur le point de se conjuguer.

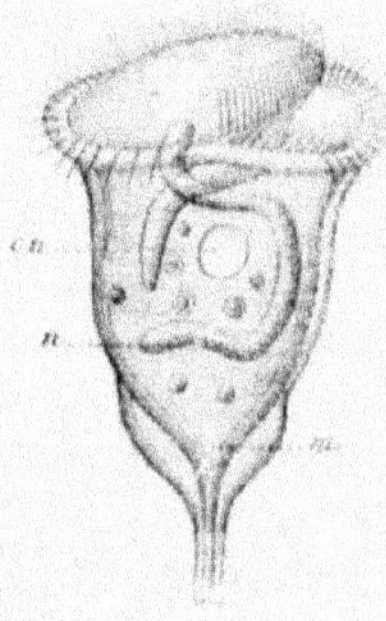

Fig. 254. — *Vorticella nebu-*
lifera (d'après Saville
Kent). — *cv*, vésicule contractile; *n*, noyau.

En même temps que le disque s'enfonce dans le vestibule, le bord
du péristome se contracte énergiquement et rentre ses cils en
dedans. Dans le fond du vestibule se trouvent : un orifice toujours
béant, la *bouche*, qui conduit dans un court œsophage tubuleux,
et un autre orifice, l'*anus*, qui ne s'ouvre qu'au moment de l'expulsion des matières fécales.

Le bord du disque est muni de cils vibratiles disposés en spirale.
D'après Claparède et Lachmann, si l'on donne le nom de face ventrale à celle qui offre l'ouverture du vestibule, « le commencement
de la spirale est placé sur le bord droit du disque, chez quelques

espèces peut-être sur le bord dorsal, d'où elle passe sur le bord droit. Elle fait tout le tour du disque, passant du bord droit au bord ventral, puis au bord gauche, et enfin au bord dorsal. Là, elle quitte graduellement le bord du disque pour descendre peu à peu sur le flanc du pédoncule de l'organe vibratile ; si bien que, lorsque le premier tour est complet, l'insertion des cirrhes buccaux ne se trouve plus exactement sur le bord droit du disque, mais un peu au-dessus de ce bord, sur le pédoncule. La spire continue à cheminer dans le même sens, en descendant sur le flanc du pédoncule, jusqu'à ce qu'elle arrive à l'entrée du vestibule. Elle ne fait, en général, qu'environ un demi-tour ou trois quarts de tour entre le point où elle quitte le bord du disque et celui où elle atteint l'entrée du vestibule, et, pendant ce parcours, elle est portée par une corniche saillante du flanc du pédoncule. La spirale pénètre ensuite dans le vestibule et continue sa marche dans l'intérieur ; puis, atteignant la bouche, elle descend dans l'œsophage et s'étend jusqu'au pharynx. Durant son parcours à travers le vestibule et l'œsophage la spire modifie son pas : au dehors du vestibule, la direction de la spire était peu éloignée d'être perpendiculaire à l'axe de cette spire, mais cette direction devient beaucoup plus oblique par rapport à l'axe dans l'intérieur du vestibule et de l'œsophage. En d'autres termes, la spirale s'allonge, ses tours s'éloignent les uns des autres [1]. » Dans toute la partie située en dehors du vestibule la spire est formée de deux rangées collatérales de cils ; on ignore s'il en est de même pour la partie située en dedans du vestibule. Dans l'intérieur du vestibule on trouve encore quelques soies plus fortes que celles de la spire, situées dans le voisinage de la bouche, et une très grande près de l'anus. Ces soies ne prennent pas part au tourbillon des cirrhes buccaux.

L'œsophage conduit dans une sorte de cavité digestive très vaste, connue sous le nom d'estomac, limitée par le protoplasma. Cette cavité se prolonge jusque dans la profondeur de l'organe vibratile. Il n'existe dans le protoplasma qu'une seule vacuole contractile, située au voisinage de l'œsophage. Le noyau a toujours la forme d'un ruban plus ou moins contourné.

Les cirrhes buccaux agissent d'une façon singulière. Ils déterminent dans l'eau qui entoure l'animal une sorte de tourbillonnement, de trombe, dont la base s'étend jusqu'à deux ou trois fois la longueur de l'animal et dont le sommet répond à l'orifice du vestibule. Tous

____
1. CLAPARÈDE et LACHMANN, *Études sur les Inf. et les Rhizop.*, I, p. 81.

les petits corps étrangers qui passent à la portée de la base de cette sorte de trombe sont entraînés dans la cavité ; on les voit se précipiter en ligne droite, vers l'orifice buccal, dans lequel ils pénétrent. Parfois la trombe ne les saisit qu'imparfaitement ; ils suivent alors une ligne oblique qui leur permet d'éviter le danger.

Le pédicelle est formé d'une gaine tubuleuse, résistante et très transparente ; d'une enveloppe très mince, semblable à l'enveloppe propre des fibres musculaires et nommée *sarcolemme* ; enfin d'un cylindre central que Leydig regarde comme une véritable fibre musculaire et qu'il considère comme formé de petites particules charnues, en forme de coins, emboîtées les unes dans les autres.

Quand le cylindre musculaire se contracte, le pédicelle se contourne en une spirale qui se raccourcit fortement. Quand la spirale se déroule, le pédicelle s'allonge de nouveau.

Dans les Vorticelles et la plupart des genres voisins les individus fixés acquièrent parfois une couronne postérieure de cils, se détachent de leurs pédicules et vont, après avoir vécu libres pendant quelque temps, se fixer ailleurs.

Les Vorticelles se multiplient par segmentation longitudinale. L'un des individus nouveaux reste fixé au pédicule, l'autre acquiert une couronne de cils près de son extrémité postérieure, se détache, nage pendant quelque temps, puis se fixe, perd ses cils et forme un pédicule. Il se produit souvent, par bipartition inégale, des individus très petits, nommés microzooïdes, également ciliés, qui vont se conjuguer avec de grands individus fixés.

Les microzooïdes se forment parfois par division répétée trois ou quatre fois de l'un des individus provenant d'une segmentation égale. La conjugaison précède probablement toujours l'enkystement qui a été signalé dans les Vorticelles et les genres voisins. L'animal se contracte souvent après s'être détaché de son pédoncule, et s'enveloppe d'une tunique hyaline, tandis que la plupart de ses organes s'effacent en grande partie. Bientôt l'animal se divise en un grand nombre de corps ovales ou piriformes (*spores*) qui sont mis en liberté par la rupture du kyste et nagent à l'aide d'une couronne de cils située autour d'un orifice buccal très simple. Ces spores se multiplient transversalement avec une grande rapidité ; puis elles se fixent par leur extrémité orale, tandis qu'une bouche nouvelle et ayant les caractère qu'elle offre chez l'adulte se développe à l'autre extrémité. Un pédicule est ensuite produit au niveau du point par lequel l'animal s'est fixé.

Autour des Vorticelles se groupent un grand nombre de forme

qui n'en diffèrent que par des caractères de second ordre, mais dont certaines nous intéressent au point de vue de la biologie générale, parce qu'elles se présentent en colonies plus ou moins complexes.

Les *Stylochona* [1] sont remarquables par le développement considérable du disque en une membrane très allongée, enroulée en cornet. Ils sont portés par un pédicule très court.

Les *Zoothamnium* [2] forment des colonies dans lesquelles un

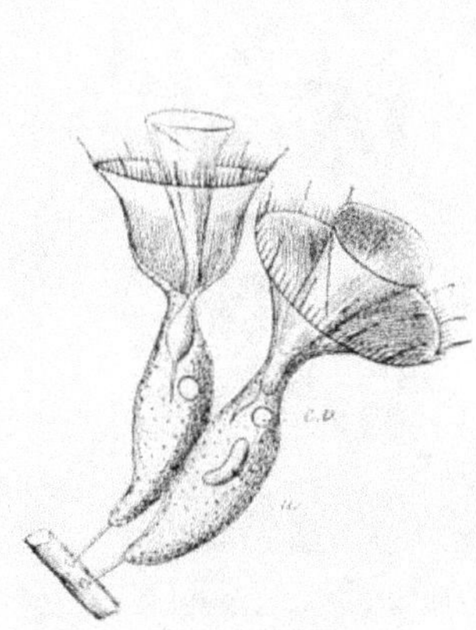

Fig. 255. — *Stylochona coronata*
(d'après Saville Kent).

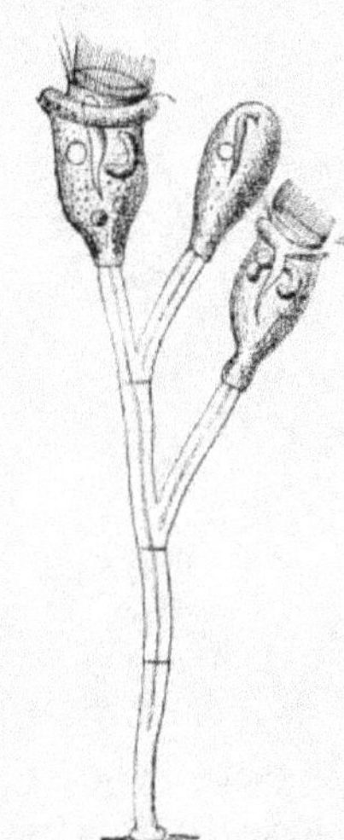

Fig. 256. — *Carchesium Epistylidis*
(d'après Saville Kent).

muscle commun se ramifie dans toutes les branches de la colonie, de sorte que tous les individus sont solidaires les uns des autres.

Les *Carchesium* [3] forment des colonies ramifiées, dans lesquelles chaque individu est muni d'un muscle spécial, qui se contracte indépendamment des muscles des autres individus.

Les *Epistylis* [4] sont également disposés en colonies, mais leurs pédicules ne sont pas contractiles.

Les *Cothurnia* [5] offrent encore l'organisation des Vorticelles, mais ils se distinguent parce que chaque individu sécrète une sorte de

1. Voy. SAVILLE KENT, *loc. cit.*, V, p. 662.
2. Voy. SAVILLE KENT, *loc. cit.*, V, p. 693.
3. Voy. SAVILLE KENT, *loc. cit.*, V, p. 390.
4. Voy. SAVILLE KENT, *loc. cit.*, V, p. 700.
5. Voy. SAVILLE KENT, *loc. cit.*, V, p. 717.

logette chitineuse, transparente, dans le fond de laquelle il est fixé par son pédicelle, dont il sort quand celui-ci est relâché, et dans laquelle il rentre quand le pédicule se contracte.

Les *Vaginicola*[1] possèdent également une logette, mais celle-ci est fixée par l'un de ses côtés à un corps étranger.

Les *Lagenopsis* possèdent également une logette chitineuse, mais ils sont librement suspendus à son ouverture.

Les *Ophionella* sécrètent une enveloppe molle, gélatineuse, dans

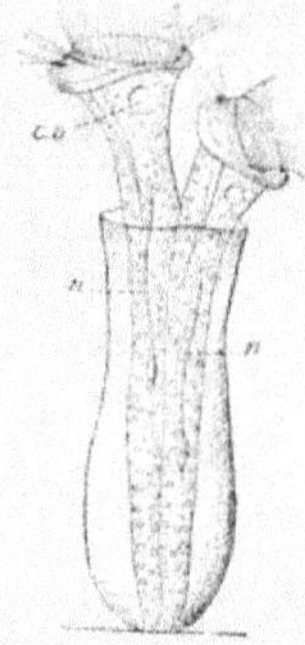

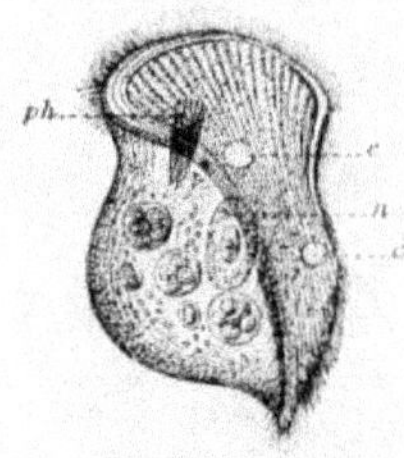

Fig. 257. — *Vaginicola cristallina*
(d'après Saville Kent).

Fig. 258. — *Phascolodon Vorticella* (d'après Stein).

laquelle ils vivent solitaires; les *Ophrydium* sécrètent une enveloppe de même nature, mais ils se réunissent en colonies.

<h1 style="text-align:center">IV</h1>

HYPOTRICHÉS

Dans tout le groupe des Infusoires Ciliés Hypotrichés on distingue très nettement deux faces, l'une dorsale, convexe, et l'autre ventrale, fréquemment plane ou même parfois plus ou moins concave. La face dorsale est dépourvue de cils; la face ventrale présente la bouche et l'anus et porte toujours des cils, des soies ou des piquants.

Les *Phascolodon*[2] qu'on peut considérer comme appartenant aux formes les plus inférieures des Hypotrichés, se présentent avec un corps à peu près cylindrique, muni d'une enveloppe très épaisse et constituant une sorte de cuirasse. La face ventrale est aplatie, étroite, et

1. Voy. Saville Kent. *loc. cit.*, V, p. 714.
2. Voy. Stein, *Der Organismus der Infusionsthiere*, I, p. 109, tab. I, fig. 1-5.

remonte en avant obliquement sur le dos. Toute cette face est couverte de cils vibratiles fins, assez semblables à ceux des Holotrichés, mais cependant un peu plus forts, et tous de même taille. La bouche est située à une petite distance en arrière de l'extrémité antérieure, sur la face ventrale. Elle est arrondie et conduit dans un pharynx cylindrique, corné, muni d'épaississements en forme de petites baguettes disposées parallèlement dans le sens de la longueur de l'organe. Le pharynx se perd dans la substance protoplasmique du corps de l'ani-

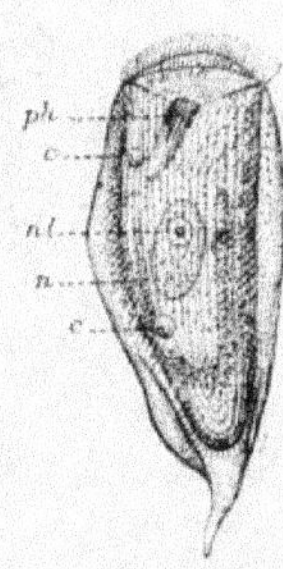

Fig. 259. — *Scaphidiodon Navicula* (d'après Stein). — *ph*, pharynx; *n*, noyau; *nl*, nucléole; *c, c*, vésicules contractiles.

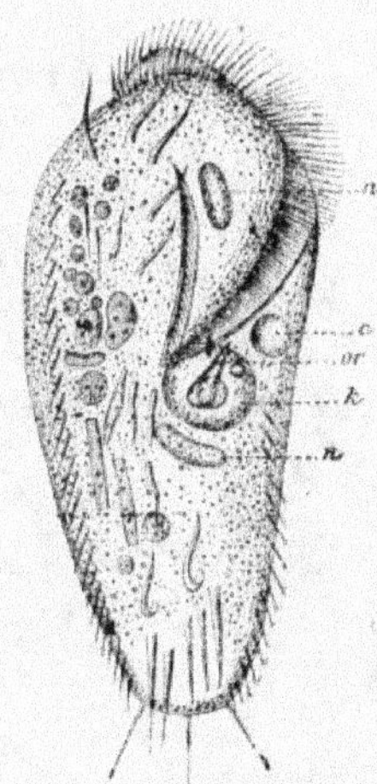

Fig. 260. — *Stylonichia Mytilus* (d'après Stein). — *n, n*, noyau; *c*, vésicule contractile; *k*, corps capsulaire.

mal. L'anus est placé comme la bouche sur la face ventrale, un peu en avant de l'extrémité postérieure.

Les *Chilodon* [1] qui ressemblent beaucoup aux *Phascolodon* s'en distinguent par un aplatissement plus marqué de la face ventrale.

Les *Opisthodon* [2] sont très remarquables par la situation de leur bouche dans la moitié postérieure du corps.

Les *Trochilia* [3] qui ressemblent beaucoup aux genres dont nous

1. Voy. STEIN, *loc. cit.*, p. 110, tab. I, fig. 6-23.
2. Voy. STEIN, *loc. cit.*, p. 115, tab. I, fig. 24-26.
3. Voy. STEIN, *loc. cit.*, p. 117, tab. II, fig. 28-30.

venons de parler, ne portent de cils qu'au niveau d'une bande courte
répondant à la ligne médiane de la face ventrale et présentent un
piquant mobile au niveau de l'extrémité postérieure.

Le *Stylonychia Mytilus* Ehr.[1] qui vit en assez grande abondance
dans nos eaux douces, peut convenablement servir d'exemple pour
l'étude d'un autre groupe d'Hypotrichés dépourvus des cils que nous
avons signalés dans les formes précédentes. Son corps est imparfaitement cylindrique, aplati sur la face ventrale, et élargi en avant;
sa forme est fixe et son enveloppe est résistante. La bouche est située

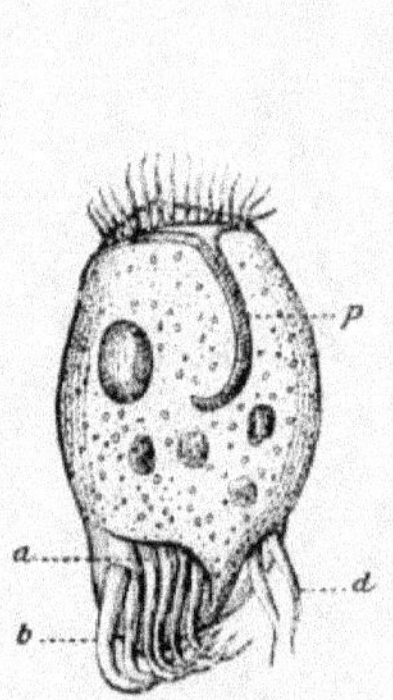

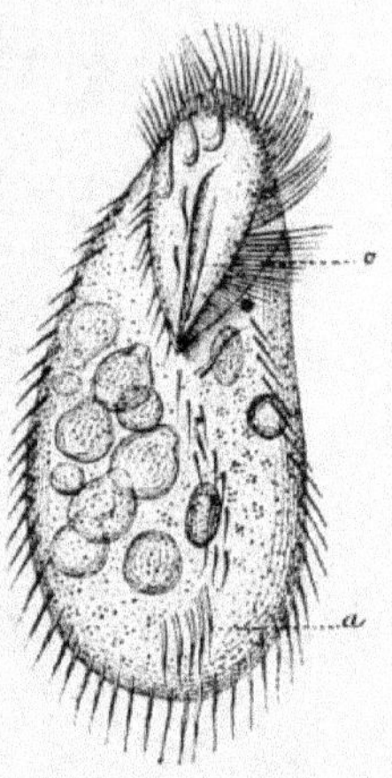

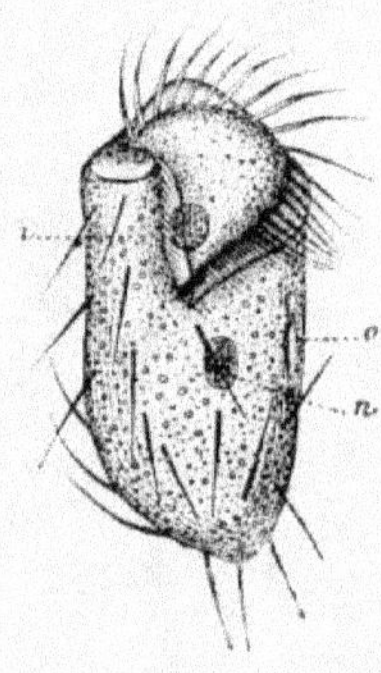

Fig. 261. — *Uronychia transfuga* (d'après Stein). — *p*, péristome; *a, b, d*, cirrhes.

Fig. 262. — *Oxytricha mystacea* (d'après Stein).

Fig. 263. — *Psilotricha acuminata* (d'après Stein).

sur la face ventrale, un peu en arrière de l'extrémité antérieure; elle
est précédée d'un large péristome, très évasé en avant, se terminant en pointe en arrière, au niveau de la bouche qui est petite, arrondie, et suivie d'un pharynx peu distinct, court, courbé de gauche
à droite et conduisant dans une sorte de cavité gastrique qui occupe
une grande partie du corps. Le bord droit de la fosse buccale est
muni de cils robustes ou cirrhes, dont la pointe est dirigée vers
l'orifice buccal et qui ont pour fonction de retenir contre la bouche
les petits Infusoires qui ont pénétré dans la fosse péristoméale et qui
servent à la nourriture de l'animal. Ces petits Infusoires nutritifs sont
poussés dans la fosse péristoméale par de grosses soies portées par le

1. Voy. STEIN. *loc. cit.*, p. 147, tab. VI-VIII.

front de l'animal. L'anus est situé sur la face ventrale, un peu en
avant de l'extrémité postérieure. Il n'existe qu'une seule vésicule
contractile située dans la paroi dorsale du côté gauche de l'animal.
L'endoplaste et l'endoplastule sont ovalaires et situés l'un en avant,
l'autre en arrière de la cavité gastrique.

Le dos de l'animal est complètement lisse et dépourvu de cils. Sa
face ventrale porte, indépendamment des cirrhes adoraux dont nous
avons parlé plus haut, des soies de divers ordres dont la disposition et
les caractères sont importants à connaître, parce qu'ils jouent le rôle
le plus considérable dans la classification des Hypotrichés. De chaque
côté de la face ventrale se voit une rangée de soies raides mais relativement fines, et rapprochées les unes des autres, tandis que la région

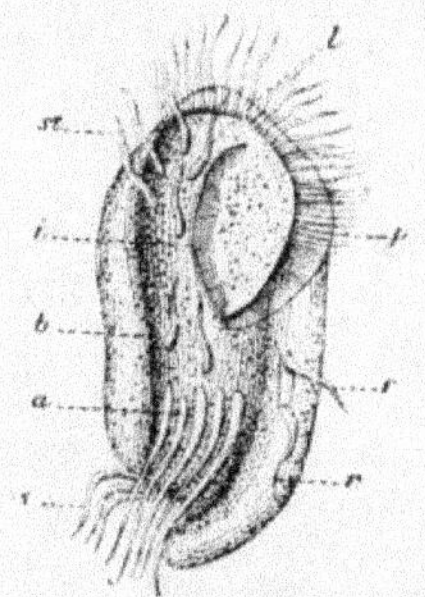

Fig. 264. — *Styloplotes appendi-*
culatus (d'après Stein).

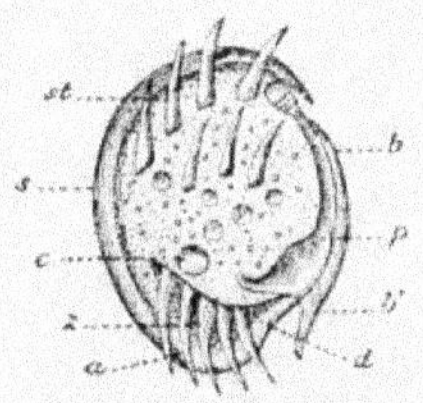

Fig. 265. — *Aspidisca lynceaster* (d'après
Stein). — *p*, péristome ; *b'*, *b'*, bord qui le
dépasse ; *c*, vésicule contractile ; *z*,
anus ; *a*, cirrhes postérieurs ; *st*, cirrhes antérieurs.

médiane de la face ventrale porte, en arrière de la bouche, un petit
nombre de soies beaucoup plus grosses, souvent désignées sous le
nom de *pieds*, disposées sans ordre. En avant de la bouche et sur le
côté du péristome se trouvent huit cirrhes frontaux très forts, terminés en pointe et recourbés en crochet, d'où leur nom de *pieds-*
crochets; ils sont disposés de façon à former une sorte de cercle irrégulier. Au voisinage de l'anus se trouvent cinq autres soies de grande
taille, aplaties à l'extrémité, désignées sous le nom de *pieds-rames*.
Claparède et Lachmann ont signalé ce fait remarquable que chez les
Stylonychies qu'on observe au microscope, il n'est pas rare de voir
les pieds-rames se fendre dans le sens de la longueur, surtout lorsque
l'animal est comprimé et gêné dans ses mouvements. A l'aide de ces
diverses sortes de pieds les Stylonychies non seulement peuvent

nager dans l'eau, mais encore marcher à la surface des corps étrangers. Bütschli a signalé récemment dans le *Stylonychia Mytilus* des phénomènes de division de l'endoplaste et de l'endoplastule analogues à ceux que nous avons décrits d'après lui dans les Paramæcies.

Dans les *Uronychia*[1] il existe, indépendamment des cirrhes adoraux, un bouquet de pieds-rames au voisinage de l'anus. Dans les *Euplotes*[2], on trouve, en outre, quelques soies éparses sur la face ventrale. Dans les *Onychodromus*[3], il existe des cirrhes adoraux, un bouquet de pieds-rames au voisinage de l'anus, trois à quatre rangées longitudinales de grosses soies sur la partie médiane de l'abdomen, et, en avant de la bouche, trois rangées longitudinales de pieds-crochets, dits frontaux.

Dans les *Urostyla*[4], la face abdominale porte un grand nombre de rangées longitudinales de soies et le corps n'est pourvu que d'un tégument très mince; il est métabolique, c'est-à-dire qu'il se contourne sur lui-même avec la plus grande facilité.

Nous croyons inutile d'insister davantage sur ces différences peu importantes de formes que le lecteur trouvera résumées, plus bas, dans le tableau des familles et des genres du groupe des Hypotrichés.

§ 2. CARACTÈRES COMMUNS, PARENTÉ ET CLASSIFICATION

DES INFUSOIRES CILIÉS

Connaissant toutes les formes principales du groupe important des Infusoires Ciliés, il nous sera maintenant facile d'établir les caractères communs à toutes ou du moins au plus grand nombre, et ceux qui, n'appartenant qu'à une partie d'entre elles, servent à distinguer les principaux groupes que nous avons admis.

Tous les Infusoires Ciliés peuvent être, dans l'état actuel de la science, considérés comme des animaux unicellulaires, constitués par une cellule complète, c'est-à-dire pourvue d'un corps protoplasmique, d'un noyau et d'une membrane d'enveloppe. Tous possèdent des appendices plus ou moins développés, dont les cils vibratiles des Holotrichés représentent la forme la plus simple et dont les pieds-rames de certains Hypotrichés sont la forme la plus élevée. Les cils

1. Voy. STEIN. *loc. cit.*, p. 127, tab. IV, fig. 1-5.
2. Voy. STEIN, *loc. cit.*, p. 133, tab. IV, fig. 6-20.
3. Voy. STEIN, *loc. cit.*, p. 144, tab. V.
4. Voy. STEIN, *loc. cit.*, p. 191, tab. XIII, XIV.

sont manifestement des prolongement du corps protoplasmique ; il en est probablement de même des cirrhes, des pieds-rames, etc. ; presque tous les Infusoires Ciliés possèdent un orifice buccal destiné à l'introduction des aliments et un anus, placé en arrière de la bouche, destiné à la sortie des matières excrémentielles. Les formes parasites seules peuvent être dépourvues de bouche et d'anus.

Le corps protoplasmique des Infusoires Ciliés est toujours divisé en deux régions plus ou moins différenciées : l'une extérieure (ectosarque), formant au-dessous de la membrane d'enveloppe une couche peu épaisse, dense, claire, peu granuleuse ; l'autre (endosarque), constituant toute la portion centrale du corps, plus molle et plus riche en eau, très granuleuse, souvent colorée par des pigments, et creusée de vastes vacuoles non contractiles dans lesquelles s'accumulent les particules alimentaires solides et l'eau venue du dehors. Ce sont ces larges vacuoles que certains zoologistes anciens avaient prises pour des estomacs. Elle se déplacent très facilement, et se confondent parfois au point de déterminer la production d'une sorte de vaste cavité que l'on peut comparer à la cavité gastrique d'animaux plus élevés en organisation. Tous les Infusoires Ciliés sont pourvus d'une ou fréquemment de plusieurs vésicules contractiles, situées dans l'ectosarque et douées de mouvements alternatifs de systole et de diastole. Pendant la systole leur cavité disparaît ; elle se reforme au moment de la diastole.

Le noyau, ou endoplaste, des Infusoires Ciliés est toujours relativement volumineux et affecte des formes qui varient non seulement d'un genre à l'autre, mais encore dans une même espèce et dans un même individu, suivant la phase du développement dans laquelle se trouve l'animal au moment où on l'examine. Le noyau est formé de protoplasma entouré d'une membrane d'enveloppe très mince, de nature azotée. Il est habituellement accompagné d'un autre corpuscule, situé plus ou moins loin de lui, moins volumineux, à forme également très variable, le nucléole, ou mieux, endoplastule.

La membrane d'enveloppe varie beaucoup d'épaisseur dans les divers groupes des Infusoires Ciliés. Tantôt, elle est extrêmement mince et extensible et permet à l'animal de changer de forme, de se contourner sur lui-même (individus métaboliques) ; tantôt, au contraire, elle se cuticularise plus ou moins, et maintient l'animal dans une forme constante (individus à forme fixe) ; elle peut même arriver à constituer une sorte de cuirasse, qui cependant conserve toujours les caractères et les rapports d'une véritable membrane d'enveloppe (individus cuirassés). La membrane adhère intimement, dans toute son étendue, avec la couche superficielle du corps protoplasmique de l'animal ; elle est composée d'une substance azotée et se forme probablement par différenciation physique et chimique du protoplasma. Au niveau de la bouche, elle s'invagine dans l'intérieur du corps, tapisse le pharynx au niveau duquel on la voit souvent devenir cornée, puis elle disparaît au niveau de l'extrémité inférieure du pharynx.

Un grand nombre d'Infusoires Ciliés sont pourvus de trichocystes qui très probablement sont des productions de la membrane, développées dans une petite cavité produite par son invagination. Nous ne reviendrons pas ici sur la structure de ces appareils ; nous l'avons suffisamment indiquée plus haut.

Les Infusoires Ciliés se nourrissent de petites Algues et de très petits Protozoaires. Les cils qui avoisinent la bouche sont très souvent plus forts que les autres et disposés de façon à pousser vers l'orifice buccal les corpuscules étrangers avec lesquels ils se trouvent en contact. Nous avons vu même que chez beaucoup d'Hypotrichés, ils sont assez forts pour maintenir au contact de l'orifice buccal les petits Infusoires Holotrichés qui doivent servir à la nutrition de l'Hypotriché, et même pour les faire pénétrer de force dans le pharynx du petit carnivore. Les corpuscules alimentaires sont directement digérés par le corps protoplasmique des Infusoires Ciliés. Les détritus de cette digestion et les corpuscules non nutritifs sont rejetés par l'anus. Le dernier est toujours situé en arrière de la bouche, soit à l'extrémité postérieure du corps, soit en avant de cette extrémité, sur la même face que la bouche ou face ventrale. Son orifice n'est visible qu'au moment de l'expulsion des matières fécales. Il n'est guère permis de douter que les Infusoires Ciliés à enveloppe très mince puissent se nourrir, en partie, par simple diffusion, à travers leur membrane, des matériaux dans lesquels ils vivent ; cela est surtout vrai pour les espèces qui, comme le *Balantidium Coli*, vivent dans l'intestin d'animaux Métazoaires, au milieu de matériaux nutritifs liquides et diffusibles. Enfin, nous avons vu que dans certains Ciliés tout à fait parasites, comme les Opalines, la bouche et l'anus manquent, et que la nutrition se fait uniquement par diffusion.

La respiration s'effectue, en partie, à l'aide de l'eau qui entre par la bouche, et, en partie aussi, très certainement, par diffusion à travers la membrane d'enveloppe, quand celle-ci est suffisamment mince. Les vacuoles contractiles jouent le rôle d'organes aquifères.

La plupart des Infusoires Ciliés vivent solitaires et libres, ne forment pas de colonies, ne se fixent pas et se meuvent soit en nageant, à l'aide de cils vibratiles ou de pieds-rames, soit en marchant à la surface des objets à l'aide de soies abdominales, ainsi que le font la plupart des Hypotrichés. Leurs mouvements sont, d'habitude, très rapides et ne permettent pas de faire une étude complète de l'animal vivant.

Les phénomènes de multiplication des Infusoires ciliés ne sont qu'imparfaitement connus. On a bien observé la segmentation soit transversale soit longitudinale, soit égale soit inégale ; on a constaté aussi la conjugaison et même parfois la fusion complète des individus conjugués (Vorticelles) ceux-ci étant tantôt semblables tantôt très inégaux en taille ; on a aussi, dans certains genres, constaté l'enkystement et la division ultérieure des individus enkystés en un nombre habituellement considérable d'individus nouveaux. Enfin on a soupçonné l'existence chez certains Ciliés de phénomènes sexuels véritables, mais sur ce point les observations ne sont pas assez précises pour qu'on puisse adopter les opinions proposées.

Dans les Holotrichés, l'endoplaste et l'endoplastule doivent-ils être considérés comme des organes sexuels, ainsi que certains zoologistes de grand mérite le pensent? Cette question nous paraît n'avoir pas encore été résolue. Y a-t-il échange de substance entre les deux individus conjugués? ou bien après que l'endoplaste et l'endoplastule se sont segmentés, un ou plusieurs fragments de l'un de ces corps se fusionnent-ils avec ceux de l'autre? Ce sont autant de questions qui ne nous paraissent pas avoir été résolues encore et qui, par conséquent, demandent des recherches nouvelles. Les travaux de cet ordre seront sans doute facilités par les méthodes de coloration des Infusoires vivants qui ont été signalées dans le cours de ces dernières années [1].

Nous savons déjà, par l'étude que nous avons faite des divers groupes d'Infusoires Ciliés, que pour diviser ces animaux on a tenu compte particulièrement de la disposition des cils vibratiles. Le tableau suivant résume les caractères de ces groupes.

---

1. Certes (*Compt. rend. Ac. sc. Paris*, 1881) colore les Infusoires vivants à l'aide du bleu de quinoléine ou cyanine. Le noyau et les cils restent incolores ; ce sont surtout les granulations contenues dans l'endosarque qui se colorent.

Henneguy a obtenu des phénomènes analogues avec le brun Bismark : la coloration brun jaunâtre se montre d'abord dans les vacuoles, puis gagne le protoplasma lui-même ; le noyau reste d'abord incolore, puis il devient plus visible (voy. *Revue internat. des sc. biolog.*, 1881, VIII, p. 71).

INFUSOIRES CILIÉS. Animaux formés d'une cellule complète; cils vibratiles, soies, piquants, etc., servant à la locomotion; vacuoles contractiles; noyau et nucléole; ordinairement bouche et anus.

Holotrichés. Surface entière du corps couverte de cils vibratiles fins, semblables dans tous les points.

Hétérotrichés. Cils vibratiles répandus sur toute la surface du corps; de deux sortes; une rangée de cils plus forts et plus longs disposés sur un bord du péristome, à partir de l'orifice buccal vers lequel ils dirigent les corpuscules avec lesquels ils se trouvent en contact.

Péritrichés. Cils disposés en une zone circulaire ou spiralée autour du péristome.

Hypotrichés. Cils limités à la surface ventrale, souvent transformés en soies plus ou moins épaisses et rigides.

Les Infusoires Ciliés constituent, sans nul doute, les formes les plus élevées de la grande classe des Protozoaires. C'est chez eux, en effet, que l'organisme atteint le plus haut degré de différenciation que l'on rencontre parmi les Protozoaires. Leur bouche habituellement bien formée, leur anus, leur pharynx, leurs membres locomoteurs et buccaux relativement très développés, la présence fréquente de deux noyaux jouissant de fonctions différentes, les rendent supérieurs à toutes les autres formes de Protozoaires et les rapprochent beaucoup des Métazoaires les plus inférieurs. Il est permis de considérer les Hypotrichés comme des Flagellates ayant perdu le flagellum, tandis que des cils se sont développés sur toute la surface de leur corps. Nous avons vu, en effet, que certains Flagellates acquièrent des cils autour de la base du flagellum, et peuvent même en présenter sur toute la surface de leur corps. Quant aux Flagellates eux-mêmes nous savons déjà qu'ils peuvent être considérés comme des Amœbiens ayant perdu leurs pseudopodes à mesure qu'ils acquéraient un flagellum et le lecteur se rappelle que certains Amœbiens, tels que les *Mastigamœba*, possèdent à la fois les pseudopodes des Amœbiens véritables et le flagellum des Flagellates. Quant à la filiation des Holotrichés, Péritrichés, Hétérotrichés et Hypotrichés, elle est assez facile à établir. Il n'est guère permis de douter que ces types aient été produits par évolution de formes Holotrichées dont les membres se sont de plus en plus différenciés. Les formes Holotrichées ayant produit les formes Hétérotrichées par différenciation des cils du péristome, et les Hétérotrichés ayant produit les Hypotrichés par différenciation, d'abord des deux faces du corps dont l'une perd ses cils tandis que les cils de l'autre face se différencient en membres ayant des fonctions et des caractères morphologiques très différents.

Les Infusoires Ciliés ont encore des relations très étroites avec les Tentaculifères. Nous savons, en effet, que ces derniers présentent des embryons couverts de cils offrant même parfois une bouche rudimentaire (embryons du *Podophrya gemmipara*), caractères qui les font ressembler à de jeunes Holotrichés. Il semble, d'après cela, que les Tentaculifères soient les descendants des Ciliés ; mais on pourrait aussi admettre que les deux groupes proviennent d'une souche commune, Holotrichée, l'un des groupes ayant conservé la vie libre et les cils vibratiles de la souche mère, tandis que l'autre se serait fixé et par suite aurait perdu ses cils vibratiles, sa bouche et son anus, en même temps qu'il développait des organes préhenseurs et suceurs mieux adaptés à sa nouvelle existence, et qu'il s'enveloppait d'une carapace destinée à le protéger.

Enfin, il est impossible de nier les relations des Infusoires Ciliés avec les Grégariniens et l'on pourrait encore, d'après leur état rudimentaire, considérer ces derniers comme ayant précédé les Ciliés. Cependant, si l'on tient compte de la vie parasitaire des Grégariniens, il est permis de supposer, avec quelque raison, que les Grégariniens sont des Ciliés ayant subi, sous l'influence du parasitisme, une dégénération de toutes leurs parties.

Les quatre groupes de Ciliés dont nous avons résumé les caractères dans le tableau ci-dessus se laissent assez facilement diviser en familles et en genres dont nous croyons utile de reproduire ici les caractères d'après les zoologistes qui ont, dans ces derniers temps, le mieux étudié les Infusoires.

FAMILLES ET GENRES DES INFUSOIRES CILIÉS

A. HOLOTRICHÉS.

a. — Non membranifères ; à cils cuticulaires et oraux semblables.

Fam. I. PARAMÉCIDÆ. — Corps asymétrique, offrant une région ventrale et une région dorsale distinctes ; bouche ventrale.

1. *Paramœcium* : surface cuticulaire molle et flexible ; bouche précédée d'un sillon adoral oblique.

2. *Loxocephalus* : distinct du précédent par l'absence de sillon adoral.

3. *Phacus* : surface cuticulaire indurée ; individus libres ; pas de pharynx distinct.

4. *Conchophtirius* : surface cuticulaire indurée ; individus parasites ; pharynx bien différencié.

Fam. I. PRORODONTIDÆ. — Animaux symétriquement ovalaires ou cylindriques ; bouche terminale ou latérale ; pharynx distinct, souvent armé de dents en forme de bâtonnets.

5. *Prorodon* : pharynx armé ; corps à forme persistante ; bouche terminale ou subterminale.

6. *Nassula* : mêmes caractères, avec la bouche latérale.

7. *Cyrtostomum* : pharynx armé ; corps mou et élastique ; bouche latérale.

8. *Isotricha* : pharynx non armé, droit ; corps à forme persistante ; bouche latérale ou subterminale.

9. *Holophrya* : pharynx non armé, droit, corps élastique et contractile ; bouche terminale.

10. *Otostoma* : pharynx inerme, courbe, court, convoluté ou en forme d'oreille.

11. *Helicostoma* : pharynx inerme, courbe, long, terminé par une flexion hélicoïde.

Fam. III. TRACHELOPHYLLIDÆ. — Animaux lancéolés ou en forme de bouteille ; orifice buccal terminal.

12. *Trachelophyllum* : corps très élastique et contractile, muni d'un prolongement en forme de cou.

13. *Enchelyodon* : mêmes caractères, sans cou.

14. *Urotricha* : corps à forme persistante, muni de soies caudales.

b. — A cils oraux et cuticulaires dissemblables.

Fam. IV. COLEPIDÆ. — Corps ovalaire, symétrique ; bouche terminale ; surface cuticulaire durcie en une sorte de cuirasse.

15. *Coleps* : pas de soies buccales ; cuirasse munie de prolongements épineux.

16. *Plagopogon* : pas de soies buccales ; carapace sans prolongements épineux.

17. *Polykrikos* : soies buccales bien différenciées.

Fam. V. ENCHELIDÆ. — Corps plus ou moins ovalaire ; extrémité apicale non séparée du corps par un sillon annulaire, ni prolongée en bec ; bouche terminale ou latérale ; surface cuticulaire molle et flexible.

18. *Enchelys* : bouche terminale ; cils oraux formant une simple rangée circulaire ; corps piriforme, obliquement tronqué antérieurement.

19. *Metacystis* : mêmes caractères que le précédent, mais avec le corps ovalaire, et une région postérieure renflée en une sorte de vésicule.

20. *Perispira* : bouche terminale ; cils oraux disposés sur une spirale allongée.

21. *Anophrys* : bouche latérale ou ventrale, symétriquement ovale ; pharynx non cilié.

22. *Tillina* : mêmes caractères, avec le pharynx cilié.

23. *Colpoda* : bouche latérale ou ventrale asymétrique, en forme de fente.

Fam. VI. TRACHELOCERCIDÆ. — Corps lagéniforme ou allongé, ordinairement prolongé en cou en avant et muni d'un sillon annulaire apical ; bouche terminale ou subterminale ; surface cuticulaire molle et flexible.

24. *Trachelocerca* : sillon apical annulaire bien formé ; bouche terminale ; cou très élastique et extensible.

25. *Lacrymaria* : mêmes caractères, cou peu extensible.

26. *Phialina* : bouche subterminale, ouverte dans le sillon annulaire apical ; individus solitaires et libres.

27. *Maryna* : mêmes caractères ; individus réunis en sociétés habitant un zoothécium fixé et ramifié.

28. *Lagynnis* : pas de sillon annulaire apical ; pharynx allongé, plissé longitudinalement.

29. *Chœnia* : distinct du précédent par son pharynx court et non plissé.

Fam. VII. TRACHELIDÆ. — Corps allongé, très élastique ; bouche située à la base d'un prolongement atténué ou en forme de trompe, de l'extrémité antérieur du corps.

30. *Trachelius* : parenchyme du corps très vacuolaire ou réticulé.

31. *Amphileptus* : parenchyme homogène ; extrémité antérieure développée en une trompe allongée, flexible.

32. *Loxophyllum* : extrémité antérieure atténuée, mais non allongée en trompe.

Fam. VIII. ICHTHYOPHTHIRIIDÆ. — Région orale adhésive, acétabuliforme.

33. *Ichthyopthirius* : disque oral muni de soies rayonnant vers son centre.

c. — Holotrichés portant des cils et une expansion membraniforme.

Fam. IX. OPHRYOGLENIDÆ. — Membrane vibratile en forme de languette, enfermée dans la fossette buccale ou ne faisant qu'une faible saillie au dehors.

34. *Ophryoglena* : bouche subterminale, dépourvue de cils adoraux plus longs que les autres.

35. *Panophrys* : bouche subterminale, munie de longs cils adoraux disposés en spirale.

36. *Cyclotricha* : mêmes caractères; cils adoraux formant un seul cercle.

37. *Trichoda* : bouche terminale; bord antérieur obliquement tronqué; fossette buccale petite.

38. *Lembadion* : bouche terminale; bord antérieur symétriquement ovale; fossette buccale très vaste.

39. *Colpidium* : bouche latérale ou ventrale; membrane saillante comme une langue en dehors de la fossette buccale.

40. *Plagiopyla* : bouche latérale ou ventrale; membrane contenue dans la fossette buccale; corps symétriquement ovale; pharynx distinct.

41. *Meniscostomum* : mêmes caractères que le précédent; pas de pharynx distinct.

42. *Chasmatostomum* : bouche latérale ou ventrale; membrane cachée dans la fossette buccale; corps subréniforme; face dorsale convexe, face ventrale aplatie; fossette buccale ovale.

43. *Pleurochilidium* : mêmes caractères que le précédent; fossette buccale en forme d'oreille.

44. *Ptychostomum* : mêmes caractères; fossette buccale acétabuliforme.

Fam. X. PLEURONEMIDÆ. — Membrane non vibratile, disposée en avant et autour de la fossette buccale, en forme de faucille.

45. *Pleuronema* : orifice buccal et membrane falciforme situés sur la face ventrale; cils rigides; pas de soie caudale.

46. *Cyclidium* : mêmes caractères que le précédent, avec une soie caudale.

47. *Uronema* : orifice buccal et membrane falciforme situés sur la face ventrale; cils flexibles et vibratiles.

48. *Bœonidium* : orifice buccal et membrane falciforme terminaux.

Fam. XI. LEMBIDÆ. — Individus libres, vermiformes, forts nageurs; membrane formant une crête prolongée.

49. *Lembus* : pas d'appendice digitiforme antérieur ni de soie caudale.

50. *Proboscella* : appendice digitiforme antérieur et soies caudales.

Fam. XII. TRICHONYMPHIDÆ. — Individus vermiformes, endoparasites; mouvements lents, en vrille; corps muni de cils de diverses longueurs et d'une membrane ondulée plus ou moins visible.

51. *Trichonympha* : cils disposés manifestement en trois ou quatre séries distinctes.

52. *Pyrsonema* : cils disposés en une seule série; bord latéral ondulé.

53. *Dissenympha* : cils disposés en une seule série; bords du corps serretés quand l'animal se courbe.

d. — Holotriches sans bouche.

Fam. XIII. OPALINIDÆ. — Animaux couverts de cils fins et semblables; endoparasites; pas d'orifice buccal distinct.

54. *Opalina* : corps muni seulement de cils, sans organe préhensile ; pas de vésicule contractile ; endoplaste rarement visible.

55. *Anoplophrya* : mêmes caractères que le précédent ; une ou plusieurs vésicules contractiles ; endoplaste bien visible.

56. *Haptophrya* : corps muni d'organes préhensiles acétabuliformes.

57. *Hoplitophrya* : corps muni d'organes préhensiles unciformes.

B. HÉTÉROTRICHÉS.

a. — Cils adoraux sur une seule rangée droite ou oblique.

Fam. I. BURSARIADE. — Individus libres ; cils adoraux limités au bord gauche du péristome ; pas de membrane ondulée sur le péristome.

1. *Bursaria* : péristome excavé, à peu près limité au bord droit du corps, rarement médian, enveloppant le bord antérieur, et creusé en forme de poche pharynx bien développé.

2. *Balantidium* : Mêmes caractères que le précédent ; fossette buccale en forme de fente ; pharynx rudimentaire ou absent.

3. *Nyctotherus* : péristome excavé, droit, linéaire, limité au bord droit du corps, ne commençant qu'à une certaine distance en arrière du bord antérieur.

4. *Metopus* : péristome excavé, commençant à une certaine distance en arrière du bord antérieur, s'étendant du bord gauche vers le bord droit ; pas de soies caudales.

5. *Metopides* : mêmes caractères que le précédent, mais avec des soies caudales.

6. *Plagioloma* : péristome non excavé, occupant le bord gauche du corps.

b. — Cils adoraux décrivant autour de l'orifice buccal une ligne circulaire ou spiralée.

Fam. II. SPIROSTOMIDE. — Individus libres ; péristome et frange adorale situés sur la face ventrale ; anus postéro-terminal.

7. *Condylostoma* : péristome pourvu sur toute la longueur de son bord droit d'une membrane ondulée.

8. *Blepharisma* : péristome ne possédant une membrane ondulée que dans sa région postérieure.

9. *Spirostomum* : péristome dépourvu de membrane ondulée, allongé, linéaire.

10. *Leucophrys* : péristome dépourvu de membrane ondulée, large, court , en forme de harpe.

Fam. III. STENTORIDE. — Individus fixés d'une manière permanente ou temporaire ; péristome et cils adoraux occupant tout le bord antérieur ou frontal, creusé en entonnoir ou diversement étalé.

11. *Stentor* : péristome sub-circulaire ou infundibuliforme.

12. *Folliculina* : péristome divisé en deux pans.

13. *Chætospira* : péristome formant une simple surface ligulée, tordue.

Fam. IV. TINTINNODE. — Corps ovale ou piriforme ; cils adoraux formant autour de l'extrémité antérieure un cercle simple.

14. *Tintinnus* : individus pourvus d'une tunique flottant librement dans l'eau et à laquelle ils sont fixés par un pédicule rétractile.

15. *Tintinnidium* : mêmes caractères, avec la tunique fixée à des corps étrangers.

16. *Vasicola* : individus pourvus d'une tunique, mais non pédiculés et librement mobiles.

17. *Strombidinopsis* : individus non tuniqués, nageant librement.

Fam. V. Trichodinopsidæ. — Individus non tuniqués, nageant librement; extrémité supérieure adhérente, acétabuliforme.

18. *Trichodinopsis* : acétabulum muni d'un cercle corné, non denticulé.

Fam. VI. Codonellidæ. — Individus tuniqués, nageant librement; cils oraux formant deux cercles; cils du cercle extérieur atténués, tentaculiformes.

19. *Codonella* : cils du cercle interne spatulés.

20. *Tintinnopsis* : cils du cercle interne simples, cirrheux.

Fam. VII. Calceolidæ. — Individus libres, piriformes, munis d'un ou plusieurs sillons annulaires et de cercles de cils cirrheux correspondant à ces sillons; orifice buccal situé sur la face ventrale.

21. *Calceolus* : corps muni de deux sillons annulaires, l'antérieur ne portant que de longs cils cirrheux; bouche située sur la face ventrale du sillon postérieur.

C. PÉRITRICHÉS.

a. — *Nageant librement*.

Fam. I. Torquatellidæ. — Cils adoraux remplacés par une collerette membraniforme.

1. *Torquatella* : collerette extensible, plissée; bouche munie d'une valvule linguiforme.

Fam. II. Dictyocystidæ. — Individus pourvus d'une cuirasse.

2. *Dictyocysta* : cuirasse siliceuse, fenêtrée; individus pourvus de cils tentaculiformes.

3. *Petalotricha* : tunique membraneuse, entière; pas de cils tentaculiformes.

Fam. III. Actinobolidæ. — Individus sans cuirasse; pourvus de tentacules rétractiles.

4. *Actinobolus* : corps ovale ou globuleux; tentacules rétractiles dispersés entre les cils adoraux.

Fam. IV. Halteriidæ. — Corps ovale ou globuleux; bouche terminale ou subterminale; couronne ciliaire adorale circulaire ou contournée en spirale, parfois accompagnée d'une ceinture supplémentaire de cils locomoteurs.

5. *Halteria* : bouche excentrique; péristome spiralé; ceinture supplémentaire de cils locomoteurs.

6. *Strombidium* : mêmes caractères, mais sans ceinture supplémentaire.

7. *Mesodinium* : bouche centrale; péristome circulaire; un seul cercle de cils locomoteurs en forme de cirrhes; corps nu.

8. *Acarella* : mêmes caractères que le précédent, mais avec le corps enfermé dans une tunique transparente.

9. *Arachnidium* : bouche centrale; péristome simple, circulaire; un seul cercle de cils locomoteurs, flexibles, tentaculiformes.

10. *Didinium* : bouche centrale; péristome simple, circulaire; deux cercles équatoriaux de cils locomoteurs.

Fam. V. Gyrocoridæ. — Corps piriforme; bouche latérale; une zone équatoriale de cils, circulaire ou spiralée.

11. *Gyrocoris* : corps muni d'un appendice caudal distinct; cils équatoriaux en spirale.

12. *Urocentrum* : appendice caudal distinct; cils équatoriaux en cercle.

13. *Telotrichidium* : pas d'appendice caudal.

Fam. VI. — Urceolaridæ. — Corps turbiné ou discoïde; bouche subterminale; extrémité postérieure acétabuliforme, adhésive, munie d'une zone marginale de cils.

14. *Cyclochæta* : acétabulum postérieur muni d'un anneau interne corné et de soies rigides et dressées.

15. *Trichodina* : mêmes caractères, sans soies supplémentaires; anneau corné de l'acétabulum denticulé.

16. *Urceolaria* : mêmes caractères que le précédent, mais avec l'anneau corné de l'acétabulum entier.

17. *Lichnophora* : acétabulum sans anneau corné; corps pourvu d'une région centrale en forme de tige.

Fam. VII. Ophryoscolecidæ. — Corps ovale ou allongé; bouche terminale, accompagnée de cils adoraux spiralés; extrémité postérieure munie d'un ou plusieurs appendices caudaux styliformes.

18. *Astylozoon* : corps non cuirassé; deux stylets caudaux.

19. *Ophyoscolex* : corps cuirassé; ceinture ciliaire équatoriale supplémentaire.

20. *Entodinium* : corps cuirassé; pas de ceinture ciliaire équatoriale.

b. — Sédentaires ou fixes.

Fam. VIII. Vorticellidæ. — Individus à corps ovale, campanulé ou subcylindrique; bouche terminale, excentrique, munie d'une bande spiralée de cils adoraux dont l'extrémité droite descend dans la bouche et dont l'extrémité gauche entoure un disque ciliaire plus ou moins élevé, protractile et rétractile.

Sous-fam. I. Vorticellina. — Corps nu.

21. *Gerda* : individus solitaires, fixés et sessiles, sans organe adhésif spécial.

22. *Scyphidia* : individus solitaires, fixés et sessiles, pourvus d'un disque adhésif acétabuliforme; péristome normalement développé.

23. *Spirochona* : mêmes caractères que le précédent; péristome développé en une expansion membraneuse, convolutée en spirale.

24. *Stylochona* : individus solitaires, fixés au moyen d'un pédicule rigide ou rétractile; péristome formant une expansion membraneuse, convolutée en spirale.

25. *Rhabdostyla* : mêmes caractères que le précédent; péristome normal; disque ciliaire axial.

26. *Pyxidium* : mêmes caractères que le précédent; disque ciliaire inséré latéralement.

27. *Vorticella* : individus solitaires, fixés par un pédicule rétractile.

28. *Carchesium* : individus associés en colonies dendriformes; chaque zooïde porté par un pédicule contractile distinct.

29. *Zoothamnium* : individus associés en colonies dendriformes, et portés par un pédicule rétractile commun à la colonie entière.

30. *Epistylis* : individus associés en colonies dendriformes portés par un pédicule rigide; disque ciliaire axile; pas de collerette membraneuse.

31. *Opercularia* : individus associés en colonies dendriformes, portés par un pédicule rigide; disque ciliaire inséré latéralement; péristome muni d'une collerette membraneuse.

Sous-fam. III. Vaginicolina. — individus sécrétant une logette dure.

32. *Vaginicola* : logette dressée et sessile; corps sessile ou fixé à la logette par un pédicule court; pas de valve interne à la logette.

33. *Thuricola* : mêmes caractères que le précédent; logette munie d'une valve en forme de portière.

34. *Cothurnia* : logette dressée et pédiculée; corps sessile ou fixé à la logette par un pédicule court; corps dépourvu d'opercule.

35. *Pyxicola* : mêmes caractères que le précédent ; corps muni d'un opercule corné.

36. *Pachytrocha* : mêmes caractères que le précédent, mais avec un opercule charnu.

37. *Stylocola* : logette dressée ; corps fixé à la tunique par l'intermédiaire de plusieurs prolongements stytiliformes.

38. *Platycola* : logette décombante ; individu adhérent à l'extrémité postérieure de la logette.

39. *Lagenophrys* : logette décombante ; individu adhérent à l'une des faces de la logette.

Sous-fam. III. OPHRYDINA. — Individus sécrétant une tunique molle, gélatineuse.

40. *Ophionella* : individus solitaires.

41. *Ophrydium* : individus associés en colonies.

D. HYPOTRICHÉS.

Fam. I. CLAMYDODONTA. — Face ventrale garnie en totalité ou en partie de cils fins et serrés ; pharynx corné, en forme de nasse ; pas de piquants mobiles à l'extrémité postérieure.

1. *Phascolodon* : corps presque cylindrique ; face ventrale étroite, remontant en avant obliquement vers le dos.

2. *Chilodon* : corps aplati ; face ventrale plane, entièrement couverte de cils ; bouche située dans la moitié antérieure du corps.

3. *Opistodon* : mêmes caractères que le précédent, mais avec la bouche située dans la moitié postérieure du corps.

4. *Chlamydodon* : corps aplati ; face ventrale plane, ne portant de cils qu'au niveau de la ligne médiane qui est déprimée ; corps arrondi en arrière.

5. *Scaphydiodon* : mêmes caractères que le précédent, mais sans dépression de la ligne médiane ventrale et avec le corps terminé en pointe en arrière.

Fam. II. ERVILIINA. — Face ventrale garnie en totalité ou en partie de cils fins et serrés ; pharynx corné, raide et lisse ; un piquant mobile à l'extrémité postérieure du corps.

6. *Trochilia* : cils formant une bande courbe sur la ligne médiane de la face ventrale.

7. *Ervilia* : cils disposés dans une échancrure de la face ventrale et à droite.

Fam. III. ASPIDISCINA. — Corps en forme de bouclier cuirassé ; face ventrale pourvue de soies, de crochets ou de stylets en touffes ; pas de soies sur les bords ; rangée de cils adoraux protégée par une proéminence de la face ventrale, et n'occupant qu'une partie du bord antérieur ; un bouquet de soies près de l'anus.

8. *Aspidisca* : caractères de la famille.

Fam. VI. EUPLOTINA. — Ne diffère de la précédente qu'en ce que les cils adoraux s'étendent sur toute la longueur du bord antérieur.

9. *Uronychia* : pas de soies sur le ventre ; soies anales fortes, en forme de piquants, disposées en bouquet en avant de l'extrémité postérieure du corps.

10. *Styloplotes* : soies anales et ventrales, et quatre à cinq soies marginales dont 3 réunies en bouquet ; face ventrale creusée en auge.

11. *Euplotes* : face ventrale bombée au niveau de la ligne médiane ; soies anales et ventrales, et quelques soies marginales dont quatre isolées.

Fam. V. OXYTRICHINA. — Corps tantôt cuirassé, tantôt seulement à forme fixe, parfois métabolique ; face dorsale convexe ; face ventrale plane, munie de chaque côté d'une rangée de soies fines et portant des soies en piquants diversement disposées dans la région médiane.

12. *Onychodromus* : corps cuirassé ou à forme fixe ; soies anales et frontales en forme de piquants ; trois rangées longitudinales de soies frontales ; soies abdominales de même nature, disposées sur trois à quatre rangées longitudinales dans la région médiane ; pas de soies abdominales disposées en rangées latérales.

13. *Stylonychia* : mêmes caractères que le précédent ; huit soies frontales disposées en cercle ; cinq soies abdominales en deux rangées longitudinales.

14. *Pleurotrycha* : très voisin des précédents, corps à forme fixe ; face abdominale munie de soies éparses dans sa région médiane et de rangées latérales de soies.

15. *Kerona* : soies abdominales plus fines que dans les précédents ; corps souvent métabolique ; pas de soies anales, et, habituellement, pas de soies frontales ; corps réniforme, pointu ou caudiforme en arrière ; six rangées arquées de soies abdominales.

16. *Stichotricha* : mêmes caractères que le précédent ; une seule rangée oblique de soies abdominales ; corps allongé.

17. *Uroleptus* : mêmes caractères que les précédents ; deux rangées longitudinales de soies abdominales ; trois soies frontales en forme de piquants.

18. *Psilotricha* : mêmes caractères que les précédents ; pas de soies frontales ; soies abdominales et latérales très épaisses et longues.

19. *Oxytricha* : soies abdominales fines ; corps toujours métabolique, ordinairement arrondi ; soies anales et frontales manifestes ; deux rangées longitudinales médianes de soies abdominales.

20. *Urostyla* : mêmes caractères que le précédent ; cinq ou un plus grand nombre de rangées longitudinales de soies abdominales.

CHAPITRE VIII

INFUSOIRES TENTACULIFÈRES

§ 1. ÉTUDE DES PRINCIPALES FORMES

Nous pouvons prendre comme premier exemple pour l'étude de ce petit groupe d'Infusoires le *Trichophrya Epistylidis* CLAP. et LACHM.[1] qui vit en parasite sur les rameaux des colonies d'un Infusoire Cilié Péritriché, l'*Epistylis plicatilis*. Son corps est allongé et aplati, à contours changeants ; il repose d'habitude par toute sa longueur sur les branches de l'*Epistylis* à la surface desquelles il se meut par une

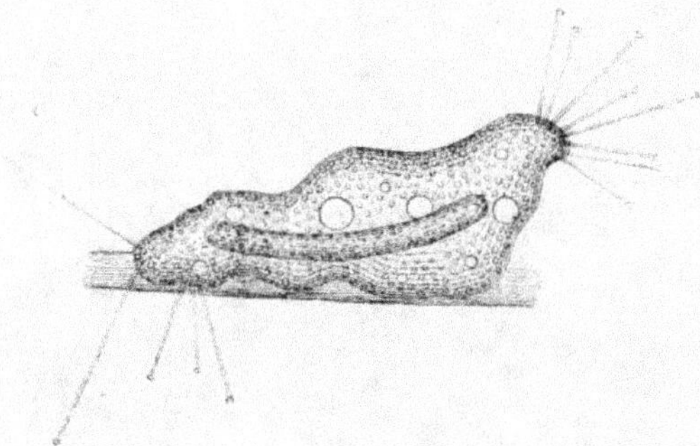

Fig. 266. — *Trichophrya Epistylidis* fixé sur un pédoncule de l'*Epistylis plicatilis*, vu de profil (d'après Clap. et Lachm.).

sorte de reptation. Il est formé d'un corps protoplasmique granuleux, enveloppé d'une membrane très mince et très flexible, permettant des changements considérables du contour. Vers le centre du corps protoplasmique se trouve un seul noyau allongé, volumineux; il existe, en outre, plusieurs vacuoles contractiles. On ne peut distinguer ni bouche, ni anus, ni aucune surface spécialement destinée

1. CLAPARÈDE et LACHMANN. *Études sur les Infus. et les Rhizopodes*, I, p. 386; III, p. 131, tab. IV, fig. 14, 15.

à l'ingestion des aliments, et la membrane d'enveloppe est assez résistante pour mettre obstacle à la pénétration des particules alimentaires solides. Mais, des divers points du corps de l'animal s'élèvent des bouquets de filaments rigides, transparents, cylindriques, désignés sous le nom de *suçoirs* et jouant le rôle d'organes de préhension et d'absorption des aliments. Les suçoirs sont formés par le protoplasma du corps de l'animal et enveloppés par la membrane. L'animal les applique contre le petit Péritriché dont il se nourrit et suce par leur intermédiaire la substance protoplasmique de sa petite

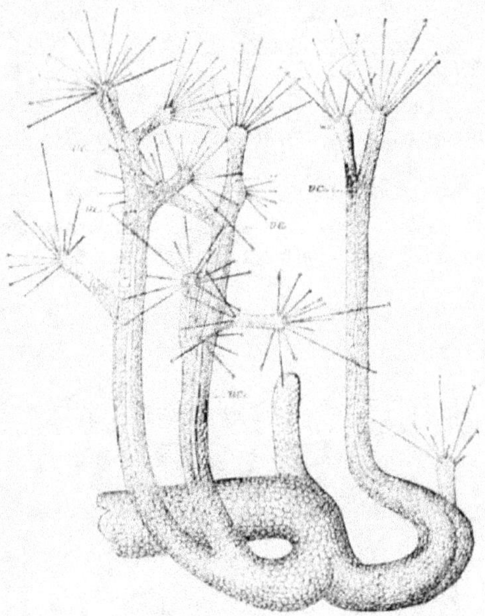

Fig. 267. — *Dendrosoma radians* (d'après Clap. et Lach.). — *vc*, vaisseaux contractiles.

victime. Quand on regarde l'animal de dos, on voit que les suçoirs sont disposés sur les flancs du *Trichophrya*. La reproduction de cette espèce n'est pas suffisamment connue pour que nous puissions en parler.

Dans une espèce très voisine, le *Trichophrya digitata* CLAP. et LACHM. [1], les suçoirs, au lieu d'être formés d'une expansion cylindrique simple, sont ramifiés.

1. CLAPARÈDE et LACHMANN, *loc. cit.*, III, p. 386. — STEIN (*Infus.*, p. 228, tab. V, fig. 19-22) décrit cette espèce sous le nom de *gefingerte Acinete*.

Le *Sphærophrya pusilla* CLAP. et LACHM. [1], vit alternativement dans l'eau à l'état libre et en parasite sur des Infusoires Ciliés. Il est très petit, arrondi, muni de quelques suçoirs simples, cylindriques, épars à la surface de son corps. Il attend dans l'eau qu'un Oxytriché vienne passer auprès de lui ; il se fixe alors sur lui et se laisse entraîner en le suçant ; puis, à un moment donné, il se détache et attend de nouveau qu'un autre Oxytriché se présente, pour se comporter de la même façon.

Le *Dendrosoma radians* CLAP. et LACHM. [2] peut être défini un *Trichophrya* dont le corps a développé, en divers points de sa surface, des bourgeons allongés, cylindriques, terminés chacun par un bouquet de suçoirs. La membrane d'enveloppe est relativement mince ;

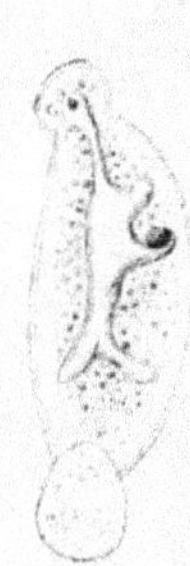

Fig. 268. — *Ophryodendron belgicum* (d'après Fraipont).

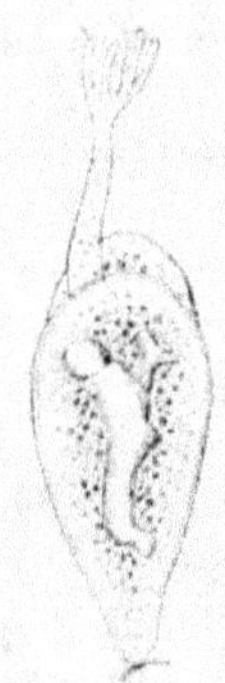

Fig. 269. — *Ophryodendron belgicum* adulte (d'après Fraipont).

le noyau se ramifie dans toutes les branches du corps, et chaque branche contient une vésicule contractile allongée en vaisseau.

L'*Ophryodendron belgicum* FRAIP. [3], espèce très bien étudiée dans ces derniers temps par Fraipont qui l'a recueillie à Ostende, sur la *Clitia volutilis*, présente des caractères très remarquables. Son corps est ovoïde et fixé sur son hôte par sa petite extrémité qui est rétrécie en une sorte de pédicule court. La grosse extrémité porte une sorte de trompe à peu près cylindrique, insérée dans une dépression du corps et terminée par sept ou huit petites branches qui lui donnent l'aspect d'un pinceau. Le protoplasma qui forme la masse centrale

1. CLAPARÈDE et LACHMANN, *loc. cit.*, I, p. 385 ; III, tab. I, fig. 11-12.
2. CLAPARÈDE et LACHMANN, *loc. cit.*, III, p. 140, tab. II, fig. 15.
3. FRAIPONT, *Recherches sur les Acinetiens de la côte d'Ostende*, in *Bullet. Acad. Sc. Belgique*, 1877, XLIV, p. 770, tab. I.

du corps est très granuleux ; il contient un nombre variable de petits corpuscules fusiformes, à bords très réfringents, probablement analogues aux trichocystes des Infusoires Ciliés. Le protoplasma est assez nettement divisé en deux régions : une couche corticale plus claire et plus dense, l'ectosarque, et une portion centrale plus fluide et très granuleuse, opaque, l'endosarque. Il existe toujours une vacuole contractile, située dans la portion renflée du corps ; une seconde plus petite, existe souvent dans la portion rétrécie. Le noyau est unique. Sa forme est extrêmement variable ; chez l'adulte il est toujours plus ou moins arborescent ; chez les jeunes, il a toujours la forme d'un bissac recourbé. La membrane d'enveloppe est épaisse, cuticularisée, incolore, très adhérente à l'ectosarque sur toute l'étendue du corps. La trompe que porte la grosse extrémité du corps est insérée dans une fossette de cette extrémité ; elle est formée de protoplasma et recouverte par la cuticule amincie ; elle est susceptible de se raccourcir au point de se cacher dans la fossette où elle s'insère, ou même de s'enfoncer plus ou moins complètement dans le corps de l'animal ; quand elle est allongée, elle peut atteindre une longueur égale à celle du corps. Elle est terminée par un bouquet de *suçoirs préhenseurs*, formés comme elle par du protoplasma que recouvre la membrane d'enveloppe extrêmement amincie. Ces petits prolongements cylindriques se meuvent dans toutes les directions, et s'allongent ou se raccourcissent en rentrant dans la substance de la trompe. Ils servent très probablement à la préhension et à l'absorption des aliments, comme les suçoirs des autres Acinétiens que nous avons déjà étudiés.

Les individus que nous venons de décrire ont reçu de Hinks la dénomination de *proboscidiens* à cause de la trompe qu'ils possèdent. Ils représentent l'état adulte de l'*Ophryodendron belgicum*.

D'autres individus, désignés par Hinks sous le nom de *lagéniformes*, coexistent toujours avec les *proboscidiens*. Ils se distinguent nettement de ces derniers par l'absence de trompe. Leur corps est ovoïde, fixé par la petite extrémité qui est rétrécie ; il est parfois muni, au niveau de la grosse extrémité, d'une sorte de prolongement cylindrique que l'on peut considérer comme analogue à la trompe des proboscidiens et peut-être même comme une trompe en voie de développement.

On a beaucoup discuté sur les rapports qui existent entre les individus lagéniformes et les proboscidiens. Les uns les ont considérés comme de simples formes d'une même espèce, n'ayant entre elles aucun rapport de filiation. Hinks[1] considère les lagéniformes comme

---

1. Hinks, in *Quart. journ. of. micr. sc.*, 1873, XIII, p. 1, tab. I.

destinés à nourrir les proboscidiens; Koch[1] pense que les lagéniformes peuvent se fixer sur les proboscidiens et se fusionner avec
eux; ce serait à la suite de cette conjugaison que naîtraient les embryons ciliés dont nous parlerons tout à l'heure. Claparède et Lachmann[2] semblent considérer les lagéniformes comme des formes jeunes
destinées à se transformer en proboscidiens; enfin, Fraipont admet
que les lagéniformes sont des individus nés par bourgeonnement
externe des proboscidiens et destinés à se
transformer en proboscidiens sans passer
par la phase ciliée que subissent les embryons nés par bourgeonnement interne.

Fraipont a étudié dans l'*Ophryodendron
belgicum* la multiplication par bourgeonnement, mais il n'a pas observé la formation
interne d'embryons qui avait été signalée et
décrite par Claparède et Lachmann dans
l'*Ophryodendron abietinum*, et par d'autres
zoologistes dans divers Acinétiens dont
nous avons encore à parler. D'après les
observations de Fraipont, il se produit sur
la grosse extrémité de l'*O. belgicum* un
bourgeon, toujours unique, arrondi, dans
lequel le noyau envoie un prolongement;
quand le bourgeon a acquis une certaine
taille, sa base se rétrécit, puis se rompt;
le bourgeon devenu libre va se fixer dans
le voisinage de son parent et grossit rapidement, en prenant les caractères d'abord
d'un lagéniforme, puis d'un proboscidien.
Dans l'*O. Abietinum*, espèce trouvée en abondance dans la mer du Nord, sur des Campanulaires, et remarquable par ses suçoirs
préhenseurs disposés sur la trompe comme

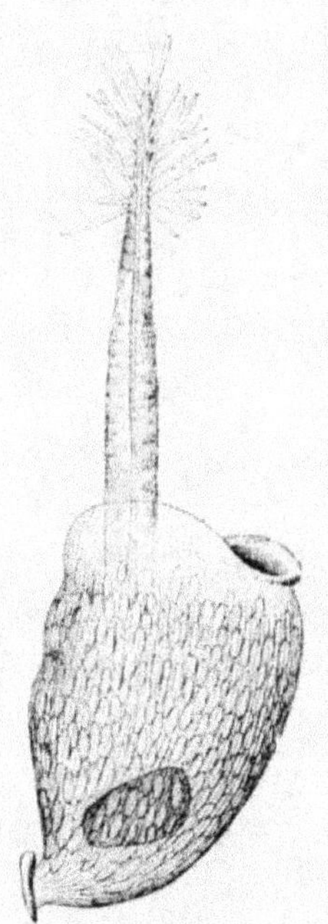

Fig. 270. — *Ophryodendron
abietinum* (d'après Clap. et
Lach.)

les branches d'un Sapin, Claparède et Lachmann ont décrit et figuré
la formation d'embryons internes qu'ils supposent être produits par
la division du noyau de l'animal adulte, sous la forme de petits
corps ovales ou allongés, convexes d'un côté et aplatis de l'autre,
pourvus d'une vacuole contractile et munis de cils sur la face plane.

1. Koch. *Zwei Acineten auf* Plumularia cetacea. 1876.
2. Claparède et Lachmann, *loc. cit.*, III, p. 143.

Quelques individus produisaient jusqu'à 16 et 20 de ces embryons. Il fut impossible à Claparède et à Lachmann de suivre leur développement ultérieur.

Les *Podophrya* que nous plaçons au voisinage des formes précédemment décrites, ressemblent au *Trichophrya* par la nature de leurs suçoirs, mais s'en distinguent en ce qu'ils sont portés par un long pédicule dont la base est adhérente à des corps étrangers. Nous pouvons prendre comme exemple de cette forme le *Podophrya Benedeni* FRAIP.[1] qui a été très bien étudié dans ces derniers temps par

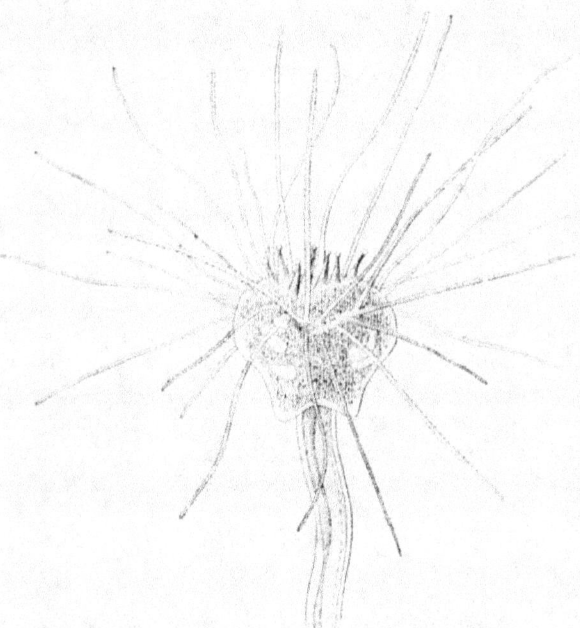

Fig. 271. — *Podophrya Benedeni* (d'après Fraipont).

M. Fraipont. Cette espèce fut trouvée à Ostende, sur des *Campanularia dichotoma* qui elles-mêmes étaient fixées sur des morceaux de bois flottants dans une huîtrière. Elle peut être comparée à une

1. FRAIPONT, *Recherches sur les Acinétiens de la côte d'Ostende*, in *Bull. Ac. sc. de Belgique*, 1878, XLV, p. 264, tab. IV et V. — R. Hertwig a publié aussi une excellente monographie d'une autre espèce de *Podophrya*, le *P. gemmipara*, espèce de taille très considérable, trouvée à Helgoland sur des Bryozoaires et des Polypes Hydroïdes (*Ueber Podophrya gemmipara*, in *Morphol. Jahb. von Gegenbaur*, 1875, I, p. 20).

petite poire portée par un pédicule grêle et très allongé. Le corps est formé de protoplasma granuleux et nettement divisible en ectosarque et endosarque; il contient un noyau de forme très variable et, d'habitude, quatre vacuoles contractiles disposées par paires. La grosse extrémité porte un grand nombre de tentacules cylindriques, grêles, très contractiles. La petite extrémité offre une légère dépression dans laquelle s'insère le pédicule. La membrane d'enveloppe est épaisse au niveau du corps, très mince au niveau des suçoirs; elle adhère intimement, dans toute son étendue, à l'ectosarque, dont elle suit tous les mouvements. Le pédicule est formé d'une substance médullaire striée en travers et paraissant formée de disques super-

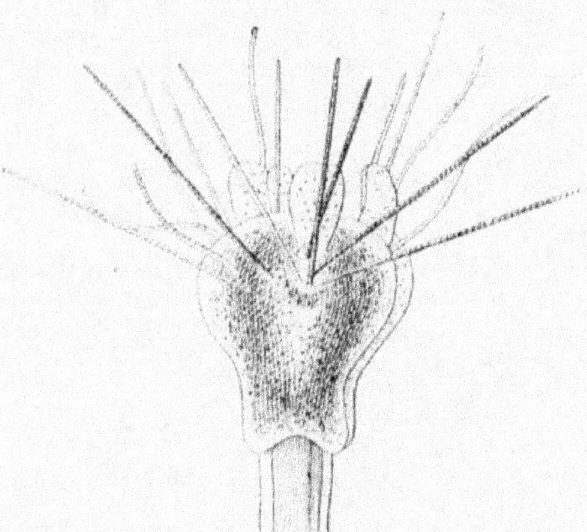

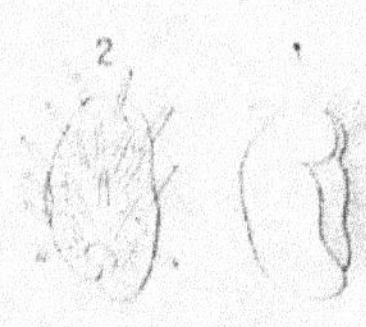

Fig. 272. — *Podophrya Benedeni* en voie de bourgeonnement (d'après Fraipont).

Fig. 273. — Bourgeons du *Podophyra Benedeni*. (d'après Fraipont).

posés de nature différente, et d'une enveloppe très épaisse, surtout sur le milieu de la hauteur; le pédicule est presque toujours quadrangulaire.

Les tentacules qui surmontent la grosse extrémité du corps sont de deux sortes, désignés par Hertwig et Fraipont les uns sous le nom de *filaments préhenseurs* (*Fangfäden*), les autres sous celui de *tubes suçoirs* (*Saugröhren*) ou simplement suçoirs.

Les filaments préhenseurs sont au nombre d'une quarantaine; ils sont très contractiles, cylindriques, grêles, souvent un peu renflés à l'extrémité, recouverts par la cuticule très amincie, et formés d'une substance protoplasmique qui, vers l'extrémité, semble former une sorte de fil enroulé sur lui-même en spirale, ayant les caractères d'une fibrille musculaire. D'après Fraipont, quand les tentacules se rétractent, ils pénètrent plus ou moins dans l'intérieur du corps en repoussant devant eux la substance protoplasmique et en provoquant la formation d'une sorte de cavité tubuleuse qui persiste après que le filament s'est allongé de nouveau. C'est cette cavité que Maupas [1] a prise, dans le *Podophrya fixa*, pour un prolongement des suçoirs jusqu'au centre du protoplasma. Quand un Infusoire se présente au contact des filaments préhenseurs, ceux-ci s'enroulent autour de lui et l'attirent vers les suçoirs. Ceux-ci sont situés au centre des filaments préhenseurs; ils sont beaucoup plus courts et plus épais que ces derniers et terminés par un petit renflement; ils sont formés par du protoplasma que recouvre la membrane extrêmement amincie.

Fraipont n'a observé dans cette espèce que la reproduction par bourgeonnement externe. Les bourgeons se forment sur la face supérieure du corps de l'adulte, autour du centre de cette face, au nombre de trois a cinq; le noyau envoie dans chacun un prolongement renflé à l'extrémité. Les bourgeons sont d'abord arrondis, puis réniformes. Leur faces concaves, qui regardent en dedans, se couvrent bientôt de cils vibratiles; puis ils se détachent, nagent lentement au voisinage de leur parent pendant plusieurs heures, s'arrêtent enfin et développent sur leur face convexe de petits appendices qui prennent rapidement l'aspect des suçoirs des *Trichophrya*. L'animal recommence alors à se mouvoir à l'aide de ses tentacules, puis il se fixe sur une Campanulaire et développe sur sa face concave un pédicule qui s'allonge de bas en haut. C'est seulement après l'apparition du pédicule que les suçoirs se forment au centre des filaments préhenseurs. Les embryons ciliés sont fort intéressants en ce qu'ils indiquent les relations qui existent entre les Infusoires Tentaculifères et les Infusoires Ciliés. Hertwig a signalé dans les embryons ciliés de la *Podophrya gemmipara* une sorte d'invagination de la membrane rappelant assez bien la bouche et le pharynx des Infusoires Ciliés adultes; mais ce caractère d'organisation n'est que passager et rien de semblable ne s'observe chez l'adulte.

Dans toutes les formes que nous avons précédemment étudiées, les individus, qu'ils soient libres ou fixés, ne possèdent jamais d'autre organe de protection qu'une membrane d'enveloppe plus ou moins cuticularisée, mais adhérente au corps par toute sa surface. Dans les espèces que nous allons maintenant décrire, il existe, au contraire, toujours, une véritable carapace ou plutôt une logette distincte, sur

1. MAUPAS, *Sur la* Podophrya fixa, in *Arch. de zool. expérim.*, 1876. V, p. 401; tab. XVIII.

une étendue plus ou moins considérable, de la surface du corps de l'animal.

Le *Solenophrya crassa* CLAP. et LACHM.[1] est à peu près ovoïde, très aplati sur l'une de ses faces et muni sur l'autre, qui est convexe, de quatre à six faisceaux de suçoirs cylindriques, non ramifiés; la substance du corps est opaque, granuleuse; elle contient un noyau et un nombre assez considérable de vésicules contractiles. Le corps est logé dans une carapace transparente, en forme de boîte très largement ouverte, sur le fond de laquelle repose sa face aplatie. Cette carapace est très adhérente au corps par son fond, et ne se montre bien distincte de lui que sur les côtés; elle est produite par l'animal

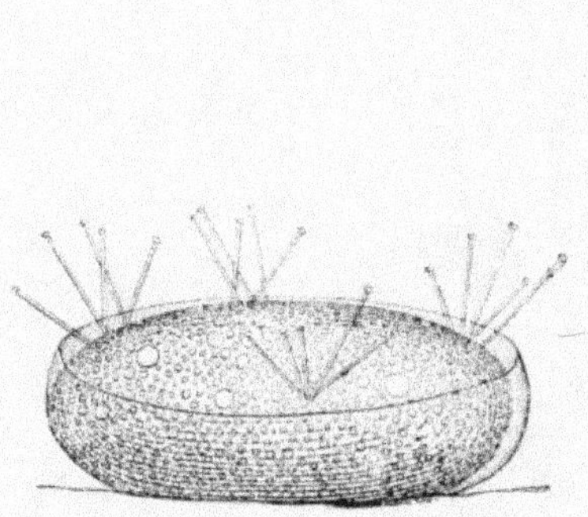

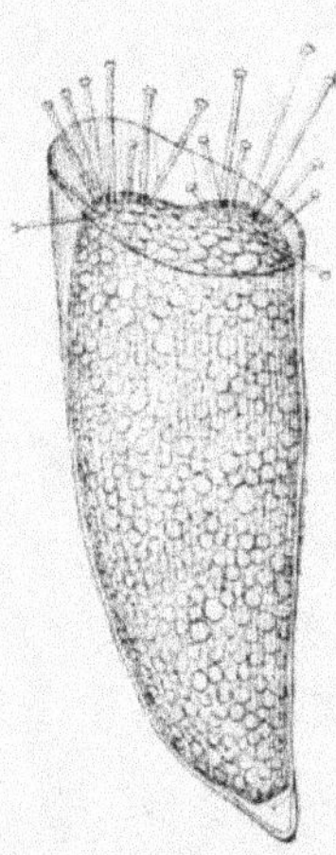

Fig. 274. — *Solenophrya crassa*, dans sa coque (d'après Clap. et Lach.).

Fig. 275. — *Calix Notonectæ* (d'après Clap. et Lach.).

lui-même, comme les logettes de tous les Infusoires tuniqués que nous avons déjà étudiés. Le fond de la carapace est lui-même fixé sur des corps étrangers; Lachmann le trouva sur les racines d'un *Lemna*, dans un bassin du Thiergarten de Berlin.

Le *Calix Notonectæ* (*Solenophrya Notonectæ* CLAP. et LACHM.[2]) ne se distingue du précédent que par la forme de sa tunique qui est longue, fixée par le sommet et largement évasée à la base en dehors de laquelle l'animal peut faire saillie. Les suçoirs sont portés par deux nodosités. Cette espèce a été trouvée sur les poils des pattes

1. CLAPARÈDE et LACHMANN, *loc. cit.*, I, p. 389, tab. XXI, fig. 10.
2. CLAPARÈDE et LACHMANN, *loc. cit.*, III, p. 139, tab. II, fig. 14.

de la *Notonecta glauca*. L'*Urnula Epistylidis* Clap. et Lachm.[1] est

Fig. 276. — *Urnula Epis-
tylidis* (d'après Clap. et
Lach.).

Fig. 277. — *Acineta divisa* (d'après Fraipont.) —
p, pédicule ; *l*, logette ; *cp*, endosarque de
l'Infusoire ; *mc*, ectosarque ; *sp*, tentacules :
b, bourgeon.

formé d'un corps ovoïde, logé dans une carapace transparente, en

1. Claparède et Lachmann, *loc. cit.*, III, p. 207, tab. 1, fig. 2 a, tab X, fig. 1.

forme de cornet, rétrécie au niveau de l'ouverture et fixée par son
extrémité étroite sur les rameaux des *Epistylidis ;* le nombre de
ses suçoirs est très peu considérable ; ils se terminent souvent par
une sorte de petit bouton. Claparède et Lachmann ont constaté la
multiplication de ce petit animal par une sorte de bourgeonnement ;
une nouvelle vésicule contractile apparaît vers le milieu de la longueur du corps et près de sa surface ; une forte saillie elliptique se produit en ce point, se couvre de cils vibratiles, puis se détache, sous la
forme d'un individu nouveau, qui sort de la logette et vit pendant
un certain temps à l'état libre, puis, très probablement, se fixe,
perd ses cils et sécrète une logette semblable à celle de l'animal

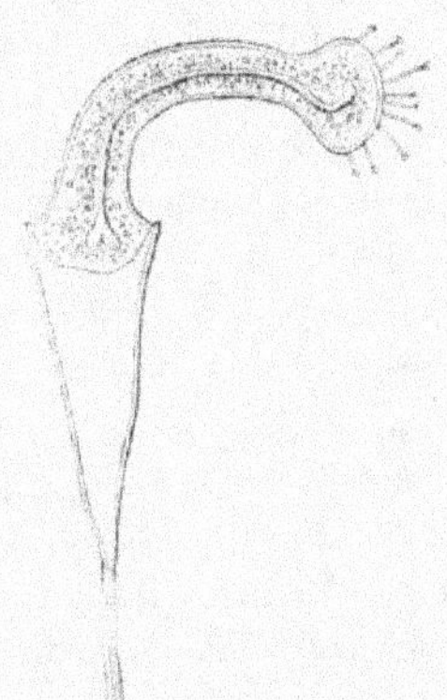

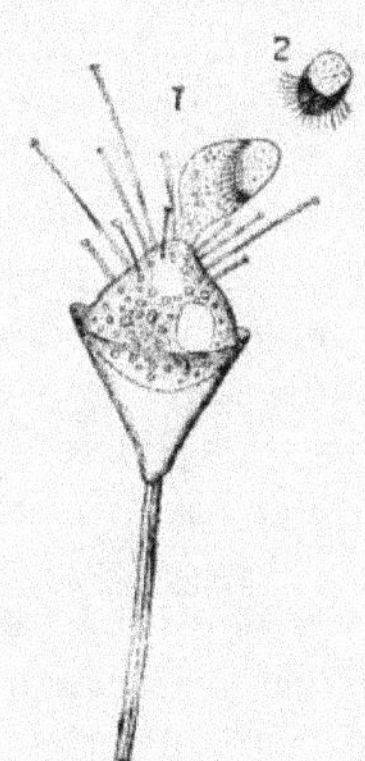

Fig. — 278. *Acineta divisa,*
(d'après Fraipont).

Fig. 279. — *Acineta divisa*
(d'après Fraipont).

qui lui a donné naissance. Les mêmes zoologistes ont observé dans
l'*Urnula Épistylidis* une formation interne d'embryons ciliés.

La forme pédiculée, qui est représentée dans les Tentaculifères
nus par les *Podophrya*, l'est ici par les Acinètes. Nous pouvons étudier comme exemple l'*Acineta divisa* FRAIP., qui a été récemment
l'objet d'une étude approfondie de la part de Fraipont[1]. Il la trouva
en abondance à Ostende, dans une huitrière, sur des *Campanularia
dichotoma.* Le corps est irrégulièrement ovoïde, formé d'une masse
protoplasmique dans laquelle il est assez facile de distinguer un
ectosarque peu granuleux, dense, incolore, et un endosarque très
granuleux, opaque, moins dense. Il contient un noyau habituellement situé dans la région inférieure et une vacuole contractile à

1. FRAIPONT, *loc. cit.,* 1877, XLIV, p. 792, tab. II.

mouvements très lents. De sa partie supérieure partent une cin-
quantaine de suçoirs cylindriques, terminés par un renflement en
forme de bouton, et jouant à la fois le rôle de suçoirs et de filaments préhenseurs. Le corps est recouvert par une membrane d'enveloppe cuticularisée, mince, surtout au niveau des suçoirs. Chez
quelques individus observés par Fraipont, le corps était très allongé, presque cylindrique, renflé au niveau de son extrémité supérieure qui portait les suçoirs. La portion inférieure du corps de
l'animal est logée dans une sorte de coque transparente, dure, en
forme de verre à champagne ou de calice, supportée par un long
pédicule cylindrique, très grêle. Le pédicule est formé d'une couche
périphérique très dense, et d'une substance granuleuse, moins
dense, opaque. La couche périphérique se continue manifestement
avec la paroi de la logette. Le bord supérieur de celle-ci s'infléchit
en dedans et se continue en une sorte de cloison transversale qui
divise la cavité de la logette en deux régions superposées. La région
supérieure est occupée par la partie inférieure du corps de l'animal
qui repose sur la cloison; la région inférieure est remplie par une
substance fluide, visqueuse, qui se continue avec la substance médullaire du pédicule. Cette matière varie beaucoup en quantité;
quand elle diminue, la cloison s'abaisse, tandis que quand elle augmente, elle soulève la cloison et le corps de l'animal qui repose sur
cette dernière. Il est probable que l'Acinète absorbe à travers la cloison la matière visqueuse qui remplit la cavité inférieure de la logette.
La cuticule qui recouvre le corps de l'animal se continue manifestement avec la paroi de la logette.

Fraipont a observé, chez certains individus, une zone de cils vibratiles, disposée obliquement sur le corps de l'animal. Il suppose que
ces individus ciliés sont susceptibles d'abandonner leur logette et d'aller vivre pendant un certain temps dans l'eau ; après quoi, ils se fixe-
raient et sécrèteraient une nouvelle logette. Ce que nous connaissons
déjà des *Sphærophrya* et de la *Podophrya fixa* rend cette opinion
très probable.

Fraipont a observé dans son *Acineta divisa* un mode de reproduction très particulier, dont nous n'avons encore rencontré aucun
exemple. Il a vu se produire, à la surface de certains individus, des
bourgeons ovoïdes, à pédicule grêle, contenant un noyau et un nucléole probablement formés indépendamment du noyau de l'animal
par génération endogène ; un orifice arrondi se forme bientôt au sommet de ce diverticulum, puis, par cet orifice, on voit sortir un embryon
sphérique, pourvu d'une ceinture de cils vibratiles. Fraipont donne le

nom de *diverticulums générateurs* aux sortes de bourgeons dont nous venons de parler ; il les considère comme constitués par l'ectosarque de l'Acinète et admet qu'ils produisent par génération endogène les embryons ciliés qu'on en voit sortir. Cette observation, unique jusqu'à ce jour, devra être contrôlée par des recherches nouvelles avant que la manière de voir de Fraipont puisse être admise d'une façon définitive.

Ce mode de reproduction n'est pas le seul qui ait été observé chez les Acinètes.

On constate la multiplication de l'*Astacina mystacina* par fissiparité. L'un des individus résultant de la bipartition reste dans la logette, tandis que l'autre se couvre de cils vibratiles sur toute sa sur-

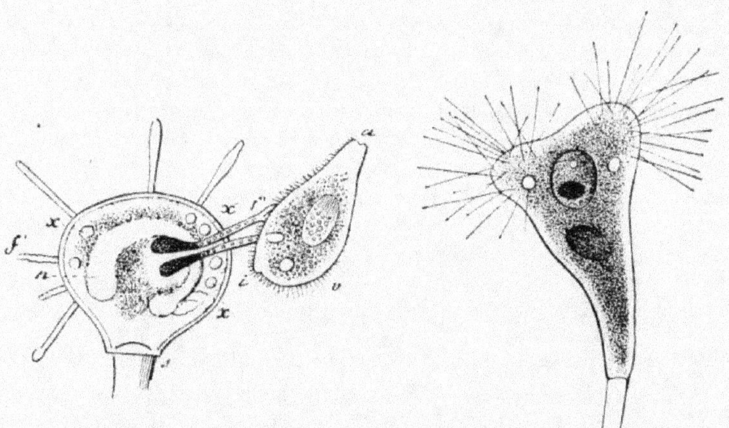

Fig. 280. — *Acineta mystacina* saisissant avec ses tentacules un Infusoire cilié.

Fig. 281. — *Acinète*.

face et, après s'être séparé du premier, vit libre pendant quelque temps avant de se fixer et de sécréter une logette.

Stein[1] a signalé également dans l'*Acineta mystacina*, une formation endogène d'embryons qui après être nés dans l'intérieur du corps de l'animal, soulèvent sa couche périphérique, puis la déchirent et sortent à l'état cilié. Fraipont[2] a observé une formation endogène analogue dans l'*A. tuberosa*. Il la décrit de la façon suivante : « Dans la partie profonde de la portion antérieure du corps se différencie, à un moment donné, une zone protoplasmique de forme circulaire ;

1. *Die Infusionsthiere*, p. 53, pl. IV, fig. 46, 47, 48.
2. *Loc. cit.*, 1878, XLV. p. 261, tab. III, fig. 12-15.

au début elle n'est pas nettement délimitée et se colore par les réactifs tout autrement que le reste du corps. La substance protoplasmique y est notablement plus claire et plus finement granuleuse. Tout d'abord, cette zone se forme autour d'un diverticulum du noyau dont les dimensions ne sont pas considérables dans le principe ; à une phase plus avancée la zone protoplasmique devient plus volumineuse, prend ordinairement l'aspect d'un ovoïde et s'individualise progressivement, en s'entourant d'une membrane qui réfracte fortement la lumière. De plus, une cavité se creuse autour de ce bourgeon en voie de développement. Le diverticulum du noyau maternel se prolonge alors jusque vers le milieu du corps protoplasmique individualisé. A son extrémité libre, il est généralement épaissi, tandis qu'il se pédiculise vers l'autre extrémité. On remarque ainsi une tendance à la séparation du bourgeon nucléaire du noyau maternel. Quant au corps du germe, il a la même constitution qu'au stade précédent. Plus tard, l'individualisation devient complète par la rupture du pédicule reliant le diverticulum nucléaire au noyau du parent. A cette phase, le bourgeon paraît tenu en suspension dans une cavité, à paroi bien distincte, creusée dans le protoplasma de l'Acinète ; on voit encore le fragment du nucléus maternel se mouler contre la paroi externe de la cavité. Il arrive quelquefois que le germe possède alors un aspect réniforme, aspect qu'affecte également le noyau. Enfin, l'embryon prend l'apparence d'un ovoïde et se recouvre, vers le premier tiers de sa petite extrémité, d'une couronne de longs cils vibratiles ; il est alors complètement développé et ne demande plus qu'à être expulsé. »

Fraipont a constaté encore la conjugaison de deux *Acineta tuberosa*, phénomène déjà observé par quelques zoologistes chez d'autres espèces, mais dont les conséquences sont tout à fait inconnues.

§ 2. — CARACTÈRES COMMUNS, CLASSIFICATION ET PARENTÉ DES INFUSOIRES TENTACULIFÈRES

Il nous est facile, après l'étude que nous venons de faire des formes diverses présentées par les Infusoires Tentaculifères, de résumer les caractères du groupe. Tous ces organismes sont unicellulaires ; ils sont formés d'un corps protoplasmique dans lequel on distingue assez facilement un endosarque granuleux, peu dense, opaque, et un ectosarque plus dense, moins granuleux, incolore. Ils possèdent un noyau unique, à forme très variable et une membrane d'enveloppe plus ou moins cuticularisée. Le corps protoplasmique émet des appendices recouverts par la membrane très amincie, rétractiles, mobiles, tantôt tous semblables et servant alors, à la fois, d'organes de succion et d'organes de préhension ; tantôt différenciés, les uns en suçoirs, les autres en filaments préhenseurs. Le corps est tantôt nu, tantôt enveloppé plus ou moins complètement d'une logette formée par une portion de la cuticule ; il est tantôt libre, tantôt sessile, ou même porté par un pédicule. Il existe toujours une ou plusieurs vacuoles contractiles.

La reproduction s'effectue par fissiparité, par gemmation interne et par gemmation externe ; on a constaté une conjugaison dont les suites ne sont pas connues. Les embryons sont ciliés soit en totalité, soit sur une partie plus ou moins étendue de la surface de leur corps ; chez les embryons ciliés de quelques espèces, on a constaté la production d'une bouche rudimentaire.

Fraipont a émis au sujet de la gemmation interne et externe de ces animaux une opinion qu'il me paraît utile de citer ici. « Si, dit-il[1], l'on considère que l'ectosarque des Protozoaires est analogue physiologiquement à l'ectoderme des Métazoaires et que, d'autre part, l'endosarque correspond physiologiquement à l'endoderme des animaux supérieurs ; si l'on se rappelle, d'un autre côté, que chez certains zoophytes tout au moins, les œufs se forment aux dépens de l'endoderme, les spermatozoïdes aux dépens de l'ectoderme, et que la fécondation n'a, par conséquent, pour but que de reconstituer un organisme formé d'éléments qui dérivent des deux feuillets primordiaux du parent ; on peut se poser la question : les petits embryons des Acinétiens ne sont-ils pas analogues aux éléments mâles des animaux supérieurs, les gros embryons ne sont-ils pas les analogues des œufs, et la formation du nouvel être n'est-elle pas le résultat de la fusion d'un gros et d'un petit embryon ? Il n'y a pas de faits dans la littérature qui permettent de trancher cette question, et mes recherches personnelles ne m'ont pas permis de la résoudre ; toutefois, elles m'ont conduit à la présenter dans tout son jour, et maintenant c'est à l'observation directe seule à la vérifier. »

Nous avons déjà, à propos des Infusoires Ciliés, indiqué la parenté probable des Infusoires Tentaculifères. L'état cilié de leurs embryons, le fait que certaines formes adultes passent par des périodes alternatives de liberté pendant lesquelles leur surface se couvre de cils vibratiles et de repos où les cils tombent et sont remplacés par des suçoirs, le développement d'une bouche rudimentaire dans les embryons de certaines espèces, tous ces caractères indiquent nettement

____

[1] *Loc. cit.*, 1878, XLV, p. 503.

qu'il existe une parenté étroite entre les Tentaculifères et les Ciliés, et permettent de supposer, ou bien que les deux groupes sont issus de parents communs qu'il faut chercher probablement parmi les Amœbiens à pseudopdes nombreux et très fins, ou bien que les Tentaculifères dérivent des Ciliés. Cette opinion est celle que Fraipont admet le plus volontiers. « En effet, dit-il, la présence de cils vibratiles chez les embryons des Acinétiniens et la faculté que possèdent un certain nombre d'entre eux de reprendre ce revêtement ciliaire à l'état adulte, le prouvent, si l'on admet que le développement ontogénique d'un organisme soit l'histoire en raccourci de son évolution phylogénique, et que tel ou tel caractère ancestral puisse reparaître à un moment donné. Enfin, il est un fait qui, s'il est confirmé, serait la meilleure preuve que les Acinétiens proviennent des Ciliates. c'est l'apparition à un point déterminé du corps de certains embryons, d'un cytostome rudimentaire, observé par R. Hertwig chez la *P. gemmipara*. »

Le petit groupe des Tentaculifères se compose actuellement de onze genres qui peuvent être classés dans neuf familles. Ces dernières peuvent être divisées en deux grands groupes, d'après l'absence ou la présence d'une tunique servant à loger le corps.

A. NUDO-TENTACULIFÈRES

Corps nu.

FAM. I. TRICHOPHRYDÉS. — Corps nu ; sans pédicule ni logette ; émettant des bouquets de tentacules suceurs simples ou ramifiés ; vivent appliqués contre d'autres corps.

1. *Trichophrya* : Suçoirs non ramifiés.
2. *Digitiphrya* : Suçoirs divisés en plusieurs branches.

FAM. II. SPHÆROPHRYDÉS. — Individus libres ; corps habituellement arrondi, muni de suçoirs simples, pouvant perdre ses suçoirs et acquérir des cils vibratiles qui tombent ensuite et sont de nouveau remplacés par des suçoirs.

3. *Sphærophrya* : Caractères de la famille.

FAM. III. PODOPHRYDÉS. — Individus fixés par un pédoncule ; tentacules portés par l'extrémité supérieure du corps, souvent divisés en filaments préhenseurs et en suçoirs.

4. *Podophrya* : Caractères de la famille.

FAM. IV. DENDROSOMIDÉS. — Individus se ramifiant en stolons dont chaque branche porte à son sommet des suçoirs.

5. *Dendrosoma* : Caractères de la famille.

FAM V. OPHRYODENDRIDÉS. — Individus fixés ; avec ou sans pédicule ; à suçoirs disposés au sommet d'une tige commune.

6. *Ophryodendron* : Caractères de la famille.

FAM. VI. DENDROCOMÉTIDÉS. — Individus fixés ; sans pédicule ; suçoirs ramifiés, portés directement par le corps de l'animal.
7. *Dendrocometes* : Caractères de la famille.

B. THÉCO-TENTACULIFÈRES

Corps en partie protégé par une logette.

FAM. VII. SOLÉNOPHRYDÉS. — pas de pédoncule ; logette enveloppant le plus grande partie du corps.
8. *Solénophrya* : Corps aplati sur une de ses faces qui est fixée ; logette en forme de boîte.
9. *Calix* : Corps allongé ; logette en forme de cornet.

FAM. VIII. URNULIDÉS. — Logette à fond allongé ; corps ne portant qu'un très petit nombre de tentacules très longs et grêles.
10. *Urnula* : Caractères de la famille.

FAM. IX. ACINÉTIDÉS. — Corps enveloppé d'une logette en forme de cornet ou de coupe, supportée par un pédicule long et grêle ; suçoirs nombreux.
11. *Acineta* : Caractères de la famille.

CHAPITRE IX

CONSIDÉRATIONS GÉNÉRALES SUR LES PROTOZOAIRES

Connaissant toutes les formes principales de ce vaste groupe d'animaux il nous sera facile d'en exposer brièvement les caractères communs morphologiques et physiologiques, d'en établir les rapports et la filiation et de déterminer les caractères des divisions principales que nous avons adoptées pour la commodité de l'étude.

Tous les Protozoaires sont des animaux unicellulaires, c'est-à-dire que quel que soit l'âge auquel on les observe on constate que les individus ne sont jamais formés que d'une seule cellule. Celle-ci se présente dans les différentes classes avec des caractères très différents ; la complexité de son organisation augmente graduellement depuis les formes les plus inférieures jusqu'aux plus élevées. Dans les Monériens, la cellule unique qui compose le corps de chaque individu est constituée par une simple masse protoplasmique, plus ou moins granuleuse, à forme changeante, un peu plus dense à la surface que dans l'intérieur et souvent creusée de vacuoles plus ou moins larges, irrégulières, ou plus ou moins sphériques, remplies de liquide ou de détritus de la nutrition mais non contractiles. Ces cellules rudimentaires ne présentent jamais ni enveloppe véritable ni noyau, mais elles peuvent, dans certaines espèces de Monériens, se contracter et sécréter une sorte de carapace plus ou moins résistante, dans laquelle on dit que l'individu est enkysté. De la surface du corps des Monériens partent des prolongements protoplasmiques mobiles, susceptibles de rentrer dans la masse qui les a émis et d'en sortir de nouveau, et servant à la locomotion de l'animal, sous le nom de pseudopodes ou rhizopodes ; on peut les considérer comme des membres rudimentaires de la cellule.

Chez les Amœbiens, la cellule unique qui compose chaque individu offre une organisation plus complexe. La substance protoplasmique qui en constitue la portion la plus importante est encore nue, c'est-à-dire dépourvue de membrane cellulaire, mais elle contient un corpuscule arrondi, le noyau, formé de protoplasme pourvu d'une enveloppe très mince et contenant un ou plusieurs nucléoles. Il existe en outre, toujours, dans le protoplasma cellulaire, une ou plusieurs vésicules contractiles que nous avons pu considérer comme des appareils aquifères, rudimentaires il est vrai, mais analogues par leurs fonctions à ceux, beaucoup plus développés qui se trouvent chez un grand nombre de Métazoaires. La surface du corps émet des pseudopodes analogues à ceux des Monériens et jouant le même rôle. Dans quelques Amœbiens il existe, indépendamment des pseudopodes, un flagellum ou appendice mobile, grêle, non rétractile. Nous avons encore trouvé chez quelques Amœbiens (*Pelomyxa*) des organes urticants, les trichocystes dont le mode de formation est encore entièrement inconnu mais qui peuvent être considérés comme formés par différenciation de portions très limitées du protoplasma cellulaire.

Chez les Foraminifères, la structure de la cellule reste aussi simple que chez les Amœbiens, mais les individus ont l'habitude constante de sécréter un test, tantôt formé d'une substance molle, incrustée de corpuscules étrangers, tantôt constitué par du carbonate de chaux qu'excrète l'animal. Les pseudopodes prennent ici une importance considérable ; ils sont extrêmement nombreux et ont une grande tendance à s'anastomoser les uns avec les autres.

Dans les Radiolariens, l'organisation de la cellule se complique davantage, parce que le protoplasma est très fréquemment différencié en deux parties bien distinctes : l'une périphérique, très riche en grandes vacuoles, l'autre centrale, plus dense, contenant le noyau et souvent enveloppée d'une membrane poreuse (capsule centrale). Mais la cellule reste dépourvue comme dans les formes précédentes de membrane d'enveloppe. Les rhizopodes sont très nombreux, grêles, disposés en rayonnant ; ils sont, dans certaines formes, rendus rigides par la présence dans leur intérieur d'une baguette solide. L'organisation des Radiolariens est encore rendue plus complexe par l'existence du squelette siliceux, à formes extrêmement variables, que sécrète le protoplasma et par la présence de vésicules souvent très volumineuses, arrondies, incolores, ou colorées en jaune, répandues dans le protoplasma qui constitue la masse fondamentale du corps.

Les Grégariniens sont les premiers Protozoaires dans lesquels nous ayons rencontré une cellule complète, c'est-à-dire formée de protoplasma, d'un noyau et d'une membrane d'enveloppe. Les pseudopodes n'existent pas chez ces êtres ; mais, chez un grand nombre d'entre eux, la portion superficielle du corps protoplasmique offre une différenciation remarquable en fibrilles énergiquement contractiles qui constituent un organe locomoteur inconnu chez tous les Protozoaires dont nous avons déjà parlé.

Dans les Infusoires, la différenciation des divers parties de la cellule unique qui constitue le corps de chaque individu est poussée beaucoup plus loin encore. Chez les Flagellates les plus élevés en organisation, comme les Euglènes, nous retrouvons les fibrilles contractiles de l'ectosarque qu'offrent les Grégariniens ; mais il existe, en outre, un flagellum ou prolongement mobile du corps protoplasmique servant à la locomotion de l'animal, et la membrane cellulaire cuticulaire qui recouvre le corps est percée d'un orifice par lequel s'introduisent les aliments solides et sortent les détritus de la nutrition. Dans les Infusoires Ciliés, le flagellum est remplacé par un grand nombre de cils vibratiles courts, ou bien par des soies, des crochets, des cirrhes, jouant le même rôle ; la bouche est de plus en plus distincte et un autre orifice, l'anus, sert à l'expulsion des détritus de la nutrition. Enfin, chez un certain nombre de ces êtres, le noyau unique des autres Protozoaires est remplacé par deux corpuscules distincts, l'endoplaste et l'endoplastule, qui, peut-être, jouent le rôle d'organes sexuels. C'est là le plus haut degré de différenciation que puisse présenter la cellule animale. Non seulement, alors, elle constitue seule un individu complet, mais encore ses diverses parties acquièrent la valeur d'organes et de membres relativement très différenciés et remplissant des fonctions physiologiques nettement distinctes.

Après avoir rappelé les caractères morphologiques que présente la cellule dans les divers groupes des Protozoaires, il nous paraît utile de résumer rapidement ce qui a été dit, à propos de chacun de ces groupes, de la façon dont s'accomplissent les diverses fonctions physiologiques.

Dans la plupart des Protozoaires, la nutrition et la respiration s'effectuent par simple diffusion. Celle-ci se produit avec la plus grande facilité chez les Monériens, les Amœbiens, les Foraminifères et les Radiolariens, dont le corps protoplasmique est entièrement nu. Dans les Grégariniens, qui vivent en parasites dans des milieux riches en liquides nutritifs, la diffusion est également très facile, malgré la présence de la membrane d'enveloppe dont ces êtres sont revêtus.

Il n'en est pas de même chez les Infusoires qui vivent dans l'eau et se nourrissent de particules solides. Nous avons vu que chez eux la membrane est percée d'un orifice buccal par lequel pénétrent les aliments solides, et qu'elle offre souvent un deuxième orifice pour la sortie des matières excrémentitielles. Cependant, même chez les Infusoires les plus élevés en organisation, l'endosmose et l'exosmose jouent encore un rôle important dans la nutrition et surtout dans la respiration. Rappelons que chez tous les Protozoaires qui se nourrissent de particules solides, le corps protoplasmique se creuse de vacuoles dans lesquelles la digestion s'effectue et qui pourraient, avec quelque raison, malgré leur existence passagère, être comparées à la cavité gastrique des Métazoaires. Quant à la respiration elle est facilitée, chez le plus grand nombre des Protozoaires, par les vésicules contractiles dont le rôle fonctionnel et parfois la forme (Infusoires Tentaculifères) sont tout à fait comparables à l'appareil aquifère des Métazoaires inférieurs.

Rappelons que tous les Protozoaires pourvus de chlorophylle jouissent de la fonction chlorophyllienne comme les végétaux verts.

Les organes de la locomotion ne sont représentés chez tous les Protozoaires que par des expansions de la substance protoplasmique du corps, expansions affectant la forme soit de pseudopodes ou de rhizopodes, soit de flagellums ou de cils vibratiles, de cirrhes, de soies, de crochets, etc. Nous ne reviendrons pas ici sur les diverses sortes de mouvements présentés par les Protozoaires, nous en avons parlé avec suffisamment de détails pour n'avoir pas à y insister de nouveau. Quant à la sensibilité de ces organismes, quoique très vague, elle ne saurait être mise en doute. De nombreuses expériences ont montré qu'ils obéissent à tous les agents extérieurs de la même façon que les Métazoaires, mais toutes les parties de leurs corps paraissent être douées d'une sensibilité égale ; chez ceux qui possèdent des membres plus ou moins nettement différenciés, tels que cils, soies, flagellums, il est probable, cependant, que ces membres jouissent d'une sensibilité spéciale ; c'est du moins ce qu'il est permis de déduire des mouvements spéciaux qu'ils effectuent au contact des corps étrangers. Enfin, nous avons vu que chez quelques Protozoaires, tels que les Euglènes, il existe un appareil optique rudimentaire, représenté par une tache de pigment.

Chez tous les Protozoaires, nous avons constaté la multiplication par simple bipartition transversale ou longitudinale. C'est là le mode de reproduction le plus simple que puissent présenter les êtres vivants. Chez les Protozoaires qui possèdent un noyau, ce dernier participe toujours à la bipartition qui paraît porter simultanément sur le noyau et sur le corps protoplasmique. Chez la plupart de ces êtres la bipartition est égale, c'est-à-dire que les deux individus qui en résultent sont de même taille et semblables. Chez un certain nombre, au contraire, la bipartition est inégale, c'est-à-dire que l'un des individus est beaucoup plus petit que l'autre et affecte la forme d'un bourgeon, d'où le nom de gemmation donné à ce mode de multiplication. Nous avons vu que dans ces cas il peut se produire à la surface d'un même individu un nombre plus ou moins considérable de bourgeons, qui eux-mêmes sont susceptibles de se segmenter avant de se séparer (Noctiluques). Dans les cas de gemmation, le noyau paraît toujours prendre part au phénomène ; ce fait a du moins été bien constaté chez les Tentaculifères. On peut considérer comme une sorte de gemmation interne la formation des rejetons qui se produisent dans l'endosarque des Tentaculifères et qui sont formés d'une portion du noyau, entourée d'une certaine quantité du protoplasma environnant différencié. Nous ne ferons que rappeler l'opinion émise par Fraipont au sujet de ces bourgeons. Comparant l'endosarque des Protozoaires supérieurs à l'endoderme de l'œuf segmenté des Métazoaires et l'ectosarque à l'ectoderme de l'œuf, nous avons vu qu'il tend à admettre que les bourgeons externes seraient des cellules mâles et les bourgeons internes des cellules femelles. Mais ce n'est là qu'une simple hypothèse, à l'appui de laquelle aucun fait ne peut être cité.

Nous devons rapprocher de la gemmation interne dont nous venons de parler, la production de corpuscules embryonnaires que nous avons signalée dans un certain nombre de Flagellates, de Foraminifères, de Radiolaires, et même d'Amœbiens. Il est fort probable que dans tous ces cas c'est le noyau qui est le point de départ de la formation des corpuscules reproducteurs, mais les observations qui ont été faites ne sont pas suffisamment précises pour qu'on puisse l'affirmer.

Chez un grand nombre de Protozoaires appartenant à des groupes très différents, nous avons constaté l'enkystement des individus dans une carapace sécrétée par eux-mêmes, et leur division ultérieure, par des bipartitions successives, en un nombre souvent très considérable de cellules qui se séparent après la rupture du kyste, et se développent en individus semblables à celui qui leur a donné naissance. Ce phénomène doit être rapproché de celui qui se produit au moment de la segmentation de l'œuf des Métazoaires. Il n'en diffère, au fond, qu'en ce que les cellules produites par la division de l'œuf ne se séparent pas, restent au contraire juxtaposées pour constituer le blastoderme, tandis que celles qui résultent de la segmentation d'un Protozoaire enkysté, ne tardent pas à se séparer pour aller vivre isolément.

L'analogie entre les deux phénomènes serait encore plus grande si, comme certains zoologistes le pensent, l'enkystement était toujours précédé d'une fécondation plus ou moins parfaite.

Le seul phénomène analogue à la fécondation des Métazoaires qui ait été bien nettement observé chez les Protozoaires, est la conjugaison, c'est-à-dire la fusion plus ou moins complète de deux individus en un seul, ou simplement la mise en rapport de ces deux individus par une portion de leur surface. Certains Monériens offrent la conjugaison total, parfois de deux individus tout à fait semblables, du moins autant que nous pouvons en juger. C'est ce qui constitue la forme la plus simple de ce phénomène. Chez les Vorticelles, nous avons vu la conjugaison s'effectuer entre un macrozooïde fixe et immobile et un ou plusieurs microzooïdes ciliés, mobiles, de très petite taille, produits par segmentation inégale d'un individu fixé et pouvant être comparés aux spermatzoïdes, également mobiles, qui fécondent l'œuf de tous les Métazoaires.

Chez les Infusoires ciliés, la conjugaison ne consiste plus que dans le contact prolongé de deux individus, dont les endoplastules, jouant d'après Balliani le rôle de spermatozoïdes seraient échangés et iraient féconder des organes femelles représentés par les endoplastes. Mais ce sont là des faits qu'il nous paraît nécessaire d'étudier de nouveau.

Quoi qu'il en soit, tous les Protozoaires se distinguent nettement des Métazoaires en ce que leurs germes ne se segmentent jamais de manière à produire un blastoderme pluricellulaire. C'est là un caractère de la plus haute importance et qui ne permet pas de confondre les deux groupes.

Je ne crois pas utile de revenir sur les caractères des différentes classes qui composent le vaste groupe des Protozoaires. Ils ont été suffisamment indiqués précédemment pour que nous n'ayons qu'à rappeler ceux qui sont de nature à faire saisir les relations de parenté qui existent entre les différentes classes.

Leur organisation tout à fait rudimentaire fait des Monériens les plus inférieurs de tous les êtres vivants. Il est permis de supposer que c'est à ce groupe qu'appartiennent les formes vivantes qui se sont constituées les premières à l'aide des matériaux inorganiques de notre globe. Des Monériens sont ensuite sortis les principaux rameaux de l'arbre gigantesque qui figure l'ensemble des êtres vivants : le rameau végétal et le rameau animal, qui seul nous occupe ici.

21

Nous savons que les Monériens se divisent assez naturellement en deux groupes : les Lobomonériens, à pseudopodes lobés, et les Rhizomonériens, à pseudopodes radiés, grêles, anastomosés. Des Lobomonériens il est facile de passer aux Amœbiens, qui ne s'en distinguent que par la présence d'un noyau. Les Amœbiens nous conduisent eux-mêmes aux Infusoires Flagellates dont les plus rudimentaires ne sont que des Amœbiens flagellés et dépourvus de pseudopodes. La parenté de ces deux groupes est rendue très manifeste par l'Amœbien intermédiaire, *Mastigamœba*, qui possède à la fois un flagellum et des pseudopodes rétractiles, et par les espèces de Flagellates qui, comme le *Monas ramulosa*, possèdent des pseudopodes non rétractiles et un flagellum.

Les Grégariniens sont, à notre avis, des Infusoires Flagellates ayant perdu leur flagellum par dégénération, sous l'influence du parasitisme ; cette manière de voir trouve sa justification dans l'organisation très complexe que présente l'ectosarque de certaines espèces, organisation qui rappelle celle de l'ectosarque des Flagellates par la présence des fibrilles contractiles.

Les Flagellates ont produit, d'un autre côté, par évolution ascendante, les Infusoires Ciliés, auxquels ils se relient très manifestement par les formes qui possèdent à la fois un flagellum et des cils vibratiles (Cilio-Flagellés). Enfin, des Infusoires Ciliés sont sortis, par dégénération résultant de la vie sédentaire, les Infusoires Tentaculifères, qui se montrent ciliés dans le jeune âge et qui même peuvent offrir des phases alternatives de vie errante avec cils et de vie sédentaire sans cils.

Les Rhizomonériens nous conduisent sans peine aux Foraminifères, qui en diffèrent seulement par la présence d'un noyau et d'un test. Des Foraminifères il est facile de passer aux Radiolariens qui se distinguent par l'existence habituelle d'une capsule centrale et d'un squelette siliceux. Ces deux classes d'animaux sont les seules qui dérivent de la branche des Rhizomonériens.

Le rameau des Lobomonériens produit, au contraire, comme nous l'avons vu, non seulement toutes les autres classes des Protozoaires mais encore tous les Métazoaires et tous les Végétaux.

Le tableau suivant donnera au lecteur une idée des relations de parenté que nous venons d'assigner aux diverses classes des Protozoaires. C'est par lui que nous terminerons l'histoire de ces organismes.

Ciliés
Tentaculifères
Flagellates
Radiolaires
Grégariniens
Amœbiens
Foraminifères
Lohmonériens
Rhizomonériens,
Rameau animal
Rameau végétal.
Monériens

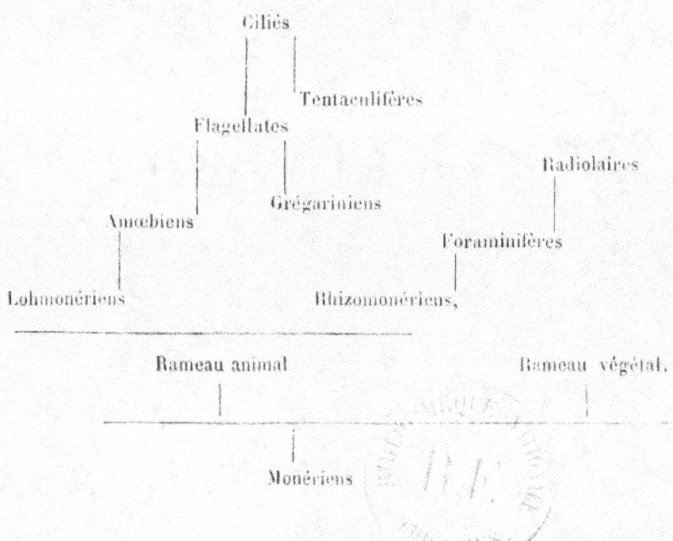

FIN

TABLE ANALYTIQUE

FIN DE LA TABLE ANALYTIQUE

PARIS. — IMPRIMERIE ÉMILE MARTINET, RUE MIGNON, 2.

BIBLIOTHEQUE NATIONALE

CHATEAU

de

SABLE

1993